重庆市研究生应用数理统计优质课程教材

应用数理统计与
Python应用

肖枝洪　苏理云　郭明月　编著

Applied
Mathematical
Statistics
with
Python

WUHAN UNIVERSITY PRESS
武汉大学出版社

图书在版编目(CIP)数据

应用数理统计与 Python 应用/肖枝洪,苏理云,郭明月编著.—武汉：武汉大学出版社,2021.8
ISBN 978-7-307-22527-5

Ⅰ.应⋯ Ⅱ.①肖⋯ ②苏⋯ ③郭⋯ Ⅲ.①数理统计 ②软件工具—程序设计 Ⅳ.①O212 ②TP311.561

中国版本图书馆 CIP 数据核字(2021)第 166631 号

责任编辑:任仕元 责任校对:汪欣怡 版式设计:韩闻锦

出版发行：**武汉大学出版社** (430072 武昌 珞珈山)
(电子邮箱: cbs22@ whu.edu.cn 网址: www.wdp.com.cn)
印刷:湖北金海印务有限公司
开本:720×1000 1/16 印张:21.5 字数:384 千字 插页:1
版次:2021 年 8 月第 1 版 2021 年 8 月第 1 次印刷
ISBN 978-7-307-22527-5 定价:50.00 元

前　言

"应用数理统计"是统计学专业和非统计学专业硕士研究生培养计划中普遍开设的一门公共基础课，各高等院校各专业讲授的内容基本一致．随着硕士研究生教学水平与课题研究水平的不断提高，亟需一本与之相适应的教科书，这样既能加强研究生理论基础，帮助他们熟悉试验统计设计和数据分析原理，又能培养他们处理试验或观测数据的实际操作动手能力．

《应用数理统计与 Python 应用》是近年来重庆市研究生优质课程"应用数理统计"立项研究的一项成果，也是重庆市研究生教育教学改革研究重大项目(yjg191017)立项研究的一项成果．作为统计学专业和非统计学专业硕士研究生的公共基础课教材，本书主要介绍了概率论基础、统计学的基本概念、点估计与区间估计、EM 估计和 MC 模拟、参数假设检验、正态性检验、试验设计与方差分析、回归分析与协方差分析、非参数检验以及 Markov 链及其应用等内容．同时还对 Python 软件的安装与使用进行了介绍，书中例题的计算结果均用 Python 软件实现．授课与上机实习可在 48 学时内全部实现．

在本书的写作过程中，我们特别注意说明统计方法的实际背景，较详细地讲述用统计方法解决实际问题的思路和步骤，对于应用 Python 软件所得到的数据分析结果，则尽可能与实际步骤一一对照，使读者不仅能够知其然，还能知其所以然．考虑到专业与课时设置的不同，本书力求简明扼要、重点突出，通俗易懂、便于自学，例题与习题的叙述均在常识的范围之内．

本书第 1 章、第 3 章、第 4 章和第 5 章由重庆理工大学肖枝洪教授编写，第 2 章由重庆理工大学苏理云教授编写，第 6 章由华中农业大学郭明月博士编写．所有的 Python 程序由肖枝洪、高雪莉和曾玲编写．

本书的出版得到了重庆理工大学研究生院和理学院的大力支持．我的研究生高雪莉和曾玲帮助收集了大量资料，完成了例题的计算；华中农业大学郭明月在本书的写作过程中提出了许多宝贵的意见，在此一并表示衷心感谢！同时也对为本书的出版给予过关心和支持的同仁致以衷心的感谢！

　　由于编者水平有限,虽然我们在写作过程中作了很大的努力,力求准确,但写作之中肯定还会存在这样或那样的错误,敬请广大读者和使用本书的同行学者批评指正!

肖枝洪

2021 年 3 月

于重庆理工大学花溪校区

QQ：695086564

目　　录

第1章 概率论基础

概率论是统计学的基础. 本章先讲述随机变量的分布与相互独立、随机变量的数字特征、多项分布与多维正态分布、连续型随机变量的变换及变换后的分布,然后讲述统计中的三大主要分布:卡方分布、t 分布及 F 分布,同时介绍应用 Python 计算标准正态分布分布函数的值、计算标准正态分布、卡方分布、t 分布及 F 分布的分位数. 在讲述正态随机变量的非奇线性变换与标准正态随机变量的正交变换后,将导出一系列与统计方法有关的重要结论,要求理解这两个变换的实质,并熟悉它们的应用.

1.1 随机变量的分布与相互独立

1.1.1 分布函数及边缘分布函数

首先回顾一维与二维随机变量的分布函数的定义.

若 X 为一维随机变量,x 为任意实数,随机事件 $\{X \leqslant x\}$ 出现的概率为 $P\{X \leqslant x\}$,则称 $P\{X \leqslant x\}$ 为 X 的**分布函数**. 它是关于 x 的一元函数,记作
$$F(x) = P\{X \leqslant x\}.$$

由定义可知,$0 \leqslant F(x) \leqslant 1$,$F(-\infty) = 0$,$F(+\infty) = 1$.

若 (X,Y) 为二维随机变量,x 与 y 为任意实数,随机事件 $\{X \leqslant x, Y \leqslant y\}$ 出现的概率为 $P\{X \leqslant x, Y \leqslant y\}$,则称 $P\{X \leqslant x, Y \leqslant y\}$ 为 (X,Y) 的**分布函数**. 它是关于 x 与 y 的二元函数,记作
$$F(x,y) = P\{X \leqslant x, Y \leqslant y\}.$$

由定义可知,$0 \leqslant F(x,y) \leqslant 1$,$F(-\infty,y) = 0$,$F(x,-\infty) = 0$,$F(+\infty, +\infty) = 1$.

若 $F_X(x), F_Y(y)$ 分别是一维随机变量 X 与 Y 的分布函数,则
$$F_X(x) = P\{X \leqslant x\} = P\{X \leqslant x, Y < +\infty\} = F(x,+\infty),$$
$$F_Y(y) = P\{Y \leqslant y\} = P\{X < +\infty, Y \leqslant y\} = F(+\infty,y),$$
称 $F_X(x)$ 为 (X,Y) **关于 X 的边缘分布函数**,称 $F_Y(y)$ 为 (X,Y) **关于 Y 的边缘**

分布函数，而 $F(x,y)$ 又称为 X 与 Y 的**联合分布函数**.

类似地，可以定义 n 维随机变量 $(X_1,X_2,\cdots,X_n)$ 的分布函数及边缘分布函数.

若有 n 维随机变量 $(X_1,X_2,\cdots,X_n)$，$x_1,x_2,\cdots,x_n$ 为任意实数，则称随机事件 $\{X_1\leqslant x_1,\ X_2\leqslant x_2,\ \cdots,\ X_n\leqslant x_n\}$ 出现的概率

$$P\{X_1\leqslant x_1,\ X_2\leqslant x_2,\ \cdots,\ X_n\leqslant x_n\}$$

为 $(X_1,X_2,\cdots,X_n)$ 的**分布函数**. 它是关于 $x_1,x_2,\cdots,x_n$ 的 n 元函数，记作

$$F(x_1,x_2,\cdots,x_n)=P\{X_1\leqslant x_1,\ X_2\leqslant x_2,\ \cdots,\ X_n\leqslant x_n\}.$$

由定义可知，$0\leqslant F(x_1,x_2,\cdots,x_n)\leqslant 1$,

$$F(-\infty,x_2,\cdots,x_n)=0,$$
$$F(x_1,-\infty,x_3,\cdots,x_n)=0,$$
$$\cdots,$$
$$F(x_1,x_2,\cdots,x_{n-1},-\infty)=0,$$
$$F(+\infty,+\infty,\cdots,+\infty)=1.$$

为表达方便起见，多维随机变量又称为**随机向量**. 若记

$$\boldsymbol{X}=(X_1,X_2,\cdots,X_n)',\quad \boldsymbol{x}=(x_1,x_2,\cdots,x_n)',$$

则 $(X_1,X_2,\cdots,X_n)$ 的分布函数又可记作 $F(\boldsymbol{x})$.

从 $X_1,X_2,\cdots,X_n$ 中任意确定 r 个随机变量，不妨假设为 $X_1,X_2,\cdots,X_r$，若 $F_{X_1,X_2,\cdots,X_r}(x_1,x_2,\cdots,x_r)$ 是 r 维随机变量 $(X_1,X_2,\cdots,X_r)$ 的分布函数，则

$$F_{X_1,X_2,\cdots,X_r}(x_1,x_2,\cdots,x_r)$$
$$=P\{X_1\leqslant x_1,\ X_2\leqslant x_2,\ \cdots,\ X_r\leqslant x_r\}$$
$$=P\{X_1\leqslant x_1,\ X_2\leqslant x_2,\ \cdots,\ X_r\leqslant x_r,\ X_{r+1}\leqslant +\infty,\ \cdots,\ X_n\leqslant +\infty\}$$
$$=F(x_1,x_2,\cdots,x_r,+\infty,\cdots,+\infty),$$

称 $F_{X_1,X_2,\cdots,X_r}(x_1,x_2,\cdots,x_r)$ 为 $(X_1,X_2,\cdots,X_n)$ **关于** $X_1,X_2,\cdots,X_r$ **的边缘分布函数**，式中的 $r=1,2,\cdots,n-1$.

下一小节根据随机变量取值的特征，先讲述离散型随机变量的概率函数及边缘概率函数，再讲述连续型随机变量的分布密度及边缘分布密度.

1.1.2　离散型随机变量的概率函数及边缘概率函数

研究随机变量的分布函数有时会感到不甚方便，于是对离散型随机变量着重研究它的概率函数. 明确了概率函数，再进一步求出它的分布函数.

若 X 在集合 $\{a_i \mid i \in \mathbf{N}\}$ 中取值，且

$$P\{X = a_i\} = p_i, \quad 0 \leqslant p_i \leqslant 1, \quad \sum_{i \in \mathbf{N}} p_i = 1,$$

则称 X 为**一维离散型随机变量**，称 $P\{X = a_i\} = p_i$ 为 X 的**概率函数**或**分布律**.

若 X 在集合 $\{a_i \mid i \in \mathbf{N}\}$ 中取值，Y 在集合 $\{b_j \mid j \in \mathbf{N}\}$ 中取值，且

$$P\{X = a_i, \ Y = b_j\} = p_{ij}, \quad 0 \leqslant p_{ij} \leqslant 1, \quad \sum_{i \in \mathbf{N}} \sum_{j \in \mathbf{N}} p_{ij} = 1,$$

则称 (X, Y) 为**二维离散型随机变量**，称 $P\{X = a_i, \ Y = b_j\} = p_{ij}$ 为 (X, Y) 的**概率函数**或**分布律**.

根据随机事件 $\{X = a_i\}$ 与 $\bigcup\limits_{j \in \mathbf{N}} \{X = a_i, \ Y = b_j\}$ 等价，$\{Y = b_j\}$ 与 $\bigcup\limits_{i \in \mathbf{N}} \{X = a_i, \ Y = b_j\}$ 等价，可以导出 X 的概率函数 $P\{X = a_i\} = \sum\limits_{j \in \mathbf{N}} p_{ij}$，$Y$ 的概率函数 $P\{Y = b_j\} = \sum\limits_{i \in \mathbf{N}} p_{ij}$. 若记

$$\sum_{j \in \mathbf{N}} p_{ij} = p_{i\bullet}, \quad \sum_{i \in \mathbf{N}} p_{ij} = p_{\bullet j},$$

则称 X 的概率函数 $P\{X = a_i\} = p_{i\bullet}$ 为 (X, Y) **关于 X 的边缘概率函数**，称 Y 的概率函数 $P\{Y = b_j\} = p_{\bullet j}$ 为 (X, Y) **关于 Y 的边缘概率函数**，而 (X, Y) 的概率函数 $P\{X = a_i, \ Y = b_j\} = p_{ij}$ 称为 X 与 Y 的**联合概率函数**或**联合分布律**.

类似地，可以定义 n 维离散型随机变量 $(X_1, X_2, \cdots, X_n)$ 的概率函数及边缘概率函数.

若 $(X_1, X_2, \cdots, X_n)$ 在集合 $\left\{ (a_{j_1}, a_{j_2}, \cdots, a_{j_n}) \mid j \in \mathbf{N} \right\}$ 中取值，且

$$P\{X_1 = a_{j_1}, \ X_2 = a_{j_2}, \ \cdots, \ X_n = a_{j_n}\} = p_{j_1 j_2 \cdots j_n},$$

$$0 \leqslant p_{j_1 j_2 \cdots j_n} \leqslant 1, \quad \sum_{j_1 \in \mathbf{N}} \sum_{j_2 \in \mathbf{N}} \cdots \sum_{j_n \in \mathbf{N}} p_{j_1 j_2 \cdots j_n} = 1,$$

则称 $(X_1, X_2, \cdots, X_n)$ 为 n **维离散型随机变量**，称

$$P\{X_1 = a_{j_1}, \ X_2 = a_{j_2}, \ \cdots, \ X_n = a_{j_n}\} = p_{j_1 j_2 \cdots j_n}$$

为 $(X_1, X_2, \cdots, X_n)$ 的**概率函数**或**分布律**.

从 $X_1, X_2, \cdots, X_n$ 中任意确定 r 个随机变量，不妨假设是 $X_1, X_2, \cdots, X_r$，根据随机事件 $\{X_1 = a_{j_1}, \ X_2 = a_{j_2}, \ \cdots, \ X_r = a_{j_r}\}$ 与

$$\bigcup_{j_{r+1} \in \mathbf{N}} \cdots \bigcup_{j_n \in \mathbf{N}} \{X_1 = a_{j_1}, X_2 = a_{j_2}, \cdots, X_r = a_{j_r}, X_{r+1} = a_{j_{r+1}}, \cdots, X_n = a_{j_n}\}$$

等价，可以导出 $(X_1, X_2, \cdots, X_r)$ 的概率函数为

$$P\{X_1 = a_{j_1},\ X_2 = a_{j_2},\ \cdots,\ X_r = a_{j_r}\} =$$

$$\sum_{j_{r+1} \in \mathbf{N}} \cdots \sum_{j_n \in \mathbf{N}} P\{X_1 = a_{j_1}, X_2 = a_{j_2}, \cdots, X_r = a_{j_r}, X_{r+1} = a_{j_{r+1}}, \cdots, X_n = a_{j_n}\},$$

称 $(X_1, X_2, \cdots, X_r)$ 的概率函数为 $(X_1, X_2, \cdots, X_n)$ **关于** $X_1, X_2, \cdots, X_r$ **的边缘概率函数**.

1.1.3　连续型随机变量的分布密度及边缘分布密度

若 X 在实数轴 $\mathbf{R}$ 上的某个区间内取值, $p(x)$ 在 $\mathbf{R}$ 上有定义, 且

(1)　$p(x) \geq 0$;

(2)　$\displaystyle\int_{-\infty}^{+\infty} p(x)\mathrm{d}x = 1$;

(3)　对 $\mathbf{R}$ 上任一区间 D, 都有 $P\{X \in D\} = \displaystyle\int_D p(x)\mathrm{d}x$,

则称 X 为**一维连续型随机变量**, 称 $p(x)$ 为 X 的**分布密度**或**概率密度函数**.

若 (X, Y) 在直角坐标平面 $\mathbf{R}^2$ 上的某个区域内取值, $p(x, y)$ 在平面 xOy 上有定义, 且

(1)　$p(x, y) \geq 0$;

(2)　$\displaystyle\iint_{\mathbf{R}^2} p(x, y)\mathrm{d}x\,\mathrm{d}y = 1$;

(3)　对平面 $\mathbf{R}^2$ 上任一区域 D, 都有 $P\{(X, Y) \in D\} = \displaystyle\iint_D p(x, y)\mathrm{d}x\,\mathrm{d}y$,

则称 (X, Y) 为**二维连续型随机变量**, 称 $p(x, y)$ 为 (X, Y) 的**分布密度**或**概率密度函数**.

若

$$p_X(x) = \int_{-\infty}^{+\infty} p(x, y)\mathrm{d}y, \quad p_Y(y) = \int_{-\infty}^{+\infty} p(x, y)\mathrm{d}x,$$

则称 $p_X(x)$ 为 (X, Y) **关于** X **的边缘分布密度**, 称 $p_Y(y)$ 为 (X, Y) **关于** Y **的边缘分布密度**, 它们分别是一维随机变量 X 与 Y 的分布密度, 而 $p(x, y)$ 又称为 X **与** Y **的联合分布密度**或**联合概率密度函数**.

类似地, 可以定义 n 维连续型随机变量 $(X_1, X_2, \cdots, X_n)$ 的分布密度及边缘分布密度.

若 $(X_1, X_2, \cdots, X_n)$ 在 n 维直角坐标空间 $\mathbf{R}^n$ 中的某个部分空间内取值, $p(x_1, x_2, \cdots, x_n)$ 在 $\mathbf{R}^n$ 中有定义, 且

(1) $p(x_1, x_2, \cdots, x_n) \geqslant 0$;

(2) $\displaystyle\int \cdots \int_{\mathbf{R}^n} p(x_1, x_2, \cdots, x_n) \mathrm{d}x_1 \mathrm{d}x_2 \cdots \mathrm{d}x_n = 1$;

(3) 对 $\mathbf{R}^n$ 中的任一区域 D ,都有

$$P\{(X_1, X_2, \cdots, X_n) \in D\} = \int \cdots \int_D p(x_1, x_2, \cdots, x_n) \mathrm{d}x_1 \mathrm{d}x_2 \cdots \mathrm{d}x_n ,$$

则称 $(X_1, X_2, \cdots, X_n)$ 为 n **维连续型随机变量**,称 $p(x_1, x_2, \cdots, x_n)$ 为 $(X_1, X_2, \cdots, X_n)$ 的**分布密度**或**联合分布密度**.

从 $X_1, X_2, \cdots, X_n$ 中任意确定 r 个随机变量,不妨假设是 $X_1, X_2, \cdots, X_r$,若

$$p_{X_1, X_2, \cdots, X_r}(x_1, x_2, \cdots, x_r)$$
$$= \int_{-\infty}^{+\infty} \cdots \int_{-\infty}^{+\infty} p(x_1, x_2, \cdots, x_r, x_{r+1}, \cdots, x_n) \mathrm{d}x_{r+1} \cdots \mathrm{d}x_n,$$

则称 $p_{X_1, X_2, \cdots, X_r}(x_1, x_2, \cdots, x_r)$ 为 $(X_1, X_2, \cdots, X_n)$ **关于** $X_1, X_2, \cdots, X_r$ **的边缘分布密度**.

1.1.4 条件概率函数、条件分布密度

设 (X, Y) 为离散型随机变量,对固定的 j ,若 $P\{Y = b_j\} = p_{\bullet j} > 0$,根据条件概率的计算方法,有

$$P\{X = a_i \mid Y = b_j\} = \frac{P\{X \leqslant a_i, \ Y = b_j\}}{P\{Y = b_j\}} = \frac{p_{ij}}{p_{\bullet j}},$$

称 $P\{X = a_i \mid Y = b_j\}$ 为**在条件** $Y = b_j$ **下随机变量** X **的条件概率函数**,称

$$F(x \mid b_j) = P\{X \leqslant x \mid Y = b_j\} = \frac{P\{X \leqslant x, \ Y = b_j\}}{P\{Y = b_j\}}$$

为**在条件** $Y = b_j$ **下随机变量** X **的条件分布函数**.

同理,对固定的 i ,若 $P\{X = a_i\} = p_{i\bullet} > 0$,则称 $P\{Y = b_j \mid X = a_i\}$ 为**在条件** $X = a_i$ **下随机变量** Y **的条件概率函数**,称

$$F(y \mid a_i) = P\{Y \leqslant y \mid X = a_i\} = \frac{P\{X = a_i, \ Y \leqslant y\}}{P\{X = a_i\}}$$

为**在条件** $X = a_i$ **下随机变量** Y **的条件分布函数**.

类似地,可以定义 n 维离散型随机变量 $(X_1, X_2, \cdots, X_n)$ 的条件概率函数及条件分布函数.

从 $X_1,X_2,\cdots,X_n$ 中任意确定 r 个随机变量，不妨假设是 $X_1,X_2,\cdots,X_r$，若 $P\{X_1=a_{j_1},\ X_2=a_{j_2},\ \cdots,\ X_r=a_{j_r}\}>0$，则称

$$P\{X_{r+1}=a_{j_{r+1}},X_{r+2}=a_{j_{r+2}},\cdots,X_n=a_{j_n} \mid X_1=a_{j_1},X_2=a_{j_2},\cdots,X_r=a_{j_r}\}$$
$$=\frac{P\{X_1=a_{j_1},\ X_2=a_{j_2},\ \cdots,\ X_n=a_{j_n}\}}{P\{X_1=a_{j_1},\ X_2=a_{j_2},\ \cdots,\ X_r=a_{j_r}\}}$$

为**在条件** $X_1=a_{j_1},\ X_2=a_{j_2},\ \cdots,\ X_r=a_{j_r}$ **下随机变量** $(X_{r+1},X_{r+2},\cdots,X_n)$**的条件概率函数**，称

$$F(x_{r+1},x_{r+2},\cdots,x_n \mid a_{j_1},a_{j_2},\cdots,a_{j_r})$$
$$=\frac{P\{X_1=a_{j_1},\ \cdots,\ X_r=a_{j_r},\ X_{r+1}\leqslant x_{r+1},\ \cdots,\ X_n\leqslant x_n\}}{P\{X_1=a_{j_1},\ \cdots,\ X_r=a_{j_r}\}}$$

为**在条件** $X_1=a_{j_1},\ X_2=a_{j_2},\ \cdots,\ X_r=a_{j_r}$ **下随机变量** $(X_{r+1},X_{r+2},\cdots,X_n)$**的条件分布函数**.

设 (X,Y) 为连续型随机变量，联合分布密度为 $p(x,y)$，边缘分布密度为 $p_X(x)$ 和 $p_Y(y)$. 对固定的 y，若 $p_Y(y)>0$，则称

$$p(x \mid y)=\frac{p(x,y)}{p_Y(y)}$$

为**在条件** $Y=y$ **下随机变量** X **的条件分布密度**，称

$$F(x \mid y)=\frac{\int_{-\infty}^{x}p(x,y)\mathrm{d}x}{p_Y(y)}$$

为**在条件** $Y=y$ **下随机变量** X **的条件分布函数**.

同理，对固定的 x，若 $p_X(x)>0$，称 $p(y \mid x)=\dfrac{p(x,y)}{p_X(x)}$ 为**在条件** $X=x$ **下**

随机变量 Y **的条件分布密度**，称 $F(y \mid x)=\dfrac{\int_{-\infty}^{y}p(x,y)\mathrm{d}y}{p_X(x)}$ 为**在条件** $X=x$ **下**

随机变量 Y **的条件分布函数**.

类似地可以定义多维连续型随机变量 $(X_1,X_2,\cdots,X_n)$ 的条件分布密度及条件分布函数.

从 $X_1,X_2,\cdots,X_n$ 中任意确定 r 个随机变量，不妨假设是 $X_1,X_2,\cdots,X_r$，对固定的 $x_1,x_2,\cdots,x_r$，若 $p_{X_1,X_2,\cdots,X_r}(x_1,x_2,\cdots,x_r)>0$，则称

$$p(x_{r+1},x_{r+2},\cdots,x_n \mid x_1,x_2,\cdots,x_r)=\frac{p(x_1,x_2,\cdots,x_n)}{p_{X_1X_2\cdots X_r}(x_1,x_2,\cdots,x_r)}$$

为**在条件** $X_1 = x_1$, $X_2 = x_2$, $\cdots$, $X_r = x_r$ **下随机变量** $(X_{r+1}, X_{r+2}, \cdots, X_n)$ 的条件分布密度，称

$$F(x_{r+1}, x_{r+2}, \cdots, x_n \mid x_1, x_2, \cdots, x_r) = \frac{\int_{-\infty}^{x_{r+1}} \cdots \int_{-\infty}^{x_n} p(x_1, x_2, \cdots, x_n) \mathrm{d}x_{r+1} \cdots \mathrm{d}x_n}{p_{X_1 X_2 \cdots X_r}(x_1, x_2, \cdots, x_r)}$$

为**在条件** $X_1 = x_1$, $X_2 = x_2$, $\cdots$, $X_r = x_r$ **下随机变量** $(X_{r+1}, X_{r+2}, \cdots, X_n)$ 的条件分布函数.

1.1.5 随机变量相互独立

1. 两个随机变量相互独立

对任意实数 x 与 y，设 $F(x, y)$ 为二维随机变量 (X, Y) 的联合分布函数，$F_X(x)$ 与 $F_Y(y)$ 分别为 X 与 Y 的分布函数. 若 $F(x, y) = F_X(x) F_Y(y)$，则称**随机变量** X **与** Y **相互独立**.

定理 1.1.1 (1) 对于离散型二维随机变量 (X, Y)，若 X 在集合 $\{a_i \mid i \in \mathbf{N}\}$ 中取值，Y 在集合 $\{b_j \mid j \in \mathbf{N}\}$ 中取值，且

$$P\{X = a_i, \ Y = b_j\} = p_{ij}, \quad P\{X = a_i\} = p_{i\bullet}, \quad P\{Y = b_j\} = p_{\bullet j}$$

分别为 (X, Y) 及 X 与 Y 的概率函数，则 X 与 Y 相互独立的充要条件是对 a_i 与 b_j 的一切组合，有

$$P\{X = a_i, \ Y = b_j\} = P\{X = a_i\} P\{Y = b_j\},$$

或 $p_{ij} = p_{i\bullet} p_{\bullet j}$.

(2) 对于连续型二维随机变量 (X, Y)，若 $p(x, y)$ 及 $p_X(x)$ 与 $p_Y(y)$ 分别是 (X, Y) 及 X 与 Y 的分布密度，则 X 与 Y 相互独立的充要条件是在 $p(x, y)$ 及 $p_X(x)$ 与 $p_Y(y)$ 都连续的点 (x, y) 处，有

$$p(x, y) = p_X(x) p_Y(y).$$

以下对 (1) 给出证明，(2) 的证明与 (1) 相类似.

证 **充分性** 对 a_i 与 b_j 的一切组合，若 $P\{X = a_i, \ Y = b_j\} = P\{X = a_i\} P\{Y = b_j\}$，则

$$
\begin{aligned}
F(x, y) &= \sum_{a_i \leqslant x, \ b_j \leqslant y} P\{X = a_i, \ Y = b_j\} \\
&= \sum_{a_i \leqslant x; \ b_j \leqslant y} P\{X = a_i\} P\{Y = b_j\} \\
&= \sum_{a_i \leqslant x} P\{X = a_i\} \sum_{b_j \leqslant y} P\{Y = b_j\}
\end{aligned}
$$

$$= F_X(x)F_Y(y),$$

因此，X 与 Y 相互独立.

必要性　若 X 与 Y 相互独立，则 $F(x,y) = F_X(x)F_Y(y)$，即

$$P\{X \leqslant x, \ Y \leqslant y\} = P\{X \leqslant x\}P\{Y \leqslant y\},$$

于是对 a_i 与 b_j 的一切组合，有

$$P\{X \leqslant a_i, \ Y \leqslant b_j\} = P\{X \leqslant a_i\}P\{Y \leqslant b_j\},$$

$$P\{X \leqslant a_i, \ Y < b_j\} = P\{X \leqslant a_i\}P\{Y < b_j\}.$$

两式相减得到

$$P\{X \leqslant a_i, \ Y = b_j\} = P\{X \leqslant a_i\}P\{Y = b_j\}.$$

同理，

$$P\{X < a_i, \ Y = b_j\} = P\{X < a_i\}P\{Y = b_j\}.$$

两式相减得到

$$P\{X = a_i, \ Y = b_j\} = P\{X = a_i\}P\{Y = b_j\}.$$

2. n 个随机变量相互独立

对任意实数 $x_1, x_2, \cdots, x_n$，设 $F(x_1, x_2, \cdots, x_n)$ 为 n 维随机变量 $(X_1, X_2, \cdots, X_n)$ 的分布函数，$F_1(x_1), F_2(x_2), \cdots, F_n(x_n)$ 分别为 $X_1, X_2, \cdots, X_n$ 的分布函数. 若

$$F(x_1, x_2, \cdots, x_n) = F_1(x_1), F_2(x_2), \cdots, F_n(x_n),$$

则称**随机变量 $X_1, X_2, \cdots, X_n$ 相互独立**. 其充要条件与两个随机变量的情形相类似.

注　(1) 当随机变量 $X_1, X_2, \cdots, X_n$ 相互独立时，上述随机变量中的任意 k 个随机变量也相互独立，其中 $k = 2, 3, \cdots, n-1$，即全体相互独立时其部分也相互独立.

(2) 当随机变量 $X_1, X_2, \cdots, X_n$ 相互独立时，它们各自的连续函数 $f_1(X_1), f_2(X_2), \cdots, f_n(X_n)$ 也相互独立.

3. 两组随机变量相互独立

对任意实数 $x_1, x_2, \cdots, x_n$ 与 $y_1, y_2, \cdots, y_m$，设 n 维随机变量 $(X_1, X_2, \cdots, X_n)$ 的分布函数为 $F_1(x_1, x_2, \cdots, x_n)$，$m$ 维随机变量 $(Y_1, Y_2, \cdots, Y_m)$ 的分布函数为 $F_2(y_1, y_2, \cdots, y_m)$，$n+m$ 维随机变量 $(X_1, X_2, \cdots, X_n, Y_1, Y_2, \cdots, Y_m)$ 的分布函数为 $F(x_1, x_2, \cdots, x_n, y_1, y_2, \cdots, y_m)$. 若

$$F(x_1, x_2, \cdots, x_n, y_1, y_2, \cdots, y_m) = F_1(x_1, x_2, \cdots, x_n)F_2(y_1, y_2, \cdots, y_m),$$

则称 $(X_1,X_2,\cdots,X_n)$ 与 $(Y_1,Y_2,\cdots,Y_m)$ **相互独立**. 其充要条件与两个随机变量的情形相类似.

注　当随机变量 $(X_1,X_2,\cdots,X_n)$ 与 $(Y_1,Y_2,\cdots,Y_m)$ 相互独立时,

(1) 任一 $X_i\,(i=1,2,\cdots,n)$ 与 $Y_j\,(j=1,2,\cdots,m)$ 相互独立;

(2) $(X_1,X_2,\cdots,X_n)$ 的连续函数 $h(X_1,X_2,\cdots,X_n)$ 与 $(Y_1,Y_2,\cdots,Y_m)$ 的连续函数 $g(Y_1,Y_2,\cdots,Y_m)$ 也相互独立.

例如, $\overline{X}=\dfrac{1}{n}\sum\limits_{i=1}^{n}X_i$ 与 $\overline{Y}=\dfrac{1}{m}\sum\limits_{j=1}^{m}Y_j$ 相互独立, $S_X^2=\dfrac{1}{n}\sum\limits_{i=1}^{n}(X_i-\overline{X})^2$ 与

$S_Y^2=\dfrac{1}{m}\sum\limits_{j=1}^{m}(Y_j-\overline{Y})^2$ 也相互独立.

特别要注意的是：随机变量的相互独立性在统计学中是一个十分重要的基本概念, 有关的一些结论将成为研究后续若干内容的根据. 但是, 随机变量的相互独立性通常都不是根据定义而是根据专业知识或通过抽样方法与试验设计来确定的. 在统计学中, 只要随机变量是相互独立的, 便可以根据上述充要条件写出它们所构成的二维或 n 维随机变量的分布函数、概率密度函数或分布密度. 也有少数情形, 随机变量的相互独立性仍然需要通过证明来加以确认, 由例 1.1.1～例 1.1.3 可见证明的根据及步骤.

在 1.4 节中还要证明 $X_1,X_2,\cdots,X_n$ 相互独立且都服从正态分布时,

$\overline{X}=\dfrac{1}{n}\sum\limits_{i=1}^{n}X_i$ 与 $S_X^2=\dfrac{1}{n}\sum\limits_{i=1}^{n}(X_i-\overline{X})^2$ 相互独立, 证明时将用到对标准正态分布作正交变换的结论.

例 1.1.1　证明：若随机变量 X 只取一个值 a, 则 X 与任意的随机变量相互独立.

证　由 $P\{X=a\}=1$ 知, 随机变量 X 的分布函数为
$$F_1(x)=\begin{cases}0, & x<a,\\ 1, & x\geqslant a.\end{cases}$$

设任意的随机变量 Y 的分布函数为 $F_2(y)$, 考虑 (X,Y) 的联合分布函数
$$F(x,y)=P\{X\leqslant x,\ Y\leqslant y\}.$$

当 $x<a$ 时, $\{X\leqslant x\}$ 与 $\{X\leqslant x,\ Y\leqslant y\}$ 为不可能事件, $F_1(x)=0$,
$$F(x,y)=P\{X\leqslant x,\ Y\leqslant y\}=0,$$
从而, $F(x,y)=F_1(x)F_2(y)$.

当 $x\geqslant a$ 时, $\{X\leqslant x\}$ 为必然事件, $F_1(x)=1$, 又 $\{X\leqslant x,\ Y\leqslant y\}=$

$\{Y \leqslant y\}$，可知

$$F(x,y) = P\{X \leqslant x,\ Y \leqslant y\} = P\{Y \leqslant y\} = F_2(y),$$

从而，$F(x,y) = F_1(x)F_2(y)$.

因此 X 与 Y 相互独立.

注　由于随机变量 X 只取一个值 a，可以看作是一个常量，因此上述结论应该理解为常量与任一随机变量相互独立.

例 1.1.2　设三维随机变量 (X,Y,Z) 的分布密度

$$p(x,y,z) = \begin{cases} (x+y)\mathrm{e}^{-z}, & 0 < x < 1,\ 0 < y < 1,\ z > 0, \\ 0, & \text{其他}, \end{cases}$$

试证明：X 与 Z 相互独立，X 与 (Y,Z) 不相互独立.

证　当 $0 < y < 1$，$z > 0$ 时，(Y,Z) 的分布密度

$$p_{23}(y,z) = \int_0^1 (x+y)\mathrm{e}^{-z}\mathrm{d}x = \left(\frac{1}{2}+y\right)\mathrm{e}^{-z}.$$

当 $0 < x < 1$，$z > 0$ 时，(X,Z) 的分布密度

$$p_{13}(x,z) = \int_0^1 (x+y)\mathrm{e}^{-z}\mathrm{d}y = \left(\frac{1}{2}+x\right)\mathrm{e}^{-z}.$$

当 $0 < x < 1$ 时，X 的分布密度

$$p_1(x) = \int_0^{+\infty} \left(\frac{1}{2}+x\right)\mathrm{e}^{-z}\mathrm{d}z = \frac{1}{2}+x.$$

当 $z > 0$ 时，Z 的分布密度

$$p_3(z) = \int_0^1 \left(\frac{1}{2}+x\right)\mathrm{e}^{-z}\mathrm{d}x = \mathrm{e}^{-z}.$$

从而

$$p_{13}(x,z) = \begin{cases} \left(\frac{1}{2}+x\right)\mathrm{e}^{-z}, & 0 < x < 1,\ z > 0, \\ 0, & \text{其他}, \end{cases}$$

$$p_{23}(y,z) = \begin{cases} \left(\frac{1}{2}+y\right)\mathrm{e}^{-z}, & 0 < y < 1,\ z > 0, \\ 0, & \text{其他}, \end{cases}$$

$$p_1(x) = \begin{cases} \frac{1}{2}+x, & 0 < x < 1, \\ 0, & \text{其他}, \end{cases} \qquad p_3(z) = \begin{cases} \mathrm{e}^{-z}, & z > 0, \\ 0, & \text{其他}. \end{cases}$$

由上式可以看出，对于任意的实数 x 与 z，$p_{13}(x,z) = p_1(x)p_3(z)$，$X$ 与

Z 相互独立；对于 $0 < x < 1$，$0 < y < 1$，$z > 0$，$p(x,y,z) \neq p_1(x)p_{23}(y,z)$，$X$ 与 (Y,Z) 不相互独立.

例 1.1.3 设三维随机变量 (X,Y,Z) 的分布密度

$$p(x,y,z) = \begin{cases} \dfrac{1 - \sin x \sin y \sin z}{8\pi^3}, & 0 < x < 2\pi,\ 0 < y < 2\pi,\ 0 < z < 2\pi, \\ 0, & \text{其他,} \end{cases}$$

试证明：X,Y,Z 两两相互独立，但 X,Y,Z 不相互独立.

证 当 $0 < x < 2\pi$，$0 < y < 2\pi$ 时，(X,Y) 的分布密度为

$$p_{12}(x,y) = \int_0^{2\pi} \frac{1 - \sin x \sin y \sin z}{8\pi^3}\, \mathrm{d}z = \frac{1}{4\pi^2},$$

即

$$p_{12}(x,y) = \begin{cases} \dfrac{1}{4\pi^2}, & 0 < x < 2\pi,\ 0 < y < 2\pi, \\ 0, & \text{其他.} \end{cases}$$

同理，(X,Z) 的分布密度

$$p_{13}(x,z) = \begin{cases} \dfrac{1}{4\pi^2}, & 0 < x < 2\pi,\ 0 < z < 2\pi, \\ 0, & \text{其他;} \end{cases}$$

(Y,Z) 的分布密度

$$p_{23}(y,z) = \begin{cases} \dfrac{1}{4\pi^2}, & 0 < y < 2\pi,\ 0 < z < 2\pi, \\ 0, & \text{其他.} \end{cases}$$

当 $0 < x < 2\pi$ 时，X 的分布密度 $p_1(x) = \displaystyle\int_0^{2\pi} \frac{1}{4\pi^2}\,\mathrm{d}z = \frac{1}{2\pi}$，即

$$p_1(x) = \begin{cases} \dfrac{1}{2\pi}, & 0 < x < 2\pi, \\ 0, & \text{其他.} \end{cases}$$

同理，Y 与 Z 的分布密度分别为

$$p_2(y) = \begin{cases} \dfrac{1}{2\pi}, & 0 < y < 2\pi, \\ 0, & \text{其他;} \end{cases} \qquad p_3(z) = \begin{cases} \dfrac{1}{2\pi}, & 0 < z < 2\pi, \\ 0, & \text{其他.} \end{cases}$$

因此，对于任意的实数 x,y,z，有 $p_{12}(x,y) = p_1(x)p_2(y)$，$p_{13}(x,z) = p_1(x)p_3(z)$，$p_{23}(y,z) = p_2(y)p_3(z)$，故 X,Y,Z 两两相互独立.

对于 $0<x<2\pi,\ 0<y<2\pi,\ 0<z<2\pi$，可知 $p(x,y,z)\neq p_1(x)p_2(y)$ $p_3(z)$，故 X,Y,Z 不相互独立.

例 1.1.4　当随机变量 $X_1,X_2,\cdots,X_n$ 相互独立，其分布函数依次为 $F_1(x_1),F_2(x_2),\cdots,F_n(x_n)$ 时，若 $Y=\max\limits_{1\leqslant i\leqslant n}\{X_i\}$ 与 $Z=\min\limits_{1\leqslant i\leqslant n}\{X_i\}$ 分别表示在随机变量 $X_1,X_2,\cdots,X_n$ 取值后，随机变量 Y 取它们的最大值而 Z 取它们的最小值，试证明：Y 的分布函数是 $F^*_{\max}(y)=\prod\limits_{i=1}^{n}F_i(y)$，而 Z 的分布函数是

$$F^*_{\min}(z)=1-\prod_{i=1}^{n}\big(1-F_i(z)\big).$$

证　根据题意，对任意的实数 y，

$$F^*_{\max}(y)=P\{Y\leqslant y\}=P\{X_1\leqslant y,\ X_2\leqslant y,\ \cdots,\ X_n\leqslant y\}$$
$$=P\{X_1\leqslant y\}P\{X_2\leqslant y\}\cdots P\{X_n\leqslant y\}$$
$$=F_1(y)F_2(y)\cdots F_n(y)=\prod_{i=1}^{n}F_i(y).$$

对任意的实数 z，

$$F^*_{\min}(z)=P\{Z\leqslant z\}=1-P\{Z>z\}$$
$$=1-P\{X_1>z,\ X_2>z,\ \cdots,\ X_n>z\}$$
$$=1-P\{X_1>z\}P\{X_2>z\}\cdots P\{X_n>z\}$$
$$=1-\big(1-P\{X_1\leqslant z\}\big)\big(1-P\{X_2\leqslant z\}\big)\cdots\big(1-P\{X_n\leqslant z\}\big)$$
$$=1-\big(1-F_1(z)\big)\big(1-F_2(z)\big)\cdots\big(1-F_n(z)\big)$$
$$=1-\prod_{i=1}^{n}\big(1-F_i(z)\big).$$

特别地，当随机变量 $X_1,X_2,\cdots,X_n$ 相互独立，其分布函数同为 $F(\cdot)$ 时，
$$F^*_{\max}(y)=\big(F(y)\big)^n,\quad F^*_{\min}(z)=1-\big(1-F(z)\big)^n.$$

☞ 习题 1.1

1. 试写出三维随机变量 (X,Y,Z) 的分布函数 $F(x,y,z)$ 的定义，写出 (X,Y,Z) 关于 Z 的边缘分布函数的定义，写出 (X,Y,Z) 关于 Y,Z 的边缘分布函数的定义，写出 X 与 (Y,Z) 相互独立的定义.

2. 试说明表达式 $Y = \max\limits_{1 \leqslant i \leqslant n}\{X_i\}$ 与 $Z = \min\limits_{1 \leqslant i \leqslant n}\{X_i\}$ 的含义，说明 $F_{\max}^*(y), F_{\min}^*(z)$ 分别与随机变量 $X_1, X_2, \cdots, X_n$ 的分布函数的关系.

3. 设三维随机变量 (X, Y, Z) 的分布密度

$$p(x, y, z) = \begin{cases} 2x\,\mathrm{e}^{-(y+z)}, & 0 < x < 1, \ y > 0, \ z > 0, \\ 0, & \text{其他}, \end{cases}$$

试证明：X 与 Z 相互独立， (X, Y) 与 Z 相互独立.

4. 设 $X_1, X_2, \cdots, X_6$ 相互独立，且其分布密度同是

$$p(x) = \begin{cases} 2x\,\mathrm{e}^{-x^2}, & x > 0, \\ 0, & \text{其他}, \end{cases}$$

试求 $P\{\min\{X_1, X_2, \cdots, X_6\} > 2\}$ 和 $P\{\max\{X_1, X_2, \cdots, X_6\} > 2\}$.

1.2 随机变量的数字特征

1.2.1 数学期望与方差

随机变量的分布函数、概率函数与分布密度，已经完整地反映了随机变量取值的特征. 但在解决实际问题时，可能会觉得它们所反映的特征不够明显，要求将随机变量取值的特征概括为数字. 一般将各种能反映随机变量取值特征的数字称为随机变量的**数字特征**.

以下讲述的数学期望与方差就是一维随机变量重要的两个数字特征. 数学期望反映随机变量取值的均值，而方差则是随机变量所取的值与其均值的离差的平方的均值，可反映随机变量取值集中或分散的程度.

1. 离散型随机变量的数学期望

设 $P\{X = x_i\} = p_i$ 是一维离散型随机变量 X 的概率函数，$\sum_i x_i p_i$ 是有限多项的和或者是绝对收敛的无穷级数，记 $E(X) = \sum_i x_i p_i$，则称 $E(X)$ 为 X 的**数学期望**.

若有 X 的函数 $f(X)$，则 $E\big(f(X)\big) = \sum_i f(x_i) p_i$.

当然，$E\big(f(X)\big)$ 也可以由 $f(X)$ 的概率函数直接计算.

设 $P\{X = x_i, \ Y = y_j\} = p_{ij}$ 是二维离散型随机变量 (X, Y) 的概率函数，则

$$E(X) = \sum_i x_i p_{i\bullet} = \sum_i x_i \sum_j p_{ij} = \sum_i \sum_j x_i p_{ij},$$

$$E(Y) = \sum_j y_j p_{\bullet j} = \sum_j y_j \sum_i p_{ij} = \sum_i \sum_j y_j p_{ij},$$

$$E\big(f(X,Y)\big) = \sum_i \sum_j f(x_i, y_j) p_{ij}.$$

当然，$E(X)$ 与 $E(Y)$ 也可以由 (X,Y) 的边缘概率函数直接计算.

2. 连续型随机变量的数学期望

设 $p(x)$ 是一维连续型随机变量 X 的分布密度，$\int_{-\infty}^{+\infty} xp(x)\mathrm{d}x$ 绝对收敛，

记 $E(X) = \int_{-\infty}^{+\infty} xp(x)\mathrm{d}x$，则称 $E(X)$ 为 X 的 **数学期望**.

若有 X 的函数 $f(X)$，则 $E\big(f(X)\big) = \int_{-\infty}^{+\infty} f(x)p(x)\mathrm{d}x$.

当然，$E\big(f(X)\big)$ 也可以由 $f(X)$ 的分布密度直接计算.

设 $p(x,y)$ 是二维连续型随机变量 (X,Y) 的分布密度，则

$$E(X) = \int_{-\infty}^{+\infty} xp_X(x)\mathrm{d}x = \int_{-\infty}^{+\infty} x\left(\int_{-\infty}^{+\infty} p(x,y)\mathrm{d}y\right)\mathrm{d}x$$
$$= \iint\limits_{\mathbf{R}^2} xp(x,y)\mathrm{d}\sigma_{xy},$$

$$E(Y) = \int_{-\infty}^{+\infty} yp_Y(y)\mathrm{d}y = \int_{-\infty}^{+\infty} y\left(\int_{-\infty}^{+\infty} p(x,y)\mathrm{d}x\right)\mathrm{d}y$$
$$= \iint\limits_{\mathbf{R}^2} yp(x,y)\mathrm{d}\sigma_{xy},$$

$$E\big(f(X,Y)\big) = \iint\limits_{\mathbf{R}^2} f(x,y)p(x,y)\mathrm{d}\sigma_{xy}.$$

当然，$E(X)$ 与 $E(Y)$ 也可以由 (X,Y) 的边缘分布密度直接计算.

3. 一维随机变量的方差

设 X 为一维随机变量，记 $D(X) = E\ (X-EX)^2$，则称 $D(X)$ 为 X 的 **方差**. $D(X)$ 也可写为 $\mathrm{Var}(X)$.

记 $\sigma(X) = \sqrt{D(X)}$，称 $\sigma(X)$ 为 X 的 **标准差**，它的量纲与 X 的量纲一致.

$D(X)$ 的计算公式可化简为 $D(X) = \mathrm{Var}(X) = E(X^2) - (EX)^2$.

4. 数学期望与方差的性质

数学期望常用的性质如下：

(1) 若 C 为常数，则 $E(C) = C$；

(2) 若 C 为常数，且 $E(X)$ 存在，则 $E(CX) = CE(X)$；

(3) 若 $E(X)$ 与 $E(Y)$ 都存在，则 $E(X \pm Y) = E(X) \pm E(Y)$ ；

根据性质(3)和(1)，若 C 为常数，则 $E(X \pm C) = E(X) \pm C$.

性质(3)还可以推广到 n 个随机变量的情形：当 $E(X_1), E(X_2), \cdots, E(X_n)$ 都存在时，

$$E(\sum_i X_i) = \sum_i E(X_i).$$

(4) 若 $E(X)$ 与 $E(Y)$ 都存在，且 X 与 Y 相互独立，则有

$$E(XY) = E(X)E(Y).$$

方差的性质如下：

(1) 若 C 为常数，则 $D(C) = 0$ ；

(2) 若 C 为常数，且 $D(X)$ 存在，则 $D(kX) = C^2 D(X)$ ；

(3) 当 X 与 Y 相互独立，且 $D(X)$ 与 $D(Y)$ 都存在时，

$$D(X \pm Y) = D(X) + D(Y);$$

当 X 与 Y 不相互独立时，

$$D(X \pm Y) = D(X) + D(Y) \pm 2E\big[(X - EX)(Y - EY)\big].$$

同理，若 C 为常数，则 $D(X \pm C) = D(X)$.

性质(3)还可以推广到多个随机变量的情形：

当 $X_1, X_2, \cdots, X_n$ 相互独立，且 $D(X_1), D(X_2), \cdots, D(X_n)$ 都存在时，

$$D(\sum_i X_i) = \sum_i D(X_i).$$

作为数学期望与方差的推广，当 X 为随机变量，k 为正整数时，称 $E(X^k)$ 为 X 的 k **阶原点矩**，称 $E(X - EX)^k$ 为 X 的 k **阶中心矩**. 显然，X 的一阶原点矩就是 X 的数学期望，X 的二阶中心矩就是 X 的方差.

5. 常用分布的数学期望与方差

(1) **0–1 分布** $B(1, p)$ 若随机变量 X 的概率函数为

$$P\{X = 0\} = 1 - p, \ P\{X = 1\} = p, \quad 0 \leqslant p \leqslant 1,$$

或 $P\{X = k\} = p^k (1-p)^{1-k}$，$k = 0, 1$，则称 X 服从**参数为 p 的 0–1 分布**，记为 $X \sim B(1, p)$ ，其数学期望与方差分别为

$$E(X) = p, \quad D(X) = p(1-p).$$

(2) **二项分布** $B(n, p)$ 若随机变量 X 的概率函数为

$$P\{X = k\} = \frac{n!}{k!(n-k)!} p^k (1-p)^{n-k}, \quad k = 0, 1, 2, \cdots, n, \ 0 \leqslant p \leqslant 1,$$

则称 X 服从**参数为 p 的二项分布**，记为 $X \sim B(n,p)$，其数学期望与方差分别为

$$E(X) = np , \quad D(X) = np(1-p) .$$

(3) **Poisson 分布**　若随机变量 X 的概率函数为

$$P\{X = k\} = \frac{\lambda^k}{k!} \mathrm{e}^{-\lambda}, \quad k = 0,1,2,\cdots, \quad \lambda > 0 ,$$

则称 X 服从**参数为 λ 的 Poisson 分布**，记为 $X \sim P(\lambda)$，其数学期望与方差分别为

$$E(X) = \lambda , \quad D(X) = \lambda .$$

(4) **均匀分布**　若随机变量 X 的分布密度为

$$p(x) = \begin{cases} \dfrac{1}{b-a}, & a < x < b, \\ 0, & \text{其他}, \end{cases}$$

则称 X 服从**均匀分布**，记为 $X \sim U(a,b)$，其数学期望与方差分别为

$$E(X) = \frac{b+a}{2} , \quad D(X) = \frac{(b-a)^2}{12} .$$

(5) **指数分布**　若随机变量 X 的分布密度为

$$p(x) = \begin{cases} \lambda \mathrm{e}^{-\lambda x}, & x \geqslant 0, \\ 0, & x < 0, \end{cases} \quad \lambda > 0 ,$$

则称 X 服从**参数为 λ 的指数分布**，记为 $X \sim E(\lambda)$，其数学期望与方差分别为

$$E(X) = \frac{1}{\lambda} , \quad D(X) = \frac{1}{\lambda^2} .$$

(6) **正态分布**　若随机变量 X 的分布密度为

$$p(x) = \frac{1}{\sqrt{2\pi}\sigma} \mathrm{e}^{-\frac{(x-\mu)^2}{2\sigma^2}} , \quad \sigma > 0 ,$$

则称 X 服从**正态分布**，记为 $X \sim N(\mu,\sigma^2)$，其数学期望与方差分别为

$$E(X) = \mu , \quad D(X) = \sigma^2 .$$

在 1.5 节中还将讲述统计学常用的 χ^2 分布、t 分布和 F 分布的数学期望与方差.

1.2.2　协方差的定义与性质

设 X 与 Y 是两个一维随机变量. 当 $E\left[(X-EX)(Y-EY)\right]$ 存在时，称 $E\left[(X-EX)(Y-EY)\right]$ 为随机变量 X 与 Y 的**协方差**，记作 $\mathrm{cov}(X,Y)$.

根据数学期望的性质，可以证明

$$\text{cov}(X,Y) = E(XY) - (EX)(EY),$$

即 X 与 Y 的协方差等于其乘积的数学期望与 X,Y 各自数学期望的乘积之差.

有时候，$\text{cov}(X,Y)$ 又记作 $\sigma(X,Y)$ 或 σ_{XY}.

当 X 与 Y 相互独立时，$X - EX$ 与 $Y - EY$ 也相互独立，

$$\begin{aligned}
\text{cov}(X,Y) &= E\big[(X-EX)(Y-EY)\big] \\
&= \big[E(X-EX)\big]\big[E(Y-EY)\big] = 0,
\end{aligned}$$

$$D(X \pm Y) = D(X) + D(Y).$$

当 $\text{cov}(X,Y) = 0$ 时，称 X 与 Y **线性无关或无关**. 当 $\text{cov}(X,Y) \neq 0$ 时，称 X 与 Y **线性相关或相关**.

当 X 与 Y 不相关时，$\text{cov}(X,Y) \neq 0$，

$$D(X \pm Y) = D(X) + D(Y) \pm 2\text{cov}(X,Y).$$

协方差的性质如下：

(1) $\text{cov}(X,X) = D(X)$；

(2) $\text{cov}(X,Y) = \text{cov}(Y,X)$；

(3) 对任意实数 a 与 b，$\text{cov}(aX,bY) = ab\,\text{cov}(X,Y)$，

$$\text{cov}(X+Y,Z) = \text{cov}(X,Z) + \text{cov}(Y,Z);$$

(4) 若 X 与 Y 相互独立，则 $\text{cov}(X,Y) = 0$，反之不一定成立.

请阅读例 1.2.1.

1.2.3 协方差矩阵的定义及性质

为了表述上清楚与直观，有时需要将随机变量 X 的方差 $D(X)$、Y 的方差 $D(Y)$ 及 X 与 Y 的协方差写成一个矩阵的形式：

$$\begin{pmatrix} D(X) & \text{cov}(X,Y) \\ \text{cov}(X,Y) & D(Y) \end{pmatrix},$$

上述矩阵称为 (X,Y) 的**协方差矩阵**，记作 $\text{Cov}\begin{pmatrix} X \\ Y \end{pmatrix}$.

对于 n 维随机向量 $(X_1, X_2, \cdots, X_n)$，称

$$\begin{pmatrix}
\sigma_{11} & \sigma_{12} & \cdots & \sigma_{1n} \\
\sigma_{21} & \sigma_{22} & \cdots & \sigma_{2n} \\
\vdots & \vdots & & \vdots \\
\sigma_{n1} & \sigma_{n2} & \cdots & \sigma_{nn}
\end{pmatrix}$$

为 $(X_1, X_2, \cdots, X_n)$ 的**协方差矩阵**，其中 $\sigma_{ii} = D(X_i)$，当 $i \neq j$ 时，

$\sigma_{ij} = \mathrm{cov}(X_i, X_j)$，$i, j = 1, 2, \cdots, n$，并将上述矩阵记作 $\mathrm{Cov}\begin{pmatrix} X_1 \\ X_2 \\ \vdots \\ X_n \end{pmatrix}$ 或 $\boldsymbol{\Sigma}$.

若记 $\boldsymbol{X} = \begin{pmatrix} X_1 \\ X_2 \\ \vdots \\ X_n \end{pmatrix}$，$E\boldsymbol{X} = \begin{pmatrix} EX_1 \\ EX_2 \\ \vdots \\ EX_n \end{pmatrix}$，则 $\boldsymbol{X} - E\boldsymbol{X} = \begin{pmatrix} X_1 - EX_1 \\ X_2 - EX_2 \\ \vdots \\ X_n - EX_n \end{pmatrix}$，

$$\mathrm{Cov}(\boldsymbol{X}) = \mathrm{Cov}\begin{pmatrix} X_1 \\ X_2 \\ \vdots \\ X_n \end{pmatrix} = E\left[(\boldsymbol{X} - E\boldsymbol{X})(\boldsymbol{X} - E\boldsymbol{X})' \right].$$

对于两个随机向量 $\boldsymbol{X} = (X_1, X_2, \cdots, X_n)'$ 和 $\boldsymbol{Y} = (Y_1, Y_2, \cdots, Y_k)'$，定义

$$\mathrm{Cov}(\boldsymbol{X}, \boldsymbol{Y}) = E\begin{pmatrix} X_1 - EX_1 \\ X_2 - EX_2 \\ \vdots \\ X_n - EX_n \end{pmatrix}(Y_1 - EY_1, Y_2 - EY_2, \cdots, Y_k - EY_k)$$

$$= \begin{pmatrix} \mathrm{Cov}(X_1, Y_1) & \mathrm{Cov}(X_1, Y_2) & \cdots & \mathrm{Cov}(X_1, Y_k) \\ \mathrm{Cov}(X_2, Y_1) & \mathrm{Cov}(X_2, Y_2) & \cdots & \mathrm{Cov}(X_2, Y_k) \\ \vdots & \vdots & & \vdots \\ \mathrm{Cov}(X_n, Y_1) & \mathrm{Cov}(X_n, Y_2) & \cdots & \mathrm{Cov}(X_n, Y_k) \end{pmatrix}.$$

特别，当 $\boldsymbol{X} = \boldsymbol{Y}$ 时，$\mathrm{Cov}(\boldsymbol{X}, \boldsymbol{Y})$ 就简写为 $\mathrm{Cov}(\boldsymbol{X})$.

有时为了方便，记 $\mathrm{Cov}(X_1, X_2, \cdots, X_n) = \mathrm{Cov}\begin{pmatrix} X_1 \\ X_2 \\ \vdots \\ X_n \end{pmatrix}$.

协方差矩阵的性质如下：

(1) 当 $i \neq j$ 时 $\sigma_{ij} = \sigma_{ji}$，即 $\mathrm{Cov}(X_1, X_2, \cdots, X_n)$ 为对称矩阵；

(2) 在 $\mathrm{Cov}(X_1, X_2, \cdots, X_n)$ 主对角线上的元素分别为 $D(X_i)$，$i = 1$, $2, \cdots, n$；

(3) 若 $X_1, X_2, \cdots, X_n$ 相互独立或不相关，则 $\mathrm{Cov}(X_1, X_2, \cdots, X_n)$ 为对角阵；

(4) 设 $\boldsymbol{X} = (X_1, X_2, \cdots, X_n)'$，$\boldsymbol{Y} = (Y_1, Y_2, \cdots, Y_k)'$ 为两个多维随机变量，则对任意 $m \times n$ 矩阵 $\boldsymbol{A}$ 和 $l \times k$ 矩阵 $\boldsymbol{B}$，有

$$\mathrm{Cov}(\boldsymbol{AX}, \boldsymbol{BY}) = \boldsymbol{A}\mathrm{Cov}(\boldsymbol{X}, \boldsymbol{Y})\boldsymbol{B}'.$$

1.2.4　相关系数的定义及性质

当随机变量 X 与 Y 不相互独立，也就是 X 与 Y 之间有某一种相互的关系时，这一种关系很可能就是线性关系或者与线性关系相近似．由于线性关系是所有各种关系中最为简单的一种关系，研究方便又具备许多良好的性质，因此在应用中，当需要用一个变量 X 的函数表达另一个变量 Y 时，首先考虑的就是 $a + bX$．下面根据最优化原理，用 $a + bX$ 与 Y 的均方误差 $E\left[Y - (a + bX)\right]^2$ 来度量 $a + bX$ 与 Y 接近的程度，在理论上确定 a, b 与 X, Y 的内在联系．

因为

$$
\begin{aligned}
E\left[Y - (a + bX)\right]^2 &= E\left[(Y - EY) - b(X - EX) + (EY - a - bEX)\right]^2 \\
&= E\,(Y - EY)^2 + b^2 E\,(X - EX)^2 \\
&\quad + (EY - a - bEX)^2 - 2bE\left[(X - EX)(Y - EY)\right] \\
&\quad + 2E\left[(Y - EY)(EY - a - bEX)\right] \\
&\quad - 2bE\left[(X - EX)(EY - a - bEX)\right] \\
&= D(Y) + b^2 D(X) - 2bE\left[(X - EX)(Y - EY)\right] \\
&\quad + (EY - a - bEX)^2,
\end{aligned}
$$

为书写方便起见，记 $D(X) = \sigma^2(X)$，$D(Y) = \sigma^2(Y)$，

$$\rho(X, Y) = \frac{E\left[(X - EX)(Y - EY)\right]}{\sigma(X)\sigma(Y)},$$

则

$$
\begin{aligned}
E\left[Y - (a + bX)\right]^2 &= \sigma^2(Y) + b^2\sigma^2(X) - 2b\rho(X, Y)\sigma(X)\sigma(Y) \\
&\quad + (EY - a - bEX)^2 \\
&= \sigma^2(Y)\left(1 - \rho^2(X, Y)\right) + \sigma^2(X)\left(b - \rho(X, Y)\frac{\sigma(Y)}{\sigma(X)}\right)^2 \\
&\quad + (EY - a - bEX)^2,
\end{aligned}
$$

故当 $a = EY - bEX$，$b = \rho(X, Y)\dfrac{\sigma(Y)}{\sigma(X)}$ 时，$E\left[Y - (a + bX)\right]^2$ 取最小值

$\sigma^2(Y)\Big(1-\rho^2(X,Y)\Big).$

记 $\hat{Y}=a+bX$ ，虽然 $\hat{Y}\neq Y$ ，但是 $\hat{Y}=a+bX$ 与 Y 的均方误差 $E\left[Y-(a+bX)\right]^2$ 已经取到最小值，表明 $\hat{Y}=a+bX$ 是由 X 近似计算 Y 值的最佳公式.

称 $\hat{Y}=a+bX$ 为随机变量 Y 对于 X 的**线性回归方程**，称 a 为**回归常数**或**截距**，b 为**回归系数**.

同理，可求出随机变量 X 对于 Y 的线性回归方程 $\hat{X}=c+dY$ 及相应的回归常数 c 与回归系数 d. 结果是：

$$c=EX-dEY, \quad d=\rho(X,Y)\frac{\sigma(X)}{\sigma(Y)},$$

$E\left[X-(c+dY)\right]^2$ 的最小值为 $\sigma^2(X)\Big(1-\rho^2(X,Y)\Big).$

由此看出，回归方程 $\hat{Y}=a+bX$ 与 $\hat{X}=c+dY$ 中的回归常数不一定相同，回归系数也不一定相同，但两者的均方误差与 $1-\rho^2(X,Y)$ 成正比的内在规律却是相同的.

根据均方误差的含义，当 $1-\rho^2(X,Y)$ 的数值较小时，$a+bX$ 与 Y、$c+dY$ 与 X 都比较接近，当 $1-\rho^2(X,Y)$ 的数值较大时，$a+bX$ 与 Y、$c+dY$ 与 X 都相差甚远. 因此，引入二维随机变量 X 与 Y 的相关系数的定义如下：

设随机变量 X 与 Y 的方差都不为零，记

$$\rho(X,Y)=\frac{E\big[(X-EX)(Y-EY)\big]}{\sigma(X)\sigma(Y)},$$

称 $\rho(X,Y)$ 为 X 与 Y 的**相关系数**.

根据 $\rho(X,Y)$ 的值，当 $\rho(X,Y)>0$ 时，回归系数 b 和 d 都是正数，称 X 与 Y **正相关**；当 $\rho(X,Y)<0$ 时，回归系数 b 和 d 都是负数，称 X 与 Y **负相关**；当 $\big|\rho(X,Y)\big|$ 较大时，$1-\rho^2(X,Y)$ 较小，回归方程的均方误差也小，称 X 与 Y 的线性关系较为紧密；当 $\big|\rho(X,Y)\big|$ 较小时，$1-\rho^2(X,Y)$ 较大，回归方程的均方误差也大，称 X 与 Y 的线性关系较为松散；当 $\rho(X,Y)=0$ 时，称 X 与 Y **线性不相关**或**无关**.

有时候，$\rho(X,Y)$ 又记作 $\rho_{X,Y}$.

$\rho(X,Y)$ 的性质如下：

(1) $\big|\rho(X,Y)\big|\leqslant 1$，即 $-1\leqslant\rho(X,Y)\leqslant 1$；

(2) $\rho(X,X)=1$，$\rho(X,Y)=\rho(Y,X)$；

(3) 对任意的非零实数 a 与 b，$\rho(aX,bY)=\pm\rho(X,Y)$，且当 $ab>0$ 时取 $+$ 号，否则取 $-$ 号；

(4) 若 X 与 Y 相互独立，则 $\rho(X,Y)=0$，反之不一定成立.

请阅读例 1.2.1.

1.2.5 相关系数矩阵的定义及性质

对于二维随机变量 (X,Y)，记

$$\mathrm{Corr}(X,Y)=\begin{pmatrix} 1 & \rho(X,Y) \\ \rho(X,Y) & 1 \end{pmatrix},$$

称 $\mathrm{Corr}(X,Y)$ 为 (X,Y) 的**相关系数矩阵**.

对于 n 维随机变量 $(X_1,X_2,\cdots,X_n)$，记

$$\mathrm{Corr}\begin{pmatrix} X_1 \\ X_2 \\ \vdots \\ X_n \end{pmatrix}=\begin{pmatrix} \rho(X_1,X_1) & \rho(X_1,X_2) & \cdots & \rho(X_1,X_n) \\ \rho(X_2,X_1) & \rho(X_2,X_2) & \cdots & \rho(X_2,X_n) \\ \vdots & \vdots & & \vdots \\ \rho(X_n,X_1) & \rho(X_n,X_2) & \cdots & \rho(X_n,X_n) \end{pmatrix}$$

$$=\begin{pmatrix} \rho_{11} & \rho_{12} & \cdots & \rho_{1n} \\ \rho_{21} & \rho_{22} & \cdots & \rho_{2n} \\ \vdots & \vdots & & \vdots \\ \rho_{n1} & \rho_{n2} & \cdots & \rho_{nn} \end{pmatrix},$$

式中的

$$\rho_{ii}=1,\quad \rho_{ij}=\rho(X_i,X_j),\ \ i\neq j,\ \ i,j=1,2,\cdots,n,$$

称 $\mathrm{Corr}\begin{pmatrix} X_1 \\ X_2 \\ \vdots \\ X_n \end{pmatrix}$ 为 $(X_1,X_2,\cdots,X_n)$ 的**相关系数矩阵**. 有时记 $\boldsymbol{R}=\mathrm{Corr}\begin{pmatrix} X_1 \\ X_2 \\ \vdots \\ X_n \end{pmatrix}$.

有时为了方便，记 $\mathrm{Corr}(X_1,X_2,\cdots,X_n)=\mathrm{Corr}\begin{pmatrix} X_1 \\ X_2 \\ \vdots \\ X_n \end{pmatrix}$.

相关系数矩阵 $\mathrm{Corr}(X_1,X_2,\cdots,X_n)$ 或 $\boldsymbol{R}$ 与协方差矩阵 $\mathrm{Cov}(X_1,$

$X_2, \cdots, X_n$) 或 $\boldsymbol{\Sigma}$ 的内在联系是 $\rho_{ij} = \dfrac{\sigma_{ij}}{\sqrt{\sigma_{ii}\sigma_{jj}}}$. 若记对角阵

$$
\boldsymbol{C} = \begin{pmatrix} \dfrac{1}{\sqrt{\sigma_{11}}} & & & \\ & \dfrac{1}{\sqrt{\sigma_{22}}} & & \\ & & \ddots & \\ & & & \dfrac{1}{\sqrt{\sigma_{nn}}} \end{pmatrix},
$$

则有 $\boldsymbol{R} = \boldsymbol{C}\boldsymbol{\Sigma}\boldsymbol{C}$，而 $\boldsymbol{\Sigma} = \boldsymbol{C}^{-1}\boldsymbol{R}\boldsymbol{C}^{-1}$.

Corr$(X_1, X_2, \cdots, X_n)$ 的性质如下：

(1) 当 $i \neq j$ 时，$\rho_{ij} = \rho_{ji}$，Corr$(X_1, X_2, \cdots, X_n)$ 为对称矩阵；

(2) 在 Corr$(X_1, X_2, \cdots, X_n)$ 主对角线上的元素为 1；

(3) 若 $X_1, X_2, \cdots, X_n$ 相互独立或不相关，则 Cov$(X_1, X_2, \cdots, X_n)$ 为单位阵.

例 1.2.1 设 (X, Y) 在平面 $\mathbf{R}^2$ 上由 $x^2 + y^2 = 1$ 所围成的区域 D 内服从均匀分布，试证明：X 与 Y 虽然不相互独立，但却线性无关.

证 因为 (X, Y) 的联合分布密度

$$
p(x, y) = \begin{cases} \dfrac{1}{\pi}, & (x, y) \in D, \\ 0, & \text{其他}, \end{cases}
$$

又当 $-1 < x < 1$ 时，X 的分布密度

$$
p_1(x) = \int_{-\infty}^{+\infty} p(x, y) \mathrm{d}y = \int_{-\sqrt{1-x^2}}^{\sqrt{1-x^2}} \dfrac{1}{\pi} \mathrm{d}y = \dfrac{2}{\pi}\sqrt{1-x^2} ;
$$

当 $-1 < y < 1$ 时，Y 的分布密度

$$
p_2(y) = \int_{-\infty}^{+\infty} p(x, y) \mathrm{d}x = \int_{-\sqrt{1-y^2}}^{\sqrt{1-y^2}} \dfrac{1}{\pi} \mathrm{d}x = \dfrac{2}{\pi}\sqrt{1-y^2} ,
$$

所以

$$
p_1(x) = \begin{cases} \dfrac{2}{\pi}\sqrt{1-x^2}, & -1 < x < 1, \\ 0, & \text{其他}; \end{cases}
$$

$$
p_2(y) = \begin{cases} \dfrac{2}{\pi}\sqrt{1-y^2}, & -1 < y < 1, \\ 0, & \text{其他}. \end{cases}
$$

对于 $x=0$ ， $y=0$ ， $(x,y)\in D$ ， 有 $p(0,0)\neq p_1(0)p_2(0)$ ， 故 X 与 Y 不相互独立.

易知

$$E(X)=\iint_{\mathbf{R}^2} xp(x,y)\mathrm{d}x\,\mathrm{d}y=\int_{-1}^{1}\int_{-\sqrt{1-x^2}}^{\sqrt{1-x^2}}\frac{x}{\pi}\mathrm{d}x\,\mathrm{d}y=0,$$

$$E(Y)=\iint_{\mathbf{R}^2} yp(x,y)\mathrm{d}x\,\mathrm{d}y=\int_{-1}^{1}\int_{-\sqrt{1-y^2}}^{\sqrt{1-y^2}}\frac{y}{\pi}\mathrm{d}x\,\mathrm{d}y=0,$$

$$E(XY)=\iint_{\mathbf{R}^2} xyp(x,y)\mathrm{d}x\,\mathrm{d}y=\int_{-1}^{1}\int_{-\sqrt{1-y^2}}^{\sqrt{1-y^2}}\frac{xy}{\pi}\mathrm{d}x\,\mathrm{d}y=0,$$

从而 $\mathrm{cov}(X,Y)=E(XY)-E(X)E(Y)=0$ ， $\rho(X,Y)=0$ ， X 与 Y 不相关.

例 1.2.2 设 X 与 Y 的相关系数为 ρ ， 试求 $U=a+bX$ 与 $V=c+dY$ 的协方差与相关系数， 其中 a,b,c,d 均为常数， b,d 均不为零.

解 因为 $D(U)=b^2D(X)$ ， $D(V)=d^2D(Y)$ ， $\sigma(U)=|b|\sigma(X)$ ， $\sigma(V)=|d|\sigma(Y)$ ， 根据定义， 可得

$$\begin{aligned}\mathrm{cov}(U,V)&=E\big[(U-EU)(V-EV)\big]\\&=E\big\{\big[(a+bX)-E(a+bX)\big]\big[(c+dY)-E(c+dY)\big]\big\}\\&=E\big\{\big[b(X-EX)\big]\big[d(Y-EY)\big]\big\}\\&=bdE\big[(X-EX)(Y-EY)\big]\\&=bd\,\mathrm{cov}(X,Y).\end{aligned}$$

由 $\rho(X,Y)=\rho$ ， 有

$$\begin{aligned}\rho(U,V)&=\frac{\mathrm{cov}(U,V)}{\sigma(U)\sigma(V)}=\frac{bd\,\mathrm{cov}(X,Y)}{|b||d|\sigma(X)\sigma(Y)}.\\&=\pm\rho(X,Y)=\pm\rho\end{aligned}$$

例 1.2.3 设 n 与 m 为正整数， 且 $n>m$ ， 随机变量 $X_1,X_2,\cdots,X_{m+n}$ 相互独立、同分布且方差不为零， 试求 $Y=X_1+X_2+\cdots+X_n$ 与 $Z=X_{m+1}+X_{m+2}+\cdots+X_{m+n}$ 的相关系数.

解 设 $E(X_i)=\mu$ ， $D(X_i)=\sigma^2$ ， $i=1,2,\cdots,m+n$ ， 则

$$E(Y)=n\mu,\ D(Y)=n\sigma^2,$$

$$E(Z)=n\mu,\ D(Z)=n\sigma^2,$$

$$E(YZ) = E\left(\sum_{k=m+1}^{n} X_k^2 + \sum_{i \neq j} X_i X_j \right)$$
$$= (n-m)(\sigma^2 + \mu^2) + [n^2 - (n-m)]\mu^2$$
$$= (n-m)\sigma^2 + n^2\mu^2,$$
$$\mathrm{cov}(Y,Z) = E(YZ) - (EY)(EZ) = (n-m)\sigma^2,$$

因此，

$$\rho(Y,Z) = \frac{\mathrm{cov}(Y,Z)}{\sigma(Y)\sigma(Z)} = \frac{n-m}{n}.$$

例 1.2.4 已知随机变量 X 与 Y 相互独立且都服从 $N(\mu,\sigma^2)$ 分布．若 $a \neq b$，试求 $U = aX + bY$ 与 $V = aX - bY$ 的协方差及相关系数．

解 根据题设，$\mathrm{cov}(X,Y) = 0$，$D(X) = D(Y) = \sigma^2$，

$$\mathrm{Cov}(X,Y) = \begin{pmatrix} \sigma^2 & 0 \\ 0 & \sigma^2 \end{pmatrix}.$$

如果令 $\begin{pmatrix} U \\ V \end{pmatrix} = \begin{pmatrix} a & b \\ a & -b \end{pmatrix}\begin{pmatrix} X \\ Y \end{pmatrix}$，则根据协方差矩阵的性质(4)，有

$$\mathrm{Cov}\begin{pmatrix} U \\ V \end{pmatrix} = \begin{pmatrix} a & b \\ a & -b \end{pmatrix}\mathrm{Cov}\begin{pmatrix} X \\ Y \end{pmatrix}\begin{pmatrix} a & b \\ a & -b \end{pmatrix}' = \begin{pmatrix} a & b \\ a & -b \end{pmatrix}\begin{pmatrix} \sigma^2 & 0 \\ 0 & \sigma^2 \end{pmatrix}\begin{pmatrix} a & a \\ b & -b \end{pmatrix}$$
$$= \begin{pmatrix} a\sigma^2 & b\sigma^2 \\ a\sigma^2 & -b\sigma^2 \end{pmatrix}\begin{pmatrix} a & a \\ b & -b \end{pmatrix} = \begin{pmatrix} (a^2+b^2)\sigma^2 & (a^2-b^2)\sigma^2 \\ (a^2-b^2)\sigma^2 & (a^2+b^2)\sigma^2 \end{pmatrix},$$

因此，$D(U) = D(V) = (a^2+b^2)\sigma^2$，$\mathrm{cov}(U,V) = (a^2-b^2)\sigma^2$，从而

$$\rho(U,V) = \frac{\mathrm{cov}(U,V)}{\sigma(U)\sigma(V)} = \frac{a^2-b^2}{a^2+b^2}.$$

例 1.2.5 若 X 与 Y 的协方差矩阵为 $\begin{pmatrix} 1 & 1 \\ 1 & 4 \end{pmatrix}$，试求 $U = X - 2Y$，$V = 2X - Y$ 的相关系数．

解 根据题设，令

$$\begin{pmatrix} U \\ V \end{pmatrix} = \begin{pmatrix} 1 & -2 \\ 2 & -1 \end{pmatrix}\begin{pmatrix} X \\ Y \end{pmatrix}.$$

根据协方差矩阵的性质(4)，有

$$\mathrm{Cov}\begin{pmatrix} U \\ V \end{pmatrix} = \begin{pmatrix} 1 & -2 \\ 2 & -1 \end{pmatrix} \mathrm{Cov}\begin{pmatrix} X \\ Y \end{pmatrix}\begin{pmatrix} 1 & -2 \\ 2 & -1 \end{pmatrix}' = \begin{pmatrix} 1 & -2 \\ 2 & -1 \end{pmatrix}\begin{pmatrix} 1 & 1 \\ 1 & 4 \end{pmatrix}\begin{pmatrix} 1 & 2 \\ -2 & -1 \end{pmatrix}$$

$$= \begin{pmatrix} -1 & -7 \\ 1 & -2 \end{pmatrix}\begin{pmatrix} 1 & 2 \\ -2 & -1 \end{pmatrix} = \begin{pmatrix} 13 & 5 \\ 5 & 4 \end{pmatrix},$$

因此，$D(U)=13$，$D(V)=4$，$\mathrm{cov}(U,V)=5$，从而有

$$\rho(U,V) = \frac{\mathrm{cov}(U,V)}{\sigma(U)\sigma(V)} = \frac{5}{\sqrt{13}\sqrt{4}} = \frac{5\sqrt{13}}{26}.$$

注意　在概率论中，两个随机变量相互独立与不相关，是一对比较重要又容易混淆的概念. 两个随机变量相互独立，其本质是它们彼此所取的值及其分布没有任何联系. 而两个随机变量的相关，则是由线性表示 $\hat{Y}=a+bX$ 与 $\hat{X}=c+dY$ 所导出的. 所谓相关指的是有线性关系，所谓不相关指的是没有线性关系，并不排除它们有非线性关系. 在阅读或撰写学术论文的时候，要对两个随机变量的相互独立与不相关作出正确的理解与说明，以免引起误会.

1.2.6　条件数学期望的定义及性质

1. 条件数学期望的定义

设两个随机变量 X 与 Y 的联合概率函数为 $p(x,y)$，并以 $p(y|x)$ 记在 $X=x$ 的条件下 Y 的条件概率函数，称

$$E(Y|X=x) = \sum_i y_i P\{Y=y_i \mid X=x\} \quad \text{或} \quad \int_{-\infty}^{+\infty} y p(y|x)\mathrm{d}y$$

为**在 $X=x$ 的条件下 Y 的条件数学期望**. 若以 $p_1(x)$ 记 X 的边缘密度函数，则条件数学期望也可以变化为

$$E(Y|X=x) = \sum_i y_i \frac{P\{X=x,\ Y=y_i\}}{p_1(x)}$$

或 $E(Y|X=x) = \int_{-\infty}^{+\infty} y \dfrac{p(x,y)}{p_1(x)}\mathrm{d}y$.

例 1.2.6　某射击手进行射击,每次射击击中目标的概率为 $p\ (0<p<1)$，射击进行到击中目标两次时停止. 令 X 表示每一次击中目标时的射击次数，Y 表示每两次击中目标时的射击次数，试求联合分布列 p_{ij}、条件分布列 $p_{i|j}, p_{j|i}$ 及数学期望 $E(X|Y=n)$.

解　据题意知，联合分布列为

$$p_{ij} = P\{X=i,\ Y=j\} = p^2 q^{j-2},\quad 1 \leqslant i < j,\ j=2,3,\cdots,$$

其中 $q=1-p$，边缘分布列分别为

$$p_{i\bullet} = \sum_{j=i+1}^{+\infty} p_{ij} = \sum_{j=i+1}^{+\infty} p^2 q^{j-2} = \frac{p^2 q^{i-1}}{1-q} = pq^{i-1},\quad i=1,2,\cdots,$$

$$p_{\bullet j} = \sum_{i=1}^{j-1} p_{ij} = \sum_{i=1}^{j-1} p^2 q^{j-2} = (j-1)p^2 q^{j-2},\quad j=2,3,\cdots.$$

于是条件分布列分别为

$$p_{i|j} = \frac{p_{ij}}{p_{\bullet j}} = \frac{p^2 q^{j-2}}{(j-1)p^2 q^{j-2}} = \frac{1}{j-1},\quad 1\leqslant i<j,\ j=2,3,\cdots,$$

$$p_{j|i} = \frac{p_{ij}}{p_{i\bullet}} = \frac{p^2 q^{j-2}}{pq^{i-1}} = pq^{j-i-1},\quad j>i,\ i=1,2,\cdots,$$

这时

$$E(X\,|\,Y=n) = \sum_{i=1}^{n-1} i p_{i|n} = \sum_{i=1}^{n-1} i \cdot \frac{1}{n-1} = \frac{n}{2}.$$

此例中条件期望 $E(X\,|\,Y=n)$ 可以直观解释为：如果已知第二次击中发生在第 n 次射击，那么第一次击中可能发生在第 $1,2,\cdots,n-1$ 次，并且发生在每一次的概率都是 $\dfrac{1}{n-1}$ ，也就是说，已知 $Y=n$ 的条件下，X 取值为 $1,2,\cdots,n-1$ 是等可能的，从而它的期望为 $\dfrac{n}{2}$.

例 1.2.7　设二维随机变量 (X,Y) 联合分布密度为

$$p(x,y) = \begin{cases} 24(1-x)y, & 0<y<x<1, \\ 0, & 其他, \end{cases}$$

试求 $E(Y\,|\,X=0.5)$

解　先求条件概率 $p(y\,|\,x)$. 当 $0<x<1$ 时，

$$p_X(x) = \int_{-\infty}^{+\infty} p(x,y)\mathrm{d}y = \int_0^x 24(1-x)y\,\mathrm{d}y = 12x^2(1-x),$$

所以

$$p(y\,|\,x) = \frac{p(x,y)}{p_X(x)} = \begin{cases} \dfrac{2y}{x^2}, & 0<y<x<1, \\ 0, & 其他, \end{cases}$$

再求 $E(Y\,|\,X=x)$.

$$E(Y\,|\,X=x)=\int_{-\infty}^{+\infty}yp(y\,|\,x)\mathrm{d}y=\int_0^x y\frac{2y}{x^2}\mathrm{d}y=\frac{2x}{3},$$

故 $E(Y\,|\,X=0.5)=\dfrac{1}{3}$.

注 条件期望 $E(Y\,|\,X=x)$ 是 x 的函数，它与无条件期望 $E(Y)$ 的区别不仅在计算公式上，而且在其统计意义上. 譬如，Y 表示中国成年人的身高，则 $E(Y)$ 表示中国成年人的平均身高. 若用 X 表示中国成年人的足长，则 $E(Y\,|\,X=x)$ 表示足长为 x 的中国成年人的平均身高，公安部门研究得到

$$E(Y\,|\,X=x)=6.876x.$$

这个公式对公安部门破案起着重要的作用，一般容易获取案犯留下的足印，而难以获取案犯的身高，如果知道案犯的足印长为 $25.3\ \mathrm{cm}$，则由此公式可推算出此案犯身高约为 $174\ \mathrm{cm}$.

2. 条件期望的性质

(1) 若 $a\leqslant X\leqslant b$，则 $a\leqslant E(X\,|\,Y=y)\leqslant b$. 特别地，当 $X=C$ 是常数时，

$$E(X\,|\,Y=y)=C.$$

(2) 若 k_1,k_2 是两个常数，则

$$E(k_1X_1+k_2X_2\,|\,Y=y)=k_1E(X_1\,|\,Y=y)+k_2E(X_2\,|\,Y=y).$$

(3) **条件期望的平滑性** $E\big(E(Y\,|\,X)\big)=EY$.

只对性质(3)给出简单证明，其他性质读者自证.

证 以离散型为例. 因为 $E(Y\,|\,X)$ 是 X 的函数，故

$$\begin{aligned}
E\big(E(Y\,|\,X)\big)&=\sum_{i=1}^{+\infty}E(Y\,|\,X=x_i)P\{X=x_i\}\\
&=\sum_{i=1}^{+\infty}\sum_{j=1}^{+\infty}y_jp_{ij}=\sum_{j=1}^{+\infty}y_j\sum_{i=1}^{+\infty}p_{ij}\\
&=\sum_{j=1}^{+\infty}y_jp_{\bullet j}=EY.
\end{aligned}$$

☞ 习题 1.2

1. 在例 1.2.1 中，(X,Y) 在平面 $\mathbf{R}^2$ 上由 $x^2+y^2=1$ 所围成的区域 D 内服从均匀分布，X 与 Y 既不相关又不相互独立，试问：对分析两个变量的关系有什么指导意义？

2. 设 (X,Y) 的分布密度

$$p(x,y)=\begin{cases}6xy^2, & 0<x<1,\ 0<y<1,\\0, & \text{其他},\end{cases}$$

试求：(1) $E(X),E(Y)$；(2) $E(Y|X)$；(3) X 与 Y 的相关系数.

3. 设 X_1,X_2,X_3,X_4 相互独立、同分布且数学期望及方差分别为 μ 与 σ^2，试求 $Y=X_1+X_2+X_3$ 与 $Z=X_2+X_3+X_4$ 的相关系数.

4. 已知三维随机变量 (X_1,X_2,X_3) 的协方差矩阵为 $\boldsymbol{\Sigma}$，试求：

(1) (X_1,X_2,X_3) 的相关系数矩阵；

(2) $U=X_1+2X_2$ 与 $V=2X_2-X_3$ 的相关系数.

1.3 多项分布与多元正态分布

1.3.1 二项分布

二项分布是重要的分布之一，是统计学不可缺少的理论基础.

当一维离散型随机变量 X 取数值 $0,1,2,\cdots,n$，且 $0\leqslant p\leqslant 1$ 时，若 X 的概率函数为

$$P\{X=k\}=\frac{n!}{k!(n-k)!}p^k(1-p)^{n-k},\quad k=0,1,2,\cdots,n,$$

则称 X 服从**参数为** p **的二项分布**，记作 $X\sim B(n,p)$.

式中的 n 可以理解为重复独立试验的次数，p 为任一次试验中某事件出现的概率，k 为 n 次试验中该事件出现的次数，$P\{X=k\}$ 为 n 次试验中该事件出现 k 次的概率.

作为特殊的情形，当 X 只取数值 0 或 1，且 $0\leqslant p\leqslant 1$ 时，若 X 的概率函数为 $P\{X=0\}=1-p$，$P\{X=1\}=p$，或

$$P\{X=k\}=p^k(1-p)^{1-k},\quad k=0,1,$$

则称 X 服从**参数为** p **的 0-1 分布**或**两点分布**，记作 $X\sim B(1,p)$.

注意以下与应用有关的知识：

(1) **Bernoulli 大数定律** 若随机变量 X 是 n 次重复独立试验中某事件出现的频数，$\dfrac{X}{n}$ 与 p 分别是该事件出现的频率与概率，那么 $\forall \varepsilon>0$，总有

$$\lim_{n\to\infty}P\left\{\left|\frac{X}{n}-p\right|<\varepsilon\right\}=1.$$

此定律说明了频率的稳定性,即当 n 充分大时,频率在概率的附近摆动,可以用事件发生的频率作为该事件的概率. 同时, 此定律也揭示了事物出现的偶然性与必然性的内在联系, 对试验提出了重复与相互独立的要求.

(2) $B(1,p)$ **分布的可加性** 若随机变量 $X_1, X_2, \cdots, X_n$ 相互独立且都服从 $B(1,p)$ 分布, 则 $X_1 + X_2 + \cdots + X_n \sim B(n,p)$.

(3) **二项分布的可加性** 若随机变量 Y 与 Z 相互独立, 且 $Y \sim B(n,p)$, $Z \sim B(m,p)$ 分布, 则 $Y + Z \sim B(n+m,p)$.

证 设 $X_1, X_2, \cdots, X_n, X_{n+1}, X_{n+2}, \cdots, X_{n+m}$ 相互独立且都服从 $B(1,p)$ 分布, $Y = X_1 + X_2 + \cdots + X_n$, $Z = X_{n+1} + X_{n+2} + \cdots + X_{n+m}$, 则
$$Y + Z = X_1 + X_2 + \cdots + X_n + X_{n+1} + X_{n+2} + \cdots + X_{n+m},$$
根据 $B(1,p)$ 分布的可加性知, Y 与 Z 分别服从 $B(n,p)$ 与 $B(m,p)$ 分布,
$$Y + Z \sim B(n+m,p).$$

(4) 当 $k \leqslant (n+1)p$ 时, $P\{X=k\} \geqslant P\{X=k-1\}$; 当 $k > (n+1)p$ 时,
$$P\{X=k\} < P\{X=k-1\}.$$

证 考虑比值
$$\frac{P\{X=k\}}{P\{X=k-1\}} = \frac{\dfrac{n!}{k!(n-k)!} p^k (1-p)^{n-k}}{\dfrac{n!}{(k-1)!(n-k+1)!} p^{k-1}(1-p)^{n-k+1}} = \frac{(n-k+1)p}{k(1-p)}$$
$$= \frac{(n+1)p - k + k(1-p)}{k(1-p)} = \frac{(n+1)p-k}{k(1-p)} + 1,$$
故当 $k \leqslant (n+1)p$ 时, $P\{X=k\} \geqslant P\{X=k-1\}$; 当 $k > (n+1)p$ 时,
$$P\{X=k\} < P\{X=k-1\}.$$

可见, $P\{X=k\}$ 先随 k 的增加而单调增加, 经过 $(n+1)p$ 后随 k 的增加而单调减少.

但是有两种情形除外:

若 $n < \dfrac{p}{1-p}$, 则 $n(1-p) < p$, 即 $(n+1)p > n$, 从而恒有 $(n+1)p - k > 0$, 则 $P\{X=k\}$ 总是随 k 的增加而单调增加;

若 $n < \dfrac{1-p}{p}$, 则 $np < 1-p$, 即 $(n+1)p < 1$, 从而恒有 $(n+1)p - k < 0$, 则 $P\{X=k\}$ 总是随 k 的增加而单调减少.

概率 $P\{X=k\}$ 的计算方法有:

(1) 根据概率函数 $P\{X=k\}=\dfrac{n!}{k!(n-k)!}p^k(1-p)^{n-k}$ 直接计算.

(2) 查二项分布表, 表中的

$$Q(n,k,p)=\sum_{i=k}^{n}P\{X=i\}=\sum_{i=k}^{n}\frac{n!}{i!(n-i)!}p^i(1-p)^{n-i}, \quad k=0,1,2,\cdots,n,$$

而 $P\{X=k\}=Q(n,k,p)-Q(n,k+1,p)$.

例如, 当 $n=5$, $k=3$, $p=0.2$ 时,

$$P\{X=3\}=Q(5,3,0.2)-Q(5,4,0.2)$$
$$=0.05792-0.00672=0.0512.$$

对于二项分布表中没有列出 $p>0.5$ 的 $Q(n,k,p)$, 先查 $Q(n,n-k+1,\ 1-p)$, 便可以得到

$$Q(n,k,p)=1-Q(n,n-k+1,1-p).$$

例如, 当 $n=5$, $k=4$, $p=0.8$ 时,

$$Q(5,4,0.8)=1-Q(5,2,0.2)=1-0.26272=0.73728.$$

在统计学中, 二项分布表还可以用来求总体率的置信区间或作总体率的假设检验.

(3) 利用 Python 中的函数

$$P\{X=k\}=\text{stats.binom}(\text{num},p).\text{pmf}(k).$$

(4) 根据 De Moiver–Laplace 中心极限定理:

设随机变量 $X_1, X_2, \cdots$ 相互独立且都服从 $B(1,p)$ 分布, 则

$$E(\sum_i X_i)=np, \quad D(\sum_i X_i)=np(1-p).$$

当 p 和 $1-p$ 都不太接近于 0 时, 只要 n 充分大, 随机变量

$$\frac{\sum_i X_i-np}{\sqrt{np(1-p)}}$$

就近似地服从标准正态分布, 而 $\sum_i X_i$ 近似地服从正态分布 $N\left(np,np(1-p)\right)$.

例 1.3.1 将一枚均匀的硬币丢掷 20 次, 求正面朝上的次数为 8 至 12 的概率.

解 设正面朝上的次数为 X , 根据题意要求 $P\{8\leqslant X\leqslant 12\}$.

$n=20$, $p=0.5$, 查二项分布表得到

$$P\{8\leqslant X\leqslant 12\}=Q(20,8,0.5)-Q(20,13,0.5)$$
$$=0.86841-0.13159=0.73682.$$

用正态分布作近似计算得到

$$P\{8 \le X \le 12\} = P\left\{\frac{8-10}{\sqrt{5}} \le \frac{X-10}{\sqrt{5}} \le \frac{12-10}{\sqrt{5}}\right\}$$
$$\approx \Phi(0.89) - \Phi(-0.89) = 2\Phi(0.89) - 1$$
$$= 0.6266.$$

由于二项分布是离散型随机变量的分布，正态分布是连续型随机变量的分布，二项分布的概率用正态分布作近似计算时，结果会有一定的差异，就需要对二项分布求概率的区间作"连续性矫正"．将 8 矫正为 $8-0.5$，将 12 矫正为 $12+0.5$，就有

$$P\{8 \le X \le 12\} = P\{7.5 \le X \le 12.5\}$$
$$= P\left\{\frac{7.5-10}{\sqrt{5}} \le \frac{X-10}{\sqrt{5}} \le \frac{12.5-10}{\sqrt{5}}\right\}$$
$$\approx \Phi(1.12) - \Phi(-1.12) = 2\Phi(1.12) - 1$$
$$= 0.737286.$$

1.3.2 应用 Python 计算二项分布的概率

用 Python 计算

$$\text{probnml}(n,k,p) = \sum_{i=0}^{k} P\{X=i\}$$
$$= \sum_{i=0}^{k} \frac{n!}{i!(n-k)!} p^k (1-p)^{n-k}, \quad k=0,1,2,\cdots,n$$

的代码如下：

```
from scipy import stats
stats.binom(n,p).pmf(np.arange(0,k+1))
```

例如，当 $n=5$，$k=3$，$p=0.2$ 时，应用 Python 直接计算 $P\{X=3\}$ 的程序如下：

```
from scipy import stats
p=stats.binom(5,0.2).pmf(3);sum(p)
```

输出的结果为：0.0512．

当 $n=5$，$k=4$，$p=0.8$ 时，应用 Python 直接计算 $Q(5,4,0.8)$ 的程序如下：

```
from scipy import stats
p=stats.binom(5,0.8).pmf(np.arange(4,6));sum(p)
```

输出的结果为：0.72728．

应用 Python 直接计算例 1.3.1 中所求概率的 $P\{8 \leq X \leq 12\}$ 的程序如下:

```
from scipy import stats
import numpy as np
p=sum(stats.binom(20,0.5).pmf(np.arange(8,13)));p
```

输出的结果为: 0.7368240356.

应用 Python 中的正态分布 stats.norm.cdf(x) 近似计算二项分布的概率时, 要先做连续性校正, 然后标准化. 注意

$$\text{stats.norm.cdf}(x) = \Phi(x) = \int_{-\infty}^{x} \frac{1}{\sqrt{2\pi}} \exp\left\{-\frac{1}{2}t^2\right\} dt,$$

因此, 应用 Python 近似计算 $P\{8 \leq X \leq 12\}$ 的程序如下:

```
p=stats.norm.cdf(1.12)-stats.norm.cdf(-1.12)
```

输出的结果为: 0.7372862379.

1.3.3　三项分布与多项分布

1. 三项分布

当二维离散型随机变量 (X,Y) 所取的数值为 (k_1, k_2), k_1, k_2 及 n 为非负整数, 且 $k_1 + k_2 \leq n$, $0 \leq p_1 \leq 1$, $0 \leq p_2 \leq 1$ 时, 若 (X,Y) 的概率函数为

$$P\{X = k_1, Y = k_2\} = \frac{n!}{k_1! \, k_2! \, (n - k_1 - k_2)!} p_1^{k_1} p_2^{k_2} (1 - p_1 - p_2)^{n - k_1 - k_2},$$

则称 (X,Y) 服从**参数为 p_1 和 p_2 的三项分布**, 记作 $(X,Y) \sim \text{PN}(n, p_1, p_2)$.

作为特殊的情形, 当 (X,Y) 只取数值 $(0,0),(1,0),(0,1)$, 且 $0 \leq p_1 \leq 1$, $0 \leq p_2 \leq 1$ 时, 若 (X,Y) 的概率函数为 $P\{X = 1, Y = 0\} = p_1$, $P\{X = 0, Y = 1\} = p_2$, $P\{X = 0, Y = 0\} = 1 - p_1 - p_2$, 或

(X,Y)	Prob
$(1,0)$	p_1
$(0,1)$	p_2
$(0,0)$	$1 - p_1 - p_2$

则称 (X,Y) 服从**参数为 p_1 和 p_2 的 0-1 分布**, 记作 $(X,Y) \sim \text{PN}(1, p_1, p_2)$.

三项分布是 n 个相互独立且参数相同的 0-1 分布之和.

以下证明: 当 $(X,Y) \sim \text{PN}(n, p_1, p_2)$ 时, $X \sim B(n, p_1)$, $Y \sim B(n, p_2)$.

证 先计算 (X, Y) 关于 X 的边缘分布,

$$P\{X = k_1\} = \sum_{k_2=0}^{n-k_1} P\{X = k_1,\ Y = k_2\}$$

$$= \sum_{k_2=0}^{n-k_1} \frac{n!}{k_1! k_2! (n-k_1-k_2)!} p_1^{k_1} p_2^{k_2} (1-p_1-p_2)^{n-k_1-k_2}$$

$$= \frac{n!}{k_1! (n-k_1)!} p_1^{k_1} \sum_{k_2=0}^{n-k_1} \frac{(n-k_1)!}{k_2! (n-k_1-k_2)!} p_2^{k_2} (1-p_1-p_2)^{n-k_1-k_2}$$

$$= \frac{n!}{k_1! (n-k_1)!} p_1^{k_1} (1-p_1)^{n-k_1},\quad k_1 = 0, 1, 2, \cdots, n.$$

同理,

$$P\{Y = k_2\} = \frac{n!}{k_2! (n-k_2)!} p_2^{k_2} (1-p_2)^{n-k_2},\quad k_2 = 0, 1, 2, \cdots, n.$$

故当 $(X, Y) \sim \mathrm{PN}(n, p_1, p_2)$ 时, $X \sim B(n, p_1)$, $Y \sim B(n, p_2)$.

例 1.3.2 在一批大豆种子中,黄色种子占 70%,绿色种子占 20%. 从中任取 4 粒,若黄色及绿色种子的粒数依次为 X 及 Y ,试写出:(1) 随机变量 (X, Y) 的概率函数;(2) X 的概率函数;(3) Y 的概率函数.

解 在一批大豆种子中任取 4 粒,黄色及绿色种子的粒数 X 及 Y 应看作是服从 $p_1 = 0.7$, $p_2 = 0.2$, $n = 4$ 的 $\mathrm{PN}(n, p_1, p_2)$ 分布,因此,(X, Y) 的概率函数为

$$P\{X = i,\ Y = j\} = \frac{4!}{i! j! (4-i-j)!} (0.7)^i (0.2)^j (1-0.7-0.2)^{4-i-j},$$

$$i, j = 0, 1, 2, 3, 4,\ \text{且 } i+j \leqslant 4.$$

X 的概率函数为 $P\{X = i\} = \dfrac{4!}{i! (4-i)!} (0.7)^i (0.3)^{4-i}$, $i = 0, 1, 2, 3, 4$.

同理,Y 的概率函数为

$$P\{Y = j\} = \frac{4!}{j! (4-j)!} (0.2)^j (0.8)^{4-j},\quad j = 0, 1, 2, 3, 4.$$

2. 多项分布

当 m 维离散型随机变量 $(X_1, X_2, \cdots, X_m)$ 所取的数值为 $(k_1, k_2, \cdots, k_m)$,$k_1, k_2, \cdots, k_m$ 及 n 为非负整数,且 $k_1 + k_2 + \cdots + k_m \leqslant n$, $0 \leqslant p_1 \leqslant 1$,$0 \leqslant p_2 \leqslant 1$, $\cdots$, $0 \leqslant p_m \leqslant 1$,且 $\sum_{i=1}^{m} = 1$ 时,若 $(X_1, X_2, \cdots, X_m)$ 的概率函数为

$$P\{X_1 = k_1, \ X_2 = k_2, \ \cdots, \ X_m = k_m\}$$

$$= \frac{n!}{k_1! k_2! \cdots [n-(k_1+k_2+\cdots+k_m)]!} p_1^{k_1} p_2^{k_2} \cdots p_m^{k_m}$$

$$\cdot [1-(p_1+p_2+\cdots+p_m)]^{n-(k_1+k_2+\cdots+k_m)},$$

则称 $(X_1, X_2, \cdots, X_m)$ 服从参数为 $p_1, p_2, \cdots, p_m$ 的多项分布，记作

$$(X_1, X_2, \cdots, X_m) \sim \mathrm{PN}(n, p_1, p_2, \cdots, p_m).$$

另外，当 m 维离散型随机变量 $(X_1, X_2, \cdots, X_m)$ 只取数值 $(0,0,\cdots,0)$，$(1,0,\cdots,0), (0,1,\cdots,0), \cdots, (0,0,\cdots,1)$，且 $0 \leqslant p_1, p_2, \cdots, p_m \leqslant 1$ 时，若 $(X_1, X_2, \cdots, X_m)$ 的概率函数为

$$P\{X_1 = 1, \ X_2 = 0, \ \cdots, \ X_m = 0\} = p_1,$$

$$P\{X_1 = 0, \ X_2 = 1, \ \cdots, \ X_m = 0\} = p_2,$$

$$\cdots,$$

$$P\{X_1 = 0, \ X_2 = 0, \ \cdots, \ X_m = 1\} = p_m,$$

$$P\{X_1 = 0, \ X_2 = 0, \ \cdots, \ X_m = 0\} = 1 - p_1 - p_2 - \cdots - p_m,$$

或

$(X_1, X_2, \cdots, X_m)$	Prob
$(1,0,\cdots,0)$	p_1
$(0,1,\cdots,0)$	p_2
$\vdots$	$\vdots$
$(0,0,\cdots,1)$	p_m
$(0,0,\cdots,0)$	$1-p_1-p_2-\cdots-p_m$

则称 $(X_1, X_2, \cdots, X_m)$ 服从**参数为** $p_1, p_2, \cdots, p_m$ **的 0-1 分布**，记作

$$(X_1, X_2, \cdots, X_m) \sim \mathrm{PN}(1, p_1, p_2, \cdots, p_m).$$

当 n 个 m 维的离散型随机变量 $(X_{1i}, X_{2i}, \cdots, X_{mi})$ $(i=1,2,\cdots,n)$ 相互独立且都服从 $\mathrm{PN}(1, p_1, p_2, \cdots, p_m)$ 时，若

$$Y_1 = \sum_{i=1}^{n} X_{1i}, \ \ Y_2 = \sum_{i=1}^{n} X_{2i}, \ \cdots, \ Y_m = \sum_{i=1}^{n} X_{mi},$$

则

$$(Y_1, Y_2, \cdots, Y_m) \sim \mathrm{PN}(n, p_1, p_2, \cdots, p_m).$$

因为 n 个 m 维的离散型随机变量 $(X_{1i}, X_{2i}, \cdots, X_{mi})$ $(i=1,2,\cdots,n)$ 相互独立且都服从 $\mathrm{PN}(1, p_1, p_2, \cdots, p_m)$ 时，其中有 k_1 个取 $(1,0,\cdots,0)$ 的概率为 $p_1^{k_1}$，k_2 个取 $(0,1,\cdots,0)$ 的概率为 $p_2^{k_2}$ $\cdots\cdots$ k_m 个取 $(0,0,\cdots,1)$ 的概率为 $p_m^{k_m}$，$n-k_1-k_2-\cdots-k_m$ 个取 $(0,0,\cdots,0)$ 的概率为

$$(1-p_1-p_2-\cdots-p_m)^{n-k_1-k_2-\cdots-k_m},$$

组合数为

$$\mathrm{C}_n^{k_1}\mathrm{C}_{n-k_1}^{k_2}\cdots\mathrm{C}_{n-(k_1+k_2+\cdots+k_{m-1})}^{k_m} \frac{n!}{k_1!k_2!\cdots\left[n-(k_1+k_2+\cdots+k_m)\right]!},$$

所以，多项分布 $\mathrm{PN}(n, p_1, p_2, \cdots, p_m)$ 的概率函数为

$$P\{Y_1=k_1, \ Y_2=k_2, \ \cdots, \ Y_m=k_m\}$$

$$= \frac{n!}{k_1!k_2!\cdots\left[n-(k_1+k_2+\cdots+k_m)\right]!} p_1^{k_1} p_2^{k_2} \cdots p_m^{k_m}$$

$$\left[1-(p_1+p_2+\cdots+p_m)\right]^{n-(k_1+k_2+\cdots+k_m)},$$

式中的 $k_1, k_2, \cdots, k_m$ 为非负整数，且 $k_1+k_2+\cdots+k_m \leqslant n$.

多项分布是二项分布、三项分布的发展，当重复独立试验中所要考虑的试验结果超出两个的时候，可能会用到多项分布.

❧ 小 结 ❧

(1) $P\{X=k\} = \dfrac{n!}{k!(n-k)!} p^k (1-p)^{n-k}$，$k=0,1,2,\cdots,n$.

(2) $P\{X=k_1, Y=k_2\} = \dfrac{n!}{k_1!k_2!(n-k_1-k_2)!} p_1^{k_1} p_2^{k_2} (1-p_1-p_2)^{n-k_1-k_2}$，

k_1, k_2 为非负整数，且 $k_1+k_2 \leqslant n$.

(3) $P\{X_1=k_1, X_2=k_2, \cdots, X_m=k_m\} = \dfrac{n!}{k_1!k_2!\cdots\left[n-(k_1+k_2+\cdots+k_m)\right]!}$

$p_1^{k_1} p_2^{k_2} \cdots p_m^{k_m} \left[1-(p_1+p_2+\cdots+p_m)\right]^{n-(k_1+k_2+\cdots+k_m)}$，$k_1, k_2, \cdots, k_m$ 为非负整数，且 $k_1+k_2+\cdots+k_m \leqslant n$.

这三个概率函数的右边都可以划分为两个部分，一个是组合数，第二个是概率值的乘积. 其中

$$\frac{n!}{k!(n-k)!}=\mathrm{C}_n^k, \quad \frac{n!}{k_1!k_2!(n-k_1-k_2)!}=\mathrm{C}_n^{k_1}\mathrm{C}_{n-k_1}^{k_2},$$

$$\frac{n!}{k_1!k_2!\cdots\left[n-(k_1+k_2+\cdots+k_m)\right]!}=\mathrm{C}_n^{k_1}\mathrm{C}_{n-k_1}^{k_2}\cdots\mathrm{C}_{n-(k_1+k_2+\cdots+k_{m-1})}^{k_m}.$$

可以证明：当 $(X_1,X_2,\cdots,X_m)\sim\mathrm{PN}(n,p_1,p_2,\cdots,p_m)$ 时，若 $1\leqslant i<n$，记 $X_{i+1}^{*}=X_{i+1}+X_{i+2}+\cdots+X_n$，则有

$$(X_1,X_2,\cdots,X_i,X_{i+1}^{*})\sim\mathrm{PN}(n,p_1,p_2,\cdots,p_i,p_{i+1}^{*}),$$

其中 $p_{i+1}^{*}=p_{i+1}+p_{i+2}+\cdots+p_n$. 由此可见，多项分布的边缘分布为项数少一些的多项分布.

例 1.3.3 将 18 个病情相同的病人随机地均分为两组，分别用甲、乙两种药物进行治疗. 观测到用甲药治疗的 9 人中有 8 人痊愈、1 人未愈，用乙药治疗的 9 人中有 3 人痊愈、6 人未愈. 如果甲、乙两种药物的治疗效果相同，试计算上述结果出现的概率.

解 据题意，治疗结果可列表表示为

	治愈	未愈	列求和
甲药	8	1	9
乙药	3	6	9
行求和	11	7	18

因为 18 个病人的病情相同，随机地均分为两组，且甲、乙两种药物的治疗效果相同，故根据二项分布，18 个病人随机地均分为两组的概率为

$$\frac{18!}{9!\times9!}(0.5)^9(0.5)^9;$$

18 个病人中有 11 人治愈、7 人未愈的概率为

$$\frac{18!}{11!\times7!}(0.5)^{11}(0.5)^7.$$

根据四项分布，18 人分为一组 8 人、一组 1 人、一组 3 人、一组 6 人的概率为

$$\frac{18!}{8!\times1!\times3!\times6!}(0.25)^8(0.25)^1(0.25)^3(0.25)^6.$$

若记事件 $A=\{18$ 个病人的病情相同，随机地均分为两组，且治愈的人数共计 11 人，未愈的人数共计 7 人$\}$，$B=\{18$ 人分为第一组 8 人、第二组 1 人、第三组 3 人、第四组 6 人$\}$，则

$$P(A) = \frac{18!}{9! \times 9!} \frac{18!}{11! \times 7!} (0.25)^{18},$$

$$P(B) = \frac{18!}{8! \times 1! \times 3! \times 6!} (0.25)^{18},$$

由 $B \subset A$，知 $AB = B$，所求的概率

$$P(B \mid A) = \frac{P(AB)}{P(A)} = \frac{P(B)}{P(A)} = \frac{9! \times 9! \times 11! \times 7!}{18! \times 8! \times 1! \times 3! \times 6!} = 0.02376.$$

1.3.4　一元正态分布

若一维连续型随机变量 X 的分布密度

$$p(x) = \frac{1}{\sqrt{2\pi}\sigma} \exp\left\{ -\frac{1}{2} \left(\frac{x - \mu}{\sigma} \right)^2 \right\},$$

式中的 μ 与 σ 为实数，且 $\sigma > 0$，则称 X 服从**参数为 μ 及 σ^2 的正态分布**，记作 $X \sim N(\mu, \sigma^2)$.

当 $\mu = 0$，$\sigma = 1$ 时，称 X 服从**标准正态分布**，记作 $X \sim N(0,1)$. 这时，X 的分布密度 $p(x) = \dfrac{1}{\sqrt{2\pi}} \exp\left\{ -\dfrac{x^2}{2} \right\}$，$X$ 的分布函数

$$\varPhi(x) = \int_{-\infty}^{x} \frac{1}{\sqrt{2\pi}} \exp\left\{ -\frac{t^2}{2} \right\} \mathrm{d}t,$$

其数值可以从统计用表中查出. 但是，表中一般只有 $x = 0$ 至 $x = 2.99$ 所对应的数值，当 $x > 2.99$ 时，$\varPhi(x) \approx 1$；当 $x < 0$ 时，$\varPhi(x) = 1 - \varPhi(-x)$.

注意以下与应用有关的知识：

(1) **正态分布应用的广泛性**　正态分布最初由 Gauss 在研究误差理论时发现，是统计学中应用十分广泛的一类分布. 通常，当某一随机变量的取值受到许多随机因素的影响，这些因素的影响比较微小且相互独立时，该随机变量或者服从或者近似地服从正态分布. 还有一些分布，例如 χ^2 分布、t 分布、F 分布等都是由正态分布导出的分布.

(2) **独立同分布的中心极限定理**　当随机变量 $X_1, X_2, \cdots$ 独立同分布，数学期望为有限数 $E(X)$，方差为非零有限数 $D(X)$ 时，

$$E(\sum_i X_i) = nE(X),$$

$$D(\sum_i X_i) = nD(X),$$

对任意实数 x,

$$\lim_{n \to \infty} P\left\{ \frac{\sum_i X_i - nE(X)}{\sqrt{nD(X)}} \leqslant x \right\} = \int_{-\infty}^{x} \frac{1}{\sqrt{2\pi}} \exp\left\{ -\frac{t^2}{2} \right\} \mathrm{d}t.$$

这说明, 只要 n 充分大, 随机变量 $\dfrac{\sum_i X_i - nE(X)}{\sqrt{nD(X)}}$ 就近似地服从标准正

态分布, 而 $\sum_i X_i$ 近似地服从正态分布 $N\left(nE(X), nD(X)\right)$.

进一步, 记 $\overline{X} = \frac{1}{n} \sum_i X_i$, 根据中心极限定理中的假设,

$$E(\overline{X}) = E(\frac{1}{n}\sum_i X_i) = \frac{1}{n}\sum_i E(X_i) = E(X),$$

$$D(\overline{X}) = D(\frac{1}{n}\sum_i X_i) = \frac{1}{n^2}\sum_i D(X_i) = \frac{D(X)}{n}.$$

同样地, 只要 n 充分大, 随机变量 $\dfrac{\overline{X} - EX}{\sqrt{\dfrac{D(X)}{n}}}$ 就近似地服从标准正态分布,

而 $\overline{X}$ 近似地服从正态分布 $N\left(EX, \dfrac{D(X)}{n}\right)$.

1.3.5　应用 Python 计算标准正态分布的分布函数值

在 Python 中有 stats.norm.cdf(x) 函数, 用此函数可以计算 $P\{X \leqslant x\}$.
当 $x = 1.645, 1.96, 2.576$ 时, 不查标准正态分布的分布函数 $\varPhi(x)$ 的函数值
表, 应用 Python 直接计算 $P\{X \leqslant x\}$ 的程序如下:

```
from scipy import stats
import numpy as np
p=stats.norm.cdf(np.array([1.645,1.96,2.576]));p
```
输出的结果如下:
```
array([0.95001509,0.9750021,0.99500247])
```

1.3.6　二元正态分布与多元正态分布

1. 二元正态分布
若二维连续型随机变量 (X, Y) 的分布密度

$$p(x,y) = \frac{1}{2\pi\sigma_1\sigma_2\sqrt{1-\rho^2}}\exp\left\{-\frac{1}{2(1-\rho^2)}\left[\left(\frac{x-\mu_1}{\sigma_1}\right)^2 - 2\rho\frac{x-\mu_1}{\sigma_1}\frac{y-\mu_2}{\sigma_2}\right.\right.$$

$$\left.\left.+\left(\frac{y-\mu_2}{\sigma_2}\right)^2\right]\right\},$$

式中的 $-\infty < \mu_1 < +\infty$，$-\infty < \mu_2 < \infty$，$\sigma_1 > 0$，$\sigma_2 > 0$，$-1 \leqslant \rho \leqslant 1$，$-\infty < x < +\infty$，$-\infty < y < +\infty$，则称 (X,Y) 服从**参数为** $\mu_1, \mu_2, \sigma_1^2, \sigma_2^2$ 及 ρ **的正态分布**，记作 $(X,Y) \sim N(\mu_1, \mu_2, \sigma_1^2, \sigma_2^2, \rho)$.

以下用 Python 程序绘制二维正态分布的密度函数的示意图（如图 1-1）.

所用的 Python 程序如下：

```
import numpy as np
import matplotlib. pyplot as plt
import mpl_toolkits.mplot3d
x,y = np.mgrid[-3:3:0.25, -3:3:0.25]
p=np.exp(-((x*x+y*y)*5/4+x*y*3/2)/2)/2/3.1416
ax = plt.subplot(111, projection='3d')
ax.plot_surface(x,y,p,rstride=2,cstride=1,cmap=
    plt.cm.coolwarm,alpha=0.8)
ax.set_xlabel('x')
ax.set_ylabel('y')
ax.set_zlabel('p')
plt.show()
```

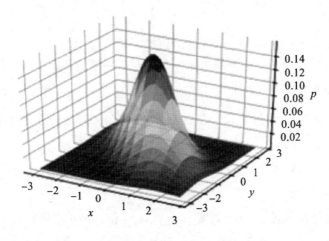

图 1-1　二维正态分布的密度函数的示意图

例 1.3.4 若 $(X,Y) \sim N(\mu_1, \mu_2, \sigma_1^2, \sigma_2^2, \rho)$，试证明：$X \sim N(\mu_1, \sigma_1^2)$，$Y \sim N(\mu_2, \sigma_2^2)$.

证 先将 (X,Y) 的分布密度 $p(x,y)$ 代入公式 $p_X(x) = \int_{-\infty}^{+\infty} p(x,y)\mathrm{d}y$，

然后令 $u = \dfrac{x-\mu_1}{\sigma_1}$，$v = \dfrac{y-\mu_2}{\sigma_2}$，得到

$$p_X(x) = \frac{1}{2\pi\sigma_1\sqrt{1-\rho^2}} \int_{-\infty}^{+\infty} \exp\left\{-\frac{1}{2(1-\rho^2)}(u^2 - 2\rho uv + v^2)\right\}\mathrm{d}v$$

$$= \frac{1}{2\pi\sigma_1\sqrt{1-\rho^2}} \int_{-\infty}^{+\infty} \exp\left\{-\frac{1}{2(1-\rho^2)}\left[(1-\rho^2)u^2 + \rho^2 u^2 - 2\rho uv + v^2\right]\right\}\mathrm{d}v$$

$$= \frac{1}{2\pi\sigma_1}\mathrm{e}^{-\frac{u^2}{2}} \int_{-\infty}^{+\infty} \exp\left\{-\frac{1}{2(1-\rho^2)}(v-\rho u)^2\right\}\mathrm{d}\left(\frac{v-\rho u}{\sqrt{1-\rho^2}}\right).$$

再令 $t = \dfrac{v-\rho u}{\sqrt{1-\rho^2}}$，得到

$$p_X(x) = \frac{1}{2\pi\sigma_1}\mathrm{e}^{-\frac{u^2}{2}} \int_{-\infty}^{+\infty} \exp\left\{-\frac{t^2}{2}\right\}\mathrm{d}t = \frac{1}{2\pi\sigma_1}\mathrm{e}^{-\frac{u^2}{2}}\sqrt{2\pi}$$

$$= \frac{1}{\sqrt{2\pi}\sigma_1} \exp\left\{-\frac{1}{2}\left(\frac{x-\mu_1}{\sigma_1}\right)^2\right\}.$$

同理，

$$p_Y(y) = \frac{1}{\sqrt{2\pi}\sigma_2} \exp\left\{-\frac{1}{2}\left(\frac{y-\mu_2}{\sigma_2}\right)^2\right\}.$$

因此，$X \sim N(\mu_1, \sigma_1^2)$，$Y \sim N(\mu_2, \sigma_2^2)$.

这说明：二维正态分布的边缘分布是两个一维的正态分布. 但是，二维正态分布并不是两个一维正态分布的简单的合二为一. 当 $X \sim N(\mu_1, \sigma_1^2)$，$Y \sim N(\mu_2, \sigma_2^2)$ 时，如果第五个参数 ρ 未知，那么 (X,Y) 的分布密度 $p(x,y)$ 便不能认为是已知的.

例 1.3.5 若 $(X,Y) \sim N(\mu_1, \mu_2, \sigma_1^2, \sigma_2^2, \rho)$，试证明：$X$ 与 Y 相互独立的充要条件是 $\rho = 0$.

证 **充分性** 若 $\rho = 0$，可知 $p(x,y) = p_X(x)p_Y(y)$，因此 X 与 Y 相互独立.

必要性 若 X 与 Y 相互独立，由 $p(x,y)=p_X(x)p_Y(y)$ 可以推出 $\rho=0$.

这说明，若 $X\sim N(\mu_1,\sigma_1^2)$，$Y\sim N(\mu_2,\sigma_2^2)$，二维正态分布的第五个参数 $\rho=0$，则 (X,Y) 的分布密度

$$p(x,y)=p_X(x)p_Y(y)=\frac{1}{2\pi\sigma_1\sigma_2}\exp\left\{-\frac{1}{2}\left[\left(\frac{x-\mu_1}{\sigma_1}\right)^2+\left(\frac{y-\mu_2}{\sigma_2}\right)^2\right]\right\}.$$

例 1.3.6 设 $(X,Y)\sim N(\mu_1,\mu_2,\sigma_1^2,\sigma_2^2,\rho)$ 分布，试证明：

$$\mathrm{cov}(X,Y)=\rho\sigma_1\sigma_2,\ \rho(X,Y)=\rho,$$

$$\mathrm{Cov}(X,Y)=\begin{pmatrix}\sigma_1^2 & \rho\sigma_1\sigma_2\\ \rho\sigma_1\sigma_2 & \sigma_2^2\end{pmatrix},\ \ \mathrm{Corr}(X,Y)=\begin{pmatrix}1 & \rho\\ \rho & 1\end{pmatrix}.$$

证 根据例 1.3.4 中的证明，$X\sim N(\mu_1,\sigma_1^2)$，$Y\sim N(\mu_2,\sigma_2^2)$，因此

$$E(X)=\mu_1,\ E(Y)=\mu_2,\ D(X)=\sigma_1^2,\ D(Y)=\sigma_2^2.$$

以下计算

$$\mathrm{cov}(X,Y)=E\big[(X-\mu_1)(Y-\mu_2)\big]$$
$$=\int_{-\infty}^{+\infty}\int_{-\infty}^{+\infty}(x-\mu_1)(y-\mu_2)p(x,y)\mathrm{d}x\,\mathrm{d}y.$$

计算分作四步：

① 令 $u=\dfrac{x-\mu_1}{\sigma_1}$，$v=\dfrac{y-\mu_2}{\sigma_2}$，换元积分得到

$\mathrm{cov}(X,Y)$
$$=\int_{-\infty}^{+\infty}\int_{-\infty}^{+\infty}\frac{\sigma_1\sigma_2 uv}{2\pi\sqrt{1-\rho^2}}\exp\left\{-\frac{1}{2(1-\rho^2)}(u^2-2\rho uv+v^2)\right\}\mathrm{d}u\,\mathrm{d}v$$
$$=\int_{-\infty}^{+\infty}\int_{-\infty}^{+\infty}\frac{\sigma_1\sigma_2 uv}{2\pi\sqrt{1-\rho^2}}\exp\left\{-\frac{1}{2(1-\rho^2)}\big[(1-\rho^2)u^2+(v-\rho u)^2\big]\right\}\mathrm{d}v\,\mathrm{d}u$$
$$=\int_{-\infty}^{+\infty}\exp\left\{-\frac{u^2}{2}\right\}\int_{-\infty}^{+\infty}\frac{\sigma_1\sigma_2 uv}{2\pi\sqrt{1-\rho^2}}\exp\left\{-\frac{1}{2(1-\rho^2)}\big[(v-\rho u)^2\big]\right\}\mathrm{d}v\,\mathrm{d}u.$$

② 令 $t=\dfrac{v-\rho u}{\sqrt{1-\rho^2}}$ 并得到 $\mathrm{d}v=\sqrt{1-\rho^2}\mathrm{d}t$ 后，换元积分得到

$$\mathrm{cov}(X,Y)=\int_{-\infty}^{+\infty}\exp\left\{-\frac{u^2}{2}\right\}\int_{-\infty}^{+\infty}\frac{\sigma_1\sigma_2 uv}{2\pi}\exp\left\{-\frac{t^2}{2}\right\}\mathrm{d}t\,\mathrm{d}u.$$

③ 令 $uv=u(v-\rho u)+\rho u^2$ 并根据 $t=\dfrac{v-\rho u}{\sqrt{1-\rho^2}}$ 得到 $v=t\sqrt{1-\rho^2}+\rho u$，

因此

$$\mathrm{cov}(X,Y)$$

$$=\int_{-\infty}^{+\infty}\exp\left\{-\frac{u^2}{2}\right\}\int_{-\infty}^{+\infty}\frac{\sigma_1\sigma_2}{2\pi}\left(ut\sqrt{1-\rho^2}+\rho u^2\right)\exp\left\{-\frac{t^2}{2}\right\}\mathrm{d}t\,\mathrm{d}u.$$

④ 分项积分后，第一个积分$=0$，第二个积分用分部积分法计算$=\rho\sigma_1\sigma_2$. 因此，$\mathrm{cov}(X,Y)=\rho\sigma_1\sigma_2$，$\rho(X,Y)=\rho$，

$$\mathrm{Cov}(X,Y)=\begin{pmatrix}\sigma_1^2 & \rho\sigma_1\sigma_2 \\ \rho\sigma_1\sigma_2 & \sigma_2^2\end{pmatrix},$$

$$\mathrm{Corr}(X,Y)=\begin{pmatrix}1 & \rho \\ \rho & 1\end{pmatrix}.$$

由例 1.3.4～例 1.3.6 可见，在$(X,Y)\sim N(\mu_1,\mu_2,\sigma_1^2,\sigma_2^2,\rho)$的条件下，$X$与$Y$相互独立等价于它们的相关系数$\rho=0$. 但是，对于其他的分布，这个结论不一定正确.

另外，当$(X,Y)\sim N(\mu_1,\mu_2,\sigma_1^2,\sigma_2^2,\rho)$时，其条件分布密度

$$p(x\,|\,y)=\frac{1}{\sqrt{2\pi(1-\rho^2)}\sigma_1}\exp\left\{-\frac{1}{2\sigma_1^2(1-\rho^2)}\left[x-\mu_1-\rho\frac{\sigma_1}{\sigma_2}(y-\mu_2)\right]^2\right\},$$

$$p(y\,|\,x)=\frac{1}{\sqrt{2\pi(1-\rho^2)}\sigma_2}\exp\left\{-\frac{1}{2\sigma_2^2(1-\rho^2)}\left[y-\mu_2-\rho\frac{\sigma_2}{\sigma_1}(x-\mu_1)\right]^2\right\}.$$

当$\rho=0$时，$p(x\,|\,y)=p_X(x)$，$p(y\,|\,x)=p_Y(y)$，因此，对于服从二维正态分布的随机变量(X,Y)，当X与Y相互独立时，其条件分布也就是边缘分布.

2. 多元正态分布

若m维连续型随机变量$\boldsymbol{X}=(X_1,X_2,\cdots,X_m)'$的分布密度

$$p(x)=(2\pi)^{-\frac{m}{2}}\left|\boldsymbol{\Sigma}\right|^{-\frac{1}{2}}\exp\left\{-\frac{1}{2}(\boldsymbol{x}-\boldsymbol{\mu})'\boldsymbol{\Sigma}^{-1}(\boldsymbol{x}-\boldsymbol{\mu})\right\},$$

式中的$\boldsymbol{x}=(x_1,x_2,\cdots,x_m)'$，$\boldsymbol{\mu}=E(\boldsymbol{X})=(\mu_1,\mu_2,\cdots,\mu_m)'$，$\boldsymbol{\Sigma}=\mathrm{Cov}(X_1,X_2,\cdots,X_m)$为$X$的协方差矩阵，$\boldsymbol{\Sigma}^{-1}$为$\boldsymbol{\Sigma}$的逆矩阵，$\left|\boldsymbol{\Sigma}\right|$为$\boldsymbol{\Sigma}$的行列式时，称$X$服从$m$维的正态分布$N_m(\boldsymbol{\mu},\boldsymbol{\Sigma})$.

作为特例，若$\boldsymbol{X}=(X_1,X_2)'$服从正态分布$N_2(\boldsymbol{\mu},\boldsymbol{\Sigma})$，$\boldsymbol{x}=(x_1,x_2)'$，$\boldsymbol{\mu}=(\mu_1,\mu_2)'$，则$m=2$，

$$\boldsymbol{\Sigma} = \mathrm{Cov}(X_1, X_2) = \begin{pmatrix} \sigma_1^2 & \rho\sigma_1\sigma_2 \\ \rho\sigma_1\sigma_2 & \sigma_2^2 \end{pmatrix},$$

$$|\boldsymbol{\Sigma}| = \sigma_1^2\sigma_2^2(1-\rho^2), \quad |\boldsymbol{\Sigma}|^{-\frac{1}{2}} = \sigma_1\sigma_2\sqrt{1-\rho^2},$$

$$\boldsymbol{\Sigma}^{-1} = \frac{1}{\sigma_1^2\sigma_2^2(1-\rho^2)}\begin{pmatrix} \sigma_2^2 & -\rho\sigma_1\sigma_2 \\ -\rho\sigma_1\sigma_2 & \sigma_1^2 \end{pmatrix},$$

$$(2\pi)^{-\frac{m}{2}}|\boldsymbol{\Sigma}|^{-\frac{1}{2}} = \frac{1}{2\pi\sigma_1\sigma_2\sqrt{1-\rho^2}},$$

以及

$$(\boldsymbol{x}-\boldsymbol{\mu})'\boldsymbol{\Sigma}^{-1}(\boldsymbol{x}-\boldsymbol{\mu})$$

$$= (x_1-\mu_1, x_2-\mu_2)\frac{1}{\sigma_1^2\sigma_2^2(1-\rho^2)}\begin{pmatrix} \sigma_2^2 & -\rho\sigma_1\sigma_2 \\ -\rho\sigma_1\sigma_2 & \sigma_1^2 \end{pmatrix}\begin{pmatrix} x_1-\mu_1 \\ x_2-\mu_2 \end{pmatrix}$$

$$= \frac{\sigma_1^2(x_1-\mu_1) - \rho\sigma_1\sigma_2(x_2-\mu_2) - \rho\sigma_1\sigma_2(x_1-\mu_1) + \sigma_2^2(x_2-\mu_2)}{\sigma_1^2\sigma_2^2(1-\rho^2)}.$$

因此,

$$p(x_1, x_2) = \frac{1}{2\pi\sigma_1\sigma_2\sqrt{1-\rho^2}}$$

$$\cdot\exp\left\{-\frac{1}{2(1-\rho^2)}\left[\left(\frac{x_1-\mu_1}{\sigma_1}\right)^2 - 2\rho\frac{x_1-\mu_1}{\sigma_1}\frac{x_2-\mu_2}{\sigma_2} + \left(\frac{x_2-\mu_2}{\sigma_2}\right)^2\right]\right\}.$$

还可以证明：若 m 维连续型随机向量 $\boldsymbol{X} = (X_1, X_2, \cdots, X_m)'$ 服从正态分布, 则

(1) 每一个 X_i $(i=1, 2, \cdots, m)$ 都服从一维正态分布;

(2) 由任意 k 个 $X_{i_1}, X_{i_2}, \cdots, X_{i_k}$ $(k=1, 2, \cdots, m-1)$ 所组成的 k 维随机变量服从 k 维正态分布.

❧ 小 结 ❧

① $p(x) = \dfrac{1}{\sqrt{2\pi}\sigma}\exp\left\{-\dfrac{1}{2}\left(\dfrac{x-\mu}{\sigma}\right)^2\right\}$, 式中的 μ 与 σ 为实数, 且 $\sigma > 0$.

② $p(x, y) = \dfrac{1}{2\pi\sigma_1\sigma_2\sqrt{1-\rho^2}}\exp\left\{-\dfrac{1}{2(1-\rho^2)}\left[\left(\dfrac{x-\mu_1}{\sigma_1}\right)^2 - 2\rho\dfrac{x-\mu_1}{\sigma_1}\right.\right.$

$$\cdot \frac{y-\mu_2}{\sigma_2}+\left(\frac{y-\mu_2}{\sigma_2}\right)^2\Bigg]\Bigg\}.$$

③ $p(\boldsymbol{x})=(2\pi)^{-\frac{m}{2}}|\boldsymbol{\Sigma}|^{-\frac{1}{2}}\exp\left\{-\frac{1}{2}(\boldsymbol{x}-\boldsymbol{\mu})'\boldsymbol{\Sigma}^{-1}(\boldsymbol{x}-\boldsymbol{\mu})\right\}$，式中的 $\boldsymbol{x}=$ $(x_1,x_2,\cdots,x_m)'$，$\boldsymbol{\mu}=E(\boldsymbol{X})=(\mu_1,\mu_2,\cdots,\mu_m)'$，$\boldsymbol{\Sigma}=\mathrm{Cov}(X_1,X_2,\cdots,X_m)$ 为 X 的协方差矩阵，$\boldsymbol{\Sigma}^{-1}$ 为 $\boldsymbol{\Sigma}$ 的逆矩阵，$|\boldsymbol{\Sigma}|$ 为 $\boldsymbol{\Sigma}$ 的行列式.

其中，一维正态分布的 Σ 只是一个 1×1 的矩阵，也就是只有 1 个元素 σ^2 的矩阵，$|\Sigma|^{-\frac{1}{2}}$ 就是 $\frac{1}{\sigma}$，Σ^{-1} 也就是 σ^{-2}，而 $(x-\mu)'(x-\mu)$ 就是 $(x-\mu)^2$. 另外 $\sigma^2>0$，一维正态分布的 Σ 是一个正实数. 而由

$$\begin{vmatrix} \sigma_1^2 & \rho\sigma_1\sigma_2 \\ \rho\sigma_1\sigma_2 & \sigma_2^2 \end{vmatrix}=\sigma_1^2\sigma_2^2(1-\rho^2)\geqslant 0,$$

知二维正态分布的 Σ 是非负定矩阵，多维正态分布的 Σ 也是非负定矩阵.

☞ 习题 1.3

1. 袋中有 2 个白球、2 个黑球、3 个红球.

(1) 从中任取 2 个球；

(2) 用取后放回的方法取出 2 个球，若白球数为 X，黑球数为 Y，试写出 (X,Y) 的概率函数.

2. 将一粒均匀的骰子投掷 9 次，求 1 点出现 3 次，2 点及 3 点各出现 2 次的概率.

3. 试与二维正态分布的分布密度的一般形式相比较，当二维正态分布的分布密度

$$p(x,y)=\frac{1}{2\pi}\exp\left\{-\frac{1}{2}\left[\frac{5}{4}(x^2+y^2)+\frac{3}{2}xy\right]\right\}$$

时，写出它的边缘分布的分布密度.

4. 根据二维正态分布的分布密度

$$p(x,y)=\frac{1}{2\pi\sqrt{1-\rho^2}}\exp\left\{-\frac{1}{2(1-\rho^2)}(x^2-2\rho xy+y^2)\right\},$$

可以得到边缘分布密度

$$p_1(x) = \frac{1}{\sqrt{2\pi}} \exp\left\{-\frac{x^2}{2}\right\},$$

$$p_2(y) = \frac{1}{\sqrt{2\pi}} \exp\left\{-\frac{y^2}{2}\right\}.$$

若

$$p_3(x,y) = \frac{1}{2\pi\sqrt{1-\rho_1^2}} \exp\left\{-\frac{1}{2(1-\rho_1^2)}(x^2 - 2\rho_1 xy + y^2)\right\},$$

$$p_4(x,y) = \frac{1}{2\pi\sqrt{1-\rho_2^2}} \exp\left\{-\frac{1}{2(1-\rho_2^2)}(x^2 - 2\rho_2 xy + y^2)\right\},$$

试说明: $p^*(x,y) = \frac{1}{2}\big(p_3(x,y) + p_4(x,y)\big)$ 也是二维随机变量的分布密度, 它

与 $p(x,y)$ 的边缘分布密度相同, 而 $p^*(x,y)$ 并不是二维正态分布的分布密度.

1.4 连续型随机变量的变换及变换后的分布

1.4.1 二重积分的换元积分法

二维连续型随机变量的变换及变换后的分布与二重积分的换元积分法有关.

如果将变量 x 换为 $x(u,v)$, 变量 y 换为 $y(u,v)$, 且当 x,y 在某一范围内变化时, 任一有序数组 (x,y) 都有唯一的有序数组 (u,v) 相对应, 当 u,v 某一范围内变化时, 任一有序数组 (u,v) 都有唯一的有序数组 (x,y) 相对应, 或者用几何学的说法, 将 (x,y) 看作是平面 xOy 上的点, 它的变化范围是平面 xOy 上的区域 D; 将 (u,v) 看作是平面 uOv 上的点, 它的变化范围是平面 uOv 上的区域 D^*, 则变换 $x = x(u,v)$, $y = y(u,v)$ 及其逆变换 $u = u(x,y)$, $v = v(x,y)$ 使 xOy 平面上的区域 D 内的点 (x,y) 与 uOv 平面上的区域 D^* 内的点 (u,v) 一一对应. 这时, 二重积分的换元计算公式可以表示为

$$\iint\limits_{D} f(x,y)\mathrm{d}\sigma_{xy} = \iint\limits_{D^*} f\big(x(u,v), y(u,v)\big)|J(u,v)|\mathrm{d}\sigma_{uv},$$

式中的 $J(u,v) = \begin{vmatrix} \dfrac{\partial x(u,v)}{\partial u} & \dfrac{\partial x(u,v)}{\partial v} \\ \dfrac{\partial y(u,v)}{\partial u} & \dfrac{\partial y(u,v)}{\partial v} \end{vmatrix}$ 称为 Jacobi 行列式.

注意：$|J(u,v)|$ 是 $J(u,v)$ 的绝对值.

当 $x = \rho\cos\theta$，$y = \rho\sin\theta$ 时，ρ 与 θ 分别是上述公式中的 u 与 v，而 $J(\rho,\theta) = \rho$，就得到在极坐标系中计算二重积分的公式，它可以表示为

$$\iint\limits_{D} f(x,y)\mathrm{d}x\,\mathrm{d}y = \iint\limits_{D^*} f(\rho\cos\theta, \rho\sin\theta)\rho\,\mathrm{d}\rho\,\mathrm{d}\theta.$$

此公式说明：在极坐标系中计算二重积分时，要将变量 x 换为 $\rho\cos\theta$，变量 y 换为 $\rho\sin\theta$，微分 $\mathrm{d}x\,\mathrm{d}y$ 换为 $\rho\,\mathrm{d}\rho\,\mathrm{d}\theta$，$f(x,y)$ 换为 $f(\rho\cos\theta, \rho\sin\theta)$，积分区域 D 换为 D^*. 这里的 D^* 不再是直角坐标平面 xOy 上的区域，它是一个新的极坐标平面 $\rho O\theta$ 上的区域，区域 D 内的点 (x,y) 与区域 D^* 内的点 (ρ,θ) 一一对应. 一般而言，直角坐标换为极坐标时，区域 D^* 可以表示为

$$\left\{ (\rho,\theta) \,\middle|\, \rho_1(\theta) \leqslant \rho \leqslant \rho_2(\theta),\ \alpha \leqslant \theta \leqslant \beta \right\}.$$

1.4.2　二维连续型随机变量的变换及变换后的分布

若函数 $u = u(x,y)$，$v = v(x,y)$ 对应着唯一的反函数 $x = x(u,v)$，$y = y(u,v)$，偏导数 $\dfrac{\partial x(u,v)}{\partial u}, \dfrac{\partial x(u,v)}{\partial v}, \dfrac{\partial y(u,v)}{\partial u}, \dfrac{\partial y(u,v)}{\partial v}$ 都存在且连续时，二维连续型随机变量 (X,Y) 通过变换 $U = u(X,Y)$，$V = v(X,Y)$ 得到新的二维连续型随机变量 (U,V) 的过程，称为**二维连续型随机变量的变换**.

如果变换前 (X,Y) 的分布密度为 $p(x,y)$，则变换后 (U,V) 的分布密度为

$$p^*(u,v) = \begin{cases} p\big(x(u,v), y(u,v)\big)\big|J(u,v)\big|, & (u,v) \in D^*, \\ 0, & (u,v) \notin D^*, \end{cases}$$

式中区域 D^* 内的点 (u,v) 与 $p(x,y)$ 取正值的区域 D 内的点 (x,y) 一一对应.

这里有两个等价的随机事件：$\{(X,Y) \in D\}$ 和 $\{(U,V) \in D^*\}$. 根据 $P\{(X,Y) \in D\} = P\{(U,V) \in D^*\}$，以及

$$P\big\{(X,Y) \in D\big\} = \iint\limits_{D} p(x,y)\mathrm{d}\sigma_{xy} = \iint\limits_{D^*} P\big(x(u,v), y(u,v)\big)\big|J(u,v)\big|\mathrm{d}\sigma_{uv},$$

$$P\{(U,V) \in D^*\} = \iint\limits_{D^*} p^*(u,v)\mathrm{d}\sigma_{uv},$$

即可推出 (U,V) 的分布密度.

为方便起见，称以上由 (X,Y) 的分布密度求 (U,V) 的分布密度的方法为**变换法**.

对于多维连续型随机变量的变换及变换后的分布有类似的结果.

例 1.4.1　设 X 与 Y 相互独立且都服从 $N(0,1)$ 分布，试用变换法论述 $(X+Y,X-Y)$ 的分布密度，并说明 $X+Y$ 与 $X-Y$ 相互独立.

解　X 与 Y 的分布密度、(X,Y) 的分布密度依次为

$$p_X(x)=\frac{1}{\sqrt{2\pi}}\,\mathrm{e}^{-\frac{1}{2}x^2}\,,\quad p_Y(y)=\frac{1}{\sqrt{2\pi}}\,\mathrm{e}^{-\frac{1}{2}y^2}\,,\quad p(x,y)=\frac{1}{\sqrt{2\pi}}\,\mathrm{e}^{-\frac{1}{2}(x^2+y^2)}\,.$$

设 $\begin{cases}u=x+y,\\v=x-y,\end{cases}$ 解出 $\begin{cases}x=\frac{1}{2}(u+v),\\y=\frac{1}{2}(u-v),\end{cases}$ 从而

$$J(u,v)=\begin{vmatrix}\dfrac{1}{2}&\dfrac{1}{2}\\[2mm]\dfrac{1}{2}&-\dfrac{1}{2}\end{vmatrix}=-\frac{1}{2}\,,\quad x^2+y^2=\frac{1}{2}(u^2+v^2)\,,$$

且当 D 为 xOy 平面，$(x,y)\in D$，D^* 为 uOv 平面，$(u,v)\in D^*$ 时，(x,y) 与 (u,v) 一一对应，因此 $(X+Y,X-Y)$ 的分布密度

$$p^*(u,v)=\frac{1}{2\pi}\exp\left\{-\frac{u^2+v^2}{4}\right\}\left|-\frac{1}{2}\right|=\frac{1}{4\pi}\exp\left\{-\frac{u^2+v^2}{4}\right\};$$

$X+Y$ 的分布密度

$$p_U^*(u)=\int_{-\infty}^{+\infty}p^*(u,v)\mathrm{d}v=\frac{1}{2\sqrt{\pi}}\,\mathrm{e}^{-\frac{u^2}{4}}\,;$$

$X-Y$ 的分布密度

$$p_V^*(v)=\int_{-\infty}^{+\infty}p^*(u,v)\mathrm{d}u=\frac{1}{2\sqrt{\pi}}\,\mathrm{e}^{-\frac{v^2}{4}}\,.$$

这里的 $X+Y$ 与 $X-Y$ 都服从 $N(0,2)$ 分布，根据联合分布中的 $\rho=0$，可以判定 $X+Y$ 与 $X-Y$ 相互独立.

例 1.4.2　设 X 与 Y 相互独立且都服从 $N(0,1)$ 分布，试用变换法论述 $\left(\dfrac{1}{2}X+Y,\dfrac{1}{2}X-Y\right)$ 的分布密度，并说明 $\dfrac{1}{2}X+Y$ 与 $\dfrac{1}{2}X-Y$ 不相互独立.

解　X 与 Y 的分布密度、(X,Y) 的分布密度依次为

$$p_X(x) = \frac{1}{\sqrt{2\pi}} e^{-\frac{x^2}{2}}, \quad p_Y(y) = \frac{1}{\sqrt{2\pi}} e^{-\frac{y^2}{2}}, \quad p(x,y) = \frac{1}{2\pi} \exp\left\{-\frac{x^2+y^2}{2}\right\}.$$

设 $\begin{cases} u = \dfrac{1}{2}x + y, \\ v = \dfrac{1}{2}x - y, \end{cases}$ 解出 $\begin{cases} x = u + v, \\ y = \dfrac{1}{2}(u - v), \end{cases}$ 从而

$$J(u,v) = \begin{vmatrix} 1 & 1 \\ \dfrac{1}{2} & -\dfrac{1}{2} \end{vmatrix} = -1, \quad x^2 + y^2 = \frac{5}{4}(u^2 + v^2) + \frac{3}{2}uv,$$

且当 D 为 xOy 平面, $(x,y) \in D$, D^* 为 uOv 平面, $(u,v) \in D^*$ 时, (x,y) 与 (u,v) 一一对应, 因此 $\left(\dfrac{1}{2}X + Y, \dfrac{1}{2}X - Y\right)$ 的分布密度为

$$p^*(u,v) = \frac{1}{2\pi} \exp\left\{-\frac{1}{2}\left[\frac{5}{4}(u^2 + v^2) + \frac{3}{2}uv\right]\right\},$$

再由

$$\frac{1}{(1-\rho^2)\sigma_1^2} = \frac{5}{4}, \quad \frac{1}{(1-\rho^2)\sigma_2^2} = \frac{5}{4}, \quad \frac{-2\rho}{(1-\rho^2)\sigma_1\sigma_2} = \frac{3}{2},$$

解出 $\sigma_1^2 = \sigma_2^2 = \dfrac{5}{4}$, $\rho = -\dfrac{3}{5}$. $\left(\dfrac{1}{2}X + Y, \dfrac{1}{2}X - Y\right)$ 的分布为 $N\left(0, 0, \dfrac{5}{4}, \dfrac{5}{4}, -\dfrac{3}{5}\right)$, $\dfrac{1}{2}X + Y$ 与 $\dfrac{1}{2}X - Y$ 的分布同为 $N\left(0, \dfrac{5}{4}\right)$, 根据联合分布中的 $\rho \neq 0$, 判定 $\dfrac{1}{2}X + Y$ 与 $\dfrac{1}{2}X - Y$ 不相互独立.

1.4.3　正态随机变量的非奇线性变换

当常数 $c_{11}, c_{12}, c_{21}, c_{22}$ 满足条件 $c_{11}c_{22} - c_{12}c_{21} \neq 0$ 时, 称

$$\begin{cases} U = c_{11}X + c_{12}Y, \\ V = c_{21}X + c_{22}Y \end{cases}$$

为**非奇线性变换**, $C = \begin{pmatrix} c_{11} & c_{12} \\ c_{21} & c_{22} \end{pmatrix}$ 为**非奇线性变换矩阵**.

例如, $\begin{cases} U = X + Y, \\ V = X - Y \end{cases}$ 和 $\begin{cases} U = \dfrac{1}{2}X + Y, \\ V = \dfrac{1}{2}X - Y \end{cases}$ 都是非奇线性变换.

以下证明: 当 (X,Y) 服从正态分布时, 经过非奇线性变换

$$\begin{cases} U = c_{11}X + c_{12}Y, \\ V = c_{21}X + c_{22}Y \end{cases}$$

所得到的 (U, V) 也服从正态分布.

证 记 $\boldsymbol{C} = \begin{pmatrix} c_{11} & c_{12} \\ c_{21} & c_{22} \end{pmatrix}$, 因为 $|\boldsymbol{C}| \neq 0$, $\boldsymbol{C}^{-1}$ 存在, 且

$$\begin{pmatrix} U \\ V \end{pmatrix} = \boldsymbol{C} \begin{pmatrix} X \\ Y \end{pmatrix}, \quad \begin{pmatrix} u \\ v \end{pmatrix} = \boldsymbol{C} \begin{pmatrix} x \\ y \end{pmatrix}, \quad \begin{pmatrix} x \\ y \end{pmatrix} = \boldsymbol{C}^{-1} \begin{pmatrix} u \\ v \end{pmatrix}, \quad \begin{pmatrix} X \\ Y \end{pmatrix} = \boldsymbol{C}^{-1} \begin{pmatrix} U \\ V \end{pmatrix},$$

$$J(u,v) = |\boldsymbol{C}^{-1}|, \quad \begin{pmatrix} EU \\ EV \end{pmatrix} = \boldsymbol{C} \begin{pmatrix} EX \\ EY \end{pmatrix}, \quad \begin{pmatrix} EX \\ EY \end{pmatrix} = \boldsymbol{C}^{-1} \begin{pmatrix} EU \\ EV \end{pmatrix},$$

$$\begin{pmatrix} U - EU \\ V - EV \end{pmatrix} = \boldsymbol{C} \begin{pmatrix} X - EX \\ Y - EY \end{pmatrix}, \quad \begin{pmatrix} X - EX \\ Y - EY \end{pmatrix} = \boldsymbol{C}^{-1} \begin{pmatrix} U - EU \\ V - EV \end{pmatrix},$$

$$E\left(\begin{pmatrix} X - EX \\ Y - EY \end{pmatrix} \begin{pmatrix} X - EX \\ Y - EY \end{pmatrix}' \right) = E\begin{pmatrix} (X-EX)^2 & (X-EX)(Y-EY) \\ (X-EX)(Y-EY) & (Y-EY)^2 \end{pmatrix}$$

$$= \mathrm{Cov}(X,Y),$$

$$E\left(\begin{pmatrix} U - EU \\ V - EV \end{pmatrix} \begin{pmatrix} U - EU \\ V - EV \end{pmatrix}' \right) = E\begin{pmatrix} (U-EU)^2 & (U-EU)(V-EV) \\ (U-EU)(V-EV) & (V-EV)^2 \end{pmatrix}$$

$$= \mathrm{Cov}(U,V),$$

$$\mathrm{Cov}(X,Y) = E\left(\boldsymbol{C}^{-1} \begin{pmatrix} U - EU \\ V - EV \end{pmatrix} \begin{pmatrix} U - EU \\ V - EV \end{pmatrix}' (\boldsymbol{C}^{-1})' \right)$$

$$= \boldsymbol{C}^{-1} \mathrm{Cov}(U,V)(\boldsymbol{C}^{-1})',$$

$$\left| \mathrm{Cov}(X,Y) \right| = |\boldsymbol{C}^{-1}| \left| \mathrm{Cov}(U,V) \right| |(\boldsymbol{C}^{-1})'| = |\boldsymbol{C}^{-1}|^2 \left| \mathrm{Cov}(U,V) \right|,$$

$$\left(\mathrm{Cov}(X,Y) \right)^{-1} = [(\boldsymbol{C}^{-1})']^{-1} \left(\mathrm{Cov}(U,V) \right)^{-1} \boldsymbol{C}.$$

经过非奇线性变换后, 当 D 为 xOy 平面, $(x,y) \in D$, D^* 为 uOv 平面, $(u,v) \in D^*$ 时, (x,y) 与 (u,v) 一一对应, 因此 (X,Y) 的分布密度

$$p(\boldsymbol{x}) = \frac{1}{2\pi} |\boldsymbol{\Sigma}|^{-\frac{1}{2}} \exp\left\{ -\frac{1}{2}(\boldsymbol{x} - \boldsymbol{\mu})' \boldsymbol{\Sigma}^{-1}(\boldsymbol{x} - \boldsymbol{\mu}) \right\}$$

其中的常数 $\dfrac{1}{2\pi} |\boldsymbol{\Sigma}|^{-\frac{1}{2}} = \dfrac{1}{2\pi} \left| \mathrm{Cov}(X,Y) \right|^{-\frac{1}{2}}$ 变换为

$$\frac{1}{2\pi}\left(|\boldsymbol{C}^{-1}|^2\left|\mathrm{Cov}(U,V)\right|\right)^{-\frac{1}{2}}|J(u,v)|$$

$$=\frac{1}{2\pi}|\boldsymbol{C}^{-1}|^{-1}\left|\mathrm{Cov}(U,V)\right|^{-\frac{1}{2}}|\boldsymbol{C}^{-1}|=\frac{1}{2\pi}\left|\mathrm{Cov}(U,V)\right|^{-\frac{1}{2}},$$

exp 的指数

$$-\frac{1}{2}(\boldsymbol{x}-\boldsymbol{\mu})'\boldsymbol{\Sigma}^{-1}(\boldsymbol{x}-\boldsymbol{\mu})$$

$$=-\frac{1}{2}\left[\begin{pmatrix}u-EU\\v-EV\end{pmatrix}'(\boldsymbol{C}^{-1})'\right]\left\{\left[(\boldsymbol{C}^{-1})'\right]^{-1}\left(\mathrm{Cov}(U,V)\right)^{-1}\boldsymbol{C}\right\}$$

$$\cdot\left[\boldsymbol{C}^{-1}\begin{pmatrix}u-EU\\v-EV\end{pmatrix}\right]$$

$$=-\frac{1}{2}\begin{pmatrix}u-EU\\v-EV\end{pmatrix}'\left(\mathrm{Cov}(U,V)\right)^{-1}\begin{pmatrix}u-EU\\v-EV\end{pmatrix}.$$

因此，经过非奇线性变换后，(U,V) 的分布密度

$$p^*(u,v)=\frac{1}{2\pi}\left|\mathrm{Cov}(U,V)\right|^{-\frac{1}{2}}\exp\left\{-\frac{1}{2}\begin{pmatrix}u-EU\\v-EV\end{pmatrix}'\left(\mathrm{Cov}(U,V)\right)^{-1}\begin{pmatrix}u-EU\\v-EV\end{pmatrix}\right\}.$$

这说明 (U,V) 也服从二维正态分布.

　　注　根据以上的证明，今后在论述 (U,V) 的分布时，只需先确定 C 为非奇线性变换矩阵，再计算 $\begin{pmatrix}EU\\EV\end{pmatrix}=\boldsymbol{C}\begin{pmatrix}EX\\EY\end{pmatrix}$ 与 $\mathrm{Cov}(U,V)=\boldsymbol{C}\,\mathrm{Cov}(X,Y)\boldsymbol{C}'$，然后代入二维正态分布密度的通式.

　　以上结论及方法也适用于多维正态分布.

　　例 1.4.3　设 X 与 Y 相互独立，$X\sim N(\mu_1,\sigma_1^2)$，$Y\sim N(\mu_2,\sigma_2^2)$，试用非奇线性变换的结论论述

$$X+Y\sim N(\mu_1+\mu_2,\sigma_1^2+\sigma_2^2),\quad X-Y\sim N(\mu_1-\mu_2,\sigma_1^2+\sigma_2^2),$$

且当 $\sigma_1^2=\sigma_2^2$ 时 $X+Y$ 与 $X-Y$ 相互独立.

　　解　设 $\begin{cases}U=X+Y,\\V=X-Y,\end{cases}$ $\boldsymbol{C}=\begin{pmatrix}1&1\\1&-1\end{pmatrix}$，则 $\begin{pmatrix}U\\V\end{pmatrix}=\boldsymbol{C}\begin{pmatrix}X\\Y\end{pmatrix}$，且 $|\boldsymbol{C}|=-2$，$\boldsymbol{C}$ 为非奇线性变换矩阵. 当 (X,Y) 服从正态分布时，(U,V) 也服从正态分布.

$$E\begin{pmatrix}X\\Y\end{pmatrix}=\begin{pmatrix}\mu_1\\\mu_2\end{pmatrix},\quad \mathrm{Cov}\begin{pmatrix}X\\Y\end{pmatrix}=\begin{pmatrix}\sigma_1^2&0\\0&\sigma_2^2\end{pmatrix},$$

$$E\begin{pmatrix} U \\ V \end{pmatrix} = \boldsymbol{C}E\begin{pmatrix} X \\ Y \end{pmatrix} = \begin{pmatrix} \mu_1 + \mu_2 \\ \mu_1 - \mu_2 \end{pmatrix},$$

$$\mathrm{Cov}\begin{pmatrix} U \\ V \end{pmatrix} = \boldsymbol{C}\,\mathrm{Cov}\begin{pmatrix} X \\ Y \end{pmatrix}\boldsymbol{C}' = \begin{pmatrix} 1 & 1 \\ 1 & -1 \end{pmatrix}\begin{pmatrix} \sigma_1^2 & 0 \\ 0 & \sigma_2^2 \end{pmatrix}\begin{pmatrix} 1 & 1 \\ 1 & -1 \end{pmatrix}$$

$$= \begin{pmatrix} \sigma_1^2 + \sigma_2^2 & \sigma_1^2 - \sigma_2^2 \\ \sigma_1^2 - \sigma_2^2 & \sigma_1^2 + \sigma_2^2 \end{pmatrix},$$

因此，$X+Y$ 服从 $N(\mu_1+\mu_2,\sigma_1^2+\sigma_2^2)$，$X-Y$ 服从 $N(\mu_1-\mu_2,\sigma_1^2+\sigma_2^2)$，且当 $\sigma_1^2 = \sigma_2^2$ 时，$\mathrm{cov}(U,V)=0$，$\rho(U,V)=0$，$X+Y$ 与 $X-Y$ 相互独立.

例 1.4.4 设 X 与 Y 相互独立，$X \sim N(\mu_1,\sigma_1^2)$，$Y \sim N(\mu_2,\sigma_2^2)$，当 k_1 与 k_2 是常数时，试用非奇线性变换的结论论述 $k_1X+k_2Y \sim N(k_1\mu_1+k_2\mu_2,k_1^2\sigma_1^2+k_2^2\sigma_2^2)$ 分布.

解 不妨设 $k_2 \neq 0$，$\begin{cases} U = k_1X + k_2Y, \\ V = X, \end{cases}$ $\boldsymbol{C} = \begin{pmatrix} k_1 & k_2 \\ 1 & 0 \end{pmatrix}$，则

$$\begin{pmatrix} U \\ V \end{pmatrix} = \boldsymbol{C}\begin{pmatrix} X \\ Y \end{pmatrix},$$

且 $|\boldsymbol{C}| = -k_2$，$\boldsymbol{C}$ 为非奇线性变换矩阵，当 (X,Y) 服从正态分布时，(U,V) 也服从正态分布.

$$E\begin{pmatrix} X \\ Y \end{pmatrix} = \begin{pmatrix} \mu_1 \\ \mu_2 \end{pmatrix}, \quad \mathrm{Cov}\begin{pmatrix} X \\ Y \end{pmatrix} = \begin{pmatrix} \sigma_1^2 & 0 \\ 0 & \sigma_2^2 \end{pmatrix},$$

$$E\begin{pmatrix} U \\ V \end{pmatrix} = \boldsymbol{C}E\begin{pmatrix} X \\ Y \end{pmatrix} = \begin{pmatrix} k_1\mu_1 + k_2\mu_2 \\ \mu_1 \end{pmatrix},$$

$$\mathrm{Cov}\begin{pmatrix} U \\ V \end{pmatrix} = \boldsymbol{C}\,\mathrm{Cov}\begin{pmatrix} X \\ Y \end{pmatrix}\boldsymbol{C}' = \begin{pmatrix} k_1 & k_2 \\ 1 & 0 \end{pmatrix}\begin{pmatrix} \sigma_1^2 & 0 \\ 0 & \sigma_2^2 \end{pmatrix}\begin{pmatrix} k_1 & 1 \\ k_2 & 0 \end{pmatrix}$$

$$= \begin{pmatrix} k_1^2\sigma_1^2 + k_2^2\sigma_2^2 & k_1\sigma_1^2 \\ k_1\sigma_1^2 & \sigma_1^2 \end{pmatrix},$$

因此，$k_1X+k_2Y \sim N(k_1\mu_1+k_2\mu_2,k_1^2\sigma_1^2+k_2^2\sigma_2^2)$ 分布.

可以证明独立正态随机变量的线性函数的分布如下：

当 $X_1,X_2,\cdots,X_n$ 相互独立且其中的 $X_i \sim N(\mu_i,\sigma_i^2)$，$i=1,2,\cdots,n$ 时，它

们的线性函数 $\sum_i k_i X_i \sim N(\sum_i k_i \mu_i, \sum_i k_i^2 \sigma_i^2)$，式中的常数 k_i 不全为零.

证 不妨设 $k_n \neq 0$，作非奇线性变换

$$\begin{cases} Y_1 = k_1 X_1 + k_2 X_2 + \cdots + k_n X_n, \\ Y_2 = X_1, \\ Y_3 = X_2, \\ \cdots, \\ Y_n = X_{n-1}, \end{cases}$$

则根据前面的结论，$(Y_1, Y_2, \cdots, Y_n)$ 服从 n 维正态分布，Y_1 服从一维正态分布，且

$$E(Y_1) = E(\sum_i k_i X_i) = \sum_i k_i \mu_i, \quad D(Y_1) = D(\sum_i k_i X_i) = \sum_i k_i^2 \sigma_i^2,$$

因此，$Y_1 = \sum_i k_i X_i \sim N(\sum_i k_i \mu_i, \sum_i k_i^2 \sigma_i^2)$ 分布.

以下是试验统计学中常用的两个推论：

(1) 设 $X_1, X_2, \cdots, X_n$ 相互独立，且 $X_i \sim N(\mu_i, \sigma_i^2)$，$i = 1, 2, \cdots, n$，则

$$\sum_i X_i \sim N(\sum_i \mu_i, \sum_i \sigma_i^2).$$

(2) 设 $X_1, X_2, \cdots, X_n$ 相互独立且都服从 $N(\mu, \sigma^2)$ 分布，则

$$\sum_i X_i \sim N(n\mu, n\sigma^2), \quad \overline{X} = \frac{1}{n} \sum_i X_i \sim N(\mu, \frac{\sigma^2}{n}).$$

1.4.4 标准正态随机变量的正交变换

若 $\boldsymbol{C} = \begin{pmatrix} c_{11} & c_{12} \\ c_{21} & c_{22} \end{pmatrix}$ 为正交矩阵，即 $\boldsymbol{CC'} = \boldsymbol{I}$，$\boldsymbol{I}$ 为单位矩阵，则称

$$\begin{cases} U = c_{11} X + c_{12} Y, \\ V = c_{21} X + c_{22} Y, \end{cases}$$

为**正交变换**.

定理 1.4.1 当 X 与 Y 相互独立且都服从标准正态分布时，经过正交变换

$$\begin{cases} U = c_{11} X + c_{12} Y, \\ V = c_{21} X + c_{22} Y, \end{cases}$$

所得到的 U 与 V 也相互独立且都服从标准正态分布.

证 令 $C = \begin{pmatrix} c_{11} & c_{12} \\ c_{21} & c_{22} \end{pmatrix}$, 则 C 为正交矩阵.

$$\begin{pmatrix} U \\ V \end{pmatrix} = C \begin{pmatrix} X \\ Y \end{pmatrix}, \quad \begin{pmatrix} u \\ v \end{pmatrix} = C \begin{pmatrix} x \\ y \end{pmatrix},$$

$$\begin{pmatrix} x \\ y \end{pmatrix} = C' \begin{pmatrix} u \\ v \end{pmatrix}, \quad \begin{pmatrix} X \\ Y \end{pmatrix} = C' \begin{pmatrix} U \\ V \end{pmatrix},$$

$$J(u,v) = |C'| = \pm 1.$$

(1) **用变换法的公式** 根据题设, (X,Y) 的分布密度

$$p(x,y) = \frac{1}{2\pi} \exp\left\{ -\frac{x^2 + y^2}{2} \right\}.$$

由于

$$x^2 + y^2 = \begin{pmatrix} x \\ y \end{pmatrix}' \begin{pmatrix} x \\ y \end{pmatrix} = \begin{pmatrix} u \\ v \end{pmatrix}' CC' \begin{pmatrix} u \\ v \end{pmatrix} = u^2 + v^2,$$

且当 D 为 xOy 平面, $(x,y) \in D$, D^* 为 uOv 平面, $(u,v) \in D^*$ 时, (x,y) 与 (u,v) 一一对应, 因此

$$p^*(u,v) = \frac{1}{2\pi} \exp\left\{ -\frac{u^2 + v^2}{2} \right\}.$$

这说明经过正交变换 $\begin{cases} U = c_{11}X + c_{12}Y, \\ V = c_{21}X + c_{22}Y \end{cases}$ 所得到的 U 与 V 的联合分布为 $N(0,0,1,1,0)$, 边缘分布则同为 $N(0,1)$, 根据联合分布中的第五个参数 $\rho = 0$, 可以判定它们相互独立.

(2) **用非奇线性变换的结论** 由于正交变换也是非奇线性变换, 当 (X,Y) 服从正态分布时, (U,V) 也服从正态分布. 又由于 X 与 Y 相互独立,

$$\operatorname{Cov}(X,Y) = \begin{pmatrix} 1 & 0 \\ 0 & 1 \end{pmatrix} = I,$$

$$\operatorname{Cov}(U,V) = C \operatorname{Cov}(X,Y) C' = CIC' = I,$$

且 $E\begin{pmatrix} U \\ V \end{pmatrix} = CE\begin{pmatrix} X \\ Y \end{pmatrix} = O$, 因此, 经过正交变换后 U 与 V 也相互独立且都服从标准正态分布.

以上结论及方法也适用于多个相互独立且都服从标准正态分布的情形, 即:

当 $X_1, X_2, \cdots, X_n$ 相互独立且都服从标准正态分布时，经过正交变换

$$
\begin{cases}
Y_1 = c_{11}X_1 + c_{12}X_2 + \cdots + c_{1n}X_n, \\
Y_2 = c_{21}X_1 + c_{22}X_2 + \cdots + c_{2n}X_n, \\
\cdots, \\
Y_n = c_{n1}X_1 + c_{n2}X_2 + \cdots + c_{nn}X_n,
\end{cases}
$$

所得到的 $Y_1, Y_2, \cdots, Y_n$ 也相互独立且都服从标准正态分布.

作为上述结论的应用，可以证明当 X_1 与 X_2 相互独立且都服从 $N(\mu, \sigma^2)$ 分布时，它们的均值 $\overline{X} = \dfrac{1}{2}(X_1 + X_2)$ 与离差平方和 $\mathrm{SS}X = \sum\limits_i (X_i - \overline{X})^2$ 相互独立.

证 设 $Y_1 = \dfrac{X_1 - \mu}{\sigma}$，$Y_2 = \dfrac{X_2 - \mu}{\sigma}$，则 Y_1 与 Y_2 相互独立且都服从标准正态分布. 作正交变换

$$
\begin{cases}
Z_1 = c_{11}Y_1 + c_{12}Y_2, \\
Z_2 = \dfrac{1}{\sqrt{2}}Y_1 + \dfrac{1}{\sqrt{2}}Y_2,
\end{cases}
$$

则 Z_1 与 Z_2 相互独立且都服从标准正态分布. 考虑到 $\overline{Y} = \dfrac{\overline{X} - \mu}{\sigma}$，又

$$
\overline{Y} = \frac{1}{2}(Y_1 + Y_2) = \frac{1}{\sqrt{2}}\left(\frac{1}{\sqrt{2}}Y_1 + \frac{1}{\sqrt{2}}Y_2\right) = \frac{1}{\sqrt{2}}Z_2,
$$

$$
\mathrm{SS}Y = \sum_i (Y_i - \overline{Y})^2 = \sum_i \left(\frac{X_i - \mu}{\sigma} - \frac{\overline{X} - \mu}{\sigma}\right)^2 = \sum_i \left(\frac{X_i - \overline{X}}{\sigma}\right)^2 = \frac{\mathrm{SS}X}{\sigma^2},
$$

即

$$
\begin{aligned}
\mathrm{SS}Y &= \sum_i (Y_i - \overline{Y})^2 = \sum_i (Y_i^2 - 2\overline{Y}\,Y_i + \overline{Y}^2) \\
&= \sum_i Y_i^2 - 2\overline{Y}^2 = \sum_i Z_i^2 - Z_2^2 = Z_1^2,
\end{aligned}
$$

因此，$\mathrm{SS}Y$ 与 Z_2 相互独立，即 $\mathrm{SS}Y$ 与 $\overline{Y} = \dfrac{1}{\sqrt{2}}Z_2$ 相互独立，$\mathrm{SS}Y = \dfrac{\mathrm{SS}X}{\sigma^2}$ 与 $\overline{X} = \mu + \sigma\overline{Y}$ 相互独立，也就是 $\overline{X}$ 与 $\mathrm{SS}X$ 看起来不相互独立，实质上是相互独立的.

同样地，可以证明当 $X_1, X_2, \cdots, X_n$ 相互独立且都服从 $N(\mu, \sigma^2)$ 分布时，

它们的函数 $\overline{X} = \dfrac{1}{n}(X_1 + X_2 + \cdots + X_n)$ 与 $\mathrm{SS}X = \displaystyle\sum_i (X_i - \overline{X})^2$ 相互独立.

☞ **习题 1.4**

1. 当 $X_1, X_2, \cdots, X_n$ 相互独立且其中的 $X_i \sim N(\mu_i, \sigma_i^2)$，$i = 1, 2, \cdots, n$ 时，它们的总和 $\displaystyle\sum_i X_i \sim N(\sum_i \mu_i, \sum_i \sigma_i^2)$，这说明正态分布也有可加性，试说明正态分布与二项分布的可加性有什么区别？

2. 设 X 与 Y 相互独立且都服从 $N(0,1)$ 分布，$U = \dfrac{1}{2}(X + Y)$，$V = \dfrac{1}{2}(X - Y)$，试用非奇线性变换的结论论述 U 与 V 的分布密度.

3. 设 X, Y 与 Z 相互独立且都服从 $N(0,1)$ 分布，$U = \dfrac{1}{3}(X + Y + Z)$，试用非奇线性变换的结论论述 U 的分布密度.

4. 设 X_1, X_2, X_3 相互独立且都服从 $N(0,1)$ 分布，它们的线性函数

$$
\begin{cases}
Y_1 = 0.8X_1 + 0.6X_2, \\
Y_2 = \sqrt{2}(0.3X_1 - 0.4X_2 - 0.5X_3), \\
Y_3 = \sqrt{2}(0.3X_1 - 0.4X_2 + 0.5X_3),
\end{cases}
$$

试论述 $U = \dfrac{1}{3}(Y_1 + Y_2 + Y_3)$ 的分布密度.

1.5 统计中三大分布及 Python 代码

1.5.1 卡方分布

统计学中常用的分布除 Gauss 发现的正态分布之外，还有 Pearson 发现的 χ^2 分布、Gosset 发现的 t 分布及 Fisher 发现的 F 分布.

若 $X_1, X_2, \cdots, X_n$ 相互独立且都服从 $N(0,1)$，则 $\displaystyle\sum_i X_i^2 \sim \chi^2(n)$，称 $\chi^2(n)$ 为**自由度等于** n **的卡方分布**，它的分布密度

$$p(x)=\begin{cases}\dfrac{1}{2^{\frac{n}{2}}\Gamma\left(\dfrac{n}{2}\right)}x^{\frac{n}{2}-1}\mathrm{e}^{-\frac{x}{2}}, & x>0,\\[3mm] 0, & \text{其他,}\end{cases}$$

式中的 $\Gamma\left(\dfrac{n}{2}\right)=\displaystyle\int_0^{+\infty}x^{\frac{n}{2}-1}\mathrm{e}^{-x}\mathrm{d}x$ 称为 Gamma 函数，且

$$\Gamma\left(\frac{1}{2}\right)=\sqrt{\pi}\ ,\quad \Gamma(1)=1.$$

卡方分布的分布密度曲线的形状与自由度 n 的数值有关. 当 $x\leqslant 0$ 时，卡方分布的分布密度曲线与 x 轴重合. 当 $x>0$ 时，随着 x 的增加，先快速上升，到达最高点后，再缓慢地下降，拖着一条长长的尾巴.

由 n 及 α 求 $P\{\chi^2(n)\leqslant x\}=\alpha$ 所对应的 x 有统计用表可查，后面称这个 x 为 α **分位数**.

当 X 服从 $\chi^2(n)$ 分布时，通过计算可以得到

$$E(X)=n\ ,\quad D(X)=2n\ .$$

定理 1.5.1 若 Y 与 Z 相互独立，且 $Y\sim\chi^2(n)$，$Z\sim\chi^2(m)$，则

$$Y+Z\sim\chi^2(n+m).$$

证 设 $X_1,X_2,\cdots,X_n,X_{n+1},X_{n+2},\cdots,X_{n+m}$ 相互独立且都服从 $N(0,1)$，令 $Y=X_1^2+X_2^2+\cdots+X_n^2$，$Z=X_{n+1}^2+X_{n+2}^2+\cdots+X_{n+m}^2$，则

$$Y+Z=X_1^2+X_2^2+\cdots+X_n^2+X_{n+1}^2+X_{n+2}^2+\cdots+X_{n+m}^2\ .$$

根据卡方分布的定义以及上述随机变量的相互独立性，即可得到 Y 与 Z 相互独立，且 $Y\sim\chi^2(n)$，$Z\sim\chi^2(m)$，$Y+Z\sim\chi^2(n+m)$.

这说明：卡方分布也有可加性.

1.5.2 t 分布

若 Y 与 Z 相互独立，且 $Y\sim N(0,1)$，$Z\sim\chi^2(n)$，则 $Y/\sqrt{\dfrac{Z}{n}}\sim t(n)$，称 $t(n)$ 为**自由度等于 n 的 t 分布**，它的分布密度

$$p(x)=\frac{\Gamma\left(\dfrac{n+1}{2}\right)}{\sqrt{n\pi}\,\Gamma\left(\dfrac{n}{2}\right)}\left(1+\frac{x^2}{n}\right)^{-\frac{n+1}{2}}\ ,\quad -\infty<x<+\infty\ .$$

因为分布密度 $p(x)$ 是偶函数，所以 t 分布的分布密度曲线关于纵坐标轴对称，形状与自由度 n 的数值有关. 当 $n>30$ 时，t 分布与标准正态分布 $N(0,1)$ 的分布密度曲线几乎一样.

由 n 及 α 求 $P\{t(n)\leqslant x\}=\alpha$ 所对应的 x 有统计用表可查，后面称这个 x 为 α **分位数**.

当 $n>30$ 时，可以借用标准正态分布的分位数.

当 X 服从 $t(n)$ 分布，且 $n>2$ 时，通过计算可以得到

$$E(X)=0 \ , \quad D(X)=\frac{n}{n-2} .$$

1.5.3　F 分布

若 Y 与 Z 相互独立，且 $Y\sim\chi^2(n)$，$Z\sim\chi^2(m)$，则 $\dfrac{Y}{n}\Big/\dfrac{Z}{m}\sim F(n,m)$，称 $F(n,m)$ 为**第一自由度等于** n、**第二自由度等于** m **的** F **分布**，它的分布密度

$$p(x)=\begin{cases}\dfrac{n^{\frac{n}{2}}m^{\frac{m}{2}}\Gamma\left(\dfrac{n+m}{2}\right)}{\Gamma\left(\dfrac{m}{2}\right)\Gamma\left(\dfrac{n}{2}\right)}\cdot\dfrac{x^{\frac{n}{2}-1}}{(m+nx)^{\frac{n+m}{2}}}, & x>0,\\[4mm] 0, & \text{其他,}\end{cases}$$

F 分布的分布密度曲线的形状与自由度 n 及 m 的数值有关. 当 $x\leqslant 0$ 时，F 分布的分布密度曲线与 x 轴重合. 当 $x>0$ 时，随着 x 的增加，先快速上升，到达最高点后，再缓慢地下降，拖着一条长长的尾巴.

由 n,m 及 α 求 $P\{F(n,m)\leqslant x\}=\alpha$ 所对应的 x 有统计用表可查，后面称这个 x 为 α **分位数**.

当 X 服从 $F(n,m)$ 分布，且 $m>2$ 时，通过计算可以得到 $E(X)=\dfrac{m}{m-2}$.

$m>4$ 时，通过计算可以得到 $D(X)=\dfrac{2m^2(n+m-2)}{n(m-4)(m-2)^2}$.

注意：F 分布的分布密度与自由度的次序有关，当随机变量 X 服从 F 分布时，对它的第一自由度与第二自由度必须正确地加以区分. 根据 F 分布的定义，当 $X\sim F(n,m)$ 时，$\dfrac{1}{X}\sim F(m,n)$. 因此，弄错了第一自由度与第二自由度的位置，将直接影响随机变量的分布密度、它取值的概率以及后面将要讲述的分位数的确定.

另外，可以证明：若 $X \sim t(n)$，则 $Y = X^2 \sim F(1,n)$.

证 由 $X \sim t(n)$ 知，X 的分布密度

$$p(x) = \frac{\Gamma\left(\dfrac{n+1}{2}\right)}{\sqrt{n\pi}\,\Gamma\left(\dfrac{n}{2}\right)}\left(1 + \frac{x^2}{n}\right)^{-\frac{n+1}{2}}.$$

$Y = X^2$ 的分布函数

$$F_Y(y) = P\{Y \leqslant y\} = P\{X^2 \leqslant y\}.$$

当 $y \leqslant 0$ 时，$F_Y(y) = 0$，$p_Y(y) = 0$；当 $y > 0$ 时，

$$F_Y(y) = P\{-\sqrt{y} \leqslant X \leqslant \sqrt{y}\} = \int_{-\sqrt{y}}^{\sqrt{y}} p(x)\mathrm{d}x = 2\int_0^{\sqrt{y}} p(x)\mathrm{d}x;$$

$Y = X^2$ 的分布密度

$$p_Y(y) = \frac{n^{\frac{n}{2}}\Gamma\left(\dfrac{1+n}{2}\right)}{\Gamma\left(\dfrac{1}{2}\right)\Gamma\left(\dfrac{n}{2}\right)} \cdot \frac{y^{\frac{1}{2}-1}}{(n+y)^{\frac{1+n}{2}}},$$

与第一自由度等于 1、第二自由度等于 n 的 F 分布的分布密度相同，因此 $Y = X^2 \sim F(1,n)$.

1.5.4 分位数（或临界值）

在统计学中，经常用到正态分布、χ^2 分布、t 分布、F 分布的分位数（或临界值）. 为应用方便起见，分位数有三种不同的称呼，即 α 分位数、上侧 α 分位数与双侧 α 分位数，它们的定义如下：

当连续型随机变量 X 的分布函数为 $F(x)$，实数 α 满足 $0 < \alpha < 1$ 时，

(1) 若 $P\{X \leqslant x_\alpha\} = F(x_\alpha) = \alpha$，则称数 x_α 为 X 的 **α 分位数**；

(2) 若 $P\{X > \lambda\} = 1 - F(\lambda) = \alpha$，则称数 λ 为 X 的**上侧 α 分位数**；

(3) 若 $P\{X \leqslant \lambda_1\} = F(\lambda_1) = 0.5\alpha$，$P\{X > \lambda_2\} = 1 - F(\lambda_2) = 0.5\alpha$，则称数 λ_1 与 λ_2 为 X 的**双侧 α 分位数**.

因为 $1 - F(\lambda) = \alpha$，$F(\lambda) = 1 - \alpha$，所以上侧 α 分位数 λ 就是 $1 - \alpha$ 分位数 $x_{1-\alpha}$. 因为 $F(\lambda_1) = 0.5\alpha$，$1 - F(\lambda_2) = 0.5\alpha$，所以双侧 α 分位数 λ_1 就是 0.5α 分位数 $x_{0.5\alpha}$，双侧 α 分位数 λ_2 就是 $1 - 0.5\alpha$ 分位数 $x_{1-0.5\alpha}$.

在本教材中采用定义(1)，注意：

(1) 某些教材中的上侧 α 分位数就是本教材中的 $1 - \alpha$ 分位数 $x_{1-\alpha}$，双

侧 α 分位数就是本教材中的 0.5α 分位数 $x_{0.5\alpha}$ 和 $1-0.5\alpha$ 分位数 $x_{1-0.5\alpha}$.

(2) 正态分布与 t 分布的分布密度曲线关于纵坐标轴对称,它们的双侧分位数是绝对值相等、符号相反的数 $-x_{1-0.5\alpha}$ 与 $x_{1-0.5\alpha}$.

(3) 标准正态分布的 α 分位数记作 u_α,当 $X \sim N(0,1)$ 时,

$$P\{X \leqslant u_\alpha\} = F_{0,1}(u_\alpha) = \alpha .$$

给出概率 α , u_α 可以从标准正态分布的分布函数值表中查出. 根据标准正态分布密度曲线的对称性,当 $\alpha = 0.5$ 时, $u_\alpha = 0$;当 $\alpha > 0.5$ 时, $u_\alpha > 0$;当 $\alpha < 0.5$ 时, $u_\alpha < 0$,且 $u_\alpha = -u_{1-\alpha}$.

如果在标准正态分布的分布函数值表中没有负的分位数,可先查出 $u_{1-\alpha}$,然后 $u_\alpha = -u_{1-\alpha}$.

例如, $u_{0.10} = -u_{0.90} = -1.282$, $u_{0.05} = -u_{0.95} = -1.645$,

$\qquad u_{0.025} = -u_{0.975} = -1.960$, $u_{0.005} = -u_{0.995} = -2.576$.

标准正态分布常用的双侧 α 分位数有:

$\alpha = 0.10$ 时, $u_{0.95} = 1.645$ 与 $u_{0.05} = -u_{0.95} = -1.645$;

$\alpha = 0.05$ 时, $u_{0.975} = 1.960$ 与 $u_{0.025} = -u_{0.975} = -1.960$;

$\alpha = 0.01$ 时, $u_{0.995} = 2.576$ 与 $u_{0.005} = -u_{0.995} = -2.576$.

标准正态分布常用的上侧 α 分位数有:

$\alpha = 0.10$ 时, $u_{0.90} = 1.282$;

$\alpha = 0.05$ 时, $u_{0.95} = 1.645$;

$\alpha = 0.01$ 时, $u_{0.99} = 2.326$.

(4)卡方分布的 α 分位数记作 $\chi_\alpha^2(n)$,当 $X \sim \chi^2(n)$ 时,$P\{X \leqslant \chi_\alpha^2(n)\} = \alpha$.

给出概率 α 和自由度 n ,可以从 χ^2 分布的分位数表中查出 $\chi_\alpha^2(n)$.

例如, $\chi_{0.005}^2(4) = 0.21$, $\chi_{0.025}^2(4) = 0.48$, $\chi_{0.05}^2(4) = 0.71$,

$\qquad \chi_{0.95}^2(4) = 9.49$, $\chi_{0.975}^2(4) = 11.1$, $\chi_{0.995}^2(4) = 14.9$.

(5) t 分布的 α 分位数记作 $t_\alpha(n)$,当 $X \sim t(n)$ 时, $P\{X \leqslant t_\alpha(n)\} = \alpha$.

给出概率 α 和自由度 n ,可以从 t 分布的分位数表中查出 $t_\alpha(n)$.

与标准正态分布相类似,根据 t 分布密度曲线的对称性,也有 $t_\alpha(n) = -t_{1-\alpha}(n)$. 如果在 t 分布的分位数表中没有负的分位数,可先查出 $t_\alpha(n)$,然后 $t_\alpha(n) = -t_{1-\alpha}(n)$.

例如, $t_{0.95}(4) = 2.132$, $t_{0.975}(4) = 2.776$, $t_{0.995}(4) = 4.604$,

$t_{0.005}(4)=-4.604$，$t_{0.025}(4)=-2.776$，$t_{0.05}(4)=-2.132$.

另外，当 $n>30$ 时，在比较简略的表中查不到 $t_\alpha(n)$，可用 u_α 作为 $t_\alpha(n)$ 的近似值.

(6) F 分布的 α 分位数记作 $F_\alpha(n,m)$，当 $X\sim F(n,m)$ 时，

$$P\{X\leqslant F_\alpha(n,m)\}=\alpha.$$

给出概率 α 和自由度 n 与 m，可以从 F 分布的分位数表中查出 $F_\alpha(n,m)$.

另外，当 α 较小时，在表中查不出 $F_\alpha(n,m)$，须先查 $F_{1-\alpha}(m,n)$，再求

$$F_\alpha(n,m)=\frac{1}{F_{1-\alpha}(m,n)}.$$

下面证明：$F_\alpha(n,m)=\dfrac{1}{F_{1-\alpha}(m,n)}$.

证 当 $X\sim F(n,m)$ 时，$P\{X\leqslant F_\alpha(n,m)\}=\alpha$，从而

$$P\left\{\frac{1}{X}\geqslant\frac{1}{F_\alpha(n,m)}\right\}=\alpha,\quad P\left\{\frac{1}{X}\leqslant\frac{1}{F_\alpha(n,m)}\right\}=1-\alpha.$$

又根据 F 分布的定义知，$\dfrac{1}{X}\sim F(m,n)$，$P\left\{\dfrac{1}{X}\leqslant F_{1-\alpha}(m,n)\right\}=1-\alpha$，因此

$$F_\alpha(n,m)=\frac{1}{F_{1-\alpha}(m,n)}.$$

例如，$F_{0.95}(3,4)=6.59$，$F_{0.975}(3,4)=9.98$，$F_{0.99}(3,4)=16.7$，

$$F_{0.95}(4,3)=9.12,\quad F_{0.975}(4,3)=15.1,\quad F_{0.99}(4,3)=28.7,$$

$$F_{0.01}(3,4)=\frac{1}{28.7},\quad F_{0.025}(3,4)=\frac{1}{15.1},\quad F_{0.05}(3,4)=\frac{1}{9.12}.$$

1.5.5 应用 Python 计算分布的分位数

1. 应用 Python 计算标准正态分布的分位数

在 Python 中有 stats.norm.ppf(p) 函数，用此函数可以求 p 分位数. Python 程序如下：

```
from scipy import stats
import numpy as np
alpha=np.array([0.025,0.05,0.1,0.9,0.975])
u=stats.norm.ppf(alpha);u
```

输出的结果如下：

```
array([-1.95996398,-1.64485363,-1.28155157,
    1.28155157, 1.95996398])
```

当 $\alpha = 0.10, 0.05, 0.01$ 时，应用 Python 计算双侧分位数的程序如下：

```
from scipy import stats
import numpy as np
alpha =np.array([0.1,0.05,0.01])
p=1- alpha /2
u=stats.norm.ppf(p);u
print( alpha,p,u)
```

输出的结果如下：

```
0.1          0.05         0.01
0.95         0.975        0.995
1.64485363   1.95996398   2.5758293
```

2. 应用 Python 计算卡方分布的分位数

在 Python 中有 scipy.stats.chi2.ppf(p,df) 函数，用此函数可以求 p 分位数. Python 程序如下：

```
import scipy.stats
alpha =np.array([0.025,0.05,0.1,0.9,0.95,0.975])
df=4
c=scipy.stats.chi2.ppf(alpha,df);c
```

输出的结果如下：

```
array([0.48441856,0.71072302,1.06362322,
    7.77944034,9.48772904,11.14328678])
```

3. 应用 Python 计算 t 分布的分位数

在 Python 中有 stats.t(df).ppf(p)，用此函数可以求 p 分位数. Python 程序如下：

```
from scipy import stats
import numpy as np
alpha =np.array([0.025,0.05,0.1,0.9,0.95,0.975])
df=4
t=stats.t(df).ppf(alpha);t
```

输出的结果如下：

```
array([-2.7764,-2.132,-1.5332,1.5332,2.132,2.7765])
```

即对应的 alpha, df, t 分位数为：

```
0.025  4   -2.77644511
0.05   4   -2.13184678
0.1    4   -1.53320627
```

```
0.9     4   1.53320627
0.95    4   2.13184678
0.975   4   2.77644511
```

4. 应用 Python 计算 F 分布的分位数

在 Python 中有 f.ppf(p,df1,df2)函数, 用此函数可以求 p 分位数. Python 程序如下:

```
from scipy.stats import f
alpha =np.array([0.025,0.05,0.1,0.9,0.95,0.975])
df1=3;df2=4
f.ppf(alpha,df1,df2)
```

输出的结果如下:

```
array([0.06622087,0.10968301,0.18717323,
    4.19086044,6.59138212,9.97919853])
```

即对应的 alpha, df1, df2, F 分位数为:

```
0.025   3   4   0.06622087
0.05    3   4   0.10968301
0.1     3   4   0.18717323
0.9     3   4   4.19086044
0.95    3   4   6.59138212
0.975   3   4   9.97919853
```

☞ 习题 1.5

1. 试说明标准正态分布的分布数 $u_\alpha = -u_{1-\alpha}$.

2. 不用证明, 能否根据 t 分布的定义或查分位数表说明: 若 $X \sim t(n)$, 则 $Y = X^2 \sim F(1, n)$.

3. 设 $X_1, X_2, \cdots, X_{16}$ 相互独立且都服从 $N(1, 4)$ 分布, $\overline{X} = \frac{1}{16} \sum_{i=1}^{16} X_i$, 试求 $P\{|\overline{X} - 0.5| < 1\}$.

4. 若 $X_{11}, X_{12}, \cdots, X_{1n}, X_{21}, X_{22}, \cdots, X_{2n}$ 相互独立且都服从 $N(\mu, \sigma^2)$ 分布, $\overline{X_1} = \frac{1}{n} \sum_{i=1}^{n} X_{1i}$, $\overline{X_2} = \frac{1}{n} \sum_{i=1}^{n} X_{2i}$, 且 $P\{|\overline{X_1} - \overline{X_2}| < \sigma\} \approx 0.99$, 试求 n.

第 2 章　统计学导论

这一章将介绍统计学中最基本的概念、理论与方法,包括简单随机样本、样本的分布函数与数字特征,常用的统计量及其分布,总体参数的估计,总体分布参数的假设检验,以及总体分布的正态性检验等重要内容,并对若干值得关注的内容,例如配对样本均值的假设检验、单侧检验与双侧检验等作了较为详尽的论述,目的是提高对基本概念熟悉的程度、对基本理论领悟的深度及对基本方法运用自如的能力.

2.1　总体与样本及 Python 代码

2.1.1　总体、个体与总体容量

(1) **总体**:被研究对象的某一项数量指标值的全体所构成的集合.

(2) **个体**:总体中的各个单元,也就是某一项数量指标所取的各个数值.

一个总体是一个随机变量,不同的总体是不同的随机变量. 总体用大写英文字母 $X,Y,Z,\cdots$ 表示, 个体用相应的小写英文字母 $x,y,z,\cdots$ 表示.

(3) **总体容量**:总体中所包含的个体数.

容量有限的总体称为**有限总体**, 容量无限的总体称为**无限总体**.

在实际工作中, 所遇到的数量指标可以区分为两类,其中连续型的数量指标可以在某个实数区间内取任何实数值, 离散型的数量指标只能在某个实数区间内取一些离散的实数值. 因此, 总体可以区分为连续型总体与离散型总体. 连续型总体是一个连续型的随机变量,离散型总体是一个离散型的随机变量.

(4) **总体分布**:总体所服从的分布.

(5) **总体参数**:在已知总体的分布类型时, 决定总体分布的一些常数. 例如二项分布 $B(n,p)$ 中的参数 p , 正态分布 $N(\mu,\sigma^2)$ 中的参数 μ 和 σ^2 等.

2.1.2 样本、样本容量与简单随机样本

(1) **样本**：按照一定的规则，由总体中取出一部分个体所构成的集合.

(2) **样本容量**：样本中所包含的个体数.

样本中所包含的个体又称为**样品**，样本容量也就是样本中所包含的样品个数.

不过，上述"取出"两字应理解为取出后还要进行试验或观测并得到这一项数量指标的值. 当样本容量为 n 时，总体 X 中将要取出的指标值记作 $X_1, X_2, \cdots, X_n$，它们是 n 个随机变量. 已经取出的指标值记作 $x_1, x_2, \cdots, x_n$，它们是 n 个随机变量的观测值. 因此，样本可记为 $(X_1, X_2, \cdots, X_n)$，而 $(x_1, x_2, \cdots, x_n)$ 是样本的观测值. 有时，对二者并不进行区分，所记符号的含义可根据上下文加以确认.

(3) **抽样**：从总体中按照一定规则取出样本的过程.

一种经常采用又易于从理论上进行研究的取法是：由总体中随机地取出某一个体并进行试验或观测后将它放回到总体中去，再由总体中随机地取出某一个体并进行试验或观测后又将它放回到总体中去，如此反复地取出与放回，直到取出与事先确定的样本容量相符合的个体数为止. 所谓"随机"，指的是总体中的每一个体都有同等的机会被取到样本之中. 这种取法的特点是：每一次取出一个个体时，总体的分布情况保持不变. 因此，当样本容量为 n 时，这种取法便相当于在相同的条件下对总体 X 进行 n 次重复、独立的试验或观测，所得到的 n 个随机变量 $X_1, X_2, \cdots, X_n$ 相互独立并且与总体的分布相同.

(4) **简单随机样本**：相互独立并且与总体分布相同的样本 $X_1, X_2, \cdots, X_n$.

在科学实验中，取后放回常常难以实现. 当总体容量无限或者总体容量超出样本容量 10 倍以上时，取后不放回或者一次随机地取若干个个体所得到的样本也可近似地当作简单随机样本. 在后面将要论述的内容中，如果没有另外的说明，所涉及的样本都约定为简单随机样本. 得到简单随机样本的方法称为**简单随机抽样**.

以上所述的抽样与简单随机抽样似乎是对社会、经济、管理等专门学科的调查研究而言. 其实，生物、理化、工程等专门学科的试验，它们所面对的是一个无限的并且是假想的总体，只要试验是在相同的条件下重复、独立地进行，所得到的试验结果或试验结果的观测值，应该当作简单随机样本对待.

(5) **样本的联合分布**：如果总体 X 是离散型，分布函数为 $F(x)$，概率函数为 $P\{X = x_i\} = p(x_i)$，那么样本 $X_1, X_2, \cdots, X_n$ 的**联合分布函数**和**联合概率函**

数分别为 $F^*(x_1,x_2,\cdots,x_n)=\prod_i F(x_i)$ 和 $P\{X_1=x_1,\ X_2=x_2,\ \cdots,\ X_n=x_n\}=\prod_i p(x_i)$.

如果总体 X 是连续型，分布函数为 $F(x)$，分布密度为 $p(x)$，那么样本 $X_1,X_2,\cdots,X_n$ 的**联合分布函数**和**联合分布密度**分别为

$$F^*(x_1,x_2,\cdots,x_n)=\prod_i F(x_i), \quad p^*(x_1,x_2,\cdots,x_n)=\prod_i p(x_i).$$

2.1.3 样本观测值的频率和累计频率分布

1. 离散型总体 X 的样本观测值的频率和累计频率分布

离散型总体 X 的样本观测值按大小重新编号排列并去掉重复的观测值后，观测值 $x_1,x_2,\cdots,x_k$ 与频率 $f_1,f_2,\cdots,f_k$ 和累计频率 $f_1,f_1+f_2,\cdots,f_1+f_2+\cdots+f_k$ 的对应关系分别称为离散型总体 X 的样本观测值的**频率分布**和**累计频率分布**. 按以下步骤可以得到离散型总体 X 的样本观测值的频率分布和累计频率分布：

(1) 按观测值的大小将观测值重新编号排列为 $x_{(1)}\leqslant x_{(2)}\leqslant\cdots\leqslant x_{(n)}$；

(2) 去掉其中重复的观测值得到 $x_{(1)}<x_{(2)}<\cdots<x_{(k)}$；

(3) 计算各个 $x_{(i)}$ 在观测值 $x_{(1)},x_{(2)},\cdots,x_{(k)}$ 中出现的频数 n_i 及频率 $f_i=\dfrac{n_i}{n}$；

(4) 将 $x_{(1)},x_{(2)},\cdots,x_{(i)}$ 出现的频数相加得到累计频数 $n_1+n_2+\cdots+n_i$ 及累计频率 $f_1+f_2+\cdots+f_i=\dfrac{n_1+n_2+\cdots+n_i}{n}$；

(5) 列表表示 $x_{(1)},x_{(2)},\cdots,x_{(k)}$ 及其对应的频率和累计频率：

样本观测值	频数	累计频数	频率	累计频率
$x_{(1)}$	n_1	n_1	f_1	f_1
$x_{(2)}$	n_2	n_1+n_2	f_2	f_1+f_2
$\vdots$	$\vdots$	$\vdots$	$\vdots$	$\vdots$
$x_{(i)}$	n_i	$n_1+n_2+\cdots+n_i$	f_i	$f_1+f_2+\cdots+f_i$
$\vdots$	$\vdots$	$\vdots$	$\vdots$	$\vdots$
$x_{(k)}$	n_k	$n_1+n_2+\cdots+n_k$	f_k	$f_1+f_2+\cdots+f_k$

表中最后一行的 $n_1+n_2+\cdots+n_k=n$，$f_1+f_2+\cdots+f_k=1$.

以上样本观测值的频率分布和累计频率分布还可直观地用"条形图"表示.

如果在直角坐标系中,分别以横轴上的区间 $[x_{(i)}-0.5, x_{(i)}+0.5]$ 为底边, 与 $x_{(i)}$ 相对应的频率 f_i 或累计频率 $f_1+f_2+\cdots+f_i$ 为高,画出一组与横轴相垂直的长条形,并在底边的中点处标记 $x_{(i)}$ 的数值,所得到的图形称为离散型总体 X 的样本观测值频率分布或累计频率分布的**"条形图"**. 这样的图形,十分形象地表示了样本观测值 $x_{(1)}, x_{(2)}, \cdots, x_{(i)}$ 与频率 f_i 或累计频率 $f_1+f_2+\cdots+f_i$ 的对应规律.

例 2.1.1　从某个教学班的同学中随机地选出 8 位测量他们的体重(单位: kg),得到体重的观测值为 $45, 46, 48, 51, 51, 57, 62, 64$,试写出这一组样本观测值的频率分布及累计频率分布.

解　这是一个示意性的例题,样本容量太少. 按观测值的大小将观测值重新编号排列后,$x_{(1)}=45$,$x_{(2)}=46$,$x_{(3)}=48$,$x_{(4)}=x_{(5)}=51$,$x_{(6)}=57$,$x_{(7)}=62$,$x_{(8)}=64$,所确定的样本观测值的频率分布及累计频率分布为

样本观测值	频数	累计频数	频率	累计频率
45	1	1	1/8	1/8
46	1	2	1/8	2/8
48	1	3	1/8	3/8
51	2	5	2/8	5/8
57	1	6	1/8	6/8
62	1	7	1/8	7/8
64	1	8	1/8	8/8

应用 Python 可以画出上述频率分布及累计频率分布的条形图,分别如图 2-1 和图 2-2 所示.

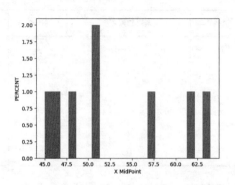

图 2-1　离散型总体 X 的样本观测值频率条形图

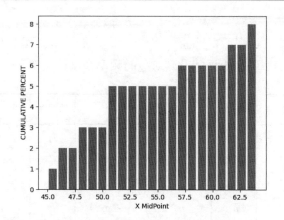

图 2-2 离散型总体 X 的样本观测值累计频率条形图

2. 连续型总体 X 的样本观测值的频率分布和累计频率分布

按上段中的步骤可以得到连续型总体 X 的样本观测值的频率分布和累计频率分布，特别是在样本容量较少的情形. 但是对连续型总体 X 的观测值，当样本容量较大时，通常不考虑单个数值而是先将观测值分组，考虑分组以后的频率和累计频率. 将连续型总体 X 的样本观测值按取值的范围等分为多个小区间后，各个小区间的频率 $f_1, f_2, \cdots, f_k$ 和累计频率 $f_1, f_1 + f_2, \cdots, f_1 + f_2 + \cdots + f_k$ 的对应关系称为连续型总体 X 的样本观测值的**频率分布**和**累计频率分布**.

得到连续型总体 X 的样本观测值的频率分布和累计频率分布的步骤如下：

(1) 由样本观测值 $x_1, x_2, \cdots, x_n$ 求出

$$x_{(1)} = \min\{x_1, x_2, \cdots, x_n\}, \quad x_{(m)} = \max\{x_1, x_2, \cdots, x_n\}, \quad m \leqslant n.$$

(2) 确定常数 a 与 b，使 a 略小于 $x_{(1)}$，而 b 略大于 $x_{(m)}$，并将 $[a, b]$ 等分为 m 个小区间，各个小区间分别记作 $(a_{i-1}, a_i]$，小区间的长

$$\Delta_i = a_i - a_{i-1} = \frac{b - a}{m}, \quad i = 1, 2, \cdots, m,$$

分点为 $a = a_0 < a_1 < a_2 < \cdots < a_m = b$，且分点的坐标值比样本的观测值多保留一位小数.

(3) 计算样本的观测值落在各个小区间 $(a_{i-1}, a_i]$ 内的频数 n_i 及频率

$$f_i = \frac{n_i}{n}.$$

(4) 将样本观测值落在小区间 $(a_0, a_1], (a_1, a_2], \cdots, (a_{i-1}, a_i]$ 内的频数相加得到累计频数 $n_1 + n_2 + \cdots + n_i$ 及累计频率

$$f_1 + f_2 + \cdots + f_i = \frac{n_1 + n_2 + \cdots + n_i}{n}.$$

(5) 列表表示各个小区间及其对应的频率和累计频率:

样本观测值	频数	累计频数	频率	累计频率
$(a_0, a_1]$	n_1	n_1	f_1	f_1
$(a_1, a_2]$	n_2	$n_1 + n_2$	f_2	$f_1 + f_2$
$\vdots$	$\vdots$	$\vdots$	$\vdots$	$\vdots$
$(a_{i-1}, a_i]$	n_i	$n_1 + n_2 + \cdots + n_i$	f_i	$f_1 + f_2 + \cdots + f_i$
$\vdots$	$\vdots$	$\vdots$	$\vdots$	$\vdots$
$(a_{m-1}, a_m]$	n_m	$n_1 + n_2 + \cdots + n_m$	f_m	$f_1 + f_2 + \cdots + f_m$

表中最后一行的 $n_1 + n_2 + \cdots + n_m = n$, $f_1 + f_2 + \cdots + f_m = 1$.

小区间数 m 可根据样本容量 n 确定, 有人建议 n 和 m 的制约关系如下表:

样本容量 n	$50 \sim 100$	$100 \sim 200$	$200 \sim 300$	$300 \sim 500$
小区间数 m	$5 \sim 10$	$8 \sim 16$	$10 \sim 20$	$12 \sim 24$

以上样本观测值的频率分布和累计频率分布还可直观地用"直方图"表现.

如果在直角坐标系中, 分别以横轴上的区间 $(a_{i-1}, a_i]$ 为底边, 与 $(a_{i-1}, a_i]$ 相对应的频率 $\dfrac{f_i}{\Delta_i}$ 或累计频率 $\dfrac{f_1 + f_2 + \cdots + f_i}{\Delta_i}$ 为高, 画出一组与横轴相垂直的长条形, 并在底边的中点处标记 $x_{(i)}$ 的数值, 所得到的图形称为连续型总体 X 的样本观测值频率分布或累计频率分布的 "**直方图**". 这样的图形, 十分形象地表示了样本观测值分组得到各个 $(a_{i-1}, a_i]$ 以后 $(a_{i-1}, a_i]$ 与频率 f_i 或累计频率 $f_1 + f_2 + \cdots + f_i$ 的对应规律. 但是, 频率 f_i 或累计频率 $f_1 + f_2 + \cdots + f_i$ 不再是小矩形的高而是小矩形的面积. 当然, 在实际操作时, 只需按比例画出即可, 不必真的将频率 f_i 或累计频率 $f_1 + f_2 + \cdots + f_i$ 除以 Δ_i. 然而, 理论上必须如此, 目的是保证频率分布直方图中各个小矩形的面积之和等于 1, 使频率分布直方图与由总体 X 的分布密度所画出的有同样底边的曲边梯形大体相似. 这样一来, 只要有了频率分布直方图, 就可以得到总体 X 的分布密度的一个轮廓. 其方法是: 描出各个小矩形上端横线的中点并顺序连接为折线, 然后将折线平滑为一条曲线.

例2.1.2 100个试验条件相同的小区种植某品种大豆,各小区产量(单位: g)的观测值为

70	72	94	24	68	57	90	<u>185</u>	95	93
109	64	58	79	40	118	84	70	99	132
154	100	77	34	68	26	48	87	85	95
123	105	107	55	45	73	109	58	101	134
94	94	62	156	61	84	77	123	135	40
107	79	131	72	66	30	44	141	98	100
90	78	44	50	58	60	76	78	92	101
62	152	97	81	54	98	75	118	130	90
115	136	100	80	69	98	84	25	179	97
76	56	73	43	<u>22</u>	82	60	68	160	139

其中标记有横杠的数字分别为最大与最小的观测值,试制作这一组样本观测值的频率分布与累计频率分布直方图.

解 (1) 由样本的观测值求出 $x_{(1)} = 22$, $x_{(100)} = 185$.

(2) 取 $m = 7$, 由 $\dfrac{x_{(100)} - x_{(1)}}{m} = 23.3$ 确定 $\Delta_i = 25$, $m\Delta_i = 175$, $25 \div 2 = 12.5$, $a = 25 - 12.5 = 12.5$, $b = 175 + 12.5 = 187.5$,各分点的坐标依次为$12.5, 37.5, 62.5, 87.5, \cdots$.

(3) 计算样本观测值落在各个小区间内的频数 Δ_i 及频率 f_i .

(4) 计算累计频数 $n_1 + n_2 + \cdots + n_i$ 及累计频率 $f_1 + f_2 + \cdots + f_i$.

(5) 列表表示各个小区间及其对应的频率和累计频率:

组下限	12.5	37.5	62.5	87.5	112.5	137.5	162.5
组上限	37.5	62.5	87.5	112.5	137.5	162.5	187.5
组中值	25	50	75	100	125	150	175
频数	6	20	29	26	11	6	2
频率	0.06	0.20	0.29	0.26	0.11	0.06	0.02
累计频率	0.06	0.26	0.55	0.81	0.92	0.98	1.00

(6) 最后画出直角坐标平面 xOy ，以 x 轴上的各个小区间为底边、以频率 $\dfrac{f_i}{\Delta_i}$ 或累计频率 $\dfrac{f_1+f_2+\cdots+f_i}{\Delta_i}$ 为高制作小矩形，即可得到样本观测值的频率分布与累计频率分布直方图，分别如图 2-3 和图 2-4 所示.

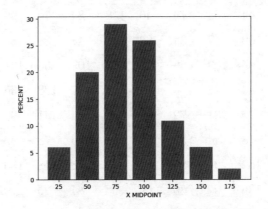

图 2-3　连续型总体 X 的样本观测值频率直方图

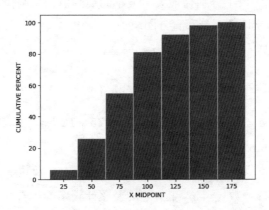

图 2-4　连续型总体 X 的样本观测值累计频率直方图

2.1.4　应用 Python 画频率和累计频率分布图

Python 最常用的绘图包是 matplotlib, matplotlib.pyplot，这是生成图形常用的模块.

Python 中引入函数和模块的惯例：

```
import matplotlib.pyplot as plt
```

用例 2.1.1 的数据画样本观测值的频率分布条形图的程序如下：

```
import numpy as np
import matplotlib.pyplot as plt
```

```
xzhdat=[45,46,48,51,51,57,62,64]
bins=max(xzhdat)-min(xzhdat)+2;bins
plt.xlabel(' X MidPoint ')
plt.ylabel('PERCENT')
plt.hist(xzhdat,bins,normed=True) #频率分布直方图
plt.show()    # 画出图 2-1
####累积频率直方图#########
plt.xlabel('X MidPoint')
plt.ylabel('CUMULATIVE PERCENT')
plt.hist(xzhdat,cumulative=True,normed=True,rwidth=
    0.9)
####  cumulative=True 表示直方图的高为累计频率
plt.show()  ### 画出图 2-2
```

用例 2.1.2 的数据画样本观测值的频率分布直方图的程序如下：

```
xzhdat=[70,72,94,24,68,57,…,139]
plt.hist(xzhdat,normed=True)   #频率分布直方图
plt.xlabel('X MIDPOINT')
plt.ylabel('PERCENT')
plt.show()     # 画出图 2-3
####累积频率直方图#########
plt.hist(xzhdat,cumulative=True,normed=True,rwidth=
    0.99)
plt.xlabel('X MIDPOINT')
plt.ylabel(' CUMULATIVE PERCENT')
plt.show()    # 画出图 2-4
```

2.1.5 样本的分布函数

将观测值 $x_1, x_2, \cdots, x_n$ 重新编号排列为 $x_{(1)} \leqslant x_{(2)} \leqslant \cdots \leqslant x_{(n)}$ 后，记不大于 x 的样本观测值出现的累计频率为

$$F_n^*(x) = \begin{cases} 0, & x < x_{(1)}, \\ \dfrac{i}{n}, & x_{(i)} \leqslant x_{(i+1)}, \quad i = 1, 2, \cdots, n-1, \\ 1, & x \geqslant x_{(n)}, \end{cases}$$

称 $F_n^*(x)$ 为**样本的分布函数**.

很显然，样本分布函数 $F_n^*(x)$ 就是总体 X 的样本观测值的累计频率分布，又可称作总体 X 的**经验分布函数**. 在样本容量较大时，可用来估计并推断总

体的分布函数.

例 2.1.1 中的样本分布函数为：$x<45$ 时，$F_8^*(x)=0$；$45 \leqslant x \leqslant 46$ 时，$F_8^*(x)=\dfrac{1}{8}$；$46 \leqslant x \leqslant 48$ 时，$F_8^*(x)=\dfrac{2}{8}$；$48 \leqslant x < 51$ 时，$F_8^*(x)=\dfrac{3}{8}$；$51 \leqslant x \leqslant 57$ 时，$F_8^*(x)=\dfrac{5}{8}$；$57 \leqslant x \leqslant 62$ 时，$F_8^*(x)=\dfrac{6}{8}$；$62 \leqslant x < 64$ 时，$F_8^*(x)=\dfrac{7}{8}$；$64 \leqslant x$ 时，$F_8^*(x)=\dfrac{8}{8}=1$.

2.1.6　样本的数字特征

与总体的数字特征相对应，样本也有数字特征. 若总体 X 的一个样本为 $X_1, X_2, \cdots, X_n$，它的观测值为 $x_1, x_2, \cdots, x_n$，则样本及其观测值经过整理后可以得到下列与数字特征有关的一些概念：

(1) 样本总和 $\displaystyle\sum_{i=1}^{n} X_i = X_1 + X_2 + \cdots + X_n$，它的观测值为 $\displaystyle\sum_{i=1}^{n} x_i = x_1 + x_2 + \cdots + x_n$.

(2) 样本平方和 $\displaystyle\sum_{i=1}^{n} X_i^2 = X_1^2 + X_2^2 + \cdots + X_n^2$，它的观测值为 $\displaystyle\sum_{i=1}^{n} x_i^2 = x_1^2 + x_2^2 + \cdots + x_n^2$.

(3) 样本的离差平方和 $\mathrm{SS} = \displaystyle\sum_{i=1}^{n}(X_i - \bar{X})^2$，它的观测值为 $\mathrm{ss} = \displaystyle\sum_{i=1}^{n}(x_i - \bar{x})^2$.

可以证明：① $\displaystyle\sum_{i=1}^{n} X_i = n\bar{X}$；② $\displaystyle\sum_{i=1}^{n}(X_i - \bar{X}) = 0$；③ $\displaystyle\sum_{i=1}^{n}(X_i - \bar{X})^2 = \displaystyle\sum_{i=1}^{n} X_i^2 - \dfrac{1}{n}\left(\displaystyle\sum_{i=1}^{n} X_i\right)^2 = \displaystyle\sum_{i=1}^{n} X_i^2 - n\bar{X}^2$.

因此，在 Python 中称样本的离差平方和 SS 为**校正平方和**，用 CSS 表示，样本平方和用 USS 表示，称 $\dfrac{1}{n}\left(\displaystyle\sum_{i=1}^{n} X_i\right)^2$ 或 $n\bar{X}^2$ 为**校正数**.

主要的数字特征如下：

(1) 样本均值 $\bar{X} = \dfrac{1}{n}\sum\limits_{i=1}^{n}X_i$ ，它的观测值为 $\bar{x} = \dfrac{1}{n}\sum\limits_{i=1}^{n}x_i$ ；样本的 k 阶原点矩 $A_k = \dfrac{1}{n}\sum\limits_{i=1}^{n}X_i^k$ ，它的观测值为 $a_k = \dfrac{1}{n}\sum\limits_{i=1}^{n}x_i^k$ ， k 为正整数； $k=1$ 时，样本的一阶原点矩就是样本均值.

总体均值为 $E(X)$ ，总体的 k 阶原点矩为 $E(X^k)$. $\bar{X}$ 与 $E(X)$ 相对应， A_k 与 $E(X^k)$ 相对应.

注 本教材将部分数字特征及其观测值进行了区分，目的是介绍有关的表达方式.

(2) 样本方差 $S^2 = \dfrac{1}{n}\sum\limits_{i}(X_i - \bar{X})^2$ ，它的观测值为 $s^2 = \dfrac{1}{n}\sum\limits_{i}(x_i - \bar{x})^2$ ；样本标准差 $S = \sqrt{\dfrac{\text{SS}}{n}}$ ，它的观测值为 $s = \sqrt{\dfrac{\text{ss}}{n}}$ ；样本修正方差 $S^{*2} = \dfrac{1}{n-1}\sum\limits_{i}(X_i - \bar{X})^2$ ，它的观测值为 $s^{*2} = \dfrac{1}{n-1}\sum\limits_{i}(x_i - \bar{x})^2$ ；样本修正标准差 $S^* = \sqrt{\dfrac{\text{SS}}{n-1}}$ ，它的观测值为 $s^* = \sqrt{\dfrac{\text{ss}}{n-1}}$ ；样本的 k 阶中心矩 $M_k = \dfrac{1}{n}\sum\limits_{i}(X_i - \bar{X})^k$ ，它的观测值 $m_k = \dfrac{1}{n}\sum\limits_{i}(x_i - \bar{x})^k$ ， k 为正整数； $k=2$ 时，样本的二阶中心矩就是样本方差.

总体方差为 $D(X) = E(X - EX)^2$ ，总体的 k 阶中心矩为 $\mu_k = E\,(X - EX)^k$. S^2 与 $D(X)$ 相对应， M_k 与 $\mu_k = E\,(X - EX)^k$ 相对应.

注 如果离散型随机变量 X^* 取样本 $X_1, X_2, \cdots, X_n$ 的观测值 $x_1, x_2, \cdots, x_n$ ，且 $P\{X^* = x_i\} = \dfrac{1}{n}$ ，式中的 $i = 1, 2, \cdots, n$ ，则

$$E(X^*) = \sum_i \left(x_i \cdot \dfrac{1}{n} \right) = \bar{x}, \quad D(X^*) = \sum_i \left((x_i - \bar{x})^2 \cdot \dfrac{1}{n} \right) = s^2.$$

因此，样本均值的观测值 $\bar{x}$ 可用来表述随机变量 X^* 取值集中的位置，样本方差的观测值 s^2 可用来表述随机变量 X^* 取值变异的程度. 或者说，样本均值的观测值 $\bar{x}$ 可用来描述样本观测值集中的位置，样本方差的观测值 ss^2 可用来描述样本观测值变异的程度.

有时要比较两组或多组观测值变异的程度，可采用样本的变异系数

$\mathrm{CV}=\dfrac{S^*}{\bar{X}}\times100$ 为比较的标准, 它的观测值为 $\mathrm{cv}=\dfrac{s^*}{\bar{x}}\times100$. 变异系数 CV 无量纲, 是样本均值与修正标准差的一种联合应用, 特别适合在各组观测值的量纲不完全相同或数量级相差悬殊的情形下比较两组或多组观测值变异的程度.

(3) 样本的偏态系数 $\mathrm{Skew}=\dfrac{M_3}{S^{*3}}$, 它的观测值 $\mathrm{Skew}=\dfrac{M_3\text{的观测值}}{S^{*3}\text{的观测值}}$;

样本的峰态系数 $\mathrm{Kurt}=\dfrac{M_4}{S^{*4}}-3$, 它的观测值 $\mathrm{Kurt}=\dfrac{M_4\text{的观测值}}{S^{*4}\text{的观测值}}-3$; 式

中的 S^* 也可以用 S 代替. 相对应地, 总体 X 的偏态系数 $\mathrm{Skew}(X)=\dfrac{\mu_3}{\sigma^3}$, 峰

态系数 $\mathrm{Kurt}(X)=\dfrac{\mu_4}{\sigma^4}-3$, 式中的 σ 为总体标准差.

当总体服从正态分布时, 偏态系数 $\mathrm{Skew}(X)=0$, 峰态系数 $\mathrm{Kurt}(X)=0$, 这一特征可用来检验某一组样本观测值所属的总体是否服从正态分布.

(4) 样本还有一些简易的数字特征, 常用的有:

① 众数 Mode 的观测值为样本观测值中重复出现的频数最大的观测值或组中值;

② 极差 Range 的观测值 = 最大的观测值 $\max\limits_{1\leqslant i\leqslant n}\{x_i\}-$ 最小的观测值 $\min\limits_{1\leqslant i\leqslant n}\{x_i\}$;

③ p 分位数的观测值 Q 为样本观测值中的某一个观测值或组中值, 不大于 Q 的观测值的频率不小于 p , 不小于 Q 的观测值的频率不小于 $1-p$. 其中, 75% 分位数又记作 Q_3 , 25% 分位数又记作 Q_1 , Q_3-Q_1 称为**中四分位数范围**, 表示 50% 的观测值所在的范围.

④ 中位数 Med 的观测值为 50% 分位数的观测值, 或样本观测值按大小排序后位于中间的一个观测值或两个观测值的算术平均值.

2.1.7　样本的协方差及相关系数

如果 $(X_1,Y_1),(X_2,Y_2),\cdots,(X_n,Y_n)$ 为二维总体 (X,Y) 的样本, (x_1,y_1) , $(x_2,y_2),\cdots,(x_n,y_n)$ 为样本的观测值, 且

$$\mathrm{SS}X=\sum_{i=1}^{n}(X_i-\bar{X})^2=\sum_{i=1}^{n}X_i^2-\frac{1}{n}\left(\sum_{i=1}^{n}X_i\right)^2,$$

$$\mathrm{SS}Y = \sum_{i=1}^{n}(Y_i - \bar{Y})^2 = \sum_{i=1}^{n}Y_i^2 - \frac{1}{n}\left(\sum_{i=1}^{n}Y_i\right)^2,$$

$$\mathrm{SP} = \sum_{i=1}^{n}(X_i - \bar{X})(Y_i - \bar{Y}) = \sum_{i=1}^{n}X_iY_i - \frac{1}{n}\sum_{i=1}^{n}X_i\sum_{i=1}^{n}Y_i,$$

它们的观测值分别表示为 $\mathrm{ss}x, \mathrm{ss}y$ 及 sp, 则称 $S_{XY} = \dfrac{\mathrm{SP}}{n}$ 为**样本的协方差**, 它

的观测值表示为 s_{xy}, $R_{XY} = \dfrac{\mathrm{SP}}{\sqrt{\mathrm{SS}X\,\mathrm{SS}Y}}$ 为**样本的相关系数**, 它的观测值表

示为 r_{xy}.

对于 n 个总体 $X_1, X_2, \cdots, X_n$, 如果 $i \neq j$ 时 S_{ij} 为 X_i 与 X_j 的样本协方差, S_{ii} 为 X_i 的样本方差, 则可定义样本的**协方差矩阵**为

$$S(X_1, X_2, \cdots, X_n) = \begin{pmatrix} S_{11} & S_{12} & \cdots & S_{1n} \\ S_{21} & S_{22} & \cdots & S_{2n} \\ \vdots & \vdots & \ddots & \vdots \\ S_{n1} & S_{n2} & \cdots & S_{nn} \end{pmatrix};$$

如果 $i \neq j$ 时 R_{ij} 为 X_i 与 X_j 的样本相关系数, $R_{ii} = 1$, 则可定义样本的**相关系数矩阵**为

$$R(X_1, X_2, \cdots, X_n) = \begin{pmatrix} R_{11} & R_{12} & \cdots & R_{1n} \\ R_{21} & R_{22} & \cdots & R_{2n} \\ \vdots & \vdots & \ddots & \vdots \\ R_{n1} & R_{n2} & \cdots & R_{nn} \end{pmatrix}.$$

它们的观测值分别表示为 $s(x_1, x_2, \cdots, x_n)$ 及 $r(x_1, x_2, \cdots, x_n)$.

注　以上将样本与样本的观测值分别用大写与小写字母表示, 在不至于引起混淆的地方也可以不加区分, 文字叙述相应地会简单明了一些.

例 2.1.3　家庭月平均收入与月平均生活支出有一定的关系. 某市统计部门随机调查了 10 个家庭的月平均收入 x_i(千元)与月平均生活支出 y_i(千元), 得数据如下:

编号	1	2	3	4	5	6	7	8	9	10
x_i	0.8	1.1	1.3	1.5	1.5	1.8	2.0	2.2	2.4	2.8
y_i	0.7	1.0	1.2	1.0	1.3	1.5	1.3	1.7	2.0	2.5

试计算上述观测数据的协方差矩阵与相关系数矩阵.

解　$n = 10$，$\sum_i x_i = 17.4$，$\sum_i x_i^2 = 33.72$，$\sum_i y_i = 14.2$，

$\sum_i y_i^2 = 22.7$，$\sum_i x_i y_i = 27.52$，

$$\mathrm{ss}x = \sum_i (x_i - \overline{x})^2 = \sum_i x_i^2 - \frac{1}{n}\left(\sum_i x_i\right)^2 = 0.34439,$$

$$\mathrm{ss}y = \sum_i (y_i - \overline{y})^2 = \sum_i y_i^2 - \frac{1}{n}\left(\sum_i y_i\right)^2 = 2.53598,$$

$$\mathrm{sp} = \sum_i (x_i - \overline{x})(y_i - \overline{y}) = \sum_i x_i y_i - \frac{1}{n}\sum_i x_i \sum_i y_i = 2.80199,$$

$$s_{xx} = \frac{1}{n}\mathrm{ss}x = 0.03444, \quad s_{yy} = \frac{1}{n}\mathrm{ss}y = 0.2436,$$

$$s_{xy} = \frac{1}{n}\mathrm{sp} = 0.2802, \quad r = \frac{\mathrm{sp}}{\sqrt{\mathrm{ss}x \cdot \mathrm{ss}y}} = 0.94812,$$

$$s(x,y) = \begin{pmatrix} 0.03444 & 0.2802 \\ 0.2802 & 0.2436 \end{pmatrix}, \quad r(x,y) = \begin{pmatrix} 1 & 0.94812 \\ 0.94812 & 1 \end{pmatrix}.$$

2.1.8　应用 Python 作样本观测值的描述性统计

根据样本的观测值计算样本数字特征的观测值，通常称为**描述性统计**.

(1) 应用 Python 作例 2.1.1 中样本观测值的描述性统计的程序如下：

```
import pandas as pd
xzhdat=pd.Series([45,46,48,51,51,57,62,64])
xzhdat.describe()
```

输出的结果如下：

```
count    8.000000
mean    53.000000
std      7.211103
min     45.000000
25%     47.500000
50%     51.000000
75%     58.250000
max     64.000000
dtype: float64
```

其中 dtype: float64 表示数据类型.

(2) 应用 Python 作例 2.1.2 中样本观测值经过整理后的描述性统计的程

序如下:

```
xzhdat=pd.Series([70,72,94,24,68,···,68,160,139])
var=np.var(xzhdat,ddof=1)      #使用 nump 计算方差(无偏)
skew=stats.skew(xzhdat)        #使用 stats 计算偏度
kout=stats.kurtosis(xzhdat)     #使用 stats 计算峰度
```

输出的结果如下:

```
Var    1169.058
Skew    0.526515
Kout    0.187048
```

(3) 应用 Python 作例 2.1.3 中样本观测值的描述性统计的程序如下:

```
from pandas.core.frame import DataFrame
x=pd.Series([0.8,1.1,1.3,1.5,1.5,1.8,2.0,2.2,2.4,2.8])
y=pd.Series([0.7,1.0,1.2,1.0,1.3,1.5,1.3,1.7,2.0,2.5])
xy={"x":x,"y":y}   #引入数据框结构
data=DataFrame(xy)
data.cov()         #计算协方差矩阵, 也可以用 np.cov(x,y)
data.corr()          #计算相关系数矩阵
```

输出的相关系数矩阵如下:

```
        x          y
x  1.000000   0.948117
y  0.948117   1.000000
```

☞ 习题 2.1

1. 设总体 X 服从 $P(\lambda)$ 分布, 试写出样本 $X_1,X_2,\cdots,X_n$ 的联合概率函数.

2. 设总体 $X \sim N(0,1)$, 试写出样本 $X_1,X_2,\cdots,X_n$ 的联合分布密度.

3. 12 名学生的性别与成绩资料如下:

性别	男	女	男	男	女	男	女	男	男	女	男	女
成绩	97	80	85	71	89	91	86	93	94	55	74	66

试用 Python 作样本观测值整理后的描述性统计, 并画出样本观测值的频率分布直方图.

4. 观测 8 个样本中的滑坡坡度观测值 x 和滑坡高度观测值 y 的数据如下:

滑坡坡度	35	50	30	35	33	56	31	45
滑坡高度	115	61	121	77	67	60	45	81

试用 Python 计算上述观测数据的协方差矩阵与相关系数矩阵.

2.2　常用的统计量及其分布

2.2.1　统计量的定义

样本中含有总体的信息, 但比较分散, 一般不宜直接用于统计推断. 通常的做法是对样本中的信息先作整理, 用样本的函数形式将信息集中起来. 这一类的样本函数在统计学中称为统计量, 以下是统计量的一般定义.

(1) **统计量**: 样本 $X_1, X_2, \cdots, X_n$ 的一个不包含未知参数的函数 $g(X_1, X_2, \cdots, X_n)$.

(2) **统计量的观测值**: 将样本的观测值 $x_1, x_2, \cdots, x_n$ 代入统计量 $g(X_1, X_2, \cdots, X_n)$ 的函数式中所得到的数值 $g(x_1, x_2, \cdots, x_n)$.

(3) **抽样分布**: 统计量的分布.

常用的统计量与样本均值和样本方差有关, 最常用的统计量是正态总体的样本均值或样本方差的函数. 常用的统计量及其分布是统计学应用的基础.

2.2.2　服从标准正态分布的常用统计量

定理 2.2.1　设总体 $X \sim N(\mu, \sigma^2)$, 它的一个样本为 $X_1, X_2, \cdots, X_n$, 则

$$\overline{X} = \frac{1}{n}\sum_i X_i \sim N\left(\mu, \frac{\sigma^2}{n}\right), \quad U = \frac{\overline{X} - \mu}{\sigma/\sqrt{n}} \sim N(0,1).$$

定理 2.2.2　设总体 $X \sim N(\mu_1, \sigma_1^2)$, 总体 $Y \sim N(\mu_2, \sigma_2^2)$, X 的一个样本为 $X_1, X_2, \cdots, X_n$, Y 的一个样本为 $Y_1, Y_2, \cdots, Y_m$, 它们相互独立且均值分别为 $\overline{X}$ 与 $\overline{Y}$, 则

$$U = \frac{(\overline{X} - \overline{Y}) - (\mu_1 - \mu_2)}{\sqrt{\frac{\sigma_1^2}{n} + \frac{\sigma_2^2}{m}}} \sim N(0,1).$$

证　因为 $\overline{X} \sim N\left(\mu_1, \frac{\sigma_1^2}{n}\right)$, $\overline{Y} \sim N\left(\mu_2, \frac{\sigma_2^2}{m}\right)$, 根据 $\overline{X}$ 与 $\overline{Y}$ 相互独立及正

态分布的可加性,

$$\overline{X} - \overline{Y} \sim N\left(\mu_1 - \mu_2, \frac{\sigma_1^2}{n} + \frac{\sigma_2^2}{m}\right),$$

所以对 $\overline{X} - \overline{Y}$ 作标准化变换后, 便有上述定理.

2.2.3 服从卡方分布的常用统计量

定理 2.2.3 设总体 $X \sim N(\mu, \sigma^2)$, 它的一个样本为 $X_1, X_2, \cdots, X_n$, 均值为 $\overline{X}$, 离均差平方和为 SSX, 则(1) $\dfrac{SSX}{\sigma^2} \sim \chi^2(n-1)$; (2) SSX 与 $\overline{X}$ 相互独立.

证 先对各个 X_i ($i = 1, 2, \cdots, n$)作标准化变换得到 $Y_i = \dfrac{X_i - \mu}{\sigma}$, 则各个 $Y_i \sim N(0, 1)$. 再对 Y_i 作正交变换

$$\begin{cases} Z_1 = c_{11}Y_1 + c_{12}Y_2 + \cdots + c_{1n}Y_n, \\ Z_2 = c_{21}Y_1 + c_{22}Y_2 + \cdots + c_{2n}Y_n, \\ \cdots, \\ Z_n = \dfrac{1}{\sqrt{n}}Y_1 + \dfrac{1}{\sqrt{n}}Y_2 + \cdots + \dfrac{1}{\sqrt{n}}Y_n, \end{cases}$$

则根据正交变换的结论, 所得到的 $Z_1, Z_2, \cdots, Z_n$ 相互独立且都服从 $N(0,1)$ 分布. 而 $\overline{Y} = \dfrac{\overline{X} - \mu}{\sigma}$, 且

$$\begin{aligned} \overline{Y} &= \frac{1}{n}(Y_1 + Y_2 + \cdots + Y_n) \\ &= \frac{1}{\sqrt{n}}\left(\frac{1}{\sqrt{n}}Y_1 + \frac{1}{\sqrt{n}}Y_2 + \cdots + \frac{1}{\sqrt{n}}Y_n\right) = \frac{1}{\sqrt{n}}Z_n, \end{aligned}$$

$$SSY = \sum_i (Y_i - \overline{Y})^2 = \sum_i \left(\frac{X_i - \mu}{\sigma} - \frac{\overline{X} - \mu}{\sigma}\right)^2 = \sum_i \left(\frac{X_i - \overline{X}}{\sigma}\right)^2 = \frac{SSX}{\sigma^2},$$

又

$$\begin{aligned} SSY &= \sum_i (Y_i - \overline{Y})^2 = \sum_i (Y_i^2 - 2\overline{Y}Y_i + \overline{Y}^2) \\ &= \sum_i Y_i^2 - 2\overline{Y}\sum_i Y_i + \sum_i \overline{Y}^2 = \sum_i Y_i^2 - n\overline{Y}^2 \\ &= \sum_i Z_i^2 - Z_n^2 = \sum_{i=1}^{n-1} Z_i^2, \end{aligned}$$

因此，$\dfrac{\mathrm{SS}X}{\sigma^2} \sim \chi^2(n-1)$，$\mathrm{SS}Y$ 与 Z_n 相互独立，$\mathrm{SS}Y$ 与 $\overline{Y} = \dfrac{1}{\sqrt{n}}Z_n$ 相互独立，

$\mathrm{SS}Y = \dfrac{\mathrm{SS}X}{\sigma^2}$ 与 $\overline{X} = \mu + \sigma\overline{Y}$ 相互独立，也就是 $\overline{X}$ 与 $\mathrm{SS}X$ 相互独立.

定理 2.2.4　设总体 $X \sim N(\mu_1, \sigma_1^2)$，总体 $Y \sim N(\mu_2, \sigma_2^2)$，$X$ 的一个样本为 $X_1, X_2, \cdots, X_n$，Y 的一个样本为 $Y_1, Y_2, \cdots, Y_m$，它们相互独立且离均差平方和分别为 $\mathrm{SS}X$ 与 $\mathrm{SS}Y$，则

$$\frac{\mathrm{SS}X + \mathrm{SS}Y}{\sigma^2} \sim \chi^2(n+m-2).$$

证　根据定理 2.2.3，$\dfrac{\mathrm{SS}X}{\sigma^2} \sim \chi^2(n-1)$，$\dfrac{\mathrm{SS}Y}{\sigma^2} \sim \chi^2(m-1)$，又根据

$X_1, X_2, \cdots, X_n$ 与 $Y_1, Y_2, \cdots, Y_m$ 相互独立，得到 $\dfrac{\mathrm{SS}X}{\sigma^2}$ 与 $\dfrac{\mathrm{SS}Y}{\sigma^2}$ 也相互独立，再

根据 χ^2 分布的可加性便得到上述结论.

2.2.4　服从 t 分布的常用统计量

定理 2.2.5　设总体 $X \sim N(\mu, \sigma^2)$，它的一个样本为 $X_1, X_2, \cdots, X_n$，均值为 $\overline{X}$，离均差平方和为 $\mathrm{SS}X$，方差为 S^2，修正方差为 S^{*2}，则

$$T = \frac{\overline{X} - \mu}{S / \sqrt{n-1}} = \frac{\overline{X} - \mu}{S^* / \sqrt{n}} \sim t(n-1).$$

证　根据 1.4 节中的证明，

$$\overline{X} \sim N\left(\mu, \frac{\sigma^2}{n}\right), \qquad \frac{\overline{X} - \mu}{\sigma / \sqrt{n}} \sim N(0,1),$$

根据定理 2.2.3，$\dfrac{\mathrm{SS}X}{\sigma^2} \sim \chi^2(n-1)$ 且 $\mathrm{SS}X$ 与 $\overline{X}$ 相互独立，因此 $\dfrac{\mathrm{SS}X}{\sigma^2}$ 与

$\dfrac{\overline{X} - \mu}{\sigma / \sqrt{n}}$ 相互独立，再根据 t 分布的定义便得到上述定理.

定理 2.2.6　设总体 $X \sim N(\mu_1, \sigma_1^2)$，总体 $Y \sim N(\mu_2, \sigma_2^2)$，$X$ 的一个样本为 $X_1, X_2, \cdots, X_n$，Y 的一个样本为 $Y_1, Y_2, \cdots, Y_m$，它们相互独立且均值分别为 $\overline{X}$ 与 $\overline{Y}$，离差平方和分别为 $\mathrm{SS}X$ 与 $\mathrm{SS}Y$，则当 $\sigma_1^2 = \sigma_2^2 = \sigma^2$，

$S_W^2 = \dfrac{\mathrm{SS}X + \mathrm{SS}Y}{n + m - 2}$ 时，

$$T = \frac{(\bar{X} - \bar{Y}) - (\mu_1 - \mu_2)}{S_W \sqrt{\frac{1}{n} + \frac{1}{m}}} \sim t(n + m - 2).$$

证 因为 SSX 与 SSY 相互独立，且 $\dfrac{\text{SS}X}{\sigma^2} \sim \chi^2(n-1)$，$\dfrac{\text{SS}Y}{\sigma^2} \sim \chi^2(m-1)$，

根据 χ^2 分布的可加性，$\dfrac{\text{SS}X}{\sigma^2} + \dfrac{\text{SS}Y}{\sigma^2} \sim \chi^2(n+m-2)$，另外

$$\frac{(\bar{X} - \bar{Y}) - (\mu_1 - \mu_2)}{\sigma \sqrt{\frac{1}{n} + \frac{1}{m}}} \sim N(0,1),$$

所以根据 t 分布的定义可得到上述结论.

2.2.5 服从 F 分布的常用统计量

定理 2.2.7 设总体 $X \sim N(\mu_1, \sigma_1^2)$，总体 $Y \sim N(\mu_2, \sigma_2^2)$，$X$ 的一个样本为 $X_1, X_2, \cdots, X_n$，Y 的一个样本为 $Y_1, Y_2, \cdots, Y_m$，它们相互独立且离均差平方和分别为 SSX 与 SSY，修正方差分别为 S_X^{*2} 与 S_Y^{*2}，则

$$F = \frac{\frac{\text{SS}X}{(n-1)\sigma_1^2}}{\frac{\text{SS}Y}{(m-1)\sigma_2^2}} = \frac{S_X^{*2} / \sigma_1^2}{S_Y^{*2} / \sigma_2^2} \sim F(n-1, m-1).$$

证 因为 SSX 与 SSY 相互独立，且 $\dfrac{\text{SS}X}{\sigma_1^2} \sim \chi^2(n-1)$，$\dfrac{\text{SS}Y}{\sigma_2^2} \sim \chi^2(m-1)$，

根据 F 分布的定义，即可得到上述定理.

进一步，当 $\sigma_1^2 = \sigma_2^2 = \sigma^2$ 时有以下定理：

定理 2.2.8 设总体 $X \sim N(\mu_1, \sigma^2)$，总体 $Y \sim N(\mu_2, \sigma^2)$，$X$ 的一个样本为 $X_1, X_2, \cdots, X_n$，Y 的一个样本为 $Y_1, Y_2, \cdots, Y_m$，它们相互独立且离均差平方和分别为 SSX 与 SSY，修正方差分别为 S_X^{*2} 与 S_Y^{*2}，则

$$F = \frac{\frac{\text{SS}X}{(n-1)\sigma^2}}{\frac{\text{SS}Y}{(m-1)\sigma^2}} = \frac{S_X^{*2}}{S_Y^{*2}} \sim F(n-1, m-1).$$

2.2.6 非正态总体的均值的分布

研究非正态总体统计量的分布极其困难，现有的一些研究成果集中在均值的分布方面. 所用的方法：一是根据总体分布的可加性导出样本均值的精确

分布,即当总体 X 的分布具有可加性时,由 $\sum_i X_i$ 的分布求出 $\bar{X}=\dfrac{1}{n}\sum_i X_i$ 的分布. 二是根据中心极限定理写出样本均值的近似分布,即当总体 X 的数学期望为有限数 $E(X)$,方差为非零有限数 $D(X)$ 且当 $n\to\infty$ 时,

$$\bar{X}\sim N\left(E(X),\frac{D(X)}{n}\right),\quad \frac{\bar{X}-E(X)}{\sqrt{\frac{D(X)}{n}}}\sim N(0,1).$$

除正态总体外,最常见的具有可加性的总体是与重复独立试验相联系的两点分布总体 $B(1,p)$. 若总体 $X\sim B(1,p)$,则 $\sum_i X_i\sim B(n,p)$,样本均值 $\bar{X}$ 的分布律为

$$P\left\{\bar{X}=\frac{k}{n}\right\}=P\left\{\sum_i X_i=k\right\}=C_n^k p^k(1-p)^k,\quad k=0,1,2,\cdots,n.$$

但是这个 $\bar{X}$ 的分布律用起来不方便,因此,常常对于大样本,借助有关的近似分布.

(1) 当总体 $X\sim B(1,p)$ 且 p 和 $1-p$ 都不是太小且样本容量 n 充分大时,

$$\bar{X}\overset{近似}{\sim} N\left(p,\frac{p(1-p)}{n}\right),\quad \frac{\bar{X}-p}{\sqrt{\frac{p(1-p)}{n}}}\overset{近似}{\sim} N(0,1).$$

(2) 当总体 $X\sim B(1,p_1)$ 、样本容量为 n, 总体 $Y\sim B(1,p_2)$ 、样本容量为 m,两样本相互独立,p_1 和 $1-p_1$ 、p_2 和 $1-p_2$ 都不是太小且样本容量 n 与 m 都充分大时,

$$\bar{X}\overset{近似}{\sim} N\left(p_1,\frac{p_1(1-p_1)}{n}\right),\quad \bar{Y}\overset{近似}{\sim} N\left(p_2,\frac{p_2(1-p_2)}{m}\right),$$

$$\bar{X}-\bar{Y}\overset{近似}{\sim} N\left(p_1-p_2,\frac{p_1(1-p_1)}{n}-\frac{p_2(1-p_2)}{m}\right),$$

$$\frac{(\bar{X}-\bar{Y})-(p_1-p_2)}{\sqrt{\frac{p_1(1-p_1)}{n}+\frac{p_2(1-p_2)}{m}}}\overset{近似}{\sim} N(0,1).$$

例 2.2.1　将一枚均匀的硬币上抛 120 次,试求正面朝上的频率在 0.4 至 0.6 之间的概率.

解　设总体 $X\sim B(1,p)$,$X_1,X_2,\cdots,X_n$ 为 X 的一个样本,X_i 表示第 i 次上抛后正面朝上或不朝上,朝上时观测值为 1,不朝上时观测值为 0,则样本均值

$$\bar{X} \overset{\text{近似}}{\sim} N\left(p, \frac{p(1-p)}{n}\right).$$

这里，$n=120$，$p=0.5$，$\sqrt{\dfrac{p(1-p)}{n}}=0.0456$，随机事件

$$\{\text{正面朝上的频率在 }0.4\text{ 至 }0.6\text{ 之间}\}=\{0.4 \leqslant \bar{X} \leqslant 0.6\}.$$

考虑到 $\bar{X}$ 为离散型随机变量的均值，将 0.4 校正为

$$\frac{0.4 \times 120 - 0.5}{120}=0.3958,$$

将 0.6 校正为 $\dfrac{0.6 \times 120 + 0.5}{120}=0.6042$，所求的概率

$$P\{\text{正面朝上的频率在 }0.4\text{ 至 }0.6\text{ 之间}\}$$

$$=P\{0.4 \leqslant \bar{X} \leqslant 0.6\}$$

$$=P\left\{\frac{0.3958-0.5}{0.0456} \leqslant \frac{\bar{X}-p}{\sqrt{\dfrac{p(1-p)}{n}}} \leqslant \frac{0.6042-0.5}{0.0456}\right\}$$

$$\approx \Phi(2.28)-\Phi(-2.28)=0.9774.$$

例 2.2.2 由甲、乙两人分别上抛均匀的硬币，每人 50 次，如果有一人上抛硬币得到正面朝上的次数较另一人至少多 5 次，便判定此人获胜. 试求甲获胜的概率.

解 设 $X \sim B(1,p_1)$，它的一个样本为 $X_1, X_2, \cdots, X_n$，X_i 表示甲第 i 次上抛后正面朝上或不朝上，朝上时观测值为 1，不朝上时观测值为 0，则样本均值 $\bar{X} \sim N\left(p_1, \dfrac{p_1(1-p_1)}{n}\right)$. 而 $Y \sim B(1,p_2)$，它的一个样本为 $Y_1, Y_2, \cdots, Y_m$，Y_j 表示乙第 j 次上抛后正面朝上或不朝上，朝上时观测值为 1，不朝上时观测值为 0，则样本均值 $\bar{Y} \sim N\left(p_2, \dfrac{p_2(1-p_2)}{m}\right)$. 这里，$n=m=50$，$p_1=p_2=0.5$，

$$\sqrt{\frac{p_1(1-p_1)}{n}+\frac{p_2(1-p_2)}{m}}=0.1,$$

随机事件

$$\{\text{甲获胜}\}=\left\{\sum_i X_i - \sum_j Y_j \geqslant 5\right\}=\{\bar{X}-\bar{Y} \geqslant 0.1\},$$

考虑到 $\bar{X}$ 与 $\bar{Y}$ 为离散型随机变量的均值，将后一个 0.1 校正为 $\dfrac{0.1 \times 50 - 0.5}{50}$

$=0.09$，所求的概率

$$P\{甲获胜\}=P\left\{\sum_i X_i-\sum_j Y_j\geqslant 5\right\}=P\left\{\bar{X}-\bar{Y}\geqslant 0.1\right\}$$

$$=P\left\{\frac{(\bar{X}-\bar{Y})-(p_1-p_2)}{\sqrt{\frac{p_1(1-p_1)}{n}+\frac{p_2(1-p_2)}{m}}}\geqslant\frac{0.09}{0.1}\right\}$$

$$\approx 1-\Phi(0.9)=0.1841.$$

2.2.7 顺序统计量及其分布

设总体 X 的一个样本为 $X_1,X_2,\cdots,X_n$，它的观测值为 $x_1,x_2,\cdots,x_n$，将 $x_1,x_2,\cdots,x_n$ 由小到大排序为 $x_{(1)}\leqslant x_{(2)}\leqslant\cdots\leqslant x_{(n)}$. 如果 $X_{(i)}$ 总是以 $x_{(i)}$ 为它的观测值，则称 $X_{(i)}$ 为 X 的第 i 个顺序(或次序)统计量，$i=1,2,\cdots,n$.

对于容量为 n 的样本，可以得到 n 个顺序统计量 $X_{(1)},X_{(2)},\cdots,X_{(n)}$，称 $X_{(1)}=\min\limits_{1\leqslant i\leqslant n}\{X_i\}$ 为**最小顺序统计量**，称 $X_{(n)}=\max\limits_{1\leqslant i\leqslant n}\{X_i\}$ 为**最大顺序统计量**. 当总体 X 的分布函数为 $F(\cdot)$ 时，$X_{(1)}$ 的分布函数为 $F_{\min}^*(x)=1-(1-F(x))^n$，$X_{(n)}$ 的分布函数为 $F_{\max}^*(x)=(F(x))^n$.

一般而言，顺序统计量 $X_{(1)},X_{(2)},\cdots,X_{(n)}$ 不再保持 $X_1,X_2,\cdots,X_n$ 所具有的独立同分布的性质，$X_{(1)},X_{(2)},\cdots,X_{(n)}$ 不一定相互独立，也不一定同分布.

可以证明，当总体 X 的分布函数为 $F(x)$，分布密度为 $p(x)$ 时，$X_{(k)}$ 的分布密度为

$$p_{X_{(k)}}(x)=\frac{n!}{(k-1)!(n-k)!}(F(x))^{k-1}(1-F(x))^{n-k}p(x),\quad k=1,2,\cdots,n.$$

有时还用到顺序统计量的函数，例如极差 $X_{(n)}-X_{(1)}$，X_i 的观测值在 $X_1,X_2,\cdots,X_n$ 的观测值由小到大排列后所对应的顺序号 R_i 称为 X_i ($i=1,2,\cdots,n$)的**秩**.

例 2.2.3 设总体 $X\sim N(12,4)$，它的一个样本为 X_1,X_2,X_3,X_4,X_5，试求：

(1) 样本的极小值小于 10 的概率；

(2) 样本的极大值大于 15 的概率.

解 因为 X_1,X_2,X_3,X_4,X_5 相互独立且都服从 $N(12,4)$，所以

$$P\{X_{(1)} < 10\} = 1 - \left(1 - F(10)\right)^5 = 1 - \left(1 - \Phi\left(\frac{10-12}{2}\right)\right)^5$$

$$= 1 - \left(1 - \Phi(-1)\right)^5 = 0.5785,$$

$$P\{X_{(5)} > 15\} = 1 - P\{X_{(5)} \leqslant 15\} = 1 - \left(F(5)\right)^5 = 1 - \left(1 - \Phi\left(\frac{15-12}{2}\right)\right)^5$$

$$= 1 - \left(1 - \Phi(1.5)\right)^5 = 0.2923.$$

例 2.2.4　设总体 $X \sim U(0,1)$，它的一个样本为 X_1, X_2, X_3, X_4, X_5，试求：

(1) 样本的极小值大于 0.5 的概率；

(2) 样本的极大值大于 0.5 的概率.

解　X 的分布密度 $p(x) = \begin{cases} 1, & 0 < x < 1, \\ 0, & 其他, \end{cases}$　分布函数

$$F(x) = \begin{cases} 0, & x < 0, \\ x, & 0 \leqslant x < 1, \\ 1, & x \geqslant 1, \end{cases}$$

所以，

$$P\{X_{(1)} > 0.5\} = 1 - P\{X_{(1)} \leqslant 0.5\} = 1 - \{1 - (1 - F(0.5))^5\}$$

$$= (1 - 0.5)^5 = (0.5)^5,$$

$$P\{X_{(5)} > 0.5\} = 1 - P\{X_{(5)} \leqslant 0.5\} = 1 - (F(0.5))^5 = 1 - (0.5)^5.$$

例 2.2.5　设总体 $X \sim B(1, p)$，它的一个样本为 X_1, X_2，试求 $X_{(1)}$ 与 $X_{(2)}$ 的联合分布及边缘分布，并说明 $X_{(1)}$ 与 $X_{(2)}$ 不相互独立也不同分布.

解　X 的概率函数为

$$P\{X = 0\} = 1 - p, \quad P\{X = 1\} = p,$$

X_1 的概率函数为

$$P\{X_1 = 0\} = 1 - p, \quad P\{X_1 = 1\} = p,$$

X_2 的概率函数为

$$P\{X_2 = 0\} = 1 - p, \quad P\{X_2 = 1\} = p,$$

X_1 和 X_2 的联合概率函数为

$$P\{X_1 = 0, \ X_2 = 0\} = (1-p)^2, \quad P\{X_1 = 1, \ X_2 = 0\} = p(1-p),$$

$$P\{X_1 = 0, \ X_2 = 1\} = (1-p)p, \quad P\{X_1 = 1, \ X_2 = 1\} = p^2,$$

$X_{(1)}$ 的概率函数为

$$P\{X_{(1)}=1\}=P\{X_1=1,\ X_2=1\}=p^2,$$

$$P\{X_{(1)}=0\}=1-P\{X_1=1,\ X_2=1\}=1-p^2,$$

$X_{(2)}$ 的概率函数为

$$P\{X_{(2)}=0\}=P\{X_1=0,\ X_2=0\}=(1-p)^2,$$

$$P\{X_{(2)}=1\}=1-P\{X_1=0,\ X_2=0\}=1-(1-p)^2,$$

$X_{(1)}$ 和 $X_{(2)}$ 的联合概率函数为

$$P\{X_{(1)}=0,\ X_{(2)}=0\}=\ P\{X_1=0,\ X_2=0\}=(1-p)^2,$$

$$P\{X_{(1)}=0,\ X_{(2)}=1\}=P\{X_1=0,\ X_2=1\}+P\{X_1=1,\ X_2=0\}$$
$$=2p(1-p),$$

$$P\{X_{(1)}=1,\ X_{(2)}=0\}=0,$$

$$P\{X_{(1)}=1,\ X_{(2)}=1\}=P\{X_1=1,\ X_2=1\}=p^2,$$

易知 $P\{X_{(1)}=0,\ X_{(2)}=1\}\neq P\{X_{(1)}=0\}P\{X_{(2)}=1\}$，故 $X_{(1)}$ 与 $X_{(2)}$ 不相互独立也不同分布.

例 2.2.6　设总体 $X\sim U(0,1)$，它的一个样本为 X_1,X_2,X_3,X_4,X_5，试 $P\{X_{(i)}>0.5\}$，$i=1,2,\cdots,5$.

解　X 的分布密度 $p(x)=\begin{cases}1,&0<x<1,\\0,&\text{其他,}\end{cases}$ 分布函数

$$F(x)=\begin{cases}0,&x<0,\\x,&0\leqslant x<1,\\1,&x\geqslant 1,\end{cases}$$

当 $0<x<1$ 时，$X_{(i)}$ 的分布密度为

$$P_{X_{(i)}}(x)=\frac{5!}{(i-1)!(5-i)!}\big(F(x)\big)^{i-1}\big(1-F(x)\big)^{5-i}p(x),\quad i=1,2,\cdots,5.$$

于是

$$P\left\{X_{(1)}>0.5\right\}=\int_{0.5}^1 5(1-x)^4\,\mathrm{d}x=(0.5)^5,$$

$$P\left\{X_{(2)}>0.5\right\}=\int_{0.5}^1 20x(1-x)^3\,\mathrm{d}x=3\times(0.5)^4,$$

$$P\left\{X_{(3)}>0.5\right\}=\int_{0.5}^1 30x^2(1-x)^2\,\mathrm{d}x=0.5,$$

$$P\left\{X_{(4)}>0.5\right\}=\int_{0.5}^1 20x^3(1-x)\,\mathrm{d}x=1-3\times(0.5)^4,$$

$$P\left\{X_{(5)}>0.5\right\}=\int_{0.5}^{1}5x^{4}\mathrm{d}x=1-(0.5)^{5}.$$

☞ **习题 2.2**

1. 设有 A, B 两种牌号的灯泡,平均使用寿命(单位:小时)为 1400 与 1200,标准差为 200 与 100. 如果自两种牌号的灯泡中各抽出 125 个灯泡作为随机样本进行测试,那么 A 种牌号的灯泡较 B 种牌号的灯泡, 其平均寿命至少超出 160 小时的概率是多少?

2. 求相继出生的 200 个婴儿中, 男孩的比例在 43% 至 57% 之间的概率.

3. 选举结果表明, 某候选人获得选票总数的 65%. 如果任取两个独立的随机样本,每个样本由 200 票组成,试求两样本中投票选举这个候选人的比例相差超过 10% 的概率.

4. 设总体 $X\sim N(\mu,\sigma^{2})$ 分布, 样本容量为 n , 均值为 $\bar{X}$, 方差为 S_{n}^{2}, X_{n+1} 与 $X_{1},X_{2},\cdots,X_{n}$ 相互独立且分布相同, 试论述 $\dfrac{X_{n+1}-\bar{X}}{S_{n}}\sqrt{\dfrac{n-1}{n+1}}$ 的分布.

5. 设总体 $X\sim N(\mu_{1},\sigma^{2})$ 分布, $Y\sim N(\mu_{2},\sigma^{2})$ 分布, X 的样本容量为 n , Y 的样本容量为 m 两样本相互独立,均值为 $\bar{X}$ 及 $\bar{Y}$, 离均差平方和为 SSX 及 SSY, a 及 b 是两个常数, 试论述 $\dfrac{a(\bar{X}-\mu_{1})+b(\bar{Y}-\mu_{2})}{S_{W}\sqrt{\dfrac{a^{2}}{n}+\dfrac{b^{2}}{m}}}$ 的分布, 式中的 $S_{W}=\sqrt{\dfrac{\mathrm{SS}X+\mathrm{SS}Y}{n+m-2}}$.

2.3 总体分布的参数估计及 Python 代码

2.3.1 参数估计的基本概念

(1) **总体参数**: 总体分布的类型已知, 分布的具体形式所依赖的某个实数或实数组 θ .

(2) **参数空间**: θ 取值的范围 Θ. 例如: $B(1,p)$ 中 p 的 $\Theta=\{p:0\leqslant p\leqslant 1\}$;

$P(\lambda)$ 中 λ 的 $\Theta = \{\lambda : \lambda > 0\}$; $N(\mu, \sigma^2)$ 中 (μ, σ^2) 的 $\Theta = \{(\mu, \sigma^2) : -\infty < \mu < \infty,\ \sigma^2 > 0\}$, 等等.

(3) **总体分布中未知参数的估计**或**参数估计**: 根据样本的观测值对总体概率函数或分布密度中的未知参数进行估计的理论和方法.

(4) **θ 的估计量 $\hat{\theta}$**: 设 θ 是总体的未知参数, $X_1, X_2, \cdots, X_n$ 是总体的一个样本, $x_1, x_2, \cdots, x_n$ 是样本的观测值, 当 $g(x_1, x_2, \cdots, x_n)$ 不含未知参数并用来估计 θ 时, $\hat{\theta} = g(X_1, X_2, \cdots, X_n)$.

(5) **θ 的估计值 $\hat{\theta}$**: 当 $g(X_1, X_2, \cdots, X_n)$ 是 θ 的估计量时, 将样本的观测值 $x_1, x_2, \cdots, x_n$ 代入 $g(X_1, X_2, \cdots, X_n)$ 后所得到的观测值 $g(x_1, x_2, \cdots, x_n)$ 为 θ 的估计值.

(6) **双侧 $1 - \alpha$ 置信区间**: 对于未知参数 θ 及指定的数值 $\alpha \in (0,1)$, 使 $P\{g < \theta < h\} \geqslant 1 - \alpha$ 的统计量 $g(X_1, X_2, \cdots, X_n)$ 和 $h(X_1, X_2, \cdots, X_n)$ 所确定的区间 (g, h) .

(7) **单侧 $1 - \alpha$ 置信区间**: 对于未知参数 θ 及指定的数值 $\alpha \in (0,1)$, 使 $P\{g < \theta\} \geqslant 1 - \alpha$ 的统计量 $g(X_1, X_2, \cdots, X_n)$ 所确定的区间 $(g, +\infty)$ 或者使 $P\{\theta < h\} \geqslant 1 - \alpha$ 的统计量 $h(X_1, X_2, \cdots, X_n)$ 所确定的区间 $(-\infty, h)$ 或 $(0, h)$.

如果已知样本的观测值 $x_1, x_2, \cdots, x_n$, 则由 $g(x_1, x_2, \cdots, x_n)$ 和 $h(x_1, x_2, \cdots, x_n)$ 就可以得到置信区间的观测值. 为方便起见, $1 - \alpha$ 置信区间的观测值仍称为 $1 - \alpha$ **置信区间**.

(8) **置信下限与置信上限**: 双侧或单侧置信区间的下限与上限.

置信概率: 随机区间覆盖未知参数 θ 的概率 $1 - \alpha$.

(9) **点估计**: 未知参数的估计量与估计值.

求点估计的方法很多, 以下介绍矩法、极大似然法与最小二乘法.

区间估计: 双侧或单侧置信区间. 求区间估计的步骤如下:

① 寻求随机变量 $Z(X_1, X_2, \cdots, X_n, \theta)$, 它包含 θ 而不包含其他的未知参数且分布已知;

② 确定常数 z_1 和 z_2 , 使 $P\{z_1 < Z < z_2\} \geqslant 1 - \alpha$ 或 $P\{z_1 < Z\} \geqslant 1 - \alpha$ 或 $P\{Z < z_2\} \geqslant 1 - \alpha$;

③ 解 $z_1 < Z < z_2$ 得到等价的不等式 $g < \theta < h$, 解 $z_1 < Z$ 或 $Z < z_2$ 得到等价的不等式 $g < \theta$ 或 $\theta < h$, 即为所求的双侧或单侧置信区间.

2.3.2 用矩法求估计量

根据样本与总体的内在联系，可以用矩法求总体参数 θ 的估计量 $\hat{\theta}$.

所谓矩法，就是用样本的矩或矩的函数估计总体相对应的矩或对应的函数.

用矩法得到的估计量 $\hat{\theta}$ 称为 θ 的**矩估计量**.

当 $X_1, X_2, \cdots, X_n$ 是总体 X 的一个样本且 X 的 k 阶原点矩 $E(X^k)$ ($k=1, 2, 3, \cdots$) 存在时，矩法的规则有二：

(1) 若 $\theta = E(X^k)$，则 $\hat{\theta} = A_k = \dfrac{1}{n} \sum_i X_i^k$；

(2) 若 $\theta = f(EX, EX^2, \cdots, EX^k)$，则 $\hat{\theta} = f(A_1, A_2, \cdots, A_k)$.

或者说，① 当总体的某一阶原点矩存在时，它的矩估计量是样本的同一阶原点矩；② 当总体的某几阶原点矩存在时，它的函数的矩估计量是样本的相应的那几阶原点矩的同一函数. 又因为总体的中心矩都可以用它的原点矩表示，因此，当总体的某一阶中心矩存在时，它的矩估计量是样本的同一阶中心矩.

特别地，当总体的数学期望与方差存在时，总体数学期望的矩估计量就是样本的均值，总体方差的矩估计量就是样本的方差.

2.3.3 用极大似然法求估计量及 Python 代码

若 $X_1, X_2, \cdots, X_n$ 是总体 X 的一个样本，$x_1, x_2, \cdots, x_n$ 为样本的观测值，则当总体 X 的概率函数 $P\{X = x\} = p(x)$ 或分布密度 $p(x)$ 中含有未知参数 θ 时，记 $p(x)$ 为 $p(x; \theta)$，称 $L(\theta) = \prod_i p(x_i; \theta)$ 为**似然函数**，称 θ 的使 $L(\theta)$ 达到极大值的估计值 $\hat{\theta}_L(x_1, x_2, \cdots, x_n)$ 为 θ 的**极大似然估计值**，并将它简记为 $\hat{\theta}_L$. 将 θ 的极大似然估计值 $\hat{\theta}_L$ 所依赖的观测值 $x_1, x_2, \cdots, x_n$ 换成相应的随机变量 $X_1, X_2, \cdots, X_n$ 后，所得到的统计量仍记作 $\hat{\theta}_L$，并称 $\hat{\theta}_L$ 为 θ 的**极大似然估计量**.

求极大似然估计值与极大似然估计量的方法称为**极大似然法**.

这里的似然函数 $L(\theta) = \prod_i p(x_i; \theta)$，可解释为 $p(x; \theta)$ 中的参数 θ 取某一数值或数组时样本 $X_1, X_2, \cdots, X_n$ 取观测值 $x_1, x_2, \cdots, x_n$ 的可能性. 因此，θ 的极大似然估计值 $\hat{\theta}_L$ 就是使样本 $X_1, X_2, \cdots, X_n$ 取观测值 $x_1, x_2, \cdots, x_n$ 的可能性极大的一个估计.

注 极大似然估计法先由 Gauss 提出，一个世纪后又由 Fisher 再次提出，是统计学中应用最广泛的方法之一. 极大似然法所涉及的 $p(x;\theta)$ 在概率统计中扮演了重要的角色. 当 θ 已知时, $p(x;\theta)$ 表示概率函数或分布密度随 x 变化的规律. 反过来, 当样本 x 给定后, 可根据 $p(x;\theta)$ 考虑对不同的 θ, 概率函数或分布密度将如何变化, 体现 θ 对 x 的解释能力.

用极大似然法求 θ 的估计量 $\hat{\theta}_L$ 的一般步骤是:

(1) 构造似然函数 $L(\theta)$;

(2) 对 $L(\theta)$ 取自然对数得到 $\ln L(\theta)$;

(3) 以 θ 为自变量求 $\ln L(\theta)$ 的导数或偏导数;

(4) 令 $\ln L(\theta)$ 的导数或偏导数等于零, 得到所谓的似然方程或似然方程组;

(5) 解似然方程或似然方程组, 当 θ 只有唯一解时, 可以不经过检验, 直接将这个解作为所求的 θ 的极大似然估计值, 并写出 θ 的极大似然估计量 $\hat{\theta}_L$.

可以证明, 如果 $\hat{\theta}_{1L},\hat{\theta}_{2L},\cdots,\hat{\theta}_{kL}$ 是 $\theta_1,\theta_2,\cdots,\theta_k$ 的极大似然估计量, 则连续函数或可测函数 $g(\hat{\theta}_{1L},\hat{\theta}_{2L},\cdots,\hat{\theta}_{kL})$ 也是 $g(\theta_1,\theta_2,\cdots,\theta_k)$ 的极大似然估计量.

例 2.3.1　设 $X_1,X_2,\cdots,X_n$ 是总体 X 的一个样本, 试求 $B(1,p)$ 中未知参数 p 的极大似然估计量 $\hat{p}_L$.

解　$B(1,p)$ 分布的概率函数 $P(x)=p^x(1-p)^{1-x}$, 式中的 $x=0$ 或 1, $i=1,2,\cdots,n$ 时, X_i 的概率函数 $P(x_i)=p^{x_i}(1-p)^{1-x_i}$, 式中的 $x_i=0$ 或 1. 构造似然函数

$$L(p)=p^{\sum_i x_i}(1-p)^{\sum_i x_i}.$$

取自然对数有

$$\ln L=\left(\sum_i x_i\right)\ln p+\left(n-\sum_i x_i\right)\ln(1-p),$$

求导数有

$$(\ln L)'=\frac{1}{p}\left(\sum_i x_i\right)-\frac{1}{1-p}\left(n-\sum_i x_i\right)=0.$$

可解出 $p=\dfrac{1}{n}\sum_i x_i=\bar{x}$, 即 $\hat{p}_L=\bar{X}$.

例 2.3.2　设 $X_1,X_2,\cdots,X_n$ 是总体 X 的一个样本, 试求 $N(\mu,\sigma^2)$ 中未知参数 μ 和 σ^2 的极大似然估计量 $\hat{\mu}_L$ 与 $\hat{\sigma}_L$.

解　$N(\mu,\sigma^2)$ 分布的分布密度 $p(x)=\dfrac{1}{\sqrt{2\pi}\sigma}\exp\left\{-\dfrac{(x-\mu)^2}{2\sigma^2}\right\}$, X_i 的分布密度

$$p(x_i) = \frac{1}{\sqrt{2\pi}\sigma} \exp\left\{-\frac{(x_i-\mu)^2}{2\sigma^2}\right\}, \quad i = 1, 2, \cdots, n.$$

构造似然函数如下:

$$L(\mu, \sigma^2) = \left(\frac{1}{\sqrt{2\pi}\sigma}\right)^n \prod_i \exp\left\{-\frac{(x_i-\mu)^2}{2\sigma^2}\right\}$$

$$= \left(\frac{1}{\sqrt{2\pi}\sigma}\right)^n \exp\left\{-\frac{\sum_i(x_i-\mu)^2}{2\sigma^2}\right\},$$

则 $\ln L = -\frac{n}{2}\Big[\ln(2\pi) + \ln(\sigma^2)\Big] - \frac{\sum_i(x_i-\mu)^2}{2\sigma^2}$. 由

$$\frac{\partial \ln L}{\partial \mu} = \frac{\sum_i(x_i-\mu)^2}{2\sigma^2} = 0,$$

可解出 $\mu = \frac{1}{n}\sum_i x_i = \overline{x}$, 即 $\hat{\mu}_L = \overline{X}$; 由

$$\frac{\partial \ln L}{\partial \sigma^2} = -\frac{n}{2\sigma^2} + \sum_i \frac{(x_i-\mu)^2}{2\sigma^4} = 0,$$

可解出 $\sigma^2 = \frac{1}{n}\sum_i(x_i-\mu)^2$. 故当 μ 已知时, $\hat{\sigma}_{L_1} = \frac{1}{n}\sum_i(x_i-\mu)^2$, 当 μ 未

知时, $\hat{\sigma}_{L_2} = \frac{1}{n}\sum_i(x_i-\mu)^2 = S^2$.

用 Python 求极大似然估计代码如下:

```
import numpy as np
import sympy
from sympy import *
datArr=[6.6,4.6,5.4,5.8,5.5]
x,mu,sigma=sympy.symbols('x,mu,sigma',positive=True)
dfun=1/np.sqrt(2*np.pi)/sigma*exp(-1/2/sigma**2*
    (x-mu)**2)
LikFun=np.prod([dfun.subs(x,i) for i in datArr])
    ## 似然函数
LogLikF=sympy.expand_log(sympy.log(LikFun)) #取对数
LpartMu=sympy.diff(LogLikF,mu)   #对数似然函数对 mu 求偏导
LpartSig=sympy.diff(LogLikF,sigma)   #对数似然函数对
    sigma 求偏导
sol=sympy.solve([LpartMu, LpartSig], [mu,sigma])
```

运行代码的极大似然估计如下:

$$\hat{\mu}_L = 5.58, \quad \hat{\sigma}_L = 0.6462198.$$

2.3.4 用最小二乘法求估计量

用最小二乘法求估计量, 常常与统计学中的线性或非线性模型有关, 所得到的估计量可以使某个二次函数的值达到最小.

例 2.3.3 在下一章将讲述单因素试验的方差分析. 如果在试验中其他的因素保持固定的水平或状态不变, 只有因素 A 取 r 个不同的水平 $A_1, A_2, \cdots, A_r$ 并相互独立地得到试验指标的观测值 x_{ij}, $i = 1, 2, \cdots, r$ 是因素 A 的不同水平的编号, $j = 1, 2, \cdots, n_i$ 是各水平 A_i 进行重复试验所得到的观测值的编号, 列表表示为:

因素 A 的不同水平	观 测 值
A_1	$x_{11}, x_{12}, \cdots, x_{1n_1}$
A_2	$x_{21}, x_{22}, \cdots, x_{2n_2}$
$\vdots$	$\cdots$
A_r	$x_{r1}, x_{r2}, \cdots, x_{rn_r}$

若提出线性模型 $x_{ij} = \mu + \alpha_i + \varepsilon_{ij}$, 试估计线性模型中的参数 μ 与 α_i, 使二次函数 $\sum_i \sum_j \varepsilon_{ij}^2$ 的值达到最小.

解 设 $Q = \sum_i \sum_j \varepsilon_{ij}^2 = \sum_i \sum_j (x_{ij} - \mu - \alpha_i)^2$, 由

$$\frac{\partial Q}{\partial \mu} = 2 \sum_i \sum_j (x_{ij} - \mu - \alpha_i)(-1) = 0,$$

得到

$$\sum_i \sum_j x_{ij} - n\mu - \sum_i n_i \alpha_i = 0,$$

式中的 $n = \sum_i n_i$. 若令 $\sum_i n_i \alpha_i = 0$, 则 $\mu = \frac{1}{n} \sum_i \sum_j x_{ij}$. 又

$$Q = \sum_j (x_{1j} - \mu - \alpha_1)^2 + \sum_j (x_{2j} - \mu - \alpha_2)^2 + \cdots$$
$$+ \sum_j (x_{ij} - \mu - \alpha_i)^2 + \cdots + \sum_j (x_{rj} - \mu - \alpha_r)^2,$$

令 $\dfrac{\partial Q}{\partial \alpha_i} = 2\sum\limits_j (x_{ij} - \mu - \alpha_i)(-1) = 0$，得 $\sum\limits_j x_{ij} - n_i\mu - n_i\alpha_i = 0$，即

$$\alpha_i = \frac{1}{n_i}\sum_j x_{ij} - \mu = \frac{1}{n_i}\sum_j x_{ij} - \frac{1}{n}\sum_i\sum_j x_{ij} .$$

2.3.5　评价估计量优劣的标准

估计总体分布中未知参数的方法并不止上述矩法、极大似然法与最小二乘法三种，某一个未知参数的估计量可能会有多个，必须有评价估计量优劣的标准. 常用的标准如下：

(1) **无偏性**：如果未知参数 θ 的估计量为 $\hat{\theta}(X_1, X_2, \cdots, X_n)$，则当 $\theta \in \Theta$ 且 $E(\hat{\theta}) = \theta$ 时，称 $\hat{\theta}$ 为 θ 的**无偏估计量**，否则称 $\hat{\theta}$ 为 θ 的**有偏估计量**.

因为 θ 的估计量 $\hat{\theta}(X_1, X_2, \cdots, X_n)$ 与样本容量 n 有关，为了体现 $\hat{\theta}$ 与样本容量 n 的关系，故现将 $\hat{\theta}$ 记作 $\hat{\theta}_n$. 若当 $\lim\limits_{n\to\infty} E(\hat{\theta}_n) = \theta$ 时，称 $\hat{\theta}_n$ 为 θ 的**渐近无偏估计量**.

无偏的含义可直观地解释为：当 $\hat{\theta}$ 是 θ 的无偏估计量时，估计量 $\hat{\theta}$ 所取的值虽然并不等于 θ，但是 $\hat{\theta}$ 在 θ 的真值附近波动，其数学期望等于 θ. 如果相互独立地重复多次用无偏估计量进行估计，那么所得到的各个估计值的均值与未知参数的真值基本上一致. 若将 $E(\hat{\theta}) - \theta$ 称为系统误差，则无偏的含义就是无系统误差.

以下证明：

(1) 只要总体 X 的数学期望 $E(X)$ 与 $D(X)$ 存在，则

$$E(\bar{X}) = E(X) , \quad D(\bar{X}) = \frac{1}{n}D(X) .$$

(2) 只要总体 X 的方差 $D(X)$ 存在，则

$$E(S^2) = \frac{n-1}{n}D(X) , \quad E(S^{*2}) = D(X) .$$

证　(1) 因为 $X_1, X_2, \cdots, X_n$ 相互独立且同分布，

$$E(X_1) = E(X_2) = \cdots = E(X_n) = E(X) ,$$
$$D(X_1) = D(X_2) = \cdots = D(X_n) = D(X) ,$$

所以，

$$E(\bar{X}) = E\left(\frac{1}{n}\sum_i X_i\right) = \frac{1}{n}\sum_i E(X_i) = \frac{1}{n}\sum_i E(X) = E(X) ,$$

$$D(\bar{X}) = D\left(\frac{1}{n}\sum_i X_i\right) = \frac{1}{n^2}\sum_i D(X_i) = \frac{1}{n^2}\sum_i D(X) = \frac{1}{n}D(X).$$

(2) 因为 $X_1, X_2, \cdots, X_n$ 相互独立且同分布，

$$E(X_1) = E(X_2) = \cdots = E(X_n) = E(X),$$

$$D(X_1) = D(X_2) = \cdots = D(X_n) = D(X),$$

又有 $E(\bar{X}) = E(X)$，$D(\bar{X}) = \frac{1}{n}D(X)$，$\frac{1}{n}\sum_i(X_i - EX_i) = \bar{X} - EX$，所以

$$
\begin{aligned}
E(S^2) &= E\left(\frac{1}{n}\sum_i(X_i - \bar{X})^2\right) \\
&= \frac{1}{n}E\left(\sum_i\left((X_i - EX_i) - (\bar{X} - EX_i)\right)^2\right) \\
&= \frac{1}{n}E\left(\sum_i(X_i - EX_i)^2 - n(\bar{X} - EX)^2\right) \\
&= \frac{1}{n}\sum_i E\ (X_i - EX_i)^2 - E\ (\bar{X} - EX)^2 \\
&= D(X) - \frac{1}{n}D(X) = \frac{n-1}{n}D(X),
\end{aligned}
$$

$$E(S^{*2}) = E\left(\frac{n}{n-1}S^2\right) = \frac{n}{n-1}E(S^2) = D(X).$$

这说明，(1) $\bar{X}$ 是 $E(X)$ 的无偏估计量，且 $\bar{X}$ 的方差是总体方差的 $\frac{1}{n}$；

(2) S^{*2} 是 $D(X)$ 的无偏估计量，S^2 是 $D(X)$ 的有偏估计量. 但是，

$$\lim_{n\to\infty} S^2 = \lim_{n\to\infty}\frac{n-1}{n}D(X) = D(X),$$

因此称 S^2 是 $D(X)$ 的渐近无偏估计量. 又因为 S^{*2} 是将样本方差 S^2 修正以后得到的总体方差 $D(X)$ 的无偏估计量，所以在本教材中称它为**样本修正方差**. 由此可见，某些有偏估计量经过修正后可以化作无偏估计量.

还可以证明：当 $\hat{\theta}_1$ 与 $\hat{\theta}_2$ 都是 θ 的无偏估计量，且常数 c_1, c_2 满足 $c_1 + c_2 = 1$ 时，$c_1\hat{\theta}_1 + c_2\hat{\theta}_2$ 也是 θ 的无偏估计量.

例 2.3.4 设总体 $X \sim N(\mu, \sigma^2)$，μ 未知，$X_1, X_2, \cdots, X_n$ 是总体的一个样本. 试确定 c，使 $T = c\sum_i(X_{i+1} - X_i)^2$ 为未知参数 σ^2 的无偏估计量，式中的 $i = 1, 2, \cdots, n-1$.

解 因为 $E(X) = \mu$，$E(X^2) = \mu^2 + \sigma^2$，$E(X_i) = \mu$，$E(X_i^2) = \mu^2 + \sigma^2$，

$$E\sum_i(X_{i+1}-X_i)^2 = E\sum_i X_{i+1}^2 - 2E\sum_i X_{i+1}X_i + E\sum_i X_i^2$$

$$= (n-1)(\sigma^2+\mu^2) - 2\sum_i E(X_{i+1})E(X_i)$$

$$+ (n-1)(\sigma^2+\mu^2)$$

$$= 2(n-1)(\sigma^2+\mu^2) - 2(n-1)\mu^2$$

$$= 2(n-1)\sigma^2,$$

所以确定 $c=\dfrac{1}{2(n-1)}$，可使 $E(T)=\sigma^2$，T 为 σ^2 的无偏估计量.

(2) **有效性**   如果统计量 $\hat{\theta}_1(X_1,X_2,\cdots,X_n)$ 和 $\hat{\theta}_2(X_1,X_2,\cdots,X_n)$ 都是未知参数 θ 的无偏估计量，则当 $D(\hat{\theta}_1)<D(\hat{\theta}_2)$ 时，称 $\hat{\theta}_1$ **比** $\hat{\theta}_2$ **有效**.

由此看来，有效的含义中包含着无偏. 一个好的估计量，不仅应该是无偏估计量，而且应该有尽可能小的方差，所取的值应该集中在它的数学期望的一个尽可能小的邻域内.

下面证明：当用 $\hat{\theta}$ 估计 θ 时，$E\left[(\hat{\theta}-\theta)^2\right]=D(\hat{\theta})+(E\hat{\theta}-\theta)^2$.

证 $E\left[(\hat{\theta}-\theta)^2\right]=E\left[(\hat{\theta}-E\hat{\theta})+(E\hat{\theta}-\theta)\right]^2$

$$= E\left[(\hat{\theta}-E\hat{\theta})^2\right]+(E\hat{\theta}-\theta)^2+2E\left[(\hat{\theta}-E\hat{\theta})(E\hat{\theta}-\theta)\right]$$

$$= D(\hat{\theta})+(E\hat{\theta}-\theta)^2+2\cdot 0\cdot(E\hat{\theta}-\theta)$$

$$= D(\hat{\theta})+(E\hat{\theta}-\theta)^2.$$

称 $E\left[(\hat{\theta}-\theta)^2\right]$ 为估计量 $\hat{\theta}$ 的**均方误差**，记作 $\mathrm{MSE}(\hat{\theta})$. 上述等式表明：估计量 $\hat{\theta}$ 的均方误差 $\mathrm{MSE}(\hat{\theta})$ 可以分解为两个部分，一部分是 $\hat{\theta}$ 自己的方差，另一部分是用 $\hat{\theta}$ 估计 θ 的系统误差 $E\hat{\theta}-\theta$ 的平方，它说明了估计的精度.

而当 $\hat{\theta}$ 是 θ 的无偏估计量时，$\hat{\theta}$ 的均方误差便等于它自己的方差，即 $\mathrm{MSE}(\hat{\theta})=D(\hat{\theta})$.

例 2.3.5   证明：当 $X_1,X_2,\cdots,X_n$ 是总体 X 的一个样本且 $D(X)>0$ 时，对任意一组非负常数 $c_1,c_2,\cdots,c_n$，如果 $\sum_i c_i=1$，求证：$\sum_i c_iX_i$ 都是总体均值 $E(X)$ 的无偏估计量，并且样本均值 $\overline{X}$ 在这些估计量中是方差最小的无偏估计量.

证   因为 $E(X_i)=E(X)$，$i=1,2,\cdots,n$，且 $\sum_i c_i=1$，故

$$E\left(\sum_i c_iX_i\right)=\sum_i c_iEX_i=E(X)\sum_i c_i=E(X),$$

所以 $\sum_i c_i X_i$ 都是总体均值 $E(X)$ 的无偏估计量.

又因为 $D(X_i) = D(X)$，$i = 1, 2, \cdots, n$，所以

$$D\left(\sum_i c_i X_i\right) = \sum_i c_i^2 D(X_i) = D(X) \sum_i c_i^2.$$

令 $f = \sum_i c_i^2$，由 $\sum_i c_i = 1$ 得

$$f = c_1^2 + c_2^2 + \cdots + c_{n-1}^2 + (1 - c_1 - c_2 - \cdots - c_{n-1})^2.$$

由 $n-1$ 个方程

$$\frac{\partial f}{\partial c_i} = 2c_i - 2(1 - c_1 - c_2 - \cdots - c_{n-1}) = 0, \quad i = 1, 2, \cdots, n-1$$

组成的方程组解出 $c_1 = c_2 = \cdots = c_{n-1} = \dfrac{1}{n}$，代入 $\sum_i c_i = 1$ 中得 $c_n = \dfrac{1}{n}$，因此样本均值 $\bar{X}$ 在上述这些估计量中是方差最小的无偏估计量.

(3) **一致性**：如果统计量 $\hat{\theta}_n(X_1, X_2, \cdots, X_n)$ 是未知参数 θ 的一个估计量，且当 $\theta \in \Theta$，样本容量 n 无限增大时 $\lim\limits_{n \to \infty} P\{|\hat{\theta}_n - \theta| > \varepsilon\} = 0$，则称 $\hat{\theta}_n$ 是 θ 的**一致估计量**(或相合估计). 其含意就是当样本容量 n 增大时，绝大多数 $\hat{\theta}_n$ 都要离 θ 越来越近，剩下不以 θ 为极限的 $\hat{\theta}_n$ 出现的概率可以忽略不予考虑.

一致性标准说明，几乎将总体中所有的个体都抽到了，如果统计量与要估计的参数还有较大差异，那就表明这个统计量不是一个好的估计.

还有**均方相合性**：如果统计量 $\hat{\theta}_n(X_1, X_2, \cdots, X_n)$ 是未知参数 θ 的一个估计量，且当 $\theta \in \Theta$，样本容量 n 无限增大时 $\lim\limits_{n \to \infty} E(\hat{\theta}_n - \theta)^2 = 0$，则称 $\hat{\theta}_n$ 是 θ 的**均方相合估计量**.

一般而言，能满足所有标准的统计量比较少见.

例 2.3.6 用 Monte Calorie 方法估计圆周率 π.

解 在如图 2-1 所示的正方形 $ABCD$ 区域内作内接单位圆，向正方形 $ABCD$ 区域内随机投点 n 次，落在单位圆的点数记为 k.

假设每个点落在单位圆的概率为 p，根据几何概率的定义知 $p = \dfrac{\pi}{4}$，从而 $k \sim B(n, p)$. 因为

$$E\frac{k}{n} = p, \quad \lim_{n \to \infty} E\left(\frac{k}{n} - p\right)^2 = \lim_{n \to \infty} \frac{p(1-p)}{n} = 0,$$

故知 $\dfrac{k}{n}$ 是 p 的均方相合估计量. 我们用 $\dfrac{k}{n}$ 估计 p，从而用 $\dfrac{4k}{n}$ 估计 π.

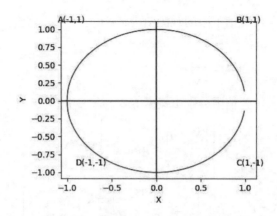

图 2-1　随机投点区域示意图

以下是用 MC 方法模拟圆周率 π 的 Python 代码：

```
def piEst(m,n):   ## n 模拟次数,m---对 n 次模拟重复 m 次
    之后取平均值
hatpi=np.arange(float(m))
for j in np.arange(m):
    k=0.0000000
    for i in np.arange(n):
        x=np.random.uniform(0,1)
        y=np.random.uniform(0,1)
        if x**2+y**2<=1:
        k+=1
    hatpi[j]=float(4*k/n)
hatpiMean=float(np.mean(hatpi))
return hatpiMean,k
```

运行 piEst(100,10000) 后得到 $\hat{\pi} = 3.140315999999999$.

注　该算法不收敛，每次得到的结果都不相同.

2.3.6　一个正态总体均值或方差的置信区间

设总体 X 服从 $N(\mu,\sigma^2)$ 分布，X 的一个样本为 $X_1,X_2,\cdots,X_n$，样本均值为 $\overline{X}$，样本修正标准差为 S^*，则有：

定理 2.3.1　当 σ^2 已知时，均值 μ 的双侧 $1-\alpha$ 置信区间的观测值为

$$\left(\overline{x} - u_{1-0.5\alpha} \frac{\sigma}{\sqrt{n}}, \overline{x} + u_{1-0.5\alpha} \frac{\sigma}{\sqrt{n}} \right),$$

均值 μ 的单侧 $1-\alpha$ 置信下限的观测值为 $\overline{x} - u_{1-\alpha} \dfrac{\sigma}{\sqrt{n}}$ ，均值 μ 的单侧 $1-\alpha$ 置信上限的观测值为 $\overline{x} + u_{1-\alpha} \dfrac{\sigma}{\sqrt{n}}$.

注　上述 $1-\alpha$ 置信限分别由概率等式

$$P\left\{ \frac{|\overline{X} - \mu|}{\frac{\sigma}{\sqrt{n}}} < u_{1-0.5\alpha} \right\} = 1-\alpha \,,$$

$$P\left\{ \frac{\overline{X} - \mu}{\frac{\sigma}{\sqrt{n}}} < u_{1-\alpha} \right\} = 1-\alpha \,, \quad P\left\{ \frac{\overline{X} - \mu}{\frac{\sigma}{\sqrt{n}}} > u_{1-\alpha} \right\} = 1-\alpha$$

导出.

定理 2.3.2　当 σ^2 未知时，均值 μ 的双侧 $1-\alpha$ 置信区间的观测值为

$$\left(\overline{x} - t_{1-0.5\alpha}(n-1) \frac{s^*}{\sqrt{n}}, \overline{x} + t_{1-0.5\alpha}(n-1) \frac{s^*}{\sqrt{n}} \right),$$

均值 μ 的单侧 $1-\alpha$ 置信下限的观测值为 $\overline{x} - t_{1-\alpha}(n-1) \dfrac{s^*}{\sqrt{n}}$ ，均值 μ 的单侧 $1-\alpha$ 置信上限的观测值为 $\overline{x} + t_{1-\alpha}(n-1) \dfrac{s^*}{\sqrt{n}}$.

注　上述 $1-\alpha$ 置信限分别由概率等式

$$P\left\{ \frac{|\overline{X} - \mu|}{\frac{s^*}{\sqrt{n}}} < t_{1-0.5\alpha}(n-1) \right\} = 1-\alpha \,,$$

$$P\left\{ \frac{\overline{X} - \mu}{\frac{s^*}{\sqrt{n}}} < t_{1-\alpha}(n-1) \right\} = 1-\alpha \,, \quad P\left\{ \frac{\overline{X} - \mu}{\frac{s^*}{\sqrt{n}}} > -t_{1-\alpha}(n-1) \right\} = 1-\alpha$$

导出.

定理 2.3.3　当 μ 未知时，方差 σ^2 的双侧 $1-\alpha$ 置信区间的观测值为

$$\left(\frac{\sum_i (x_i - \overline{x})^2}{\chi^2_{1-0.5\alpha}(n-1)}, \frac{\sum_i (x_i - \overline{x})^2}{\chi^2_{0.5\alpha}(n-1)} \right),$$

方差 σ^2 的单侧 $1-\alpha$ 置信下限的观测值为 $\dfrac{\sum_i(x_i-\bar{x})^2}{\chi_{1-\alpha}^2(n-1)}$，方差 σ^2 的单侧

$1-\alpha$ 置信上限的观测值为 $\dfrac{\sum_i(x_i-\bar{x})^2}{\chi_\alpha^2(n-1)}$.

注 上述 $1-\alpha$ 置信限分别由概率等式

$$P\left\{\chi_{0.5\alpha}^2(n-1)<\frac{\sum_i(X_i-\bar{X})^2}{\sigma^2}<\chi_{1-0.5\alpha}^2(n-1)\right\}=1-\alpha,$$

$$P\left\{\frac{\sum_i(X_i-\bar{X})^2}{\sigma^2}<\chi_{1-\alpha}^2(n-1)\right\}=1-\alpha,$$

$$P\left\{\frac{\sum_i(X_i-\bar{X})^2}{\sigma^2}>\chi_\alpha^2(n-1)\right\}=1-\alpha$$

导出.

例 2.3.7 设总体 $X\sim N(\mu,\sigma^2)$，X 的一个样本的观测值为

$$6.6,\ 4.6,\ 5.4,\ 5.8,\ 5.5.$$

(1) 若 $\sigma^2=0.5$，试求 μ 的双侧 0.95 置信区间、单侧 0.95 置信下限和单侧 0.95 置信上限；

(2) 若 σ^2 未知，试求 μ 的双侧 0.95 置信区间、单侧 0.95 置信下限和单侧 0.95 置信上限；

(3) 若 μ 未知，试求 σ^2 的双侧 0.95 置信区间、单侧 0.95 置信下限和单侧 0.95 置信上限.

解 (1) 根据容量 $n=5$ 的样本观测值算出 $\bar{x}=5.58$. 又 $\sigma^2=0.5$，查标准正态分布的分布函数值表得到 $u_{0.975}=1.960$，$u_{0.95}=1.645$. 由定理 2.3.1 中的公式算出 μ 的双侧 0.95 置信区间为 $(4.96,6.20)$，单侧 0.95 置信下限为 5.06，单侧 0.95 置信上限为 6.10.

(2) 根据容量 $n=5$ 的样本观测值算出 $\bar{x}=5.58$ 及 $s^*=0.72$. 查 t 分布的分位数表得到 $t_{0.975}(4)=2.776$，$t_{0.95}(4)=2.132$. 由定理 2.3.2 中的公式算出 μ 的双侧 0.95 置信区间为 $(4.68,6.48)$，单侧 0.95 置信下限为 4.89，单侧 0.95 置信上限为 6.27.

(3) 根据容量 $n=5$ 的样本观测值算出 $\sum_i (x_i - \bar{x})^2 = 2.088$. 查 χ^2 分布的分位数表得到 $\chi^2_{0.025}(4) = 0.48$，$\chi^2_{0.975}(4) = 11.14$，$\chi^2_{0.05}(4) = 0.71$，$\chi^2_{0.95}(4) = 9.49$. 由定理 2.3.3 中的公式算出 σ^2 的双侧 0.95 置信区间为 $(0.19, 4.31)$，单侧 0.95 置信下限为 0.22，单侧 0.95 置信上限为 2.94.

2.3.7　两个正态总体均值差或方差比的置信区间

设总体 X 服从 $N(\mu_1, \sigma_1^2)$ 分布，X 的一个样本为 $X_1, X_2, \cdots, X_n$，总体 Y 服从 $N(\mu_2, \sigma_2^2)$ 分布，Y 的一个样本为 $Y_1, Y_2, \cdots, Y_m$，两样本相互独立且均值为 $\bar{X}$ 与 $\bar{Y}$，修正标准差为 S_X^* 与 S_Y^*，则有：

定理 2.3.4　当 σ_1^2 和 σ_2^2 已知时，均值差 $\mu_1 - \mu_2$ 的双侧 $1 - \alpha$ 置信区间的观测值为

$$\left(\bar{x} - \bar{y} - u_{1-0.5\alpha} \sqrt{\frac{\sigma_1^2}{n} + \frac{\sigma_2^2}{m}}, \bar{x} - \bar{y} + u_{1-0.5\alpha} \sqrt{\frac{\sigma_1^2}{n} + \frac{\sigma_2^2}{m}} \right),$$

均值差 $\mu_1 - \mu_2$ 的单侧 $1 - \alpha$ 置信下限的观测值为 $\bar{x} - \bar{y} - u_{1-\alpha} \sqrt{\dfrac{\sigma_1^2}{n} + \dfrac{\sigma_2^2}{m}}$，均值差 $\mu_1 - \mu_2$ 的单侧 $1 - \alpha$ 置信上限的观测值为 $\bar{x} - \bar{y} + u_{1-\alpha} \sqrt{\dfrac{\sigma_1^2}{n} + \dfrac{\sigma_2^2}{m}}$.

注　上述 $1 - \alpha$ 置信限分别由概率等式

$$P \left\{ \frac{\left| (\bar{X} - \bar{Y}) - (\mu_1 - \mu_2) \right|}{\sqrt{\dfrac{\sigma_1^2}{n} + \dfrac{\sigma_2^2}{m}}} < u_{1-0.5\alpha} \right\} = 1 - \alpha,$$

$$P \left\{ \frac{(\bar{X} - \bar{Y}) - (\mu_1 - \mu_2)}{\sqrt{\dfrac{\sigma_1^2}{n} + \dfrac{\sigma_2^2}{m}}} < u_{1-\alpha} \right\} = 1 - \alpha,$$

$$P \left\{ \frac{\left| (\bar{X} - \bar{Y}) - (\mu_1 - \mu_2) \right|}{\sqrt{\dfrac{\sigma_1^2}{n} + \dfrac{\sigma_2^2}{m}}} > -u_{1-\alpha} \right\} = 1 - \alpha$$

导出.

定理 2.3.5　当 $\sigma_1^2 = \sigma_2^2 = \sigma^2$，但 σ^2 未知时，均值差 $\mu_1 - \mu_2$ 的双侧 $1 - \alpha$ 置信区间的观测值为

$$\Bigg(\overline{x} - \overline{y} - t_{1-0.5\alpha}(n+m-2) s_w \sqrt{\frac{1}{n}+\frac{1}{m}},$$

$$\overline{x} - \overline{y} + t_{1-0.5\alpha}(n+m-2) s_w \sqrt{\frac{1}{n}+\frac{1}{m}} \Bigg),$$

均值差 $\mu_1 - \mu_2$ 的单侧 $1-\alpha$ 置信下限的观测值为 $\overline{x} - \overline{y} - t_{1-\alpha}(n+m-2)$ $s_w \sqrt{\dfrac{1}{n}+\dfrac{1}{m}}$ ，均值差 $\mu_1 - \mu_2$ 的单侧 $1-\alpha$ 置信上限的观测值为 $\overline{x} - \overline{y} +$ $t_{1-\alpha}(n+m-2) s_w \sqrt{\dfrac{1}{n}+\dfrac{1}{m}}$ ，式中的 $s_w^2 = \dfrac{\mathrm{ss}x + \mathrm{ss}y}{n+m-2}$ ，$\mathrm{ss}x$ 与 $\mathrm{ss}y$ 分别为两个样本的离均差平方和 $\mathrm{SS}X$ 与 $\mathrm{SS}Y$ 的观测值.

注 上述 $1-\alpha$ 置信限分别由概率等式

$$P\left\{ \frac{\left| (\overline{X}-\overline{Y}) - (\mu_1 - \mu_2) \right|}{S_w \sqrt{\frac{1}{n}+\frac{1}{m}}} < t_{1-0.5\alpha}(n+m-2) \right\} = 1-\alpha ,$$

$$P\left\{ \frac{(\overline{X}-\overline{Y}) - (\mu_1 - \mu_2)}{S_w \sqrt{\frac{1}{n}+\frac{1}{m}}} < t_{1-\alpha}(n+m-2) \right\} = 1-\alpha ,$$

$$P\left\{ \frac{(\overline{X}-\overline{Y}) - (\mu_1 - \mu_2)}{S_w \sqrt{\frac{1}{n}+\frac{1}{m}}} > -t_{1-\alpha}(n+m-2) \right\} = 1-\alpha$$

导出.

定理 2.3.6 当 μ_1 和 μ_2 未知时，方差比 $\dfrac{\sigma_1^2}{\sigma_2^2}$ 的双侧 $1-\alpha$ 置信区间的观测值为

$$\left(\frac{s_x^{*2}}{F_{1-0.5\alpha}(n-1,m-1) s_y^{*2}}, \frac{s_x^{*2}}{F_{0.5\alpha}(n-1,m-1) s_y^{*2}} \right)$$

方差比 $\dfrac{\sigma_1^2}{\sigma_2^2}$ 的单侧 $1-\alpha$ 置信下限的观测值为 $\dfrac{s_x^{*2}}{F_{1-\alpha}(n-1,m-1) s_y^{*2}}$ ，方差比 $\dfrac{\sigma_1^2}{\sigma_2^2}$ 的单侧 $1-\alpha$ 置信上限的观测值为 $\dfrac{s_x^{*2}}{F_{\alpha}(n-1,m-1) s_y^{*2}}$.

注 上述 $1-\alpha$ 置信限分别由概率等式

$$P\left\{F_{0.5\alpha}(n-1,m-1)<\frac{S_X^{*\,2}/\sigma_1^2}{S_Y^{*\,2}/\sigma_2^2}<F_{1-0.5\alpha}(n-1,m-1)\right\}=1-\alpha,$$

$$P\left\{\frac{S_X^{*\,2}/\sigma_1^2}{S_Y^{*\,2}/\sigma_2^2}<F_{1-5\alpha}(n-1,m-1)\right\}=1-\alpha,$$

$$P\left\{F_\alpha(n-1,m-1)<\frac{S_X^{*\,2}/\sigma_1^2}{S_Y^{*\,2}/\sigma_2^2}\right\}=1-\alpha$$

导出.

例 2.3.8 设总体 $X \sim N(\mu_1,\sigma_1^2)$，它的一个样本的观测值为

$$2.10,\ 2.35,\ 2.39,\ 2.41,\ 2.44,\ 2.56,$$

总体 $Y \sim N(\mu_2,\sigma_2^2)$，它的一个样本的观测值为 2.03, 2.28, 2.58, 2.71.

(1) 若 $\sigma_1^2=0.02$，$\sigma_2^2=0.09$，试求 $\mu_1-\mu_2$ 的双侧 0.95 置信区间、单侧 0.95 置信下限和单侧 0.95 置信上限；

(2) 若 $\sigma_1^2=\sigma_2^2=\sigma^2$ 但 σ^2 未知, 试求 $\mu_1-\mu_2$ 的双侧 0.95 置信区间、单侧 0.95 置信下限和单侧 0.95 置信上限；

(3) 若 μ_1 和 μ_2 未知, 试求 $\dfrac{\sigma_1^2}{\sigma_2^2}$ 的双侧 0.95 置信区间、单侧 0.95 置信下限和单侧 0.95 置信上限.

解 (1) 根据两个容量 $n=6$ 和 $m=4$ 的样本观测值算出 $\bar{x}=2.375$，$\bar{y}=2.4$. 又 $\sigma_1^2=0.02$，$\sigma_2^2=0.09$，查标准正态分布的分布函数值表得到 $u_{0.975}=1.960$，$u_{0.95}=1.645$. 由定理 2.3.4 中的公式算出 $\mu_1-\mu_2$ 的双侧 0.95 置信区间为 $(-0.34,0.29)$，单侧 0.95 置信下限为 -0.29，单侧 0.95 置信上限为 0.24.

(2) 根据两个容量 $n=6$ 和 $m=4$ 的样本观测值算出 $\bar{x}=2.375$，$\bar{y}=2.4$，$\mathrm{ss}x=0.116$，$\mathrm{ss}y=0.280$，$s_w=0.222$，$\sqrt{\dfrac{1}{n}+\dfrac{1}{m}}=0.645$. 查 t 分布的分位数表得到 $t_{0.975}(8)=2.306$，$t_{0.95}(8)=1.860$. 由定理 2.3.5 中的公式算出 $\mu_1-\mu_2$ 的双侧 0.95 置信区间为 $(-0.36,0.31)$，单侧 0.95 置信下限为 -0.29，单侧 0.95 置信上限为 0.24.

(3) 根据两个容量 $n=6$ 和 $m=4$ 的样本观测值算出 $s_1^{*\,2}=0.0232$，$s_2^{*\,2}=0.0933$. 查 F 分布的分位数表得到 $F_{0.975}(5,3)=14.88$，$F_{0.95}(5,3)=$

9.01，$F_{0.975}(3,5)=7.76$，$F_{0.95}(3,5)=5.41$. 由定理 2.3.6 中的公式算出 $\dfrac{\sigma_1^2}{\sigma_2^2}$ 的双侧 0.95 置信区间为 $(0.02,1.93)$，单侧 0.95 置信下限为 0.03，单侧 0.95 置信上限为 1.35.

2.3.8 应用 Python 求置信区间

1. 求一个正态总体均值的置信区间

Python 程序如下：

```
import pandas as pd
from scipy import stats
x = np.array([6.6,4.6,5.4,5.8,5.5])
mean,std = round(x.mean(),4),round(x.std(ddof=1),
    4); mean, std  # SciPy 中的 std 计算默认是采用统计学
    中标准差的计算方式
print("Mean=",mean,"\n" "Std=",std)
conf_intveral = stats.t.interval(0.95, len(x)-1,
    loc=np.mean(x), scale=stats.sem(x))
print("95%双侧置信区间: ",np.around(conf_intveral,5))
conf_intveral = stats.t.interval(0.9, len(x)-1,
    loc=np.mean(x), scale=stats.sem(x))
print("90%双侧置信区间: ",np.around(conf_intveral,5))
```

输出的结果如下：

```
Mean= 5.58
Std= 0.7224956747275377
95%置信区间: [4.6829  6.4771]
90%置信区间: [4.89118  6.26882]
```

2. 求一个正态总体方差的置信区间

Python 程序如下：

```
x = np.array([6.6,4.6,5.4,5.8,5.5])
xvar=np.var(x,ddof=1)
n=len(x)
tmp= xvar*(n-1);tmp
alpha=0.05
conf_intveral=list(tmp/stats.chi2(df=n-1).ppf([1-
    alpha/2,alpha/2]))
print("总体均值未知时，方差 95%双侧置信区间: ",np.around
```

```
        (conf_intveral,5))
    conf_intveral=tmp/stats.chi2(df=n-1).ppf([1-alpha])
    conf_intveral0 =list(np.around(conf_intveral,5))
    print("总体方差95%单侧置信区间: ",(conf_intveral0,'∞'))
```

输出的结果如下:

总体方差 95% 双侧置信区间: [0.18738 4.31032]

总体方差 95% 单侧置信区间: [0.22007,∞)

3. 求两个正态总体均值差的置信区间

Python 程序如下:

```
x=np.array([2.1,2.35,2.39,2.41,2.44,2.56])
y= np.array ([2.03,2.28,2.58,2.71])
n=len(x); m=len(y)
alpha=0.05
#方差已知
sigma1=0.02
sigma2=0.09
tmp = np.sqrt(sigma1**2/n + sigma2**2/m)
conf_intveral = (x.mean()-y.mean()) + tmp*stats.
    norm.ppf([alpha/2,1-alpha/2])
print("方差已知时, 均值差的95%置信区间: ",conf_intveral)
##方差未知
sw = np.sqrt(((n-1)*np.var(x, ddof=1) + (m-1)*np.
    var(y, ddof=1))/(n+m-2))
tmp = sw * np.sqrt(1/n + 1/m)
conf_intveral = (x.mean()-y.mean()) + tmp*stats.t
    (df=n+m-2).ppf([alpha/2,1-alpha/2])
print("方差未知时, 均值差的95%置信区间: ",conf_intveral)
```

输出的结果如下:

方差已知时, 95%置信区间: [-0.11464, 0.06464]

方差未知时, 95%置信区间: [-0.35615, 0.30615]

4. 求两个正态总体方差比的置信区间

Python 程序如下:

```
x=np.array([2.1,2.35,2.39,2.41,2.44,2.56])
y= np.array ([2.03,2.28,2.58,2.71])
n=len(x); m=len(y)
alpha=0.05
```

```
tmp = np.var(x, ddof=1)/np.var(y, ddof=1)
conf_intveral = tmp/stats.f(dfn=n-1, dfd=m-1).
    ppf([1-alpha/2,alpha/2])
print("两总体方差比，95%置信区间: ",conf_intveral)
```

输出的结果如下:

两样本方差比，95%置信区间: [0.01673 , 1.93368]

2.3.9 EM 算法及 Python 代码

极大似然估计(MLE)是一种非常有效的参数估计方法，但当分布中有多余参数或数据为截尾或有缺失时，获得 MLE 是非常困难的. 于是 Dempster 等人于 1977 年提出了 EM 算法，其出发点是把求 MLE 的过程分两步走，第一步(E 步)求条件数学期望，以便把不清楚的部分通过取条件期望将其积掉或估计出来，第二步 (M 步) 求极大值. 此处我们通过例子介绍这种非常有用的方法.

例 2.3.9 如下数据:

$$3.54, 3.90, 3.93, 5.19, 3.58, 4.60, 3.85, 4.69, 4.29, 4.067,$$

$$3.77, 3.45, 5.36, 2.62, 4.80, 4.65, 3.65, 3.67, 6.23, 3.35,$$

$$1.58, -0.19, -1.89, 0.08, 0.34, 0.90, -0.03, 0.55, -0.57, -1.2$$

可能来自正态分布 $N(0,1)$ 与 $N(\mu,1)$ 的混合，混合比为 $(1-p):p$ ，且 $0<p<1$. 求出 p 与 μ 的极大似然估计.

解 首先给出其混合密度函数如下:

$$f(y; p, \mu) = p\varphi(y-\mu) + (1-p)\varphi(y),$$

其中，$\varphi(x) = \dfrac{1}{\sqrt{2\pi}} \mathrm{e}^{-\frac{1}{2}x^2}$. 设从混合分布中抽取样本 $Y = (Y_1, Y_2, \cdots, Y_n)$，得到其似然函数

$$L(p, \mu; Y) = \prod_{i=1}^{n} \left(p\varphi(Y_i - \mu) + (1-p)\varphi(Y_i) \right).$$

对上述似然函数取对数得到对数似然函数如下:

$$\ell(p, \mu; Y) = \sum_{i=1}^{n} \log \left(p\varphi(Y_i - \mu) + (1-p)\varphi(Y_i) \right).$$

对上述对数似然函数求偏导数，并令其为 0，得到似然方程组如下:

$$\begin{cases} \dfrac{\partial \ell(p,\mu;Y)}{\partial \mu} = 0, \\[2ex] \dfrac{\partial \ell(p,\mu;Y)}{\partial p} = 0, \end{cases}$$

而上述似然方程组很难直接用数值方法得到其解. 下面用 EM 算法来解答.

引入潜在变量 $\boldsymbol{Z} = (Z_1, Z_2, \cdots, Z_n)$，且 $Z_1, Z_2, \cdots, Z_n$ 相互独立，其中

$$Z_i = \begin{cases} 1, & \text{若 } Y_i \text{ 来自正态分布 } N(\mu,1), \\ 0, & \text{若 } Y_i \text{ 来自正态分布 } N(0,1), \end{cases}$$

以及 $P\{Z_i = 1\} = p$，$i = 1, 2, \cdots, n$. 由题意知

$$Y_i \mid Z_i = 1 \sim N(\mu,1), \quad Y_i \mid Z_i = 0 \sim N(0,1).$$

则 (Y_i, Z_i)，$i = 1, 2, \cdots, n$ 的似然函数为

$$L(p,\mu;Y,Z) = \prod_{i=1}^{n} \big(p\varphi(Y_i - \mu)\big)^{Z_i} \big((1-p)\varphi(Y_i - \mu)\big)^{1-Z_i}.$$

对上述似然函数取对数并去掉与 p 和 μ 无关的量得到对数似然函数如下：

$$\ell_1(p,\mu;Y,Z) = \sum_{i=1}^{n} Z_i \log p - \frac{1}{2}\sum_{i=1}^{n} Z_i(Y_i - \mu)^2 + \left(n - \sum_{i=1}^{n} Z_i\right)\log(1-\mathrm{p}).$$

假设在第 $k+1$ 步迭代中，有估计值 $\mu^{(k)}$ 和 $p^{(k)}$，通过 E 步和 M 步得到 μ 和 p 的新估计值 $\mu^{(k+1)}$ 和 $p^{(k+1)}$. 在 E 步中，令

$$\begin{aligned} Q(\mu, p \mid \mu^{(k)}, p^{(k)}, Y) &= E_Z\big(\ell_1(p,\mu;Y,Z) \mid \mu^{(k)}, p^{(k)}, Y\big) \\ &= \sum_{i=1}^{n} E_Z(Z_i \mid \mu^{(k)}, p^{(k)}, Y)\log p \\ &\quad - \frac{1}{2}\sum_{i=1}^{n} E_Z(Z_i \mid \mu^{(k)}, p^{(k)}, Y)(Y_i - \mu)^2 \\ &\quad + \left(n - \sum_{i=1}^{n} E_Z(Z_i \mid \mu^{(k)}, p^{(k)}, Y)\right)\log(1-\mathrm{p}), \end{aligned}$$

易知

$$E_Z(Z_i \mid \mu^{(k)}, p^{(k)}, Y) = \frac{p^{(k)}\varphi(Y_i - \mu^{(k)})}{p^{(k)}\varphi(Y_i - \mu^{(k)}) + (1-p^{(k)})\varphi(Y_i)}.$$

用 $E_Z(Z_i \mid \mu^{(k)}, p^{(k)}, Y)$ 作为 $Z_i^{(k+1)}$ 的估计，即

$$Z_i^{(k+1)} = E_Z(Z_i \mid \mu^{(k)}, p^{(k)}, Y).$$

在 M 步中，解

$$\begin{cases} \dfrac{\partial Q(\mu,p\,|\,\mu^{(k)},p^{(k)},Y)}{\partial \mu} = \displaystyle\sum_{i=1}^{n} \frac{p^{(k)}\varphi(Y_i-\mu^{(k)})}{p^{(k)}\varphi(Y_i-\mu^{(k)})+(1-p^{(k)})\varphi(Y_i)}(Y_i-\mu)=0, \\[3mm] \dfrac{\partial Q(\mu,p\,|\,\mu^{(k)},p^{(k)},Y)}{\partial p} = \dfrac{1}{p}\displaystyle\sum_{i=1}^{n} \frac{p^{(k)}\varphi(Y_i-\mu^{(k)})}{p^{(k)}\varphi(Y_i-\mu^{(k)})+(1-p^{(k)})\varphi(Y_i)} \\[3mm] \qquad\qquad\qquad -\dfrac{1}{1-p}\displaystyle\sum_{i=1}^{n}\frac{p^{(k)}\varphi(Y_i-\mu^{(k)})}{p^{(k)}\varphi(Y_i-\mu^{(k)})+(1-p^{(k)})\varphi(Y_i)}=0, \end{cases}$$

得到

$$\begin{cases} \mu^{(k+1)} = \dfrac{\displaystyle\sum_{i=1}^{n}\dfrac{p^{(k)}\varphi(Y_i-\mu^{(k)})Y_i}{p^{(k)}\varphi(Y_i-\mu^{(k)})+(1-p^{(k)})\varphi(Y_i)}}{\displaystyle\sum_{i=1}^{n}\dfrac{p^{(k)}\varphi(Y_i-\mu^{(k)})}{p^{(k)}\varphi(Y_i-\mu^{(k)})+(1-p^{(k)})\varphi(Y_i)}}, \\[8mm] p^{(k+1)} = \dfrac{1}{n}\displaystyle\sum_{i=1}^{n}\dfrac{p^{(k)}\varphi(Y_i-\mu^{(k)})}{p^{(k)}\varphi(Y_i-\mu^{(k)})+(1-p^{(k)})\varphi(Y_i)}. \end{cases}$$

Python 代码如下:

```
dat=[3.54,3.90,3.93,5.19,3.58,4.60,3.85,4.69,
    4.29,4.067,3.77,3.45,5.36,2.62,4.80,4.65,
    3.65,3.67,6.23,3.35,1.58,-0.19,-1.89,0.08,
    0.34,0.90,-0.03,0.55,-0.57,-1.2]
def EM(dat,epsilon=1.0e-5):  ## dat 观测数据集,
epsilon--误差控制限
x=sympy.symbols('x',positive=True)
n=len(dat);epsilon=1.0e-6
pdif=0.1;mudif=0.1;k=0
p=[];mu=[]
p.append(0.6);mu.append(3.5)
while (pdif>epsilon)&(mudif>epsilon):
    phimu=1/np.sqrt(2*np.pi)*exp(-1/2*(x-
        mu[k])**2)
    phi0=1/np.sqrt(2*np.pi)*exp(-1/2*(x-0)**2)
    munum1=phimu*x  ##分子
    muden1=p[k]*phimu+(1-p[k])*phi0        ##分母
    munum=munum1/muden1
    mu_num=sum(munum.subs(x,val) for val in dat)
        ### mu 迭代的分子
```

107

```
            muden=phimu /muden1
            mu_den=np.sum([muden.subs(x,val) for val in
                dat]) ### mu 迭代分母
            mu.append(mu_num/mu_den)
            p1=p[k]*phimu/muden1
            pval=sum([p1.subs(x,val) for val in  dat])/n
                p.append(pval)
            k+=1
            mudif=abs(mu[k]-mu[k-1]);pdif=abs(p[k]-p[k-1])
        return(mu,p)
    mu,p=EM(dat)
    print ("mu=",mu,"p=",p)
```

输出结果为：$p = 0.6728$，$\mu = 4.1316$.

☞ 习题 2.3

1. 试根据一个正态总体均值及两个正态总体均值差的置信区间分析，置信区间的长度受哪一些数值的影响？这些数值各有什么实际意义？

2. 设总体 $X \sim U(0,\theta)$ 分布，$X_1, X_2, \cdots, X_n$ 是总体 X 的一个样本，试验证：未知参数 θ 的矩估计量是无偏估计量，θ 的极大似然估计量是渐近无偏估计量.

3. 若 $\hat{\theta}_1$ 和 $\hat{\theta}_2$ 是 θ 的两个互不相关的无偏估计量，$D(\hat{\theta}_1) = 2D(\hat{\theta}_2)$，试确定常数 c_1 与 c_2，使 $c_1\hat{\theta}_1 + c_2\hat{\theta}_2$ 仍是 θ 的无偏估计量并在这一类无偏估计量中是有效估计量.

4. 设总体 X 服从 $N(\mu, \sigma^2)$ 分布，相互独立地从 X 中抽出容量为 n_1 与 n_2 的两个样本，$\overline{X}_1$ 和 $\overline{X}_2$ 是两个样本的均值，试证明：对于常数 a 和 b 只要 $a+b=1$，则 $Y = a\overline{X}_1 + b\overline{X}_2$ 就都是 μ 的无偏估计量，再确定 a 和 b 的值使 $D(Y)$ 达到极小.

5. 设总体 $X_1 \sim N(\mu_1, \sigma^2)$，$X_2 \sim N(\mu_2, \sigma^2)$，相互独立地从 X_1 和 X_2 中抽出容量分别为 n 与 m 的两个样本，S_1^{*2} 和 S_2^{*2} 是两个样本的修正方差，试证明：对于常数 a 和 b 只要 $a+b=1$，则 $Z = aS_1^{*2} + bS_2^{*2}$ 就都是 σ^2 的无偏估计量，再确定 a 和 b 的值使 $D(Z)$ 达到极小.

6. 设总体 $X \sim N(\mu, \sigma^2)$ 分布，样本容量为 n，均值为 $\overline{X}$，方差为 S_n^2，

X_{n+1} 与 $X_1, X_2, \cdots, X_n$ 相互独立且分布相同，试根据 $\dfrac{X_{n+1} - \bar{X}}{S_n} \sqrt{\dfrac{n-1}{n+1}}$ 的分布求 X_{n+1} 的双侧 $1 - \alpha$ 置信区间.

7. 设一次试验可能有 4 个结果，其发生的概率分别为 $\dfrac{1}{2} + \dfrac{\theta}{4}, \dfrac{1-\theta}{4}, \dfrac{1-\theta}{4}$, $\dfrac{\theta}{4}$，其中 $\theta \in (0,1)$，现进行了 197 次试验，4 种结果的发生次数分别为 $125, 18, 20, 34$. 试用 EM 方法求 θ 的 MLE.

2.4 总体分布参数的假设检验及 Python 代码

2.4.1 假设检验的基本概念

(1) **假设检验**：在总体分布函数的形式已知、部分或全部参数未知甚至分布函数的形式也是未知的前提下，为了推断总体分布函数中的未知参数或总体分布函数，采用先提出某个假设，再根据总体的一次抽样的观测值及小概率原理对所提出的假设进行检验并决定接受或放弃该假设的工作.

(2) **参数检验**：总体分布函数的形式已知，其部分或全部参数未知，为了推断总体分布函数中的未知参数所作的假设检验.

(3) **小概率原理**：概率很小的随机事件在一次试验中几乎是不可能发生的.

(4) **原假设**(或**零假设**)：一个要检验的假设，常常记作 H_0.

备择假设：与原假设同时存在并且不相容或对立的另一个假设，常常记作 H_1.

原假设经过检验之后如果决定接受，便意味着放弃备择假设 H_1；如果决定放弃，便意味着接受备择假设 H_1. 通常要检验的原假设 H_0 和备择假设 H_1 针对具体问题构建如下：

对于一个正态总体的均值 μ 与某个给定的数值 μ_0，

① H_0 为 $\mu = \mu_0$，H_1 为 $\mu \neq \mu_0$；

② H_0 为 $\mu = \mu_0$，H_1 为 $\mu > \mu_0$；

③ H_0 为 $\mu = \mu_0$，H_1 为 $\mu < \mu_0$.

对于一个正态总体的方差 σ^2 与某个给定的数值 σ_0^2，

① H_0 为 $\sigma^2 = \sigma_0^2$，H_1 为 $\sigma^2 \neq \sigma_0^2$；

② H_0 为 $\sigma^2 = \sigma_0^2$，H_1 为 $\sigma^2 > \sigma_0^2$；

③ H_0 为 $\sigma^2 = \sigma_0^2$，H_1 为 $\sigma^2 < \sigma_0^2$．

对于两个正态总体的均值 μ_1 与 μ_2，

① H_0 为 $\mu_1 = \mu_2$，H_1 为 $\mu_1 \neq \mu_2$；

② H_0 为 $\mu_1 = \mu_2$，H_1 为 $\mu_1 > \mu_2$；

③ H_0 为 $\mu_1 = \mu_2$，H_1 为 $\mu_1 < \mu_2$．

对于两个正态总体的方差 σ_1^2 与 σ_2^2，

① H_0 为 $\sigma_1^2 = \sigma_2^2$，H_1 为 $\sigma_1^2 \neq \sigma_2^2$；

② H_0 为 $\sigma_1^2 = \sigma_2^2$，H_1 为 $\sigma_1^2 > \sigma_2^2$；

③ H_0 为 $\sigma_1^2 = \sigma_2^2$，H_1 为 $\sigma_1^2 < \sigma_2^2$．

对于一个二项分布总体的率 p 与给定的数值 p_0，

① H_0 为 $p = p_0$，H_1 为 $p \neq p_0$；

② H_0 为 $p = p_0$，H_1 为 $p > p_0$；

③ H_0 为 $p = p_0$，H_1 为 $p < p_0$．

对于两个二项分布总体的率 p_1 与 p_2，

① H_0 为 $p_1 = p_2$，H_1 为 $p_1 \neq p_2$；

② H_0 为 $p_1 = p_2$，H_1 为 $p_1 > p_2$；

③ H_0 为 $p_1 = p_2$，H_1 为 $p_1 < p_2$．

由于是根据总体的一个样本的观测值及小概率原理对所提出的假设进行检验并决定接受或放弃所提出的假设，而概率很小的随机事件在一次试验中仍然是有可能发生的，因此假设检验的结果，会出现以下两类错误：

(5) **第一类错误**：在原假设为真时决定放弃原假设所出现的概率通常记作 α，即 $P\{$放弃原假设$|$原假设为真$\} = \alpha$．

第二类错误：在原假设不真时决定接受原假设所出现的概率通常记作 β，即 $P\{$接受原假设$|$原假设不真$\} = \beta$．

研究表明：当样本容量一定时，不可能同时减小 α 和 β，只要其中的一个减小，另一个就会跟随着增大．如果限定犯第一类错误的最大概率 α，然后确定检验的方案使犯第二类错误的概率 β 尽可能地小，实行起来也有许多困难．通常的做法是退而求其次，只限定犯第一类错误的最大概率 α，不考虑犯第二类错误的概率 β．

检验功效：概率 $1-\beta$ 表示一个错误的原假设能够被否定的概率，称为**检验的功效**．

(6) **显著性检验**：只限定犯第一类错误的最大概率 α，不考虑犯第二类错误的概率 β，在此前提下所作的假设检验.

以下所讲述的假设检验，都是显著性检验.

显著性水平：作显著性检验时，犯第一类错误的概率 α 称为检验的**显著性水平**.

α 可以取 0.01 或 0.05 或其他的数值，在未加说明时通常取 $\alpha = 0.05$.

当 $\alpha = 0.05$ 时，如果假设检验的结果是接受 H_0，则认为没有显著的差异或差异不显著，否则认为有显著的差异或差异显著；当 $\alpha = 0.01$ 时，如果假设检验的结果是接受 H_0，则认为没有极显著的差异或差异不是极显著的，否则认为有极显著的差异或差异极显著.

(7) **假设检验的步骤**：

① 提出 H_0 和 H_1；

② 指定检验水平 α；

③ 寻求统计量 $g(X_1, X_2, \cdots, X_n)$ 及其分布；

④ 在 H_0 为真时构造小概率事件并推导 $g(\cdot)$ 所满足的不等式；

⑤ 当统计量的观测值 $g(x_1, x_2, \cdots, x_n)$ 满足不等式时放弃 H_0，否则接受 H_0.

解答实际问题时，可以只要步骤①，②和⑤.

(8) **假设检验方案**：判断观测值 $g(x_1, x_2, \cdots, x_n)$ 是否满足④中的不等式.

放弃域：假设检验方案所确定的观测值 $g(x_1, x_2, \cdots, x_n)$ 的取值范围，也叫**拒绝域**.

(9) **双侧检验**：放弃域由两个区间构成的假设检验.

单侧检验：放弃域由一个区间构成的假设检验.

2.4.2　一个正态总体均值或方差的假设检验

设总体 X 服从 $N(\mu, \sigma^2)$ 分布，X 的一个样本为 $X_1, X_2, \cdots, X_n$，均值为 $\bar{X}$，修正方差为 S^{*2}，离均差平方和为 SS，样本的观测值为 $x_1, x_2, \cdots, x_n$，均值的观测值为 $\bar{x}$，修正方差的观测值为 s^{*2}，离均差平方和的观测值为 ss，显著性水平为 α，则有：

定理 2.4.1　若 σ^2 已知，对于给定的数值 μ_0，作一个正态总体均值的假设检验时，H_0 为 $\mu = \mu_0$，而 H_1 分别为

(1) $\mu \neq \mu_0$；(2) $\mu > \mu_0$；(3) $\mu < \mu_0$.

可设 $U = \dfrac{\overline{X} - \mu_0}{\sigma / \sqrt{n}}$，它的观测值 $u = \dfrac{\overline{x} - \mu_0}{\sigma / \sqrt{n}}$，当 H_0 为真时，因为 $U \sim N(0,1)$，所以

(1) $P\{|U| \geqslant u_{1-0.5\alpha}\} = \alpha$，当 $|u| \geqslant u_{1-0.5\alpha}$ 时放弃 H_0，认为 $\mu \neq \mu_0$；

(2) $P\{U \geqslant u_{1-\alpha}\} = \alpha$，当 $u \geqslant u_{1-\alpha}$ 时放弃 H_0，认为 $\mu > \mu_0$；

(3) $P\{U \leqslant -u_{1-\alpha}\} = \alpha$，当 $u \leqslant -u_{1-\alpha}$ 时放弃 H_0，认为 $\mu < \mu_0$.

定理 2.4.2　若 σ^2 未知，对于给定的数值 μ_0，作一个正态总体均值的假设检验时，H_0 为 $\mu = \mu_0$，而 H_1 分别为

(1) $\mu \neq \mu_0$；(2) $\mu > \mu_0$；(3) $\mu < \mu_0$.

可设 $T = \dfrac{\overline{X} - \mu_0}{S^* / \sqrt{n}}$，它的观测值 $t = \dfrac{\overline{x} - \mu_0}{s^* / \sqrt{n}}$，当 H_0 为真时，因为 $T \sim t(n-1)$，所以

(1) $P\{|T| \geqslant t_{1-0.5\alpha}(n-1)\} = \alpha$，当 $|t| \geqslant t_{1-0.5\alpha}(n-1)$ 时放弃 H_0，认为 $\mu \neq \mu_0$；

(2) $P\{T \geqslant t_{1-\alpha}(n-1)\} = \alpha$，当 $t \geqslant t_{1-\alpha}(n-1)$ 时放弃 H_0，认为 $\mu > \mu_0$；

(3) $P\{T \leqslant -t_{1-\alpha}(n-1)\} = \alpha$，当 $t \leqslant -t_{1-\alpha}(n-1)$ 时放弃 H_0，认为 $\mu < \mu_0$.

定理 2.4.3　若 μ 未知，对于给定的数值 σ_0^2，作一个正态总体方差的假设检验时，H_0 为 $\sigma^2 = \sigma_0^2$，而 H_1 分别为

(1) $\sigma^2 \neq \sigma_0^2$；(2) $\sigma^2 > \sigma_0^2$；(3) $\sigma^2 < \sigma_0^2$.

可设 $\chi^2 = \dfrac{SS}{\sigma_0^2}$，它的观测值 $\chi^2 = \dfrac{ss}{\sigma_0^2}$，当 H_0 为真时，因为 $\chi^2 \sim \chi^2(n-1)$，所以

(1) $P\{\chi^2 \leqslant \chi_{0.5\alpha}^2(n-1)$ 或 $\chi^2 \geqslant \chi_{1-0.5\alpha}^2(n-1)\} = \alpha$，当 $\chi^2 \leqslant \chi_{0.5\alpha}^2(n-1)$ 或 $\chi^2 \geqslant \chi_{1-0.5\alpha}^2(n-1)$ 时放弃 H_0，认为 $\sigma^2 \neq \sigma_0^2$；

(2) $P\{\chi^2 \geqslant \chi_{1-\alpha}^2(n-1)\} = \alpha$，当 $\chi^2 \geqslant \chi_{1-\alpha}^2(n-1)$ 时放弃 H_0，认为 $\sigma^2 > \sigma_0^2$；

(3) $P\{\chi^2 \leqslant \chi_{\alpha}^2(n-1)\} = \alpha$，当 $\chi^2 \leqslant \chi_{\alpha}^2(n-1)$ 时放弃 H_0，认为 $\sigma^2 < \sigma_0^2$.

例 2.4.1　已知某材料的抗拉伸强度 X（单位：kg）服从正态分布

$N(37.72,0.1089)$，在改善生产条件后随机抽出 9 件该材料，平均抗拉伸强度 $\bar{x}=37.92$，问改善生产条件是否显著地提高了该种材料的抗拉伸强度，$\alpha=0.05$.

解　假设改善生产条件不能显著地提高该种材料的抗拉伸强度，即设 H_0 为 $\mu=37.72$，H_1 为 $\mu>37.72$，$u=\dfrac{\bar{x}-\mu_0}{\sigma/\sqrt{n}}$. 根据容量 $n=9$ 的样本观测值 及 $\sigma^2=0.1089$，$\mu_0=37.72$，$\bar{x}=37.92$，算出 $u=1.818$，由 α 查标准正 态分布的分布函数值表得到 $u_{0.95}=1.645$，$u>1.645$，因此应该放弃 H_0，认为 $\mu>37.72$.

例 2.4.2　若某个试验所控制的温度值 X(单位：℃)服从正态分布，试由 随机观测到的温度值 1250,1265,1245,1260,1275 检验温度的均值是否等于 1277，$\alpha=0.05$.

解　试验所控制的温度值不能偏大偏小，检验的结果应该是等于或不等 于 1277，故设 H_0 为 $\mu=1277$，H_1 为 $\mu\neq1277$，$t=\dfrac{\bar{x}-\mu_0}{s^*/\sqrt{n}}$. 根据容量 $n=8$ 的样本观测值及 $\mu_0=1277$ 算出 $\bar{x}=1259$，$s^*=11.9373$，$t=-3.372$，由 α 查 t 分布的分位数表得到 $t_{0.975}(4)=2.776$，$|t|>2.776$，因此应该放弃 H_0，认为温度的均值不等于 1277.

例 2.4.3　某种算法由于其简单、高效，已被广泛应用于诸如图像处理、 模式识别和人工智能等领域，其运行时间的标准差为 14 ms. 经改进后，随机 观测到 10 个运行时间值：90,105,101,95,100,100,101,105,93,97. 试检验改进后 该算法的时间是否比原来的较为平稳，$\alpha=0.05$.

解　根据题意，若认为改进后该算法的运行时间是比原来的较为平稳，故 设 H_0 为 $\sigma^2=14^2$，H_1 为 $\sigma^2<14^2$，$\chi^2=\dfrac{\text{ss}}{\sigma_0^2}$. 根据容量 $n=10$ 的样本观测 值及 $\sigma_0^2=14^2$，算出 ss $=218.1$，$\chi^2=1.113$，由 α 查 χ^2 分布的分位数表得 到 $\chi^2_{0.05}(9)=3.33$，$\chi^2<3.33$，因此应该放弃 H_0，认为 $\sigma^2<196$，即改进 后的该算法的运行时间是比原来的较为平稳.

2.4.3　两个正态总体均值或方差的假设检验

设总体 $X\sim N(\mu_1,\sigma_1^2)$，总体 $Y\sim N(\mu_2,\sigma_2^2)$，$X$ 的一个样本为 X_1, $X_2,\cdots,X_n$，它的观测值为 $x_1,x_2,\cdots,x_n$，Y 的一个样本为 $Y_1,Y_2,\cdots,Y_m$，它的

观测值为 $y_1, y_2, \cdots, y_m$，它们相互独立且均值分别为 $\overline{X}$ 与 $\overline{Y}$，均值的观测值分别为 $\overline{x}$ 与 $\overline{y}$，离均差平方和分别为 $\mathrm{SS}X$ 与 $\mathrm{SS}Y$，其观测值分别为 $\mathrm{ss}x$ 与 $\mathrm{ss}y$，修正方差分别为 S_X^{*2} 与 S_Y^{*2}，其观测值分别为 s_x^{*2} 与 s_y^{*2}，显著性水平为 α，则有：

定理 2.4.4 若 σ_1^2 和 σ_2^2 已知，作两个正态总体均值的假设检验时，H_0 为 $\mu_1 = \mu_2$，而 H_1 分别为

(1) $\mu_1 \neq \mu_2$；(2) $\mu_1 > \mu_2$；(3) $\mu_1 < \mu_2$.

可设 $U = \dfrac{\overline{X} - \overline{Y}}{\sqrt{\dfrac{\sigma_1^2}{n} + \dfrac{\sigma_2^2}{m}}}$，它的观测值 $u = \dfrac{\overline{x} - \overline{y}}{\sqrt{\dfrac{\sigma_1^2}{n} + \dfrac{\sigma_2^2}{m}}}$，当 H_0 为真时，$U \sim N(0,1)$，所以

(1) $P\{|U| \geqslant u_{1-0.5\alpha}\} = \alpha$，当 $|u| \geqslant u_{1-0.5\alpha}$ 时放弃 H_0，认为 $\mu_1 \neq \mu_2$；

(2) $P\{U \geqslant u_{1-\alpha}\} = \alpha$，当 $u \geqslant u_{1-\alpha}$ 时放弃 H_0，认为 $\mu_1 > \mu_2$；

(3) $P\{U \leqslant -u_{1-\alpha}\} = \alpha$，当 $u \leqslant -u_{1-\alpha}$ 时放弃 H_0，认为 $\mu_1 < \mu_2$.

定理 2.4.5 若 $\sigma_1^2 = \sigma_2^2 = \sigma^2$，但 σ^2 未知，作两个正态总体均值的假设检验时，H_0 为 $\mu_1 = \mu_2$，而 H_1 分别为

(1) $\mu_1 \neq \mu_2$；(2) $\mu_1 > \mu_2$；(3) $\mu_1 < \mu_2$.

可设 $T = \dfrac{\overline{X} - \overline{Y}}{S_W \sqrt{\dfrac{1}{n} + \dfrac{1}{m}}}$，它的观测值 $t = \dfrac{\overline{x} - \overline{y}}{s_w \sqrt{\dfrac{1}{n} + \dfrac{1}{m}}}$，式中的 $S_W^2 = \dfrac{\mathrm{SS}X + \mathrm{SS}Y}{n+m-2}$，它的观测值 $s_w^2 = \dfrac{\mathrm{ss}x + \mathrm{ss}y}{n+m-2}$，当 H_0 为真时，因为 $T \sim t(n+m-2)$，所以

(1) $P\{|T| \geqslant t_{1-0.5\alpha}(n+m-2)\} = \alpha$，当 $|t| \geqslant t_{1-0.5\alpha}(n+m-2)$ 时放弃 H_0，认为 $\mu_1 \neq \mu_2$；

(2) $P\{T \geqslant t_{1-\alpha}(n+m-2)\} = \alpha$，当 $t \geqslant t_{1-\alpha}(n+m-2)$ 时放弃 H_0，认为 $\mu_1 > \mu_2$；

(3) $P\{T \leqslant -t_{1-\alpha}(n+m-2)\} = \alpha$，当 $t \leqslant -t_{1-\alpha}(n+m-2)$ 时放弃 H_0，认为 $\mu_1 < \mu_2$.

定理 2.4.6 若 μ_1 和 μ_2 未知，作两个正态总体方差的假设检验时，H_0 为 $\sigma_1^2 = \sigma_2^2$，而 H_1 分别为

(1) $\sigma_1^2 \neq \sigma_2^2$；(2) $\sigma_1^2 > \sigma_2^2$；(3) $\sigma_1^2 < \sigma_2^2$.

可设 $F = \dfrac{S_X^{*2}}{S_Y^{*2}}$，它的观测值 $f = \dfrac{s_X^{*2}}{s_Y^{*2}}$，当 H_0 为真时，因为 $F \sim F(n-1, m-1)$，所以

(1) $P\{F \leqslant F_{0.5\alpha}(n-1, m-1)\} = P\{F \geqslant F_{1-0.5\alpha}(n-1, m-1)\} = \dfrac{\alpha}{2}$，当 $f \leqslant F_{0.5\alpha}(n-1, m-1)$ 或 $f \geqslant F_{1-0.5\alpha}(n-1, m-1)$ 时放弃 H_0，认为 $\sigma_1^2 \neq \sigma_2^2$；

(2) $P\{F \geqslant F_{1-\alpha}(n-1, m-1)\} = \alpha$，当 $f \geqslant F_{1-\alpha}(n-1, m-1)$ 时放弃 H_0，认为 $\sigma_1^2 > \sigma_2^2$；

(3) $P\{F \leqslant F_\alpha(n-1, m-1)\} = \alpha$，当 $f \leqslant F_\alpha(n-1, m-1)$ 时放弃 H_0，认为 $\sigma_1^2 < \sigma_2^2$.

例 2.4.4 根据资料测算，某零件的直径长度(单位：μm)的方差 $\sigma^2 = 0.4$. 在一条生产线上随机抽取 12 个样品，得到直径的均值 $\bar{x} = 1.2$，在另外一条生产线上随机抽取 8 个样品，得到直径的均值 $\bar{y} = 1.4$. 试检验两条生产线所生产的该零件直径是否有显著差异($\alpha = 0.05$).

解 因为要检验两条生产线所生产的该零件直径是否有显著差异，所以设 H_0 为 $\mu_1 = \mu_2$，H_1 为 $\mu_1 \neq \mu_2$，$u = \dfrac{\bar{x} - \bar{y}}{\sqrt{\dfrac{\sigma_1^2}{n} + \dfrac{\sigma_2^2}{m}}}$. 根据容量为 $n = 12$ 和 $m = 8$ 的两个样本观测值算出 $\bar{x} = 1.2$，$\bar{y} = 1.4$. 又由 $\sigma_1^2 = \sigma_2^2 = 0.4$，得到 $u = -0.693$，由 α 查标准正态分布的分布函数值表得到 $u_{0.975} = 1.96$，$|u| < 1.96$，因此应该接受 H_0，认为 $\mu_1 = \mu_2$，即两条生产线所生产的该零件直径没有显著的差异.

例 2.4.5 测定了 10 位老年男子和 8 位青年男子的血压值(单位:mmHg)，其中老年男子的血压值为 133,120,122,114,130,155,116,140,160,180，青年男子的血压值为 152,136,128,130,114,123,134,128. 通常认为血压值服从正态分布，试检验老年男子血压值的波动是否显著地高于青年男子($\alpha = 0.05$)?

解 因为要检验老年男子血压值的波动是否显著地高于青年男子，所以设 H_0 为 $\sigma_1^2 = \sigma_2^2$，H_1 为 $\sigma_1^2 > \sigma_2^2$，统计量 $f = \dfrac{s_x^{*2}}{s_y^{*2}}$. 根据容量为 $n = 10$ 和 $m = 8$ 的两个样本观测值算出 $s_x^{*2} = 473.33$，$s_y^{*2} = 20.84$，$f = 22.7126$，由 α 查 F 分布的分位数表得到 $F_{0.95}(9, 7) = 3.68$，$f > 3.68$，因此应该放弃 H_0，

认为 $\sigma_1^2 > \sigma_2^2$，即老年男子血压值的波动显著地高于青年男子.

例 2.4.6　测量东风 EQ6100 型发动机汽缸缸径上下截面直径，测得的汽缸上中下截面直径取平均值得到以下数据. 试检验汽缸上下截面缸径磨损有无显著差异 ($\alpha = 0.05$).

组号	1	2	3	4	5	6	7	8
汽缸直径上部	81.16	80.96	81.17	81.25	81.20	81.15	81.18	81.14
汽缸直径下部	81.20	81.10	81.13	81.21	81.24	81.19	81.22	80.18

解　(1) 先检验汽缸上下部直径的方差是否相等. 设 H_0 为 $\sigma_1^2 = \sigma_2^2$，而 H_1 为 $\sigma_1^2 \neq \sigma_2^2$. 计算得 $s_1^{*2} = 0.007155$，$s_2^{*2} = 0.128270$，$f = \dfrac{s_1^{*2}}{s_2^{*2}} = 0.055784$. 由 α 查 F 分布的分位数表得到 $F_{0.975}(7,7) = 4.99$，$F_{0.025}(7,7) = \dfrac{1}{4.99} \approx 0.200401$，$f$ 不在范围内，应该拒绝 $\sigma_1^2 = \sigma_2^2$.

注　由于 $\sigma_1^2 \neq \sigma_2^2$，不必再对汽缸上下部直径是否相等进行检验，但为了演示如何检验两总体的均值是否相等，所以本例给出了以下检验过程.

(2) 再检验汽缸上下部直径是否相等. 设 H_0 为 $\mu_1 = \mu_2$，H_1 为 $\mu_1 > \mu_2$，计算

$$s_w^2 = \frac{ssx + ssy}{n + m - 2} = \frac{7 \times 0.007155 + 7 \times 0.128270}{8 + 8 - 2} = 0.06771,$$

$$t = \frac{\overline{x} - \overline{y}}{s_w \sqrt{\dfrac{1}{n} + \dfrac{1}{m}}} = 0.71095.$$

由 α 查 t 分布的分位数表得到 $t_{0.95}(14) = 1.7613$，$t < t_{0.95}(14)$，即接受 H_0，认为汽缸上下截面直径大小没有显著差异. 这意味着汽缸具有一定磨损性.

注　这一问题的结论是在 $\sigma_1^2 \neq \sigma_2^2$ 而当作 $\sigma_1^2 = \sigma_2^2$ 的情形来处理所得到的，可能与实际情况不相符.

2.4.4　配对样本均值的假设检验

作配对样本均值的假设检验，仍然假设总体 $X \sim N(\mu_1, \sigma_1^2)$，总体 $Y \sim N(\mu_2, \sigma_2^2)$，但是 X 的一个样本与 Y 的一个样本容量相同，分别是 $X_1, X_2, \cdots, X_n$ 与 $Y_1, Y_2, \cdots, Y_n$，样本的观测值分别为 $x_1, x_2, \cdots, x_n$ 与 $y_1, y_2, \cdots, y_n$，

均值分别为 $\bar{X}$ 与 $\bar{Y}$, 均值的观测值分别为 $\bar{x}$ 与 $\bar{y}$, 并且这两个样本的观测值由于存在某种联系而一一对应结为对子 $(x_1,y_1),(x_2,y_2),\cdots,(x_n,y_n)$, 显著性水平为 α, 要通过这 n 对观测值来检验的 H_0 为 $\mu_1=\mu_2$.

这里的 $(x_1,y_1),(x_2,y_2),\cdots,(x_n,y_n)$ 可能是来自接受试验的同一个体在试验前后的某项观测, 或者来自接受试验前条件相同或相近的两个体接受不同试验后的某项观测.

检验的方法是令 $d_i=x_i-y_i$, 将两总体的检验问题转化为一个总体的检验问题, H_0 为 $\mu_1-\mu_2=0$, $t=\dfrac{|\bar{d}|}{S_{\bar{d}}}$, $\bar{d}=\dfrac{1}{n}\sum_i d_i=\bar{x}-\bar{y}$, $S_{\bar{d}}=\dfrac{S_d^*}{\sqrt{n}}=$

$\sqrt{\dfrac{\sum_i(d_i-\bar{d})^2}{n(n-1)}}$, $\mathrm{df}=n-1$.

例 2.4.7 为了判断一种新的治疗高血压药物的疗效是否显著, 选取了 10 名患者做药效试验. 先测量每人的血压值(舒张压, 单位: mmHg), 然后服药, 经过一段时间的治疗后, 再测其血压值结果如下:

编号	1	2	3	4	5	6	7	8	9	10
治疗前	114	117	155	114	119	102	140	91	135	114
治疗后	94	114	125	98	121	95	104	95	106	92
差数 d	20	3	30	16	-2	7	36	-4	29	22

试检验这种新药治疗高血压是否有效.

解 本例要作配对样本均值的假设检验, H_0 为 $\mu_1-\mu_2=0$, H_1 为 $\mu_1-\mu_2>0$, 应用 Python 计算得到 $t=3.520321$, $P\{T>3.520321\}=0.00325$, 因此认为这种新药治疗高血压有极显著的效果. 如果作非配对样本均值的假设检验, H_0 为 $\mu_1-\mu_2=0$, H_1 为 $\mu_1-\mu_2>0$, 应用 Python 计算得到 $t=2.2435$, $P\{T>3.520321\}=0.01885$, 因此认为这种新药治疗高血压有显著的效果.

注 在用软件进行假设检验时, 通常计算 $P\{T>t\}$, 称 $P\{T>t\}$ 为 p 值, 然后将 p 值与给定的 α 比较, 如果 $p<\alpha$, 就拒绝原假设 H_0; 如果 $p>\alpha$, 就接受原假设 H_0; 如果 p 与 α 很接近, 就需要再做实验进行判断. 这实质上与临界值或分位数有异曲同工之妙.

可以看出, 两种检验的结果并非完全相同. 原因是计算 t 统计量的观测值时分子相同而分母分别为

$$S_{\bar{d}} = \sqrt{\frac{\sum_i (d_i - \bar{d})^2}{n(n-1)}}, \quad S_{\bar{X}-\bar{Y}} = \sqrt{\frac{\sum_i [(x_i - \bar{x})^2 + (y_i - \bar{y})^2]}{n(n-1)}},$$

而

$$\sum_i (d_i - \bar{d})^2 = \sum_i \big[(x_i - y_i) - (\bar{x} - \bar{y})\big]^2 = \sum_i \big[(x_i - \bar{x}) - (y_i - \bar{y})\big]^2$$

$$= \sum_i (x_i - \bar{x})^2 + \sum_i (y_i - \bar{y})^2 - 2\sum_i (x_i - \bar{x})(y_i - \bar{y}),$$

当 $x_i - \bar{x}$ 与 $y_i - \bar{y}$ 有同时为正或同时为负的趋势时,

$$\sum_i (d_i - \bar{d})^2 < \sum_i (x_i - \bar{x})^2 + \sum_i (y_i - \bar{y})^2, \quad S_{\bar{d}} < S_{\bar{X}+\bar{Y}}.$$

于是两种检验的结果并非完全相同便出现了, 而且将配对样本作配对样本均值的假设检验同作非配对样本均值的假设检验相比, 前者比后者接受备择假设的机会更多一些.

这里所谓 $x_i - \bar{x}$ 与 $y_i - \bar{y}$ 有同时为正或同时为负的趋势, 实际上是 $x_1, x_2, \cdots, x_n$ 与 $y_1, y_2, \cdots, y_n$ 的相关系数 $r_{xy} = \dfrac{\mathrm{sp}}{\sqrt{\mathrm{ss}x\,\mathrm{ss}y}} > 0$. 反之, 则不宜作为配对样本进行均值检验.

2.4.5　应用 Python 作总体分布参数的假设检验

(1) 一个正态总体均值作假设检验的 Python 程序:

```
import scipy.stats
x=pd.Series([1250,1265,1245,1260,1275])
mean, std = x.mean(), x.std(ddof=1)
print("Mean=",mean,"\n" "Std=",std)
t,pval=stats.ttest_1samp(x,popmean=1277)
print("t=",round(t,5),"\n" "p=",round(pval,5))
     # round( )设置输出精度
```

程序运行的结果为:

```
Mean= 1259.0
Std= 11.93734
t= -3.37171
P= 0.02780  ## 将 p 与 α 进行比较
```

其中 $p = P\big\{|T| > 3.371\big\} = 0.02780 < 0.05$, 表示差异显著.

(2) 两个正态总体均值作假设检验的 Python 程序:

```
### 先进行二总体方差相等检验 ##############
x1=pd.Series([81.16,80.96,81.17,81.25,81.20,81.15,
    81.18,81.14])
x2=pd.Series([81.20,81.10,81.13,81.21,81.24,81.19,
    81.22,80.18])
n=len(x1); m=len(x2)
x1.var(ddof=1)
x2.var(ddof=1)
F=x1.var(ddof=1)/x2.var(ddof=1)
p=round(stats.f(dfn=n-1,dfd=m-1).cdf(F),5)
    +round(1-stats.f(dfn=m-1,dfd=n-1).cdf(1/F),5);p
print("总体方差比 F=",F,"\n","总体方差比的 p 值: ",p)
```

程序运行的结果为:

```
总体方差比 F= 0.0558
总体方差比的 p 值: 0.00114
### 当二总体方差相等时,再进行均值相等检验 ##############
sw_2=((n-1)*x1.var(ddof=1)+(m-1)*x2.var(ddof=1))/
    (n+m-2)
t=(x1.mean()-x2.mean())/(np.sqrt(sw_2)*np.sqrt(1/n
    + 1/m))
mean_x1, std_x1 = x1.mean(), x1.std(ddof=1)
mean_x2, std_x2 = x2.mean(), x2.std(ddof=1)
ssx_1=(((x1-mean_x1)**2).mean())*(n/(n-1));ssx_1
ssx_2=(((x2-mean_x2)**2).mean())*(n/(n-1));ssx_2
p=round(1-stats.t(df=n-1+m-1).cdf(t),5)*2;p
print("总体均值差 t=",t,"\n","总体均值差的 p 值: ",p)
```

程序运行的结果为:

```
总体均值差 t= 0.7109471279347801
总体均值差的 p 值: 0.4888
scipy.stats.ttest_ind(x1,x2)     #此函数可直接得出检验结果
```

程序运行的结果为:

```
Ttest_indResult(statistic=0.7109471279348893,
    pvalue=0.4887931684271277)
### 当二总体方差不相等时,进行均值相等检验 ##############
```

如果两总体方差不相等而要进行均值相等检验时,可根据 Satterthwaite

检验法或 Cochran 和 Cox 检验法作近似的 t 检验. 其统计量都是 $t =$

$\dfrac{\overline{x}-\overline{y}}{\sqrt{w_x+w_y}}$ ，其中 $w_x=\dfrac{s_x^{*2}}{n}$ ，$w_y=\dfrac{s_y^{*2}}{m}$.

而 Satterthwaite 检验法的自由度

$$DF = \frac{(w_x+w_y)^2}{w_x^2/(n-1)+w_y^2/(m-1)} .$$

(3) 配对样本均值作假设检验的 Python 程序：

```
x=pd.Series([114,117,155,114,119,102,140,91,135,114])
y=pd.Series([94,114,125,98,121,95,104,95,106,92])
result=stats.ttest_rel(x,y)
print(result)  # p<0.05,拒绝原假设
```

程序运行的结果为：

```
Ttest_relResult(statistic=3.520320955247368,
    pvalue=0.006512158424318314)
```

2.4.6　关于双侧检验与单侧检验

类似于定理 2.4.1，

(1) 设 H_0 为 $\mu=\mu_0$ ，H_1 为 $\mu\neq\mu_0$ ，则 H_0 的放弃域为 $|u|\geqslant u_{1-0.5\alpha}$ ；

(2) 设 H_0 为 $\mu=\mu_0$ ，H_1 为 $\mu>\mu_0$ ，则 H_0 的放弃域为 $u\geqslant u_{1-\alpha}$ ；

(3) 设 H_0 为 $\mu=\mu_0$ ，H_1 为 $\mu<\mu_0$ ，则 H_0 的放弃域为 $u\leqslant -u_{1-\alpha}$.

(1)所作的假设检验为双侧检验，而(2)与(3)所作的假设检验为单侧检验. 但是，在(1)中 H_0 与 H_1 是两个相互对立的假设，在(2)与(3)中 H_0 与 H_1 并不是两个相互对立的假设，当(2)中的 H_1 为 $\mu>\mu_0$ ，H_0 为 $\mu\leqslant\mu_0$ ，(3)中的 H_1 为 $\mu<\mu_0$ ，H_0 为 $\mu\geqslant\mu_0$ 时才是相互对立的假设.

以下论述：若 σ^2 已知，对于给定的数值 μ_0 ，作一个正态总体均值的假设检验，显著性水平为 α 时，

(1) 若 H_0 为 $\mu=\mu_0$ ，H_1 为 $\mu\neq\mu_0$ ，则 H_0 的放弃域为 $|u|\geqslant u_{1-0.5\alpha}$ ；

(2) 若 H_0 为 $\mu\leqslant\mu_0$ ，H_1 为 $\mu>\mu_0$ ，则 H_0 的放弃域为 $u\geqslant u_{1-\alpha}$ ；

(3) 若 H_0 为 $\mu\geqslant\mu_0$ ，H_1 为 $\mu<\mu_0$ ，则 H_0 的放弃域为 $u\leqslant -u_{1-\alpha}$ ；

式中的 $u=\dfrac{\overline{x}-\mu}{\sigma/\sqrt{n}}$.

解 X 服从 $N(\mu,\sigma^2)$ 分布时，$\bar{X} \sim N\left(\mu,\dfrac{\sigma^2}{n}\right)$，设 $U = \dfrac{\bar{X}-\mu_0}{\sigma/\sqrt{n}}$，则

(1) 当 $H_0: \mu = \mu_0$ 为真时，$U \sim N(0,1)$ 分布且 $P\left\{\left|U\right| \geqslant u_{1-0.5\alpha}\right\} = \alpha$，因此 $\left\{\left|U\right| \geqslant u_{1-0.5\alpha}\right\}$ 为小概率事件，当这个事件发生时应该放弃 H_0，故 H_0 的放弃域为 $\left|u\right| \geqslant u_{1-0.5\alpha}$.

(2) 当 $H_0: \mu = \mu_0$ 为真时，U 的分布未知，但是 $\dfrac{\bar{X}-\mu}{\sigma/\sqrt{n}} \geqslant \dfrac{\bar{X}-\mu_0}{\sigma/\sqrt{n}} = U$，

$$P\left\{\frac{\bar{X}-\mu}{\sigma/\sqrt{n}} \geqslant u_{1-\alpha}\right\} = \alpha, \quad \left\{\frac{\bar{X}-\mu_0}{\sigma/\sqrt{n}} \geqslant u_{1-\alpha}\right\} \subset \left\{\frac{\bar{X}-\mu}{\sigma/\sqrt{n}} \geqslant u_{1-\alpha}\right\},$$

因此 $\{U \geqslant u_{1-\alpha}\}$ 为小概率事件. 当这个事件发生时应该放弃 H_1，故 H_1 的放弃域为 $\{u \geqslant u_{1-\alpha}\}$.

(3) 当 $H_0: \mu \geqslant \mu_0$ 为真时，U 的分布未知，但是 $\dfrac{\bar{X}-\mu}{\sigma/\sqrt{n}} \leqslant \dfrac{\bar{X}-\mu_0}{\sigma/\sqrt{n}} = U$，

$$P\left\{\frac{\bar{X}-\mu}{\sigma/\sqrt{n}} \leqslant -u_{1-\alpha}\right\} = \alpha, \quad \text{又}$$

$$\left\{\frac{\bar{X}-\mu_0}{\sigma/\sqrt{n}} \leqslant -u_{1-\alpha}\right\} \subset \left\{\frac{\bar{X}-\mu}{\sigma/\sqrt{n}} \leqslant -u_{1-\alpha}\right\},$$

因此 $\{U \leqslant -u_{1-\alpha}\}$ 为小概率事件. 当这个事件发生时应该放弃 H_0，故 H_0 的放弃域为 $\{u \leqslant -u_{1-\alpha}\}$.

定理 2.4.2 至定理 2.4.6 也相类似：虽然假设检验(2)与(3)的原假设 H_0 变了，可是相应于某一个 H_1 的放弃域并没有改变. 这样一来，如果所作的假设检验是(2)，就必须有充分的根据知道 $\mu < \mu_0$ 为不可能事件；如果所作的假设检验是(3)，就必须有充分的根据知道 $\mu > \mu_0$ 为不可能事件.

另外，当显著性水平为 α 时，作双侧检验是将 $\left|u\right|$ 与 $u_{1-0.5\alpha}$ 比较，将 $\left|t\right|$ 与 $t_{1-0.5\alpha}$ 比较，将 χ^2 与 $\chi^2_{0.5\alpha}$ 或 $\chi^2_{1-0.5\alpha}$ 比较，将 F 与 $F_{0.5\alpha}$ 或 $F_{1-0.5\alpha}$ 比较，而作单侧检验是将 u 与 $u_{1-\alpha}$ 或 $-u_{1-\alpha}$ 比较，将 t 与 $t_{1-\alpha}$ 或 $-t_{1-\alpha}$ 比较，将 χ^2 与 χ^2_{α} 或 $\chi^2_{1-\alpha}$ 比较，将 F 与 F_{α} 或 $F_{1-\alpha}$ 比较，而 $-u_{1-0.5\alpha} < -u_{1-\alpha}$，$u_{1-0.5\alpha} > u_{1-\alpha}$，$\chi^2_{0.5\alpha} < \chi^2_{\alpha}$，$\chi^2_{1-0.5\alpha} > \chi^2_{1-\alpha}$，$F_{0.5\alpha} < F_{\alpha}$，$F_{1-0.5\alpha} > F_{1-\alpha}$，因此，作单侧检验比作双侧检验更容易得到显著或极显著的结论. 在可能的情况下应尽量采用单侧检验，但必须能够事先排除两种可能性中的一种可能性.

☞ 习题 2.4

1. 已知我国 14 岁女学生的平均体重为 43.38 kg，从该年龄的女学生中抽查 10 名运动员的体重，分别为 39,36 43,43,40,46,45,45,42,41 (kg)，试用 Python 检验这些运动员的体重与上述平均体重是否有显著的差异（$\alpha = 0.05$）.

2. 某小麦品种经过 4 代选育，从第 5 代和第 6 代中分别抽出 10 株得到它们株高的观测值分别为 66,65,66,68,62,65,63,66,68,62 和 64,61,57,65,65,63,62,63,64,60，试用 Python 检验这两代的株高是否有显著的差异（$\alpha = 0.05$）.

2. 设总体 X 服从 $N(\mu, \sigma^2)$ 分布，X 的一个样本为 $X_1, X_2, \cdots, X_n$，均值为 $\overline{X}$，修正方差为 $*$，样本的观测值为 $x_1, x_2, \cdots, x_n$，均值的观测值为 $\overline{x}$，修正方差的观测值为 s^{*2}，显著性水平为 α. 当 σ^2 未知时，对于给定的数值 μ_0，作一个正态总体均值的假设检验时，若 H_0 为 $\mu \geqslant \mu_0$，而 H_1 为 $\mu < \mu_0$，试论述 H_0 的放弃域.

4. 设总体 $X \sim N(\mu_1, \sigma_1^2)$，总体 $Y \sim N(\mu_2, \sigma_2^2)$，$X$ 的一个样本为 $X_1, X_2, \cdots, X_n$，样本的观测值为 $x_1, x_2, \cdots, x_n$，Y 的一个样本为 $Y_1, Y_2, \cdots, Y_n$，样本的观测值为 $y_1, y_2, \cdots, y_n$，它们相互独立且均值分别为 $\overline{X}$ 与 $\overline{Y}$，均值的观测值分别为 $\overline{x}$ 与 $\overline{y}$，离均差平方和分别为 SSX 与 SSY，其观测值分别为 ss$x$ 与 ss$y$，显著性水平为 α. 当 $\sigma_1^2 = \sigma_2^2 = \sigma^2$ 但 σ^2 未知时，对于给定的数值 δ，作两个正态总体均值的假设检验，若 H_0 为 $\mu_1 - \mu_2 = \delta$，而 H_1 为 $\mu_1 - \mu_2 \neq \delta$，试论述 H_0 的放弃域.

2.5　正态性检验及 Python 代码

2.5.1　概率纸检验法

根据样本检验总体是否服从正态分布称为**正态性检验**.

许多统计分析方法都要求总体服从正态分布，例如区间估计、U 检验、t 检验、χ^2 检验、F 检验等. 如果不考虑总体是否服从正态分布，随意套用公式，必然影响统计分析的效果. 因此，正态性检验对于统计分析方法应用的正确与否具有十分重要的意义.

正态性检验有多种方法，比较直观的方法是概率纸检验法. 它以正态概率纸为工具, 既可以比较快地判断总体是否服从正态分布, 又可以粗略地估计出总体分布的某些参数.

正态概率纸是将直角坐标系 xOt 的纵坐标轴 Ot 上的数值 t, 以标准正态分布的分布函数值 $\Phi(t) \times 100$ 代替后所得到的一种特殊的坐标纸. 在正态概率纸上, 将直角坐标系 xOy 上的曲线 $y = \Phi(x)$ 变换为直角坐标系 xOt 中的直线 $t = x$, 将曲线 $y = \Phi\left(\dfrac{x-\mu}{\sigma}\right)$ 变换为直线 $t = \dfrac{x-\mu}{\sigma}$. 特别, $t = 0$ 时 $y = 0.5 \times 100$, 而 $x = \mu$, 故在标号为 50 处的 x 值应该是 μ, 据此可以求 μ; 又当 $t = \dfrac{x-\mu}{\sigma} = \pm 1$ 时, 即知 $x = \mu \pm \sigma$, $P\{\mu - \sigma < X < \mu + \sigma\} = 0.6826$,

$$P\{X < \mu - \sigma\} \times 100 = 15.87, \quad P\{X < \mu + \sigma\} \times 100 = 84.13,$$

据此可以求 σ^2.

为使用方便起见, 正态概率纸的横坐标轴均匀地分作 8 大格, 每大格又均匀地分作 10 小格, 共计 80 小格. 纵坐标轴不均匀地分作 21 大格, 每大格又不均匀地分作 5 小格, 共计 105 小格, 其上还不均匀地标记有 0.01 至 99.99 诸数字.

使用时, 横坐标轴可根据观测值分组的情况自行确定单位长度, 并以观测值分组的上限为横坐标, 各组的累计频率 ×100 为纵坐标在正态概率纸上描点, 然后目测各个点的位置. 如果除去偏左和偏右的点, 其他的点都近似地分布在一条直线的附近, 则认为观测值所属的总体服从正态分布, 否则认为观测值所属的总体不服从正态分布.

正态概率纸检验法又称为**图方法**. 国家标准指出: "如果没有关于样本的附加信息可以利用, 首选推荐的是做一张正态概率图". 因此, 在需要检验总体是否服从正态分布时, 图方法的应用在其他检验方法的前面, 其结论将为进一步的检验提供必要的信息.

当 H_0 为总体 X 服从 $N(\mu, \sigma^2)$ 分布时, 用正态概率纸检验 H_0 的步骤如下:

(1) 由样本的观测值整理出一个有组下限、组上限、组频率及累计频率的表格, 考虑到正态概率纸上没有纵坐标为 100 的点, 可在描点时将最后一组对应的点丢掉, 或者在计算组频率时以 "样本容量 +1" 为分母, 这一修改对检验的结果不会有太大的影响.

(2) 以各组上限为横坐标, 以它对应的累计频率 ×100 为纵坐标在正态概率纸上描点.

(3) 目测各个点的位置, 如果除去偏左或偏右的点, 其他的点都近似地分布在一条直线的附近，便接受 H_0，否则放弃 H_0.

例 2.5.1 使用正态概率纸检验 2.1 节例 2.1.2 中取出观测值的总体 X 服从正态分布，并根据所画的直线求 μ 和 σ^2 的近似值.

解 (1) 将观测值分组并统计各组的频率 f_i 和累计频率 $\sum_i f_i$ 如下表：

组下限	12.5	37.5	62.5	87.5	112.5	137.5	162.5
组上限	37.5	62.5	87.5	112.5	137.5	162.5	187.5
组中值	25	50	75	100	125	150	175
频率	0.06	0.20	0.29	0.26	0.11	0.06	0.02
$\sum_i f_i$	0.06	0.26	0.55	0.81	0.92	0.98	1.00

(2) 在正态概率纸的横坐标轴上确定 15 小格为间距，依次标记前 6 个组上限（最后一个组上限对应的累计频率 $\times 100 = 100$），描点 $(37.5,6),(62.5,26)$，$(87.5,55),(112.5,81),(137.5,92),(162.5,98)$. 目测各个点的位置，它们近似地分布在一条通过点 $(62.5,24)$ 和 $(87.5,53)$ 的直线附近，可以认为所检验的观测值服从正态分布，如图 2-5 所示.

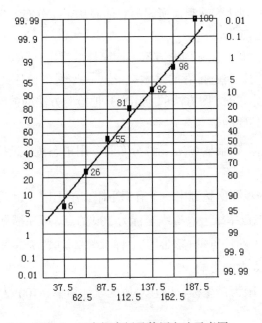

图 2-5 正态概率纸及使用方法示意图

根据所画的直线求 μ 和 σ^2 的近似值时，可先在纵坐标轴上的标记 10 与 20 之间约 6 小格处（看作 15.87）画水平直线与上述直线相交，交点的横坐标大约为 51.6. 又在纵坐标轴上的标记 80 与 90 之间约 4 小格处（看作 84.13）画水平直线与上述直线相交，交点的横坐标大约为 119.4. 最后在纵坐标轴上标记 50 处画水平直线与上述直线相交，交点的横坐标大约为 85.5，因此 $\mu \approx 85.5$，$\sigma \approx 85.5 - 51.6$ 或 $119.4 - 85.5 = 33.9$.

以上步骤适用于样本容量较大的观测值作正态性检验，对于样本容量较小的观测值，不必整理分组. 作正态性检验时，步骤是先将观测值 $x_1, x_2, \cdots, x_n$ 由小到大重新编号排列为 $x_{(1)} \leqslant x_{(2)} \leqslant \cdots \leqslant x_{(n)}$，再以各个 $x_{(k)}$ 为横坐标，以它对应的累计频率 $\dfrac{k}{n} \times 100$ 为纵坐标在正态概率纸上描点. 有学者建议，将 $\dfrac{k}{n}$ 修改为 $\dfrac{k+1}{n}$ 或 $\dfrac{k - \frac{3}{8}}{n + \frac{1}{4}}$，修改后的结果将可能更接近真实的情形.

2.5.2 正态分布的偏态峰态检验法

样本的偏态系数 $\mathrm{Skew} = \dfrac{M_3}{S^{*3}}$，它的观测值 $\mathrm{Skew} = \dfrac{M_3 \text{的观测值}}{S^{*3} \text{的观测值}}$；样本的峰态系数 $\mathrm{Kurt} = \dfrac{M_4}{S^{*4}} - 3$，它的观测值 $\mathrm{Kurt} = \dfrac{M_4 \text{的观测值}}{S^{*4} \text{的观测值}} - 3$；式中的 S^* 为样本修正标准差(也可以用 S 代替 S^*，S 为样本标准差)，M_3 为样本的三阶中心矩，M_4 为样本的四阶中心矩. 之所以引入样本的偏态系数和峰态系数，主要是考虑正态分布应用的广泛性，以及对总体服从正态分布进行检验的必要性. 相对应地，总体 X 的偏态系数 $\mathrm{Skew}(X) = \dfrac{\mu_3}{\sigma^3}$，峰态系数 $\mathrm{Kurt}(X) = \dfrac{\mu_4}{\sigma^4} - 3$，式中的 σ 为总体标准差，μ_3 为三阶中心矩，μ_4 为四阶中心矩.

由于正态总体 X 的 $\mathrm{Skew}(X) = 0$，$\mathrm{Kurt}(X) = 0$，所以偏态系数和峰态系数经常用来表示总体分布与正态分布偏离的程度. 很多统计方法都假定总体分布为正态分布，当偏态系数和峰态系数与 0 相差较大时，应对统计方法的适用条件引起注意.

如果要作检验，检验总体是否服从正态分布，可设 H_0 为 $\mathrm{Skew}(X) = 0$ 及 $\mathrm{Kurt}(X) = 0$.

当样本容量 n 足够大且总体 X 服从正态分布时，$\text{Skew}(X_1, X_2, \cdots, X_n)$ 服从 $N\left(0, \dfrac{6}{n}\right)$ 分布，$\text{Kurt}(X_1, X_2, \cdots, X_n)$ 服从 $N\left(0, \dfrac{24}{n}\right)$ 分布.

如果它们的观测值 $\dfrac{|\text{Skew}|}{\sqrt{6/n}} \geqslant u_{1-0.25\alpha}$ 或 $\dfrac{|\text{Kurt}|}{\sqrt{24/n}} \geqslant u_{1-0.25\alpha}$，便应该放弃 H_0.

例 2.5.2 试用偏态峰态检验法检验例 2.1.2 中取出观测值的总体 X 服从正态分布.

解 本例的计算步骤如下：

(1) 先由所给数据计算得到

$$\bar{x} = 86.25, \quad s^* = 34.19,$$

$$m_3 = 20730.89, \quad m_4 = 4269049.56.$$

(2) 由样本的偏态系数和峰态系数的定义计算得到

$$\text{Skew} = 0.5187, \quad \text{Kurt} = 0.1242.$$

(3) 检验总体是否服从正态分布，可设 H_0 为 $\text{Skew}(X) = 0$ 及 $\text{Kurt}(X) = 0$. 再由 $\alpha = 0.05$，$1 - 0.25\alpha = 0.9875$，查标准正态分布的分布函数值表得到 $u_{0.9875} = 2.24$. 根据 $n = 100$ 及所给数据计算得到

$$\frac{|\text{Skew}|}{\sqrt{6/n}} = 2.118 < u_{0.9875}, \quad \frac{|\text{Kurt}|}{\sqrt{24/n}} = 0.254 < u_{0.9875},$$

因此接受 H_0，认为取出上述观测值的总体 X 服从正态分布.

为了更加合理，建议将 Python 中样本偏态系数的观测值修正为

$$\text{Skew} = \frac{n^2}{(n-1)(n-2)} \times \frac{M_3\text{的观测值}}{S^{*3}\text{的观测值}}.$$

样本峰态系数的观测值修正为

$$\text{Kurt} = \frac{n^2(n+1)}{(n-1)(n-2)(n-3)} \times \frac{M_4\text{的观测值}}{S^{*4}\text{的观测值}} - \frac{3(n-1)^2}{(n-2)(n-3)}.$$

若按修正后的公式计算，则

$$\text{Skew} = \frac{100^2}{99 \times 98} \times \frac{M_3\text{的观测值}}{S^{*3}\text{的观测值}} = 0.5346,$$

$$\text{Kurt} = \frac{100^2 \times 101}{99 \times 98 \times 97} \times \frac{M_4\text{的观测值}}{S^{*4}\text{的观测值}} - \frac{3 \times 99^2}{98 \times 97} = 0.2592.$$

2.5.3 正态分布的 W 检验法

W 检验法是 Shapiro 与 Wilk 提出并加以论证的检验方法，可用来检验总体是否服从正态分布，优点是灵敏度较高、计算简单、所需要的样本容量较少.

W 检验法的步骤如下：

(1) 设 H_0 为总体 X 服从正态分布.

(2) 由样本的顺序统计量 $X_{(1)}, X_{(2)}, \cdots, X_{(n)}$ 的观测值计算统计量

$$L = \sum_k a_k \left(X_{(n+1-k)} - X_{(k)} \right), \quad W = \frac{L^2}{\sum_i (X_i - \bar{X})^2}$$

的观测值，式中的系数 a_k 可以从 W 检验用表中查出，$k = 1, 2, \cdots, l$，当 n 为偶数时 $l = 0.5n$，当 n 为奇数时 $l = 0.5(n-1)$.

(3) W 统计量的观测值用 w 表示，W 检验的临界值用 w_α 表示，w_α 可根据 n 从 W 检验用表中查出，当 $w > w_\alpha$ 时接受 H_0，否则放弃 H_0.

W 检验用表（部分）如下：

k \ n	7	8	9	10	11	12	13	14	15
1	0.6233	0.6052	0.5888	0.5739	0.5601	0.5475	0.5359	0.5251	0.5150
2	0.3031	0.3164	0.3244	0.3291	0.3315	0.3325	0.3325	0.3318	0.3306
3	0.1401	0.1743	0.1976	0.2141	0.2260	0.2347	0.2412	0.2460	0.2495
4	—	0.0561	0.0947	0.1224	0.1429	0.1586	0.1707	0.1802	0.1878
5	—	—	—	0.0399	0.0695	0.0922	0.1099	0.1240	0.1353
6	—	—	—	—	—	0.0303	0.0539	0.0727	0.0880
7	—	—	—	—	—	—	—	0.0240	0.0433
$w_{0.01}$	0.730	0.749	0.764	0.781	0.792	0.805	0.814	0.825	0.835
$w_{0.05}$	0.803	0.818	0.829	0.842	0.850	0.859	0.866	0.874	0.881

表中的 n 为样本容量，前 7 行为系数 a_k，后 2 行为 W 检验的临界值 w_α.

例 2.5.3　判断一组数据是否符合正态分布，数据如下：7,11,6,6,6,7,9,5,10,6,3,10，试用 W 检验法进行检验（$\alpha = 0.05$）.

解　先将数据排列为

$$x_{(1)} = 3, \quad x_{(2)} = 5, \quad x_{(3)} = x_{(4)} = x_{(5)} = x_{(6)} = 6,$$

$$x_{(7)} = x_{(8)} = 7 , \quad x_{(9)} = 9 , \quad x_{(10)} = x_{(11)} = 10 , \quad x_{(12)} = 11 .$$

然后查 W 检验用表得到系数 a_k 的值，再计算统计量 L，可列表如下：

k	$x_{(k)}$	$x_{(n+1-k)}$	a_k	$a_k \left(x_{(n+1-k)} - x_{(k)} \right)$
1	3	11	0.5475	$0.5475 \times (11-3) = 4.3800$
2	5	10	0.3325	$0.3325 \times (10-5) = 1.6625$
3	6	10	0.2347	$0.2347 \times (10-6) = 0.9388$
4	6	9	0.1586	$0.1586 \times (9-6) = 0.4758$
5	6	7	0.0922	$0.0922 \times (7-6) = 0.0922$
6	6	7	0.0303	$0.0303 \times (7-6) = 0.0303$

因此，$L = 7.5796$，$\sum_i (x_i - \bar{x})^2 = 61.6667$，$w = 0.9316$，$W$ 检验的临界值 $w_{0.05} = 0.859$，$w > w_{0.05}$，应该接受 w_α，则可以认为该组数据是服从正态分布的.

2.5.4　应用 Python 作正态性检验

Python 程序如下：

```
x=[7,11,6,6,6,7,9,5,10,6,3,10]
plt.plot(x,"o")
skew=stats.skew(x)   #计算偏度
kurt= stats.kurtosis(x) #求峰度
print("偏度 skew=",np.round(skew,5),"\n",
    "峰度 kurt=",np.round(kurt,5))
W ,pvalue=stats.shapiro(x)  #返回统计量值与 p 值,p>0.05,
    因此接受原假设
print("统计量 w=",w,"p 值=",pvalue)
```

程序运行的结果为：

```
偏度 skew= 0.13671
峰度 kurt= -0.8322
统计量 w=0.931696,  pvalue=0.39844
```

Python 结果表明 $P\{W < 0.931696\} = 0.398435 > 0.05$，因此接受 H_0.

☞ 习题 2.5

1. 测定 4 种种植密度下金皇后玉米的千粒重(单位：g)如下：

种植密度	千粒重			
1	247	258	256	251
2	238	244	246	236
3	214	227	221	218
4	210	204	200	210

试用 Python 对 4 种种植密度下金皇后玉米千粒重的观测值作正态性检验.

2. 有 4 名技术人员分析 5 种不同类型焊接材料，得到抗拉伸强度(单位：kg)的测量值如下：

学生　　　　品种	A	B	C	D	E
甲	2.4	2.5	3.2	3.4	2.0
乙	2.6	2.2	3.2	3.5	1.8
丙	2.1	2.7	3.5	3.8	1.8
丁	2.4	2.7	3.1	3.2	2.3

试用 Python 对 4 名技术人员分析 5 种不同类型焊接抗拉伸强度的测量值分别作正态性检验.

第3章　试验设计与方差分析

试验设计与方差分析在统计学中是成效显著、应用广泛的一部分内容. 考虑到各专业对试验设计的要求不同, 本教材只作梗概的介绍. 这一章的重点是方差分析的原理、解题步骤及 Python 程序. 在 3.2 节中专门介绍了单因素试验的多重比较与方差的同质性检验, 汇集的方法比较多. 多因素试验的多重比较与方差的同质性检验也相类似, 而且 Python 软件输出的结果都不难读懂, 为节省篇幅, 也就没有一一地写出对应的计算公式.

3.1　单因素试验的方差分析及 Python 代码

3.1.1　试验与试验设计

(1) **试验**：一个按步骤进行并且每一个步骤都规定得很明确、在各步结束之前不知道结果的过程.

(2) **试验指标**：衡量试验结果的优劣的标准.

(3) **试验因素**：可能影响试验指标并且有可能加以控制的试验条件, 简称为**因素**.

(4) **因素水平**：试验因素所处的某种特定状态或数量等级, 简称为**水平**.

(5) **试验处理**：在一次试验中所指定的试验条件, 简称为**处理**.

(6) **试验材料**：接受试验处理的对象.

(7) **试验单元**：试验材料的一个单元.

(8) **试验环境**：除去试验中被控制的因素之外有可能影响试验指标的其他原因.

(9) **试验设计**：安排试验的方法.

(10) **试验误差**：观测值与真实值之差, 样本统计量与相应参数之差, 包括系统误差、过失误差与随机误差. **系统误差**或偏差使观测值比真实值或样本统计量的观测值比相应的参数值明显地偏高或偏低. **过失误差**来自观测人员偶然的失误. 而**随机误差**是在没有过失误差又极力消除系统误差的前提下, 试验的观测值所出现的一些无倾向性的变异.

在试验中应该尽可能地避免出现系统误差与过失误差, 同时要采用统计学的方法减少随机误差. 为此, Fisher 提出了试验设计的基本原则, 其内容简介如下:

(1) **重复**: 同一处理在试验中出现一次以上.

重复的作用主要是估计试验的误差, 提高试验的精度和增强统计推断的能力.

在统计学中, 试验误差的大小用重复试验观测值的标准差来度量, 试验的精度是观测值的均值的标准差. 因此, 通过重复可以估计试验误差, 又由于 n 个重复观测值的均值的标准差等于总体标准差 σ 除以 $\sqrt{n}$, 试验的精度也就可以随着试验次数的增加得到提高.

(2) **随机化**: 自总体中抽取试验单元时, 使总体中任一个体都有被抽取的同等机会. 在安排试验单元接受处理时, 使每一个试验单元都有被分配接受各个处理的同等机会.

随机化的作用主要是排除主观意识的干预, 以便得到误差的无偏估计. 因此, 确定试验单元, 确定试验单元所接受的处理, 以及各个试验的顺序都要以随机的方式确定, 例如采用抽签, 查随机数表, 或掷骰子, 借助计算机模拟等辅助工具或方法, 来确保随机化的实现.

(3) **局部控制**: 按某种规则将试验材料分成若干个部分或将试验单元分成若干个组, 使各部分内或各组内的试验环境比较一致, 使其差异主要表现在各部分或各组之间. 由于划分的各部分或各组又称为**区组**, 因此局部控制的工作也可称为**构成区组**.

局部控制的作用也是减少试验误差, 主要是减少系统误差, 提高试验的精度.

3.1.2 简单的试验设计

(1) **单组试验设计**: 在相同的条件下进行重复独立试验得到容量为 n 的观测值 $x_1, x_2, \cdots, x_n$, 如果总体服从正态分布, 作统计分析可以得到总体均值或方差的置信区间, 可以检验样本均值与假设的总体均值的差异, 检验样本方差与假设的总体方差的差异. 如果总体不服从正态分布, 可以作非参数检验.

(2) **成组试验设计**: 将相同或差异较小的试验材料随机分成两组, 每组各接受一种处理得到容量为 n 的观测值 $x_1, x_2, \cdots, x_n$ 及容量为 m 的观测值 $y_1, y_2, \cdots, y_m$, 如果总体服从正态分布, 作统计分析可以得到两总体均值差或方差比的置信区间, 可以检验两总体均值的差异, 检验两总体方差的差异. 如果总体不服从正态分布, 可以作非参数检验.

值得注意的是: 总体服从正态分布, 作统计分析时,

$$t = \frac{\overline{x} - \overline{y}}{s_w \sqrt{\frac{1}{n} + \frac{1}{m}}},$$

若 $s_w^2 = \dfrac{\mathrm{ss}x + \mathrm{ss}y}{n + m - 2}$ 保持一定, 则当 $n = m$ 时 $\dfrac{1}{n} + \dfrac{1}{m}$ 最小, t 值最大, 容易检出差异的显著性.

(3) **配对试验设计**: 包括自身配对、条件相近者配对两种情形.

当试验材料有较大的差异时, 每个试验单元在相同的条件下进行相同的试验, 得到各单元在试验前试验指标的观测值 $x_1, x_2, \cdots, x_n$ 与试验后试验指标的观测值 $y_1, y_2, \cdots, y_n$, 称为**自身配对**. 若有两种不同的处理, 选取条件相近的两个单元配成一对, 再设计每一对中的两个单元随机地接受两种处理中的一种处理, 得到各单元试验指标值的观测值, 其中某一种处理的观测值记为 $x_1, x_2, \cdots, x_n$, 另一种处理的观测值记为 $y_1, y_2, \cdots, y_n$, 称为**条件相近者配对**. 两种情形所得到的观测值都可记作 $(x_1, y_1), (x_2, y_2), \cdots, (x_n, y_n)$, 如果总体服从正态分布, 作统计分析可以得到两总体均值差的置信区间, 可以检验两总体均值的差异. 由于应用了局部控制的原则, 与成组设计相比, 有可能提高检验的灵敏度. 如果总体不服从正态分布, 可以作非参数检验.

(4) **完全随机试验设计**: 它是成组试验设计的发展. 在试验中有 r 个处理, 也就是试验因素 A 有 r 个水平 $A_1, A_2, \cdots, A_r$, 分别安排重复试验, 重复的次数不一定相等, 总次数 $n = n_1 + n_2 + \cdots + n_r$, 其中的第 i 个水平 A_i 安排了 n_i 次重复试验, 每一次试验都从试验材料中随机地选择一个单元随机地安排 r 个处理中的一个处理. 所得到的观测值为 $x_{i1}, x_{i2}, \cdots, x_{in_i}$, $i = 1, 2, \cdots, r$. 作统计分析可以得到其中任意两个处理均值差的置信区间, 可以检验 r 个处理均值的差异, 分析的方法就是后面即将介绍的单因素试验的方差分析. 优点是比较简单, 缺点是统计分析所得到的试验误差较大, 多用于试验材料均匀、规模较小、试验的观测值容易缺损的场合.

(5) **完全随机区组试验设计**: 是配对试验设计的发展, 主要是将"对"发展为"区组". 将比较一致的试验单元或大体相同的环境条件作为一组并在组内随机地安排不同的处理. 在试验中有 r 个处理, 也就是试验因素 A 有 r 个水平 $A_1, A_2, \cdots, A_r$, 区组有 s 个, 记作 $B_1, B_2, \cdots, B_s$, 然后每一个 $A_i (i = 1, 2, \cdots,$

r)在区组 $B_1, B_2, \cdots, B_s$ 中随机地确定一个试验单元或环境条件安排一次或多次试验. 当安排一次试验时, 所得到的观测值可列表如下:

处理 ＼ 区组	B_1	B_2	...	B_s
A_1	x_{11}	x_{12}	...	x_{1s}
A_2	x_{21}	x_{22}		x_{2s}
$\vdots$	$\vdots$	$\vdots$		$\vdots$
A_r	x_{r1}	x_{r2}	...	x_{rs}

作统计分析可以得到其中任意两个处理均值差的置信区间, 可以检验 r 个处理均值的差异及 s 个区组均值的差异, 分析的方法就是后面即将介绍的**两因素试验的方差分析**.

优点: 对处理数和区组数没有限制, 容易实施. 作方差分析时, 它的误差平方和是从完全随机设计的误差平方和中减去区组平方和所得到的, 有可能提高检验的灵敏度.

缺点: ① 当区组间的差异较小或区组内的试验单元差异较大时, 可能不会优于甚至劣于完全随机试验设计; ② 区组平方和占去一部分自由度后, 误差平方和的自由度可能较小, 也有可能降低检验的灵敏度.

在这种设计的名称中, "完全"的含义是每一个区组都包含所有的处理. 为减少试验的次数, 还有不完全的随机区组设计.

(6) **双向随机区组试验设计**: 将试验单元按这两个方向划分区组, 在每个区组组合中有一个试验单元, 每个试验单元随机地接受一种处理. 这种试验设计要借助拉丁方表, 通常称为**拉丁方试验设计**. 而**拉丁方表**就是由 p 行 p 列所构成的一个方格表, 安排 p 个拉丁字母在每行每列各出现一次且只出现一次. 例如 3×3、4×4、5×5 的拉丁方表分别为

$$
\begin{array}{ccc}
A & B & C \\
B & C & A \\
C & A & B
\end{array}
\qquad
\begin{array}{cccc}
A & B & C & D \\
B & C & D & A \\
C & D & A & B \\
D & A & B & C
\end{array}
\qquad
\begin{array}{ccccc}
A & B & C & D & E \\
B & C & D & E & A \\
C & D & E & A & B \\
D & E & A & B & C \\
E & A & B & C & D
\end{array}
$$

作统计分析可以得到其中任意两个处理均值差的置信区间, 可以检验 p 个处理均值的差异、p 个纵向区组均值的差异及 p 个横向区组均值的差异, 分析的方法就是**三因素试验的方差分析**, 与两因素试验的方差分析原理及步骤相近似.

优点：作方差分析时，它的误差平方和是从单向随机区组试验设计的误差平方和中减去另一个区组平方和所得到的，有可能提高检验的灵敏度.

缺点：① 要求两个方向的区组数及处理数都相等；② 区组平方和占去一部分自由度后，误差平方和的自由度可能较小，有可能降低检验的灵敏度.

还有多因素的试验设计，为减少试验次数，有正交试验设计、均匀设计等.

多因素试验常常要考虑因素之间的交互作用，在试验时必须得到各个处理的重复观测值，这样的试验又称为**析因试验**.

3.1.3　单因素试验及有关的基本概念

通过试验的设计，在试验中只安排一个因素有所变化，取不同的水平，而其余的因素都在设计的水平下保持不变的试验，称为**单因素试验**.

可设单因素试验的因素为 A，共有 $A_1, A_2, \cdots, A_r$ 等 r 个水平，分别安排了 $n_1, n_2, \cdots, n_r$ 次重复试验，其中的第 i 个水平 A_i 安排了 n_i 次重复试验，所得到的样本为 $X_{i1}, X_{i2}, \cdots, X_{in_i}$，相应的观测值为 $x_{i1}, x_{i2}, \cdots, x_{in_i}$，且 $\sum_i n_i = n$，所得到的观测值可列表如下：

处理	观 测 值			
A_1	x_{11}	x_{12}	$\cdots$	x_{1n_1}
A_2	x_{21}	x_{22}		x_{2n_2}
$\vdots$	$\vdots$	$\vdots$		$\vdots$
A_r	x_{r1}	x_{r2}	$\cdots$	x_{rn_r}

在上述单因素试验中，假定有 r 个编号为 $i = 1, 2, \cdots, r$ 的正态总体分别服从 $N(\mu_i, \sigma^2)$ 分布，当 μ_i 及 σ^2 未知时，根据取自这 r 个正态总体的 r 个相互独立且方差相同的样本，对原假设 H_0：各 $\mu_i (i = 1, 2, \cdots, r)$ 相等，所作的检验以及对未知参数的估计称为**方差分析**.

若规定 $\mu = \dfrac{1}{n} \sum_i n_i \mu_i$，则

$$x_{ij} = \mu_i + \varepsilon_{ij} = \mu + \alpha_i + \varepsilon_{ij}$$

称为**单因素试验的方差分析的数学模型**，式中 $i = 1, 2, \cdots, r$，$j = 1, 2, \cdots, n_i$，μ 为总均值，$\alpha_i = \mu_i - \mu$ 为水平 A_i 的效应，且 $\sum_i n_i \alpha_i = 0$，各个 ε_{ij} 称为**随机误差**，它们相互独立且都服从 $N(0, \sigma^2)$ 分布，要检验的原假设 H_0 则等价于各 $\alpha_i = 0$.

3.1.4 总离均差平方和的分解

将样本及样本的观测值初步整理后可以得到

$$\bar{x}_{i.} = \frac{1}{n_i}\sum_{j=1}^{n_i} x_{ij}, \quad i = 1,2,\cdots,r, \quad \bar{x}_{..} = \frac{1}{n}\sum_{i=1}^{r}\sum_{j=1}^{n_i} x_{ij} = \frac{1}{n}\sum_{i=1}^{r} n_i \bar{x}_{i.}.$$

根据矩法，可用 $\bar{x}_{..}$ 估计 μ，用 $\bar{x}_{i.}$ 估计 μ_i，用 $\bar{x}_{i.} - \bar{x}_{..}$ 估计 $\alpha_i = \mu_i - \mu$.

称 $x_{ij} - \bar{x}_{..}$ 为**观测值 x_{ij} 的总离均差**，它可以分解为 $(x_{ij} - \bar{x}_{i.}) + (\bar{x}_{i.} - \bar{x}_{..})$.

总离均差平方和

$$\begin{aligned}
\sum_i\sum_j (x_{ij} - \bar{x}_{..})^2 &= \sum_i\sum_j \left[(x_{ij} - \bar{x}_{i.}) + (\bar{x}_{i.} - \bar{x}_{..})\right]^2 \\
&= \sum_i\sum_j (x_{ij} - \bar{x}_{i.})^2 + \sum_i\sum_j (\bar{x}_{i.} - \bar{x}_{..})^2 \\
&\quad + 2\sum_i\sum_j (x_{ij} - \bar{x}_{i.})(\bar{x}_{i.} - \bar{x}_{..}) \\
&= \sum_i\sum_j (x_{ij} - \bar{x}_{i.})^2 + \sum_i\sum_j (\bar{x}_{i.} - \bar{x}_{..})^2,
\end{aligned}$$

式中

$$\begin{aligned}
\sum_i\sum_j (x_{ij} - \bar{x}_{i.})(\bar{x}_{i.} - \bar{x}_{..}) &= \sum_i (\bar{x}_{i.} - \bar{x}_{..})\sum_j (x_{ij} - \bar{x}_{i.}) \\
&= \sum_i (\bar{x}_{i.} - \bar{x}_{..})(n_i\bar{x}_{i.} - n_i\bar{x}_{i.}) = 0.
\end{aligned}$$

记 $\mathrm{SST} = \sum_i\sum_j (x_{ij} - \bar{x}_{..})^2$，$\mathrm{SSE} = \sum_i\sum_j (x_{ij} - \bar{x}_{i.})^2$，

$$\mathrm{SSA} = \sum_i\sum_j (\bar{x}_{i.} - \bar{x}_{..})^2 = \sum_i n_i (\bar{x}_{i.} - \bar{x}_{..})^2,$$

称 $\mathrm{SST} = \mathrm{SSE} + \mathrm{SSA}$ 为**总离均差平方和的分解**. 称 SSE 为**误差平方和或组内平方和**，称 SSA 为**因素 A 的效应平方和或组间平方和**.

可以证明如下定理：

定理 3.1.1 $\dfrac{\mathrm{SSE}}{\sigma^2}$ 服从 $\chi^2(n-r)$ 分布.

定理 3.1.2 当 H_0 为真时，$\dfrac{\mathrm{SSA}}{\sigma^2}$ 服从 $\chi^2(r-1)$ 分布，且 SSE 与 SSA 相互独立. 记 $\mathrm{MSA} = \dfrac{\mathrm{SSA}}{r-1}$，$\mathrm{MSE} = \dfrac{\mathrm{SSE}}{n-r}$，则 $F = \dfrac{\mathrm{MSA}}{\mathrm{MSE}}$ 服从 $F(r-1, n-r)$ 分布，原假设 H_0 的放弃域为 $F \geqslant F_{1-\alpha}(r-1, n-r)$.

上述定理中，统计量 $\dfrac{\text{SSE}}{\sigma^2}$ 的分布及 SSE 与 SSA 相互独立的证明，参见 3.1.8 节.

3.1.5　总体中未知参数的估计

(1)　$\hat{\mu}=\overline{x}_{..}$，$\hat{\mu}_i=\overline{x}_{i.}$，$\hat{\alpha}_i=\overline{x}_{i.}-\overline{x}_{..}$，并且 $E(\overline{x}_{..})=\mu$，$E(\overline{x}_{i.})=\mu_i$，$E(\overline{x}_{i.}-\overline{x}_{..})=\alpha_i$.

(2)　$\hat{\sigma}^2=\text{MSE}=\dfrac{\text{SSE}}{n-r}$，并且 $E(\text{MSE})=\sigma^2$，

$$E(\text{MSA})=\sigma^2+\frac{s}{r-1}\sum_i \alpha_i^2 .$$

(3)　当放弃原假设 H_0 且 $u\neq v$ 时，均值差 $\mu_u-\mu_v$ 的双侧 $1-\alpha$ 置信区间可表示为

$$(\overline{x}_{u.}-\overline{x}_{v.}\pm\varDelta_{uv}),\quad \varDelta_{uv}=t_{1-0.5\alpha}(n-r)\sqrt{\text{MSE}\left(\frac{1}{n_u}+\frac{1}{n_v}\right)} .$$

以下证明(2). 为简便起见，设 $n_1=n_2=\cdots=n_r=s$.

证　$\begin{aligned}[t]
E(\text{MSE})&=\frac{1}{n-r}E(\text{SSE})=\frac{1}{n-r}E[\sum_i\sum_j(x_{ij}-\overline{x}_{i.})^2]\\
&=\frac{1}{n-r}E[\sum_i\sum_j(\mu+\alpha_i+\varepsilon_{ij}-\mu-\alpha_i-\overline{\varepsilon}_{i.})^2]\\
&=\frac{1}{n-r}E[\sum_i\sum_j(\varepsilon_{ij}-\overline{\varepsilon}_{i.})^2]\\
&=\frac{1}{n-r}E[\sum_i\sum_j(\varepsilon_{ij}^2-2\varepsilon_{ij}\overline{\varepsilon}_{i.}+\overline{\varepsilon}_{i.}^2)]\\
&=\frac{1}{n-r}E[\sum_i\sum_j\varepsilon_{ij}^2-s\sum_i\overline{\varepsilon}_{i.}^2)]=\frac{1}{n-r}\left(n\sigma^2-rs\frac{\sigma^2}{s}\right)\\
&=\sigma^2,
\end{aligned}$

$\begin{aligned}[t]
E(\text{MSA})&=\frac{1}{r-1}E(\text{SSA})=\frac{1}{r-1}E[\sum_i\sum_j(\overline{x}_{i.}-\overline{x}_{..})^2]\\
&=\frac{s}{r-1}E[\sum_i(\overline{x}_{i.}-\overline{x}_{..})^2]\\
&=\frac{s}{r-1}E[\sum_i(\mu+\alpha_i+\overline{\varepsilon}_{i.}-\mu-\overline{\alpha}-\overline{\varepsilon}_{..})^2]\\
&=\frac{s}{r-1}E[\sum_i(\alpha_i-\overline{\alpha}+\overline{\varepsilon}_{i.}-\overline{\varepsilon}_{..})^2]
\end{aligned}$

$$= \frac{s}{r-1} E\{\sum_i [(\alpha_i - \overline{\alpha})^2 + (\overline{\varepsilon}_{i.} - \overline{\varepsilon}_{..})^2 + 2(\alpha_i - \overline{\alpha})(\overline{\varepsilon}_{i.} - \overline{\varepsilon}_{..})]\}.$$

因为 $\sum_i \alpha_i = 0$，故 $\overline{\alpha} = 0$．从而

$$E\left[\sum_i (\alpha_i - \overline{\alpha})(\overline{\varepsilon}_{i.} - \overline{\varepsilon}_{..})\right] = \sum_i \alpha_i E(\overline{\varepsilon}_{i.} - \overline{\varepsilon}_{..}) = \sum_i \alpha_i \cdot 0 = 0,$$

所以

$$E(\mathrm{MSA}) = \frac{s}{r-1} \sum_i E(\overline{\varepsilon}_{i.} - \overline{\varepsilon}_{..})^2 + \frac{s}{r-1} \sum_i \alpha_i^2$$

$$= \frac{s}{r-1} E(\sum_i \overline{\varepsilon}_{i.}^2 - r\overline{\varepsilon}_{..}^2) + \frac{s}{r-1} \sum_i \alpha_i^2$$

$$= \frac{s}{r-1}\left(\sum_i \frac{\sigma^2}{s} - r\frac{\sigma^2}{rs}\right) + \frac{s}{r-1} \sum_i \alpha_i^2$$

$$= \frac{s}{r-1}\left(\frac{r\sigma^2}{s} - \frac{\sigma^2}{s}\right) + \frac{s}{r-1} \sum_i \alpha_i^2 = \sigma^2 + \frac{s}{r-1} \sum_i \alpha_i^2.$$

当 H_0 为真时，各 $\alpha_i = 0$，即 $\sum_i \alpha_i^2 = 0$，$E(\mathrm{MSA}) = \sigma^2$，否则 $E(\mathrm{MSA}) > \sigma^2$．

3.1.6 单因素试验的方差分析的步骤

(1) 计算 $T_{i.} = \sum_j x_{ij}$（$j = 1, 2, \cdots, n_i$），$\overline{x}_{i.}$，$T = \sum_i \sum_j x_{ij} = \sum_i T_{i.}$（$i = 1, 2, \cdots, r$）及 $\overline{x}_{..}$．

(2) 计算 $C = \frac{T^2}{n}$，$\mathrm{SST} = \sum_i \sum_j x_{ij}^2 - C$，$\mathrm{SSA} = \sum_i \frac{T_{i.}^2}{n_i} - C$ 及 $\mathrm{SSE} = \mathrm{SST} - \mathrm{SSA}$．

(3) 计算均方和 MSA、MSE 及 $F = \frac{\mathrm{MSA}}{\mathrm{MSE}}$．

(4) 给出 α，确定分位数 $F_{1-\alpha}(r-1, n-r)$ 或通过 Python 计算程序得到概率 $p = P\{F(r-1, n-r) > F\}$．

(5) 列出方差分析表：

方差来源	平方和	自由度	均方和	F 值	显著性
A	SSA	$r-1$	MSA	F	
误差	SSE	$n-r$	MSE		
总和	SST	$n-1$			

其中的显著性一栏应写出 F 值与 $F_{1-\alpha}(r-1,n-r)$ 比较的结果：$F>F_{0.99}(r-1,n-r)$ 时写 **，$F_{0.95}(r-1,n-r)<F<F_{0.99}(r-1,n-r)$ 时写 *，$F<F_{0.95}(r-1,n-r)$ 时写 N.

或者写出 $p=P\{F(r-1,n-r)>F\}$ 与 0.01 或 0.05 比较的结果：$p<0.01$ 时写 **，$0.01<p<0.05$ 时写 *，$p>0.05$ 时写 N.

(6) 写出假设检验的结论.

例 3.1.1 利用 4 种不同的材料 A_1,A_2,A_3,A_4 生产出来的元件，测得其使用寿命数据如下. 问 4 种不同材料的元件的使用寿命有无显著差异？试用 Python 做方差分析.

配方	每个元件使用寿命
A_1	1600, 1610, 1650, 1680, 1700, 1700, 1780
A_2	1500, 1640, 1400, 1700, 1750
A_3	1640, 1550, 1600, 1620, 1640, 1600, 1740, 1800
A_4	1510, 1520, 1530, 1570, 1640, 1600

解 设 H_0 为各 μ_i 相等，也就是各个配方之间没有显著的差异. 用 Python 计算得到 $T=\sum_i\sum_j x_{ij}=42270.0$，$T_{1\cdot}=\sum_j x_{1j}=11720$，$T_{3\cdot}=13190$，

$T_{4\cdot}=9370$，$C=\dfrac{T^2}{n}=68721265.385$，

$$\text{SST}=\sum_i\sum_j x_{ij}^2-C=215834.615385，$$

$$\text{SSA}=\sum_i\frac{T_{i\cdot}^2}{n_i}-C=49212.3535，$$

$$\text{SSE}=\text{SST}-\text{SSA}=166622.261905，$$

$$F=\frac{\text{MSA}}{\text{MSE}}=2.16592，$$

$p=P\{F(3,22)>2.16592\}=0.120838$，$F_{0.95}(4-1,26-4)=3.049$，因为 $p>0.05$ 或 $F<F_{0.95}(4-1,26-4)$，所以接受 H_0，认为各 μ_i 相等，各个配方之间没有显著的差异.

例 3.1.2 用 4 种不同的配方生产电子元件，不同配方的电子元件寿命的观测值如下，试用 Python 作方差分析.

配方	寿　命
1	21, 24, 27, 20
2	20, 18, 19, 15
3	22, 25, 27, 22
4	19, 23, 21, 13

解　设 H_0 为各 μ_i 相等，也就是各种配方的寿命之间没有显著的差异. 用 Python 计算得到方差分析表

```
           sum_sq    df        F         PR(>F)
C(Treat)   104.0     3.0       3.525424  0.048713
Residual   118.0     12.0      NaN       NaN
```

因此放弃 H_0，认为各 μ_i 不相等，各种处理的苗高之间有显著的差异.

3.1.7　应用 Python 作单因素试验方差分析

(1) 不等重复的情形

Python 代码如下:

```
from scipy.stats import f_oneway
A1=[1600,1610,1650,1680,1700,1700,1780]; n1=len(A1)
A2=[1500,1640,1400,1700,1750] ; n2=len(A2)
A3=[1640,1550,1600,1620,1640,1600,1740,1800] ;
    n3=len(A3)
A4=[1510,1520,1530,1570,1640,1600] ; n4=len(A4)
A=A1+A2+A3+A4  ### 将 A1,A2,A3 和 A4 拼接为一个大数组 A
B=np.zeros(n1+n2+n3+n4);B
B[0:(n1-1)]=A1[0:(n1-1)];B[n1:(n1+n2)]=A2[0:(n2-1)];
B[(n1+n2):(n1+n2+n3)]=A3:B[(n1+n2+n3):(n1+n2+n3+n4)]=A4
T=np.sum(B)
C=T**2/(n1+n2+n3+n4)
SST=np.sum(B**2)-C;
SSA=(T1**2/n1+T2**2/n2+T3**2/n3+T4**2/n4)-C
SSE=SST-SSA
F=SSA/3/(SSE/(n-4))
p=1-stats.f(dfn=3,dfd=n-4).cdf(F);
q=stats.f(dfn=3,dfd=n-4).ppf(0.95)
print("总离差平方和 SST=",SST,"\n",
    "组间离差平方和 SSA=",SSA,"\n",
    "组内离差平方和 SSE=",SSE,"\n", "统计量 F=", F,"\n",
```

```
                    "临界值 F_0.95=",q, "\n", "p 值 p=",p)
```

输出结果如下:

```
    总离差平方和 SST= 215834.6153846085
    组间离差平方和 SSA= 49212.35347984731
    组内离差平方和 SSE= 166622.2619047612
    统计量 F= 2.165920616248906
    临界值 F_0.95= 3.04912498865241
    p 值 p= 0.12083798827210757
####### 也可以用以下 Python 的内置函数#########
result=f_oneway(A1,A2,A3,A4)
result.pvalue
result.statistic
```

(2) 等重复的情形

```
import numpy as np
import pandas as pd
from statsmodels.formula.api import ols
from statsmodels.stats.anova import anova_lm
df = {'treat1':list([21,24,27,20]),
    'treat2':list([20,18,19,15]),
    'treat3':list([22,25,27,22]),
    'treat4':list([19,23,21,13])}
df = pd.DataFrame(df)
df_melt = df.melt()
df_melt.columns = ['Treat','Value']
model = ols('Value~C(Treat)',data=df_melt).fit()
anova_table = anova_lm(model, typ = 2)
print(anova_table)
```

3.1.8　附录:两个结论的证明

定理 3.1.1 的证明　　设 $n=\sum_i n_i$. 当各个 $X_{ij}\,(i=1,2,\cdots,r\,,\,j=1,2,\cdots,$ $n_i)$相互独立且都服从 $N(\mu,\sigma^2)$ 分布时, 对每一个固定的 i 作标准化变换后, 再作正交变换:

$$Y_{i1}=c_{11}^{(i)}\frac{X_{i1}-\mu_i}{\sigma}+c_{12}^{(i)}\frac{X_{i2}-\mu_i}{\sigma}+\cdots+c_{1n_i}^{(i)}\frac{X_{in_i}-\mu_i}{\sigma},$$

$$Y_{i2}=c_{21}^{(i)}\frac{X_{i1}-\mu_i}{\sigma}+c_{22}^{(i)}\frac{X_{i2}-\mu_i}{\sigma}+\cdots+c_{2n_i}^{(i)}\frac{X_{in_i}-\mu_i}{\sigma},\ \cdots,$$

$$Y_{i,n_i-1} = c_{n_i-1,1}^{(i)} \frac{X_{i1}-\mu_i}{\sigma} + c_{n_i-1,2}^{(i)} \frac{X_{i2}-\mu_i}{\sigma} + \cdots + c_{n_i-1,n_i}^{(i)} \frac{X_{in_i}-\mu_i}{\sigma},$$

$$Y_{in_i} = \frac{1}{\sqrt{n_i}} \frac{X_{i1}-\mu_i}{\sigma} + \frac{1}{\sqrt{n_i}} \frac{X_{i2}-\mu_i}{\sigma} + \cdots + \frac{1}{\sqrt{n_i}} \frac{X_{in_i}-\mu_i}{\sigma},$$

那么 n 个 Y_{ij} 相互独立、都服从 $N(0,1)$ 分布且

$$\sum_j Y_{ij}^2 = \sum_j \left(\frac{X_{ij}-\mu_i}{\sigma} \right)^2.$$

又因为

$$\sum_j (X_{ij}-\bar{X}_{i\cdot})^2 = \sum_j \left[(X_{ij}-\mu_i)-(\bar{X}_{i\cdot}-\mu_i) \right]^2$$

$$= \sum_j (X_{ij}-\mu_i)^2 + n_i(\bar{X}_{i\cdot}-\mu_i)^2 - 2\sum_j (X_{ij}-\mu_i)(\bar{X}_{i\cdot}-\mu_i)$$

$$= \sum_j (X_{ij}-\mu_i)^2 + n_i(\bar{X}_{i\cdot}-\mu_i)^2,$$

而 $Y_{in_i} = \dfrac{n_i}{\sqrt{n_i}} \dfrac{\bar{X}_{i\cdot}-\mu_i}{\sigma} = \sqrt{n_i}\dfrac{\bar{X}_{i\cdot}-\mu_i}{\sigma}$ ，所以

$$\frac{1}{\sigma^2} \sum_j (X_{ij}-\bar{X}_{i\cdot})^2 = \sum_j \left(\frac{X_{ij}-\mu_i}{\sigma} \right)^2 - n_i \left(\frac{\bar{X}_{i\cdot}-\mu_i}{\sigma} \right)^2 = \sum_j Y_{ij}^2 - n_i Y_{in_i}^2$$

$$= Y_{i1}^2 + Y_{i2}^2 + \cdots + Y_{i,n_i-1}^2$$

服从 $\chi^2(n_i-1)$ 分布，即 $\dfrac{\text{SSE}}{\sigma^2} = \dfrac{1}{\sigma^2} \sum_i \sum_j (X_{ij}-\bar{X}_{i\cdot})^2$ 服从 $\chi^2(n-r)$ 分布.

定理 3.1.2 的证明 对定理 3.1.1 的证明中所有的 Y_{in_i} ($i=1,2,\cdots,r$)作正交变换：

$$Z_1 = d_{11}Y_{1n_1} + d_{12}Y_{2n_2} + \cdots + d_{1r}Y_{rn_r},$$

$$Z_2 = d_{21}Y_{1n_1} + d_{22}Y_{2n_2} + \cdots + d_{2r}Y_{rn_r},$$

$$\cdots,$$

$$Z_{r-1} = d_{r-1,1}Y_{1n_1} + d_{r-1,2}Y_{2n_2} + \cdots + d_{r-1,r}Y_{rn_r},$$

$$Z_r = \sqrt{\frac{n_1}{n}}Y_{1n_1} + \sqrt{\frac{n_2}{n}}Y_{2n_2} + \cdots + \sqrt{\frac{n_r}{n}}Y_{rn_r},$$

那么，r 个 Z_i 相互独立，都服从 $N(0,1)$ 分布且

$$\sum_i Y_{in_i}^2 = \sum_i Z_i^2.$$

又因为

$$\sum_i n_i (\bar{X}_{i\cdot} - \bar{X}_{\cdot\cdot})^2 = \sum_i n_i \left[(\bar{X}_{i\cdot} - \mu_i) - (\bar{X}_{\cdot\cdot} - \mu) \right]^2$$

$$= \sum_i n_i (\bar{X}_{i\cdot} - \mu_i)^2 + (\bar{X}_{\cdot\cdot} - \mu)^2 - 2\sum_i n_i (\bar{X}_{i\cdot} - \mu_i)(\bar{X}_{\cdot\cdot} - \mu)$$

$$= \sum_i n_i (\bar{X}_{i\cdot} - \mu_i)^2 - n(\bar{X}_{\cdot\cdot} - \mu)^2,$$

上式用到了 $\sum_i n_i \mu_i = n\mu$，易知 $Z_r = \sqrt{n}\,\dfrac{\bar{X}_{\cdot\cdot} - \mu}{\sigma}$，所以

$$\frac{1}{\sigma^2} \sum_i n_i (\bar{X}_{i\cdot} - \bar{X}_{\cdot\cdot})^2 = \sum_i \left(\sqrt{n_i}\,\frac{\bar{X}_{i\cdot} - \mu_i}{\sigma} \right)^2 - \left(\sqrt{n}\,\frac{\bar{X}_{\cdot\cdot} - \mu}{\sigma} \right)^2$$

$$= \sum_i Y_{in_i}^2 - Z_r^2 = \sum_i Z_i^2 - Z_r^2$$

$$= Z_1^2 + Z_2^2 + \cdots + Z_{r-1}^2,$$

服从 $\chi^2(r-1)$ 分布.

当 H_0 为真时 $\mu = \mu_i$，$\dfrac{\mathrm{SSA}}{\sigma^2} = \dfrac{1}{\sigma^2} \sum_i n_i (\bar{X}_{i\cdot} - \bar{X}_{\cdot\cdot})^2$ 也服从 $\chi^2(r-1)$ 分布. 这里的 $\dfrac{\mathrm{SSA}}{\sigma^2}$ 只取决于 Y_{in_i} 的值，故当 H_0 为真时 SSE 与 SSA 相互独立.

最后，根据 F 分布的定义，当 H_0 为真，$\mathrm{MSA} = \dfrac{\mathrm{SSA}}{r-1}$，$\mathrm{MSE} = \dfrac{\mathrm{SSE}}{n-r}$ 时，

$$F = \frac{\mathrm{MSA}}{\mathrm{MSE}} \text{ 服从 } F(r-1, n-r) \text{ 分布.}$$

☞ 习题 3.1

1. 试验 3 种猪饲料的饲养效果，得到 9 头猪的增重(单位：kg)如下：

饲料	月增重
1	51, 40, 43, 48
2	23, 25, 26
3	23, 28

试用作方差分析，估计各个总体的未知参数 μ_i 和 μ；如有必要，试求出两两总体均值差的双侧 0.95 置信区间.

2. 测定4种不同冲击力作用下汽车外壳的形变凹痕深度(单位:mm)如下:

冲击力	凹痕深度
1	247, 258, 256, 251
2	238, 244, 246, 236
3	214, 227, 221, 218
4	210, 204, 200, 210

试用作方差分析, 估计各个总体的未知参数 μ_i 和 μ ; 如有必要, 试求出两两总体均值差的双侧 0.95 置信区间.

3.2　多重比较与数据转换及 Python 代码

3.2.1　组间均值的多重比较

当方差分析的结论是放弃 H_0 时, 说明各组均值在整体上存在显著性差异. 但究竟哪一些组的均值存在显著性的差异, 还应该接着进行多重比较, 也就是作组与组之间均值差的检验. 目的是找到差异显著的原因, 确定对试验指标比较有利的处理. 这也叫**事后分析**.

多重比较的方法不止一种, 在统计学的各类书籍中编入的方法有 Bonferroni 的 t 检验、Duncan 的多重极差检验、Dunnett 的双侧 t 检验、Gabriel 的多重对比检验、Ryan-Einot-Gabriel-Welsh 的多重 F 检验与多重极差检验、Student-Newman-Keuls 的多重极差检验、Fisher 的最小显著差检验、Tukey 的学生化极差检验等许多方法. 以下介绍在 Python 中已经编入的常用方法: Fisher 的最小显著差检验、Bonferroni 的 t 检验、Duncan 与 Student-Newman-Keuls (简写为 SNK) 的多重极差检验与 Dunnett 的双侧 t 检验.

1. Fisher 的最小显著差检验

最小显著差检验的原假设 H_0 为任意两组均值的差 $\mu_i - \mu_j = 0$. 检验的原理与两个正态总体均值的 t 检验相一致, 只是将统计量 $t = \dfrac{\overline{x}_i - \overline{x}_j}{s_w\sqrt{\dfrac{1}{n_i} + \dfrac{1}{n_j}}}$ 中

$s_w = \sqrt{s_w^2} = \sqrt{\dfrac{\text{ss}x_i + \text{ss}x_j}{n_i + n_j - 2}}$ 用方差分析表中的误差均方 MSE 代替、自由度

$n_i + n_j - 2$ 用误差的自由度 $n - r$ 代替，并由 $t = \dfrac{\bar{x}_i - \bar{x}_j}{\mathrm{MSE}\sqrt{\dfrac{1}{n_i} + \dfrac{1}{n_j}}}$ 得到

$$\bar{x}_i - \bar{x}_j = t\sqrt{\mathrm{MSE}\left(\frac{1}{n_i} + \frac{1}{n_j}\right)}$$ 后，记最小显著差

$$\mathrm{LSD}_\alpha = t_{1-0.5\alpha}(n-r)\sqrt{\mathrm{MSE}\left(\frac{1}{n_i} + \frac{1}{n_j}\right)},$$

再将 $\left|\bar{x}_i - \bar{x}_j\right|$ 与 LSD_α 相比较，当 $\left|\bar{x}_i - \bar{x}_j\right| > \mathrm{LSD}_\alpha$ 时，认为两处理的均值差异显著. 此方法简便，应用比较广泛. 缺点是参与比较的均值不宜太多，否则会增大犯第一类错误的概率.

2. Bonferroni 的 t 检验

Bonferroni 的 t 检验仍是一种 t 检验，与上段中的最小显著差检验也大致相同，区别在于每次检验所采用的显著性水平. 对于 r 个均值，需要进行 $c = \mathrm{C}_r^2 = \dfrac{r(r-1)}{2}$ 次比较. 若在每次检验中的显著性水平（即犯第一类错误的概率）为 α'，则每次检验中不犯第一类错误的概率为 $1 - \alpha'$，c 次检验中都不犯第一类错误的概率为 $(1-\alpha')^c$，c 次检验中总的犯第一类错误的概率就为 $\alpha = 1 - (1-\alpha')^c$. 因此，对于给定的总的犯第一类错误的概率 α，Bonferroni 的 t 检验将每次检验的显著性水平确定为 $\alpha' \approx \dfrac{\alpha}{c}$. 例如，有 $r = 4$ 个均值，需进行 $c = 6$ 次检验，给定总的犯第一类错误的概率 $\alpha = 0.05$，每次检验的显著性水平便是 $\alpha' \approx 0.008$.

3. Duncan 与 Student–Newman–Keuls 的多重极差检验

这种方法的特点是不同处理之间的均值差与不同的显著性标准进行比较，所查的临界值表是 Duncan 的新复极差检验临界值表或 Student-Newman-Keuls 的 Q 检验临界值表.

多重显著极差检验的原假设 H_0：任意两组均值的差 $\mu_i - \mu_j = 0$. 步骤如下：

(1) 计算样本均值的标准误差 SE，当各组观测值的个数都是 s 时，SE $= \sqrt{\dfrac{\mathrm{MSE}}{s}}$. 当各组观测值的个数 $n_1, n_2, \cdots, n_r$ 不相等时，公式 SE 中的 s 可用各组重复数的调和平均数代替，即

$$s = \frac{r}{\dfrac{1}{n_1} + \dfrac{1}{n_2} + \cdots + \dfrac{1}{n_r}}.$$

(2) 将样本均值由大到小排列，并数出由均值 $\bar{x}_i$ 到均值 $\bar{x}_j$ 包括 $\bar{x}_i$ 和 $\bar{x}_j$ 以及夹在它们之间的均值的个数 p.

(3) 根据 MSE 的自由度、p 及显著性水平 α 查新复极差检验临界值表得到 SSR_α 或查 Q 检验临界值表得到 Q_α.

(4) 计算最小显著极差 $\mathrm{LSR}_\alpha = \mathrm{SE} \times \mathrm{SSR}_\alpha$ 或 $\mathrm{LSR}_\alpha = \mathrm{SE} \times Q_\alpha$.

(5) 当 $|\bar{x}_{i\cdot} - \bar{x}_{j\cdot}| < \mathrm{LSR}_\alpha$ 时接受 H_0，否则放弃 H_0.

4. Dunnett 的双侧 t 检验

这种方法的特点是 r 个处理中有一个处理用作对照，它的均值 $\bar{x}_0$ 与其他 $r-1$ 个处理的均值作差异是否显著的检验. 当各组观测值的个数都是 s 时，检验的标准为

$$d' = t'_{1-0.5\alpha}(r, n-r) \sqrt{\frac{2\mathrm{MSE}}{s}},$$

式中的 α 为显著性水平，根据处理数 r 及 MSE 的自由度查 Dunnett 的双侧 t 检验的临界值表，可以得到 $t'_{1-0.5\alpha}(r, n-r)$，当 $|\bar{x}_{i\cdot} - \bar{x}_{0\cdot}| < d'$ 时接受 H_0，否则放弃 H_0.

5. 多重比较结果的表示方法

(1) 画线法——将各均值由大到小排列后，在差异不显著的均值下面画线.

(2) 列梯形表法——将各均值由大到小排列后，计算各均值之间的差数，再列表使第一列为处理，第二列为平均数，第三列以后为差异，凡差异显著者以*(或**)标出.

(3) 标记字母法——将各均值由大到小排列后，在最大的均值上标记字母 a（或 A），并将该均值与其他均值比较，凡差异不显著者标记字母 a（或 A），直到某一个与其差异显著的均值标记字母 b（或 B）. 再以标记字母 b（或 B）的均值为标准，与前面各个比它大的均值相比，凡差异不显著者第二次标记字母 b（或 B），又与后面各个比它小的均值相比，凡差异不显著者标记字母 b（或 B），直到某一个与其差异显著的均值标记字母 c（或 C）. 如此多次重复地进行，直到最小的那一个均值标记了字母为止.

以下是 $\alpha = 0.05$ 时对例 3.1.2 中的均值作 Duncan 与 SNK 多重极差检验的过程：

(1) $r=4$，$\mathrm{SE}=\sqrt{\dfrac{9.83}{4}}=1.568$.

(2) $\overline{x}_{4.}=24$，$\overline{x}_{2.}=23$，$\overline{x}_{1.}=19$，$\overline{x}_{3.}=18$，$p=2,3,4$.

(3) 根据 $\alpha=0.05$，查新复极差检验和 Q 检验临界值表并计算得到：

p	2	3	4	p	2	3	4
SSR	3.08	3.23	3.33	Q	3.08	3.77	4.20
LSR	4.829	5.065	5.221	LSR	4.829	5.911	6.586

(4) 根据 Duncan 的多重极差检验法，

$\overline{x}_{4.}$ 与 $\overline{x}_{2.}$ 比较：$p=2$，$24-23=1<4.84$，差异不显著；

$\overline{x}_{2.}$ 与 $\overline{x}_{1.}$ 比较：$p=2$，$23-19=4<4.84$，差异不显著；

$\overline{x}_{1.}$ 与 $\overline{x}_{3.}$ 比较：$p=2$，$19-18=1<4.84$，差异不显著；

$\overline{x}_{4.}$ 与 $\overline{x}_{1.}$ 比较：$p=3$，$24-19=5<5.07$，差异不显著；

$\overline{x}_{2.}$ 与 $\overline{x}_{3.}$ 比较：$p=3$，$23-18=5<5.07$，差异不显著；

$\overline{x}_{4.}$ 与 $\overline{x}_{3.}$ 比较：$p=4$，$24-18=6>5.23$，差异显著.

(5) 根据 SNK 的多重极差检验法，

$\overline{x}_{4.}$ 与 $\overline{x}_{2.}$ 比较：$p=2$，$24-23=1<4.84$，差异不显著；

$\overline{x}_{2.}$ 与 $\overline{x}_{1.}$ 比较：$p=2$，$23-19=4<4.84$，差异不显著；

$\overline{x}_{1.}$ 与 $\overline{x}_{3.}$ 比较：$p=2$，$19-18=1<4.84$，差异不显著；

$\overline{x}_{4.}$ 与 $\overline{x}_{1.}$ 比较：$p=3$，$24-19=5<5.92$，差异不显著；

$\overline{x}_{2.}$ 与 $\overline{x}_{3.}$ 比较：$p=3$，$23-18=5<5.92$，差异不显著；

$\overline{x}_{4.}$ 与 $\overline{x}_{3.}$ 比较：$p=4$，$24-18=6<6.59$，差异不显著.

以上用 Duncan 的多重极差检验法作多重比较的结果，可用画线法标记为

$$\begin{array}{cccc}\overline{x}_{4.} & \overline{x}_{2.} & \overline{x}_{1.} & \overline{x}_{3.}\\ 24 & 23 & 19 & 18\end{array}$$

用列梯形表法标记如下：

处理	均值	$\overline{x}_{i.}-\overline{x}_{3.}$	$\overline{x}_{i.}-\overline{x}_{1.}$	$\overline{x}_{i.}-\overline{x}_{2.}$
4	$\overline{x}_{4.}=24$	6*	5	1
2	$\overline{x}_{2.}=23$	5	4	
1	$\overline{x}_{1.}=19$	1		
3	$\overline{x}_{3.}=18$			

用标记字母法标记如下：

	差异显著性	
$\bar{x}_{4\cdot} = 24$	a	
$\bar{x}_{2\cdot} = 23$	a	b
$\bar{x}_{1\cdot} = 19$	a	b
$\bar{x}_{3\cdot} = 18$		b

3.2.2 方差的同质性检验

根据样本作单因素试验的方差分析时，有三个很重要的假定，① r 个总体都服从正态分布，② 各总体的样本相互独立，③ 各总体的方差相同. 从上一节有关的论述中可以见到，这些假定将直接影响方差分析最后的统计量是否服从 F 分布. 如果不满足正态、相互独立、方差相同的假定，检验统计量就不服从 F 分布，F 检验的可靠性就会受到影响. 因此在进行方差分析之前，首先要考察这些假定能否满足或近似满足.

通常，通过试验设计，可以保证各总体的样本相互独立. 但是各个总体是否都服从正态分布，是否方差相同，如果不能肯定，便要先作分布的正态性检验和方差的同质性检验，如果不满足正态和方差相同的假定，便要考虑进行数据的转换. 在很多情况下，对数据进行某种转换后，可以近似地满足正态和方差相同的假定. 特别是，数据不服从正态分布和方差不相同往往有内在联系，如果通过某种转换使得转换后的数据具有等方差性，那么非正态的缺陷也同时会得到改善.

以下先介绍方差的同质性检验，常用的方法有：Hartley 的 $F_{\max}$ 检验，Cochran 的 $G_{\max}$ 检验，Bartlett 的 χ^2 检验，Levene 的 F 检验. 对于如何用 Python 进行 Levene 的 F 检验，稍后将作详细的介绍. 这些检验都假设有 k 个需要检验方差同质性的总体，其方差分别为 $\sigma_1^2, \sigma_2^2, \cdots, \sigma_k^2$，其样本容量分别为 $n_1, n_2, \cdots, n_k$，样本修正方差的观测值分别为 $s_1^{*2}, s_2^{*2}, \cdots, s_k^{*2}$，离均差平方和的观测值分别为 $\mathrm{ss}_1, \mathrm{ss}_2, \cdots, \mathrm{ss}_k$，要检验的 H_0 为 $\sigma_1^2 = \sigma_2^2 = \cdots = \sigma_k^2 = \sigma^2$，$H_1$ 为 $\sigma_1^2, \sigma_2^2, \cdots, \sigma_k^2$ 中至少有两个是不相等的.

1. Hartley 的 $F_{\max}$ 检验

假设 $n_1 = n_2 = \cdots = n_k = n$，计算

$$F_{\max} = \frac{s_{\max}^{*2}}{s_{\min}^{*2}},$$

其中 $s_{\max}^{*2}$ 和 $s_{\min}^{*2}$ 分别为最大和最小的样本修正方差的观测值. 这个统计量的分布由样本数 k 和各样本的自由度 $n-1$ 所决定,差异是否显著可查 Hertley 专门建立的临界值表.

2. Cochran 的 $G_{\max}$ 检验

假设 $n_1 = n_2 = \cdots = n_k = n$, 计算

$$G_{\max} = \frac{s_{\max}^{*2}}{s_1^{*2} + s_2^{*2} + \cdots + s_k^{*2}},$$

其中 s_i^{*2} 是第 i 样本修正方差的观测值, $s_{\max}^{*2}$ 是最大的样本修正方差的观测值. $G_{\max}$ 的分布也由样本数 k 和各样本的自由度 $n-1$ 所决定. 如果各样本容量不等但差别不大,则自由度为 $n_0 - 1$,其中 n_0 是各样本容量的调和平均数,差异是否显著可查相应的临界值表.

3. Bartlett 的 χ^2 检验

计算

$$\chi^2 = \frac{1}{c}\left[(n-k)\ln S_c^2 - \sum_i (n_i - 1)\ln S_i^{*2}\right],$$

式中的 $c = 1 + \dfrac{1}{3(k-1)}\left(\sum_i \dfrac{1}{n_i - 1} - \dfrac{1}{n-k}\right)$, $S_c^2 = \dfrac{\mathrm{ss}_1 + \mathrm{ss}_2 + \cdots + \mathrm{ss}_k}{n-k}$. 当 $\chi^2 \geq \chi_{1-\alpha}^2(k-1)$ 时放弃 H_0 ,认为多个总体不同方差.

适合多个正态总体方差的同质性检验.

例如,有三个正态总体样本的修正方差 $S_1^{*2} = 4.2$, $S_2^{*2} = 6.0$, $S_3^{*2} = 3.1$,样本容量 $n_1 = 5$, $n_2 = 6$, $n_3 = 12$,试作总体方差的同质性检验, $\alpha = 0.05$.

这里 H_0 为 $\sigma_1^2 = \sigma_2^2 = \sigma_3^2$, H_1 为 $\sigma_1^2, \sigma_2^2, \sigma_3^2$ 中至少有两个是不相等的. 检验时可列表如下:

i	S_i^{*2}	$n_i - 1$	ss_i	$\ln S_i^{*2}$	$(n_i - 1)\ln S_i^{*2}$
1	4.2	4	16.8	1.43508	5.74032
2	6.0	5	30.0	1.79176	8.95880
3	3.1	11	34.1	1.13140	12.44540
和		20	80.9	4.35824	27.14452

根据表中的数据计算得到 $S_c^2 = 4.045$, $c = 1.0818$, $\chi^2 = 0.744$, 由

$\alpha = 0.05$ 查 χ^2 分布的分位数表得到 $\chi^2_{0.95}(2) = 5.99$ ， $\chi^2 < 5.99$ ，因此接受 H_0 ，认为三个总体的方差相等.

4. Levene 的 F 检验

检验多个总体方差的同质性，国内常用 Bartlett 的 χ^2 检验法，对多个正态总体方差进行同质性检验. 但对于不服从正态分布的总体，效果较差. Levene 的 F 检验既可以用于服从正态分布的总体，也可以用于不服从正态分布或分布不明的总体，效果较好.

此方法可概括为：先作数据转换，再对转换后的数据作方差分析.

先由 Levene 提出，后由 Brown 和 Forsythe 进行了扩展.

转换的方法包括：

(1) $Z_{ij} = \left| x_{ij} - \bar{x}_{i\cdot} \right|$ ，式中的 x_{ij} 为原始数据， $\bar{x}_{i\cdot}$ 是第 i 个样本原始数据的均值， Z_{ij} 为原始数据经过数据转换后得到的新值.

(1) $Z_{ij} = \left| x_{ij} - \tilde{x}_{i\cdot} \right|$ ， $\tilde{x}_{i\cdot}$ 是第 i 个样本原始数据的中位数.

(3) $Z_{ij} = \left| x_{ij} - \bar{x}'_{i\cdot} \right|$ ， $\bar{x}'_{i\cdot}$ 是第 i 个样本原始数据的 10% 调整均值，而 10% 调整均值是删去小于 5% 分位数和大于 95% 分位数的数据后，在两者之间的数据的均值.

以上对原始数据的转换可适用于不同的数据类型. 第一种转换方式可用于对称分布或正态分布的样本，第二种转换方式可用于偏态分布的样本，第三种转换方式可用于有极端值或离群值的样本.

Python 中的 $Z_{ij} = (x_{ij} - \bar{x}_{i\cdot})^2$.

试对例 3.1.2 中的数据作多个总体方差同质的 Levene 检验.

先作数据转换如下，接着对转换后的数据作方差分析.

配方	寿命 x_{ij}	均值	转换后 z_{ij}
1	19, 23, 21, 13	19	0, 16, 4, 36
2	21, 24, 27, 20	23	4, 1, 16, 9
3	20, 18, 19, 15	18	4, 0, 1, 9
4	22, 25, 27, 22	24	4, 1, 9, 4

(1) 计算 $T_{i\cdot} = \sum_j \bar{z}_{ij}$ $(j = 1, 2, \cdots, n_i)$ ， $\bar{z}_{i\cdot}$ ， $T = \sum_i T_{i\cdot}$ $(i = 1, 2, \cdots, r)$ 及 $\bar{x}_{\cdot\cdot}$ ，并列表：

处理	n_i	$T_{i\cdot}$	$\bar{z}_{i\cdot}$	$\sum_j z_{ij}^2$
1	4	56	14	1568
2	4	30	7.5	354
3	4	14	3.5	98
4	4	18	4.5	114
总和	16	118	7.375	2134

(2) 计算校正数 $C = \dfrac{T^2}{n} = 870.25$,

$$\sum_i \sum_j z_{ij}^2 = 2134 , \quad \text{SST} = \sum_i \sum_j z_{ij}^2 - C = 1263.75 ,$$

$$\sum_i \frac{T_{i\cdot}^2}{n_i} = 1139 , \quad \text{SSA} = \sum_i \frac{T_{i\cdot}^2}{n_i} - C = 268.75 ,$$

$$\text{SSE} = \text{SST} - \text{SSA} = 995 .$$

(3) 计算 $r - 1 = 3$, $n - r = 12$, $\text{MSA} = 89.58$, $\text{MSE} = 82.92$, $F = 1.0803$.

(4) 给出 $\alpha = 0.05$, 查表得到分位数 $F_{0.95}(3,12) = 3.49$.

(5) 列出方差分析表：

方差来源	平方和	自由度	均方和	F 值	显著性
A	268.75	3	89.58	1.0803	N
误差	995	12	82.92		
总和	1263.75	15			

因此接受 H_0 , 认为数据转换后, 各总体方差之间没有显著的差异.

3.2.3　应用 Python 作 Levene 的 F 检验

```
#对转换后的数据做单因素方差分析
import numpy as np
import pandas as pd
from statsmodels.formula.api import ols
from statsmodels.stats.anova import anova_lm
df = {'Z1':list([0,16,4,36]),
    'Z2':list([4,1,16,9]),
    'Z3':list([4,0,1,9]),
    'Z4':list([4,1,9,4])}
```

```
df = pd.DataFrame(df)
df_melt = df.melt()  # 将数据框拉直为向量
df_melt.columns = ['Treat','Value']
model = ols('Value~C(Treat)',data=df_melt).fit()
anova_table = anova_lm(model, typ = 2)
print("方差 Levene 齐性检验","\n",anova_table)
```

输出的结果为：

```
            sum_sq   df       F         PR(>F)
C(Treat)    268.75   3.0    1.080402    0.394355
Residual    995.00   12.0   NaN         NaN
```

3.2.4 方差的稳定性转换

在总体方差不同质的情况下，如果可以对观测数据进行某种转换，使转换后观测数据的方差近似同质，则称这种数据转换为**方差的稳定性转换**.

若总体 X 的均值为 μ，方差为 σ^2，方差的大小随着均值的大小而变化，方差或标准差是均值的函数，且 $\sigma = \varphi(\mu)$ 时，比较容易确定转换的方式.

例如，对 X 作转换 $Y = f(X)$，使 Y 的方差等于或近似等于一个常量. 为确定 $f(X)$，可将 $Y = f(X)$ 在 $X = \mu$ 的附近用 Taylor 级数展开，取一次项得到

$$Y \approx f(\mu) + f'(\mu)(X - \mu),$$

则 $EY \approx f(\mu)$，

$$D(Y) = E\left(Y - EY\right)^2 \approx E\left(Y - f(\mu)\right)^2$$
$$= \left(f'(\mu)\right)^2 E(X - \mu)^2 = \left(f'(\mu)\right)^2 \sigma^2.$$

令 $f'(\mu)\sigma =$ 常量，则有 $f'(\mu) \propto \dfrac{1}{\sigma}$，等式两边求积分得

$$f(X) \propto \int \frac{1}{\sigma} \mathrm{d}\mu = \int \frac{1}{\varphi(\mu)} \mathrm{d}\mu,$$

所求的转换函数为 $Y = f(X) = \displaystyle\int \frac{1}{\varphi(X)} \mathrm{d}X$.

此函数中所包含的常数项对 $f(X)$ 的方差没有影响，可以去掉常数项. 函数值的正负对 $f(X)$ 的方差也没有影响，转换 $Y = f(X)$ 与 $Y = -f(X)$ 的作用相同.

应用较多的转换如下：

151

(1) **平方根转换**. 当样本的方差与均值近似地成正比时，可认为总体的 $\sigma = \varphi(\mu) = \sqrt{\mu}$ ，

$$Y = \int \frac{1}{\sqrt{X}} \mathrm{d}X = \sqrt{X} + C .$$

因此，在作方差分析之前，可对观测值进行平方根转换，即令 $Y = \sqrt{X}$. 如果 X 的值较小，也可令 $Y = \sqrt{X+1}$ 或 $Y = \sqrt{X} + \sqrt{X+1}$.

(2) **对数转换**. 当样本的标准差和均值近似地成正比时，可认为总体的 $\sigma = \varphi(\mu) = \mu$ ，

$$Y = \int \frac{1}{X} \mathrm{d}X = \ln X + C .$$

因此，在作方差分析之前，可对观测值进行对数转换，即令 $Y = \ln X$ 或 $Y = \log X$. 若有观测值为 0，则令 $Y = \log(X+1)$.

当各样本方差的差异较大，但变异系数相接近时，可用对数转换.

(3) **倒数转换**. 当样本的标准差和均值的平方近似地成正比时，可认为总体的 $\sigma = \varphi(\mu) = \mu^2$ ，

$$Y = \int \frac{1}{X^2} \mathrm{d}X = -\frac{1}{X} + C .$$

因此，在作方差分析之前，可对观测值进行倒数转换，即令 $Y = \frac{1}{X}$.

倒数转换常用于以反应时间为指标的数据，例如某疾病患者的生存时间.

(4) **平方根反正弦转换**. 当样本的方差和均值×(1−均值)近似地成正比时，可认为总体的 $\sigma^2 = \mu(1-\mu)$ ，

$$Y = \int \frac{1}{\sqrt{X(1-X)}} \mathrm{d}X = \arcsin \sqrt{X} + C .$$

因此，在作方差分析之前，可对观测值进行平方根反正弦转换，即令 $Y = \arcsin \sqrt{X}$.

这种转换又叫**角转换**，常用于数据是百分率的情形. 这种变换让两端的百分率向中间的 50%靠近，使数据的差异变小. 当百分率都在 30%∼70%之间时可以不做转换，因为变换后的数据与变换前相差不大.

3.2.5 应用 Python 作方差的稳定性转换

例如，为比较玉米新品种与其他三个老品种的发芽率(%)，随机各抽取 600 粒，每 100 粒放在一个培养皿中做发芽试验，得到各品种的各个培养皿的发芽

率(%)数据如下:

品种	发芽率(%)
1(对照)	58, 86, 92, 95, 93, 97
2	90, 72, 67, 39, 51, 63
3	77, 57, 57, 59, 45, 45
4	80, 38, 36, 39, 85, 94

试先作 Levene 的 F 检验, 再作平方根反正弦转换后的方差分析.

(1) 分析转换前的数据是否方差齐性所用的 Python 程序如下:

```python
import numpy as np
import pandas as pd
from statsmodels.formula.api import ols
from statsmodels.stats.anova import anova_lm
df = {'A1':list([58,86,92,95,93,97]),
    'A2':list([90,72,67,39,51,63]),
    'A3':list([77,57,57,59,45,45]),
    'A4':list([80,38,36,39,85,94])}
df = pd.DataFrame(df)
#计算每个品种的均值
x1=np.mean([58,86,92,95,93,97]);x2=np.mean([90,72,
    67,39,51,63]);
x3=np.mean([77,57,57,59,45,45]);x4=np.mean([80,38,
    36,39,85,94]);
x=[x1,x2,x3,x4]
#Levene 的 F 检验
trandf=(df-x)**2
trandf_melt = trandf.melt()
trandf_melt.columns = ['Treat','Value']
model = ols('Value~C(Treat)',data=trandf_melt).fit()
anova_table = anova_lm(model, typ = 2)
print("方差 Levene 齐性检验","\n",anova_table)
```

输出的结果为:

方差 Levene 齐性检验

```
                sum_sq        df       F       PR(>F)
C(Treat)   8.783761e+05    3.0   4.171632   0.019017
```

```
Residual  1.403729e+06  20.0    NaN      NaN
```

从 $p = P\{F > 4.171632\} = 0.01907$ 比 0.05 小可以看出, 原始数据方差为非齐性.

(2) 分析转换后的数据是否方差齐性所用的 Python 程序如下:

```
y=np.arcsin((df/100)**(1/2)) ;
ymean=np.mean(y);
z=(y-ymean)**2;
z_melt=z.melt();
z_melt.columns = ['Treat','Value']
zmodel = ols('Value~C(Treat)',data=z_melt).fit();
zanova_table = anova_lm(zmodel, typ = 2) ;
print("数据转换后方差Levene齐性检验","\n",zanova_table)
```

输出结果为:

数据转换后方差 Levene 齐性检验

	sum_sq	df	F	PR(>F)
C(Treat)	0.013620	3.0	2.858172	0.062782
Residual	0.031768	20.0	NaN	NaN

从 $p = P\{F > 2.858172\} = 0.062782$ 比 0.05 大可以看出, 做反正弦变换后的数据的方差为齐性. 从而可以对反正弦变换后的数据进行方差分析.

(3) 分析转换后的数据是否有显著差异所用的 Python 程序如下:

```
y_melt = y.melt();
y_melt.columns = ['Treat','Value'] ;
model = ols('Value~C(Treat)',data=y_melt).fit();
anova_table = anova_lm(model, typ = 2) ;
print("数据转换后方差分析","\n",anova_table)
```

输出结果为:

数据转换后方差分析

	sum_sq	df	F	PR(>F)
C(Treat)	0.495562	3.0	3.6083	0.031269
Residual	0.915597	20.0	NaN	NaN

从 $p = P\{F > 3.6083\} = 0.031269$ 比 0.05 小可以看出, 拒绝 H_0, 说明做反正弦变换后的数据的均值有显著差异.

☞ 习题 3.2

1. 在校园中有三盏诱蛾灯, 连续 5 天诱蛾的记录如下, 试用 Python 先作 Levene 的 F 检验, 再作对数转换后的方差分析.

地点	观测记录
1	12, 46, 30, 38, 17
2	11, 21, 24, 5, 22
3	13, 4, 16, 11, 8

2. 某种离合器型号 3 与离合器型号 1 与 2 作有效率的对比试验, 各作 5 组, 每组 100 例, 得到有效率的观测值如下, 试用 Python 先作 Levene 的 F 检验, 再作平方根反正弦转换后的方差分析.

离合器型号	有效率(%)
1	23, 21, 29, 28, 24
2	40, 33, 33, 12, 34
3	62, 45, 27, 69, 29

3.3 无交互效应的双因素试验的方差分析及 Python 代码

3.3.1 双因素试验及有关的基本概念

通过试验的设计, 在试验中只安排两个因素有所变化, 取不同的水平, 而其余的因素都在设计的水平下保持不变的试验称为**双因素试验**.

可设双因素试验的一个因素为 A, 共有 $A_1, A_2, \cdots, A_r$ 等 r 个水平, 另一个因素为 B, 共有 $B_1, B_2, \cdots, B_s$ 等 s 个水平. 这两个因素的水平互相搭配各安排一次试验, 其中 A 因素的 A_i 水平与 B 因素的 B_j 水平搭配安排试验所得到的样本为 X_{ij}, 相应的观测值为 x_{ij}.

在上述双因素试验中, 假定有 rs 个编号为 (i, j) 的正态总体($i = 1, 2, \cdots, r$, $j = 1, 2, \cdots, s$), 它们分别服从 $N(\mu_{ij}, \sigma^2)$ 分布. 当 μ_{ij} 及 σ^2 未知时, 要根据取

自这 rs 个正态总体的 rs 个相互独立且方差相同的样本检验原假设 H_{01} : 各 $\mu_i.$ ($i = 1,2,\cdots,r$)相等及 H_{02} : 各 $\mu_{.j}$ ($j = 1,2,\cdots,s$) 相等, 所作的检验以及对未知参数的估计称为**方差分析**, 其中 $\mu_{i.} = \dfrac{1}{s} \sum_j \mu_{ij}$, $\mu_{.j} = \dfrac{1}{r} \sum_i \mu_{ij}$.

若规定

$$\mu = \frac{1}{rs} \sum_i \sum_j \mu_{ij} = \frac{1}{r} \sum_i \mu_{i.} = \frac{1}{s} \sum_j \mu_{.j} ,$$

且 $\alpha_i = \mu_{i.} - \mu$, $\beta_j = \mu_{.j} - \mu$, $\sum_i \alpha_i = 0$, $\sum_j \beta_j = 0$, 则

$$x_{ij} = \mu_{ij} + \varepsilon_{ij} = \mu + \alpha_i + \beta_j + \varepsilon_{ij}$$

为双因素试验不考虑交互作用的方差分析的数学模型, 式中 $i = 1,2,\cdots,r$, $j = 1,2,\cdots,s$, μ 称为**总平均值**, α_i 称为**因素 A 的水平 A_i 的效应**, β_j 称为**因素 B 的水平 B_j 的效应**, 各个 ε_{ij} 称为**随机误差**, 各个 ε_{ij} 相互独立且都服从 $N(0,\sigma^2)$ 分布, 要检验的原假设 H_{01} 为各 $\alpha_i = 0$ 和 H_{02} 为各 $\beta_j = 0$.

这里的 $u_{ij} = \mu + \alpha_i + \beta_j$ 表示因素 A 与 B 的效应对于总体的均值 μ 是可以叠加的, 但没有考虑交互作用. 否则就要考虑交互作用, 即

$$u_{ij} = \mu + \alpha_i + \beta_j + \gamma_{ij} ,$$

其中 γ_{ij} 表示因素 A 与 B 的效应对于总体的均值 μ 的交互作用. 对于有交互作用的方差分析将在下一节中介绍.

3.3.2　总离均差平方和的分解

将样本及样本的观测值初步整理后有 $\bar{x}_{i.} = \dfrac{1}{s} \sum_{j=1}^{s} x_{ij}$, $\bar{x}_{.j} = \dfrac{1}{r} \sum_{i=1}^{r} x_{ij}$,

$$\bar{x}_{..} = \frac{1}{rs} \sum_i \sum_j x_{ij} = \frac{1}{r} \sum_i \bar{x}_{i.} = \frac{1}{s} \sum_j \bar{x}_{.j} .$$

根据矩法, 可用 $\bar{x}_{..}$ 估计 μ , 用 $\bar{x}_{i.}$ 估计 $\mu_{i.}$, 用 $\bar{x}_{i.} - \bar{x}_{..}$ 估计 $\alpha_i = \mu_{i.} - \mu$, 用 $\bar{x}_{.j}$ 估计 $\mu_{.j}$, 用 $\bar{x}_{.j} - \bar{x}_{..}$ 估计 $\beta_j = \mu_{.j} - \mu$.

通常称 $x_{ij} - \bar{x}_{..}$ 为**观测值 x_{ij} 的总离均差**, 它可以分解为

$$(\bar{x}_{i.} - \bar{x}_{..}) + (\bar{x}_{.j} - \bar{x}_{..}) + (x_{ij} - \bar{x}_{i.} - \bar{x}_{.j} + \bar{x}_{..}) .$$

记 $\mathrm{SST} = \sum_i \sum_j (x_{ij} - \bar{x}_{..})^2$, $\mathrm{SSE} = \sum_i \sum_j (x_{ij} - \bar{x}_{i.} - \bar{x}_{.j} + \bar{x}_{..})^2$,

$$\mathrm{SSA} = \sum_i \sum_j (\bar{x}_{i.} - \bar{x}_{..})^2 = s \sum_i (\bar{x}_{i.} - \bar{x}_{..})^2 ,$$

$$\text{SSB} = \sum_i \sum_j (\overline{x}_{.j} - \overline{x}_{..})^2 = r \sum_j (\overline{x}_{.j} - \overline{x}_{..})^2 .$$

可以验证 $\text{SST} = \text{SSE} + \text{SSA} + \text{SSB}$，称之为**总离均差平方和的分解**. 称 SSE 为**误差平方和**，称 SSA 为**因素 A 的效应平方和**，称 SSB 为**因素 B 的效应平方和**.

可以证明：

定理 3.3.1 $\dfrac{\text{SSE}}{\sigma^2}$ 服从 $\chi^2((r-1)(s-1))$ 分布.

定理 3.3.2 当 H_{01} 为真时，$\dfrac{\text{SSA}}{\sigma^2}$ 服从 $\chi^2(r-1)$ 分布，且 SSE 与 SSA 相互独立.

记 $\text{MSA} = \dfrac{\text{SSA}}{r-1}$，$\text{MSE} = \dfrac{\text{SSE}}{(r-1)(s-1)}$，则 $F_A = \dfrac{\text{MSA}}{\text{MSE}}$ 服从 $F(r-1,(r-1)(s-1))$ 分布，原假设 H_{01} 的放弃域为 $F_A \geq F_{1-\alpha}\left(r-1,(r-1)(s-1)\right)$.

定理 3.3.3 当 H_{02} 为真时，$\dfrac{\text{SSB}}{\sigma^2}$ 服从 $\chi^2(s-1)$ 分布，且 SSE 与 SSB 相互独立.

记 $\text{MSB} = \dfrac{\text{SSB}}{s-1}$，$\text{MSE} = \dfrac{\text{SSE}}{(r-1)(s-1)}$，则 $F_B = \dfrac{\text{MSB}}{\text{MSE}}$ 服从 $F\left(s-1,(r-1)(s-1)\right)$ 分布，原假设 H_{02} 的放弃域为 $F_B \geq F_{1-\alpha}\left(s-1,(r-1)(s-1)\right)$.

3.3.3 总体中未知参数的估计

(1) $\hat{\mu} = \overline{x}_{..}$，$\hat{\mu}_{i.} = \overline{x}_{i.}$，$\hat{\mu}_{.j} = \overline{x}_{.j}$，$\hat{\alpha}_i = \overline{x}_{i.} - \overline{x}_{..}$，$\hat{\beta}_j = \overline{x}_{.j} - \overline{x}_{..}$，并且 $E(\overline{x}_{..}) = \mu$，$E(\overline{x}_{i.}) = \mu_{i.}$，$E(\overline{x}_{.j}) = \mu_{.j}$，$E(\overline{x}_{i.} - \overline{x}_{..}) = \alpha_i$，$E(\overline{x}_{.j} - \overline{x}_{..}) = \beta_j$.

(2) $\hat{\sigma}^2 = \text{MSE} = \dfrac{\text{SSE}}{(r-1)(s-1)}$，并且 $E(\text{MSE}) = \sigma^2$.

(3) 当放弃原假设 H_{01} 且 $u \neq v$ 时，均值差 $\mu_{u.} - \mu_{v.}$ 的双侧 $1-\alpha$ 置信区间可表示为 $(\overline{x}_{u.} - \overline{x}_{v.} \pm \Delta_{uv})$，

$$\Delta_{uv} = t_{1-0.5\alpha}\left((r-1)(s-1)\right)\sqrt{\text{MSE}\left(\frac{2}{s}\right)} .$$

(4) 当放弃原假设 H_{02} 且 $k \neq l$ 时，均值差 $\mu_{.k} - \mu_{.l}$ 的双侧 $1-\alpha$ 置信区间可表示为 $(\overline{x}_{.k} - \overline{x}_{.l} \pm \Delta_{kl})$，

$$\Delta_{kl} = t_{1-0.5\alpha}\left((r-1)(s-1)\right)\sqrt{\mathrm{MSE}\left(\frac{2}{r}\right)}.$$

3.3.4 双因素试验不考虑交互作用的方差分析的步骤

(1) 计算 $T_{i\cdot} = \sum_j x_{ij}$，$\overline{x}_{i\cdot}$，$T_{\cdot j} = \sum_i x_{ij}$，$\overline{x}_{\cdot j}$，以及 $T = \sum_i \sum_j x_{ij} = \sum_i T_{i\cdot} = \sum_j T_{\cdot j}$ 和 $\overline{x}_{\cdot\cdot}$，$i = 1, 2, \cdots, r$，$j = 1, 2, \cdots, s$.

(2) 计算 $C = \dfrac{T^2}{rs}$，$\mathrm{SST} = \sum_i \sum_j x_{ij}^2 - C$，$\mathrm{SSA} = \sum_i \dfrac{T_{i\cdot}^2}{s} - C$，$\mathrm{SSB} = \sum_j \dfrac{T_{\cdot j}^2}{r} - C$，以及 $\mathrm{SSE} = \mathrm{SST} - \mathrm{SSA} - \mathrm{SSB}$.

(3) 计算均方和 $\mathrm{MSA}, \mathrm{MSB}, \mathrm{MSE}$，以及 $F_A = \dfrac{\mathrm{MSA}}{\mathrm{MSE}}$，$F_B = \dfrac{\mathrm{MSB}}{\mathrm{MSE}}$.

(4) 给出 α，确定分位数 $F_{1-\alpha}\left(r-1, (r-1)(s-1)\right)$ 和 $F_{1-\alpha}\left(s-1, (r-1)(s-1)\right)$，或通过计算程序得到服从 $F\left(r-1, (r-1)(s-1)\right)$ 与服从 $F\left(s-1, (r-1)(s-1)\right)$ 的随机变量取值 $> F$ 的概率（在 Python 输出的结果中此概率通常记作 $(\mathrm{Pr} > \mathrm{F})$).

(5) 列出方差分析表:

方差来源	平方和	自由度	均方和	F 值	显著性
A	SSA	$r-1$	MSA	F_A	
B	SSB	$s-1$	MSB	F_B	
误差	SSE	$(r-1)(s-1)$	MSE		
总和	SST	$rs-1$			

其中的显著性一栏应写出与 $F_{1-\alpha}\left(f, (r-1)(s-1)\right)$ 比较的结果:

　　F_A 或 $F_B > F_{0.99}\left(f, (r-1)(s-1)\right)$ 时写 **;

　　$F_{0.95}\left(f, (r-1)(s-1)\right) < F_A$ 或 $F_B < F_{0.99}\left(f, (r-1)(s-1)\right)$ 时写 *;

　　F_A 或 $F_B < F_{0.95}\left(f, (r-1)(s-1)\right)$ 时写 N, 式中 f 分别为 F_A 或 F_B 的第一自由度.

或者写出 $\mathrm{Pr} > \mathrm{F}$ 与 0.01 或 0.05 比较的结果: $(\mathrm{Pr} > \mathrm{F}) < 0.01$ 时写 **, $0.01 < (\mathrm{Pr} > \mathrm{F}) < 0.05$ 时写 *, $(\mathrm{Pr} > \mathrm{F}) > 0.05$ 时写 N.

(6) 写出假设检验的结论.

例 3.3.1 考虑 3 种不同形式的广告和 5 种不同的价格对某种商品销量的

影响. 选取某市 15 家大超市, 统计出一个月的销量如下 (设显著性水平为 0.05),
试用 Python 做方差分析.

广告 \ 价格	I	II	III	IV	V
1	276	352	178	295	273
2	114	176	102	155	128
3	364	547	288	392	378

解 设 H_{01} 为各 $\mu_{i\cdot}$ 相等, 也就是 3 种广告带来的销量之间没有显著的差异, H_{02} 为各 $\mu_{\cdot j}$ 相等, 也就是 5 种价格带来的销量之间没有显著的差异.
用Python计算得到方差分析表

	df	sum_sq	mean_sq	F	PR(>F)
C(ad)	2.0	167804.133333	83902.066667	63.089004	0.000013
C(price)	4.0	44568.400000	11142.100000	8.378149	0.005833
Residual	8.0	10639.200000	1329.900000	NaN	NaN

因此放弃 H_{01} 和 H_{02}, 认为各 $\mu_{i\cdot}$ 不相等, 各 $\mu_{\cdot j}$ 也不相等, 即各广告的销量之间有极显著的差异, 各价格的销量之间也有极显著的差异.

3.3.5 无交互效应的双因素试验方差分析的 Python 程序

```
import numpy as np;
import pandas as pd;
from statsmodels.formula.api import ols;
from statsmodels.stats.anova import anova_lm;
d = np.array([
    [276, 352, 178, 295, 273],
    [114, 176, 102, 155, 128],
    [364, 547, 288, 392, 378]]);
df = pd.DataFrame(d);
df.index=pd.Index(['A1','A2','A3'],name='ad') ;
df.columns=pd.Index(['B1','B2','B3','B4','B5'],name='price');
df1=df.stack().reset_index().rename(columns={0:'value'});
model = ols('value~C(ad) + C(price)', df1).fit();
anova_lm(model)
```

☞ 习题 3.3

1. 对 3 个玉米品种用 3 种方法进行管理, 得到 9 个小区的产量(单位: kg)如下:

品种＼方法	B_1	B_2	B_3
A_1	11	30	43
A_2	31	29	45
A_3	15	25	47

试用 Python 作方差分析, 估计各个总体的未知参数 $\mu_{i\cdot}, \mu_{\cdot j}$ 和 μ; 如有必要, 试求出两两总体均值差的双侧 0.95 置信区间.

2. 有 4 个工人操作 5 台机床生产棉纱, 得到产量(单位: kg)如下:

工人＼机床	A	B	C	D	E
甲	2.4	2.5	3.2	3.4	2.0
乙	2.6	2.2	3.2	3.5	1.8
丙	2.1	2.7	3.5	3.8	1.8
丁	2.4	2.7	3.1	3.2	2.3

试用 Python 作方差分析, 估计各个总体的未知参数 $\mu_{i\cdot}, \mu_{\cdot j}$ 和 μ; 如有必要, 试求出两两总体均值差的双侧 0.95 置信区间.

3.4 有交互效应的双因素试验的方差分析及 Python 代码

3.4.1 考虑交互作用的双因素试验

可设双因素试验的一个因素为 A, 共有 $A_1, A_2, \cdots, A_r$ 等 r 个水平, 另一个因素为 B, 共有 $B_1, B_2, \cdots, B_s$ 等 s 个水平. 将这两个因素的各水平互相搭配并各安排 m 次试验, 其中 A 因素的 A_i 水平与 B 因素的 B_j 水平搭配安排试验所得到的样本记为 X_{ijk}, 相应的观测值记为 x_{ijk}.

在上述双因素试验中，假定有 rs 个编号为 (i,j) 的正态总体($i=1,2,\cdots,r$，$j=1,2,\cdots,s$)，它们分别服从 $N(\mu_{ij},\sigma^2)$ 分布，当 μ_{ij} 及 σ^2 未知时，要根据取自这 rs 个正态总体的 rsm 个相互独立且方差相同的样本检验原假设 H_{01}：各 $\mu_{i\cdot}(i=1,2,\cdots,r)$ 相等和 H_{02}：各 $\mu_{\cdot j}(j=1,2,\cdots,s)$ 相等及 H_{03}：各 $\gamma_{ij}=\mu_{ij}-\mu_{i\cdot}-\mu_{\cdot j}+\mu=0$，所作的检验以及对未知参数的估计称为**有交互作用的双因素方差分析**，其中 $\mu_{i\cdot}=\dfrac{1}{s}\sum_j \mu_{ij}$，$\mu_{\cdot j}=\dfrac{1}{r}\sum_i \mu_{ij}$.

若规定

$$\mu=\frac{1}{rs}\sum_i \sum_j \mu_{ij}=\frac{1}{r}\sum_i \mu_{i\cdot}=\frac{1}{s}\sum_j \mu_{\cdot j},$$

$\alpha_i=\mu_{i\cdot}-\mu$，$\beta_j=\mu_{\cdot j}-\mu$，$\gamma_{ij}=\mu_{ij}-(\mu+\alpha_i+\beta_j)$，且 $\sum_i \alpha_i=0$，$\sum_j \beta_j=0$，$\sum_j \gamma_{ij}=0$，则

$$x_{ijk}=\mu_{ij}+\varepsilon_{ijk}=\mu+\alpha_i+\beta_j+\gamma_{ij}+\varepsilon_{ijk}$$

为双因素试验考虑交互作用的方差分析的数学模型，式中的 $i=1,2,\cdots,r$，$j=1,2,\cdots,s$，$k=1,2,\cdots,m$，μ 称为**总平均值**，α_i 称为**因素 A 的水平 A_i 的效应**，β_j 称为**因素 B 的水平 B_j 的效应**，γ_{ij} 称为**因素 A 的水平 A_i 与因素 B 的水平 B_j 的交互作用的效应**，各个 ε_{ijk} 称为**随机误差**，各个 ε_{ijk} 相互独立且都服从 $N(0,\sigma^2)$ 分布，要检验的原假设 H_{01} 为各 $\alpha_i=0$，H_{02} 为各 $\beta_j=0$，H_{03} 为各 $\gamma_{ij}=0$.

3.4.2 总离均差平方和的分解

将样本及样本的观测值初步整理后有

$$\overline{x}_{ij\cdot}=\frac{1}{m}\sum_{k=1}^m x_{ijk}，\quad \overline{x}_{i\cdot\cdot}=\frac{1}{sm}\sum_{j=1}^s \sum_{k=1}^m x_{ijk}=\frac{1}{s}\sum_{j=1}^s \overline{x}_{ij\cdot},$$

$$\overline{x}_{\cdot j\cdot}=\frac{1}{rm}\sum_{i=1}^r \sum_{k=1}^m x_{ijk}=\frac{1}{r}\sum_{i=1}^r \overline{x}_{ij\cdot},$$

$$\overline{x}_{\cdots}=\frac{1}{rsm}\sum_{i=1}^r \sum_{j=1}^s \sum_{k=1}^m x_{ijk}=\frac{1}{r}\sum_{i=1}^r \overline{x}_{i\cdot\cdot}=\frac{1}{s}\sum_{j=1}^s \overline{x}_{\cdot j\cdot}.$$

根据矩法，可用 $\overline{x}_{\cdots}$ 估计 μ，用 $\overline{x}_{i\cdot\cdot}$ 估计 $\mu_{i\cdot}$，用 $\overline{x}_{i\cdot\cdot}-\overline{x}_{\cdots}$ 估计 $\alpha_i=\mu_{i\cdot}-\mu$，用 $\overline{x}_{\cdot j\cdot}$ 估计 $\mu_{\cdot j}$，用 $\overline{x}_{\cdot j\cdot}-\overline{x}_{\cdots}$ 估计 $\beta_j=\mu_{\cdot j}-\mu$.

通常称 $x_{ijk}-\overline{x}_{\cdots}$ 为**观测值 x_{ijk} 的总离均差**，它可以分解为

$$(\overline{x}_{i..} - \overline{x}_{...}) + (\overline{x}_{.j.} - \overline{x}_{...}) + (\overline{x}_{ij.} - \overline{x}_{i..} - \overline{x}_{.j.} + \overline{x}_{...}) + (x_{ijk} - \overline{x}_{ij.}).$$

记 $\mathrm{SST} = \sum_i \sum_j \sum_k (x_{ijk} - \overline{x}_{...})^2$，$\mathrm{SSE} = \sum_i \sum_j \sum_k (x_{ijk} - \overline{x}_{ij.})^2$，

$$\mathrm{SSA} = \sum_i \sum_j \sum_k (\overline{x}_{i..} - \overline{x}_{...})^2 = sm \sum_i (\overline{x}_{i..} - \overline{x}_{...})^2,$$

$$\mathrm{SSB} = \sum_i \sum_j \sum_k (\overline{x}_{.j.} - \overline{x}_{...})^2 = rm \sum_j (\overline{x}_{.j.} - \overline{x}_{...})^2,$$

$$\mathrm{SSAB} = \sum_i \sum_j \sum_k (\overline{x}_{ij.} - \overline{x}_{i..} - \overline{x}_{.j.} + \overline{x}_{...})^2.$$

可以验证 $\mathrm{SST} = \mathrm{SSE} + \mathrm{SSA} + \mathrm{SSB}$，称之为**总离均差平方和的分解**. 称 SSE 为**误差平方和**，称 SSA 为**因素 A 的效应平方和**，称 SSB 为**因素 B 的效应平方和**，称 SSAB 为**交互作用平方和**.

可以证明：

定理 3.4.1　$\dfrac{\mathrm{SSE}}{\sigma^2}$ 服从 $\chi^2\big(rs(m-1)\big)$ 分布.

定理 3.4.2　当 H_{01} 为真时，$\dfrac{\mathrm{SSA}}{\sigma^2}$ 服从 $\chi^2(r-1)$ 分布，且 SSE 与 SSA 相互独立.

记 $\mathrm{MSA} = \dfrac{\mathrm{SSA}}{r-1}$，$\mathrm{MSE} = \dfrac{\mathrm{SSE}}{rs(m-1)}$，则 $F_A = \dfrac{\mathrm{MSA}}{\mathrm{MSE}}$ 服从 $F\big(r-1,$ $rs(m-1)\big)$ 分布，原假设 H_{01} 的放弃域为 $F \geqslant F_{1-\alpha}\big(r-1, rs(m-1)\big)$.

定理 3.4.3　当 H_{02} 为真时，$\dfrac{\mathrm{SSB}}{\sigma^2}$ 服从 $\chi^2(s-1)$ 分布，且 SSE 与 SSB 相互独立.

记 $\mathrm{MSB} = \dfrac{\mathrm{SSB}}{s-1}$，$\mathrm{MSE} = \dfrac{\mathrm{SSE}}{rs(m-1)}$，则 $F_B = \dfrac{\mathrm{MSB}}{\mathrm{MSE}}$ 服从 $F\big(s-1, rs(m-1)\big)$ 分布，原假设 H_{02} 的放弃域为 $F_B \geqslant F_{1-\alpha}\big(s-1, rs(m-1)\big)$.

定理 3.4.4　当 H_{03} 为真时，$\dfrac{\mathrm{SSAB}}{\sigma^2}$ 服从 $\chi^2\big((r-1)(s-1)\big)$ 分布，且 SSE 与 SSAB 相互独立.

记 $\mathrm{MSAB} = \dfrac{\mathrm{SSAB}}{(r-1)(s-1)}$，$\mathrm{MSE} = \dfrac{\mathrm{SSE}}{rs(m-1)}$，则 $F_{AB} = \dfrac{\mathrm{MSAB}}{\mathrm{MSE}}$ 服从 $F\big((r-1)(s-1), rs(m-1)\big)$ 分布，原假设 H_{03} 的放弃域为

$$F_{AB} \geqslant F_{1-\alpha}\big((r-1)(s-1), rs(m-1)\big).$$

3.4.3 总体中未知参数的估计

(1) $\hat{\mu} = \overline{x}_{\cdots}$, $\hat{\mu}_{i\cdot} = \overline{x}_{i\cdots}$, $\hat{\mu}_{\cdot j} = \overline{x}_{\cdot j\cdot}$, $\hat{\alpha}_i = \overline{x}_{i\cdots} - \overline{x}_{\cdots}$, $\hat{\beta}_j = \overline{x}_{\cdot j\cdot} - \overline{x}_{\cdots}$, $\hat{\gamma}_{ij} = \overline{x}_{ij\cdot} - \overline{x}_{i\cdots} - \overline{x}_{\cdot j\cdot} + \overline{x}_{\cdots}$, 并且 $E(\overline{x}_{\cdots}) = \mu$, $E(\overline{x}_{i\cdots}) = \mu_{i\cdot}$, $E(\overline{x}_{\cdot j\cdot}) = \mu_{\cdot j}$, $E(\overline{x}_{i\cdots} - \overline{x}_{\cdots}) = \alpha_i$, $E(\overline{x}_{\cdot j\cdot} - \overline{x}_{\cdots}) = \beta_j$, $E(\overline{x}_{ij\cdot} - \overline{x}_{i\cdots} - \overline{x}_{\cdot j\cdot} + \overline{x}_{\cdots}) = \gamma_{ij}$.

(2) $\hat{\sigma}^2 = \mathrm{MSE} = \dfrac{\mathrm{SSE}}{rs(m-1)}$, 并且 $E(\mathrm{MSE}) = \sigma^2$.

(3) 当放弃原假设 H_{01} 且 $u \neq v$ 时,均值差 $\mu_{u\cdot} - \mu_{v\cdot}$ 的双侧 $1-\alpha$ 置信区间可表示为 $(\overline{x}_{u\cdots} - \overline{x}_{v\cdots} + \Delta_{uv})$,

$$\Delta_{uv} = t_{1-0.5\alpha}\left(rs(m-1)\right)\sqrt{\mathrm{MSE}\frac{2}{sm}} .$$

(4) 当放弃原假设 H_{02} 且 $p \neq q$ 时,均值差 $\mu_{\cdot p} - \mu_{\cdot q}$ 的双侧 $1-\alpha$ 置信区间可表示为 $(\overline{x}_{\cdot p\cdot} - \overline{x}_{\cdot q\cdot} + \Delta_{pq})$,

$$\Delta_{pq} = t_{1-0.5\alpha}\left(rs(m-1)\right)\sqrt{\mathrm{MSE}\frac{2}{rm}} .$$

3.4.4 双因素试验考虑交互作用的方差分析的步骤

(1) 计算 $T_{ij\cdot} = \sum\limits_{k=1}^{m} x_{ijk}$, $\overline{x}_{ij\cdot}$, $T_{i\cdots} = \sum\limits_{j=1}^{s} T_{ij\cdot}$, $\overline{x}_{i\cdots}$, $T_{\cdot j\cdot} = \sum\limits_{i=1}^{r} T_{ij\cdot}$, $\overline{x}_{\cdot j\cdot}$, 以及 $T = \sum\limits_{i}\sum\limits_{j}\sum\limits_{k} x_{ijk} = \sum\limits_{i} T_{i\cdots} = \sum\limits_{j} T_{\cdot j\cdot}$ 和 $\overline{x}_{\cdots}$.

(2) 计算 $C = \dfrac{T^2}{rsm}$, $\mathrm{SST} = \sum\limits_{i}\sum\limits_{j}\sum\limits_{k} x_{ijk}^2 - C$, $\mathrm{SSA} = \sum\limits_{i}\dfrac{T_{i\cdots}^2}{sm} - C$, $\mathrm{SSB} = \sum\limits_{j}\dfrac{T_{\cdot j\cdot}^2}{rm} - C$, $\mathrm{SSE} = \mathrm{SST} - \left(\sum\limits_{i}\sum\limits_{j}\dfrac{T_{ij\cdot}^2}{m} - C\right)$, 以及

$$\mathrm{SSAB} = \mathrm{SST} - \mathrm{SSA} - \mathrm{SSB} - \mathrm{SSE} .$$

(3) 计算均方和 $\mathrm{MSA}, \mathrm{MSB}, \mathrm{MSAB}, \mathrm{MSE}$ 及 F_A, F_B, F_{AB} .

(4) 给出 α ,确定分位数 $F_{1-\alpha}\left(f, rs(m-1)\right)$,其中 f 分别为 F_A, F_B, F_{AB} 的自由度或通过计算程序得到服从 $F\left(f, rs(m-1)\right)$ 的随机变量取值 $> F$ 的概率(在 Python 输出的结果中此概率通常记作 $(\mathrm{Pr} > \mathrm{F})$).

(5) 列出方差分析表:

方差来源	平方和	自由度	均方和	F 值	显著性
A	SSA	$r-1$	MSA	F_A	
B	SSB	$s-1$	MSB	F_B	
AB	SSAB	$(r-1)(s-1)$	MSAB	F_{AB}	
误差	SSE	$rs(m-1)$	MSE		
总和	SST	$rsm-1$			

其中的显著性一栏应写出与 $F_{1-\alpha}\left(f, rs(m-1)\right)$ 比较的结果:

F_A 或 F_B 或 $F_{AB} > F_{0.99}\left(f, rs(m-1)\right)$ 时写**;

$F_{0.95}\left(f, rs(m-1)\right) < F_A$ 或 F_B 或 $F_{AB} < F_{0.99}\left(f, rs(m-1)\right)$ 时写*;

F_A 或 F_B 或 $F_{AB} < F_{0.95}\left(f, rs(m-1)\right)$ 时写 N, 式中的 f 分别为 F_A 或 F_B 或 F_{AB} 的第一自由度;

或者写出 $(\Pr > F)$ 与 0.01 或 0.05 比较的结果: $(\Pr > F) < 0.01$ 时写**, $0.01 < (\Pr > F) < 0.05$ 时写*, $(\Pr > F) > 0.05$ 时写 N.

(也可先检验 H_{03}, 当 F_{AB} 不显著时, 将 SSAB 与 SSE 相加、对应的自由度相加作为新的 SSE 及自由度, 再检验 H_{01} 和 H_{02}.)

(6) 写出假设检验的结论.

例 3.4.1　火箭的射程与燃料的种类和推进器的型号有关, 现对 4 种不同的燃料与 3 种不同型号的推进器进行试验, 每种组合各发射火箭两次, 测得火箭的射程(单位: km)结果如下:

燃料 ＼ 推进器	B_1	B_2	B_3
A_1	58.2, 52.6	56.2, 41.2	65.3, 60.8
A_2	49.1, 42.8	54.1, 50.5	51.6, 48.4
A_3	60.1, 58.3	70.9, 73.2	39.2, 40.7
A_4	75.8, 71.2	58.2, 51.0	48.7, 41.4

解　设 H_{01} 为各 $\mu_{i\cdot}$ 相等, 即各种燃料对应的观测值之间没有显著的差异, H_{02} 为各 $\mu_{\cdot j}$ 相等, 即各种推进器对应的观测值之间没有显著的差异, H_{03} 为各 $\gamma_{ij} = 0$ 都等于 0, 即各种燃料与推进器搭配试验的交互作用都等于 0.

用 Python 计算得到方差分析表:

	df	sum_sq	mean_sq	F	PR(>F)
C(燃料)	3.0	261.675000	87.225000	4.417388	0.025969
C(推进器)	2.0	370.980833	185.490417	9.393902	0.003506
C(燃料):C(推进器)	6.0	1768.692500	294.782083	14.928825	0.000062
Residual	12.0	236.950000	19.745833	NaN	NaN

根据上述方差分析表中的 p 值易知, 放弃 H_{01}, H_{02}, H_{03}, 认为各 $\mu_{i\cdot}$ 不相等, 各 $\mu_{\cdot j}$ 显著不相等, 各 γ_{ij} 都极显著不等于 0, 即各种燃料对应的观测值之间有极显著的差异, 各种推进器对应的观测值之间有极显著的差异, 各种燃料与推进器搭配试验有极显著的交互作用.

3.4.5 有交互效应的双因素试验方差分析的 Python 程序

```python
import numpy as np
import pandas as pd
from statsmodels.formula.api import ols
from statsmodels.stats.anova import anova_lm
crd = np.array([
    [58.2, 52.6, 56.2, 41.2, 65.3, 60.8],
    [49.1, 42.8, 54.1, 50.5, 51.6, 48.4],
    [60.1, 58.3, 70.9, 73.2, 39.2, 40.7],
    [75.8, 71.5, 58.2, 51.0, 48.7,41.4]]);
crdf = pd.DataFrame(crd) ;
crdf.index=pd.Index(['A1','A2','A3','A4'],name='燃料');
crdf.columns=pd.Index(['B1','B1','B2','B2','B3',
    'B3'],name='推进器') ;
crdf1=crdf.stack().reset_index().rename(columns=
    {0:'射程'});
crmodel = ols('射程~C(燃料)+C(推进器)+C(燃料):C(推进器)',
    crdf1).fit();
anova_lm(crmodel)
```

☞ **习题 3.4**

1. 盆栽小麦施 N 施 P 肥试验得到单株产量(单位: g)的数据如下:

施N \ 施P	P_0	P_1
N_0	9, 12, 9	10, 13, 10
N_1	13, 15, 14	14, 20, 17

试用 Python 作方差分析，估计各个总体的未知参数 $\mu_{i\cdot}, \mu_{\cdot j}$ 和 μ；如有必要，试求出两两总体均值差的双侧 0.95 置信区间.

2. 某种化工过程在 3 种浓度、4 种温度下成品的得率如下：

浓度 \ 温度	10℃	24℃	38℃	52℃
2%	14, 10	11, 11	13, 9	10, 12
4%	9, 7	10, 8	7, 11	6, 10
6%	5, 11	13, 14	12, 13	14, 10

试先作得率数据的平方根反正弦变换后再用 Python 作方差分析.

3.5 二级系统分组试验的方差分析及 Python 代码

3.5.1 系统分组试验及有关的基本概念

系统分组试验包括二级系统分组试验、三级系统分组试验和多级系统分组试验.

以下讲述二级系统分组试验的方差分析.

如果在有因素 A 和因素 B 的试验中，先确定因素 B 的各个水平，再给因素 A 的每一个水平都搭配安排因素 B 的若干个水平进行若干次重复试验，那么，这样的试验就称为**二级系统分组试验**. 习惯上，因素 A 的各个水平称为**组**，有几个水平就有几个组；与各个组搭配安排的因素 B 的若干个水平称为**亚组**，有几个水平就有几个亚组.

前两节所讲述的双因素试验与二级系统分组试验的区别在于双因素试验是因素 A 与因素 B 的水平互相搭配后安排若干次试验，而二级系统分组试验是将因素 A 的安排在先，因素 B 的安排在后，并且是将因素 B 的若干个水平单相搭配给因素 A 的各个水平，或者说嵌套在因素 A 的各个水平之中安排若干次试验.

例如，因素 A 的两个水平与因素 B 的三个水平搭配所安排的双因素试验与二级系统分组试验分别是：

双因素试验：A_1B_1, A_1B_2, A_1B_3；A_2B_1, A_2B_2, A_2B_3；

二级系统分组试验：A_1B_1, A_1B_2, A_1B_3；A_2B_4, A_2B_5, A_2B_6.

除非 B_1 与 B_4 相同，B_2 与 B_5 相同，B_3 与 B_6 相同，二者才没有区别. 否则两类试验的假设检验及未知参数的估计方法是有所不同.

设二级系统分组试验共有 l 个组、m 个亚组，各亚组安排 n 次重复试验，所得到的样本为 X_{ijk}，相应的观测值为 x_{ijk}.

在上述二级系统分组试验中，假定一级有 l 个编号为 $i=1,2,\cdots,l$ 的正态总体，它们分别服从 $N(\mu_{i.},\sigma^2)$ 分布，二级有 lm 个编号为 (i,j) 的正态分布（$i=1,2,\cdots,l$，$j=1,2,\cdots,m$），它们分别服从 $N(\mu_{ij},\sigma^2)$ 分布，当 $\mu_{i.},\mu_{ij},\sigma^2$ 未知时，要根据取自这些正态总体的相互独立且方差相同的样本检验原假设 H_{01}：各 $\mu_{i.}(i=1,2,\cdots,l)$ 相等及 H_{02}：各 $\mu_{ij}(j=1,2,\cdots,m)$ 与 $\mu_{i.}$ 相等，所作的检验以及对未知参数的估计称为**二级系统方差分析**，其中 $\mu_{i.}=\dfrac{1}{m}\sum_{j=1}^{s}\mu_{ij}$.

若规定 $\mu=\dfrac{1}{lm}\sum_i\sum_j\mu_{ij}=\dfrac{1}{l}\sum_i\mu_{i.}$，$\alpha_i=\mu_{i.}-\mu$，且 $\sum_i\alpha_i=0$，$\beta_{j(i)}=\mu_{ij}-\mu_{i.}$，$\sum_j\beta_j=0$，则

$$x_{ijk}=\mu+\alpha_i+\beta_{j(i)}+\varepsilon_{ijk}$$

为二级系统分组试验的方差分析的数学模型，式中 $k=1,2,\cdots,n$，$j=1,2,\cdots,m$，$i=1,2,\cdots,l$，μ 称为**总平均值**，α_i 称为**因素 A 的水平 A_i 的效应**，$\beta_{j(i)}$ 称为**嵌套在 A_i 中的因素 B 的水平 B_j 的效应**，各个 ε_{ijk} 称为**随机误差**，各个 ε_{ijk} 相互独立且都服从 $N(0,\sigma^2)$ 分布，要检验的原假设 H_{01} 为各 $\alpha_i=0$ 和 H_{02} 为各 $\beta_{j(i)}=0$.

3.5.2　总离均差平方和的分解

将样本及样本的观测值初步整理后有

$$\overline{x}_{ij.}=\frac{1}{n}\sum_{k=1}^{n}x_{ijk}\ ,\quad \overline{x}_{i..}=\frac{1}{nm}\sum_{j=1}^{m}\sum_{k=1}^{n}x_{ijk}=\frac{1}{m}\sum_{j=1}^{m}\overline{x}_{ij.}$$

$$\overline{x}_{...}=\frac{1}{lm}\sum_{i=1}^{l}\sum_{j=1}^{m}\overline{x}_{ij.}=\frac{1}{l}\sum_{i=1}^{l}\overline{x}_{i..}$$

根据矩法，可用 $\overline{x}_{...}$ 估计 μ，用 $\overline{x}_{i..}$ 估计 $\mu_{i.}$，用 $\overline{x}_{i..}-\overline{x}_{...}$ 估计 $\alpha_i=\mu_{i.}-\mu$，用 $\overline{x}_{ij.}$ 估计 μ_{ij}，用 $\overline{x}_{ij.}-\overline{x}_{i..}$ 估计 $\beta_{j(i)}=\mu_{ij}-\mu_{i.}$.

通常称 $x_{ijk} - \overline{x}...$ 为观测值 x_{ijk} 的总离均差，它可以分解为

$$(\overline{x}_{i}.. - \overline{x}...) + (\overline{x}_{ij}. - \overline{x}_{i}..) + (x_{ijk} - \overline{x}_{ij}.).$$

记 $\mathrm{SST} = \sum_i \sum_j \sum_k (x_{ijk} - \overline{x}...)^2$，$\mathrm{SSE} = \sum_i \sum_j \sum_k (x_{ijk} - \overline{x}_{ij}.)^2$，

$$\mathrm{SSA} = \sum_i \sum_j \sum_k (\overline{x}_{i}.. - \overline{x}...)^2 = nm \sum_i (\overline{x}_{i}.. - \overline{x}...)^2,$$

$$\mathrm{SSB(A)} = \sum_i \sum_j \sum_k (\overline{x}_{ij}. - \overline{x}_{i}..)^2 = n \sum_i \sum_j (\overline{x}_{ij}. - \overline{x}...)^2.$$

可以验证 $\mathrm{SST} = \mathrm{SSE} + \mathrm{SSA} + \mathrm{SSB(A)}$，称之为**总离均差平方和的分解**. 称 SSE 为**误差平方和**，称 SSA 为**因素** A **的效应平方和**，称 $\mathrm{SSB(A)}$ 为**嵌套在因素** A **中的因素** B **的效应平方和**.

可以证明：

定理 3.5.1　$\dfrac{\mathrm{SSE}}{\sigma^2}$ 服从 $\chi^2\big(lm(n-1)\big)$ 分布.

定理 3.5.2　当 H_{01} 为真时，$\dfrac{\mathrm{SSA}}{\sigma^2}$ 服从 $\chi^2(l-1)$ 分布，且 SSE 与 SSA 相互独立.

记 $\mathrm{MSA} = \dfrac{\mathrm{SSA}}{l-1}$，$\mathrm{MSE} = \dfrac{\mathrm{SSE}}{lm(n-1)}$，则 $F_A = \dfrac{\mathrm{MSA}}{\mathrm{MSE}}$ 服从 $F\big(l-1, lm(n-1)\big)$ 分布，原假设 H_{01} 的放弃域为 $F_A \geqslant F_{1-\alpha}\big(l-1, lm(n-1)\big)$.

定理 3.5.3　当 H_{02} 为真时，$\dfrac{\mathrm{SSB(A)}}{\sigma^2}$ 服从 $\chi^2\big(l(m-1)\big)$ 分布，且 SSE 与 $\mathrm{SSB(A)}$ 相互独立.

记 $\mathrm{MSB(A)} = \dfrac{\mathrm{SSB(A)}}{l(m-1)}$，$\mathrm{MSE} = \dfrac{\mathrm{SSE}}{lm(n-1)}$，则 $F_{B(A)} = \dfrac{\mathrm{MSB(A)}}{\mathrm{MSE}}$ 服从 $F\big(l(m-1), lm(n-1)\big)$ 分布，原假设 H_{02} 的放弃域为

$$F_{B(A)} \geqslant F_{1-\alpha}\big(l(m-1), lm(n-1)\big).$$

3.5.3　总体中未知参数的估计

(1) $\hat{\mu} = \overline{x}...$，$\hat{\mu}_{i}. = \overline{x}_{i}..$，$\hat{\mu}_{ij} = \overline{x}_{ij}.$，$\hat{\alpha}_i = \overline{x}_{i}.. - \overline{x}...$，$\hat{\beta}_{j(i)} = \overline{x}_{ij}. - \overline{x}_{i}..$，并且 $E(\overline{x}...) = \mu$，$E(\overline{x}_{i}..) = \mu_{i}.$，$E(\overline{x}_{ij}.) = \mu_{ij}$，$E(\overline{x}_{i}.. - \overline{x}...) = \alpha_i$，$E(\overline{x}_{ij}. - \overline{x}_{i}..) = \beta_{j(i)}$.

(2)　$\hat{\sigma}^2 = \mathrm{MSE} = \dfrac{\mathrm{SSE}}{lm(n-1)}$，并且 $E(\mathrm{MSE}) = \sigma^2$.

(3)　当放弃原假设 H_{01} 且 $u \neq v$ 时，均值差 $\mu_{u.} - \mu_{v.}$ 的双侧 $1-\alpha$ 置信区间可表 $(\overline{x}_{u..} - \overline{x}_{v..} \pm \Delta_{uv})$，

$$\Delta_{uv} = t_{1-0.5\alpha}\left(lm(n-1)\right)\sqrt{\mathrm{MSE}\left(\frac{2}{mn}\right)}.$$

(4)　当放弃原假设 H_{02} 且 $p \neq q$ 时，均值差 $\mu_{p(i)} - \mu_{q(i)}$ 的双侧 $1-\alpha$ 置信区间可表示为 $(\overline{x}_{ip.} - \overline{x}_{iq.} \pm \Delta_{pq})$，

$$\Delta_{pq} = t_{1-0.5\alpha}\left(lm(n-1)\right)\sqrt{\mathrm{MSE}\left(\frac{2}{n}\right)}.$$

3.5.4　二级系统分组试验的方差分析的步骤

(1)　计算 $T_{ij.} = \sum\limits_{k=1}^{n} x_{ijk}$，$\overline{x}_{ij.}$，$T_{i..} = \sum\limits_{j=1}^{m}\sum\limits_{k=1}^{n} x_{ijk} = \sum\limits_{j=1}^{m} T_{ij.}$，$\overline{x}_{i..}$，

$T_{.j.} = \sum\limits_{i=1}^{l} T_{ij.}$，$\overline{x}_{.j.}$，以及 $T = \sum\limits_{i}\sum\limits_{j}\sum\limits_{k} x_{ijk} = \sum\limits_{i} T_{i..}$，$\overline{x}_{...}$.

(2)　计算 $C = \dfrac{T^2}{lmn}$，$\mathrm{SST} = \sum\limits_{i}\sum\limits_{j}\sum\limits_{k} x_{ijk}^2 - C$，$\mathrm{SSA} = \sum\limits_{i} \dfrac{T_{i..}^2}{mn} - C$，

$\mathrm{SSB(A)} = \sum\limits_{i}\sum\limits_{j} \dfrac{T_{ij.}^2}{n} - \sum\limits_{i} \dfrac{T_{i..}^2}{mn}$，以及 $\mathrm{SSE} = \mathrm{SST} - \mathrm{SSA} - \mathrm{SSB(A)}$.

(3)　计算均方和 $\mathrm{MSA}, \mathrm{MSB(A)}, \mathrm{MSE}$ 及 $F_A = \dfrac{\mathrm{MSA}}{\mathrm{MSE}}$，$F_{B(A)} = \dfrac{\mathrm{MSB(A)}}{\mathrm{MSE}}$.

(4)　给出 α，确定分位数 $F_{1-\alpha}\left(l-1, lm(n-1)\right)$ 和 $F_{1-\alpha}\left(l(m-1), lm(n-1)\right)$，或通过计算程序得到服从 $F\left(l-1, lm(n-1)\right)$ 与服从 $F\left(l(m-1), lm(n-1)\right)$ 的随机变量取值 $> F$ 的概率(在 Python 输出的结果中此概率通常记作 $(\mathrm{Pr} > \mathrm{F})$).

(5)　列出方差分析表：

方差来源	平方和	自由度	均方和	F 值	显著性
A	SSA	$l-1$	MSA	F_A	
B(A)	SSB(A)	$l(m-1)$	MSB(A)	$F_{B(A)}$	
误差	SSE	$lm(n-1)$	MSE		
总和	SST	$lmn-1$			

其中的显著性一栏应写出与 $F_{1-\alpha}\left(f, lm(n-1)\right)$ 比较的结果：

F_A 或 $F_{B(A)} > F_{0.99}\left(f, lm(n-1)\right)$ 时写 **；

$F_{0.95}\left(f, lm(n-1)\right) < F_A$ 或 $F_{B(A)} < F_{0.99}\left(f, lm(n-1)\right)$ 时写 *；

F_A 或 $F_{B(A)} < F_{0.95}\left(f, lm(n-1)\right)$ 时写 N，式中的 f 分别为 F_A 或 $F_{B(A)}$ 的第一自由度；

或者写出 $(\Pr > F)$ 与 0.01 或 0.05 比较的结果：$(\Pr > F) < 0.01$ 时写 **，$0.01 < (\Pr > F) < 0.05$ 时写 *，$(\Pr > F) > 0.05$ 时写 N.

（也可先检验 H_{02}，当 $F_{B(A)}$ 不显著时，就当做单因素方差分析，并将 SSB(A) 与 SSE 相加、对应的自由度相加作为新的 SSE 及自由度，再检验 H_{01}.）

(6) 写出假设检验的结论.

例 3.5.1　为研究 A, B, C 等三个不同品种水生蔬菜对砷污染的抗性，每个品种蔬菜各种 3 盆，每盆 5 株，生长期间施一次有机砷农药，在收获时分析各品种各株的砷含量(单位：mg)得到数据如下，试用 Python 作方差分析.

品种	盆号	砷　含　量
A	1	0.7, 0.6, 0.9, 0.5, 0.6
	2	0.9, 0.9, 0.7, 1.1, 0.7
	3	0.8, 0.6, 0.9, 1.0, 0.8
B	4	1.2, 1.4, 1.6, 1.2, 1.5
	5	1.1, 0.9, 1.3, 1.2, 1.0
	6	1.5, 1.4, 0.9, 1.3, 1.6
C	7	0.6, 0.6, 0.8, 0.9, 0.7
	8	0.5, 0.8, 0.9, 1.0, 0.6
	9	0.6, 1.2, 0.8, 0.9, 1.0

解　设 H_{01} 为各 $\mu_{i\cdot}$ 相等，也就是各品种水生蔬菜的砷含量之间没有显著的差异，H_{02} 为各 μ_{ij} 与 $\mu_{i\cdot}$ 相等，也就是品种相同各盆水生蔬菜的砷含量之间没有显著的差异.

用 Python 计算得到结果如下表：

方差来源	平方和	自由度	均方和	F 值	$\mathrm{Pr} > F$
A	2.3698	2	1.1849	34.070	4.97×10^{-9}
B(A)	0.4307	6	0.07178	2.064	0.0821
误差	1.2520	36	0.03478		
总和	4.0524	44			

根据上表中 p 值应该选择放弃 H_{01}，接受 H_{02}，认为各 $\mu_{i\cdot}$ 不相等，各个 μ_{ij} 与 $\mu_{i\cdot}$ 相等，即各品种水生蔬菜的砷含量之间有极显著的差异，品种相同各盆水生蔬菜的砷含量之间没有显著的差异.

3.5.5　系统分组试验方差分析的 Python 程序

```python
import numpy as np
from scipy.stats import f
A= np.array([[0.7,0.6,0.9,0.5,0.6],
    [0.9,0.9,0.7,1.1,0.7],
    [0.8,0.6,0.9,1.0,0.8]])
B=np.array([[1.2,1.4,1.6,1.2,1.5],
    [1.1,0.9,1.3,1.2,1.0],
    [1.5,1.4,0.9,1.3,1.6]])
C=np.array([[0.6,0.6,0.8,0.9,0.7],
    [0.5,0.8,0.9,1.0,0.6],
    [0.6,1.2,0.8,0.9,1.0]])
l=3;m=3;n=5
x_mean=(np.sum(A)+np.sum(B)+np.sum(C))/(l*m*n)
# ##计算 SST 和 SSA
SST=np.sum((A-x_mean)**2)+np.sum((B-x_mean)**2)+
    np.sum((C-x_mean)**2)
SSA=n*m*(((np.mean(A)-x_mean))**2+((np.mean(B)
    -x_mean))**2+((np.mean(C)-x_mean))**2)
#########计算 SSE
SSE1=np.sum((A[0]-np.mean(A[0]))**2)+np.sum((A[1]-
    np.mean(A[1]))**2)+np.sum((A[2]-
    np.mean(A[2]))**2)
SSE2=np.sum((B[0]-np.mean(B[0]))**2)+np.sum((B[1]-
    np.mean(B[1]))**2)+np.sum((B[2]-
    np.mean(B[2]))**2)
SSE3=np.sum((C[0]-np.mean(C[0]))**2)+np.sum((C[1]-
```

```
    np.mean(C[1]))**2)+np.sum((C[2]-
    np.mean(C[2]))**2)
SSE=SSE1+SSE2+SSE3
# ##########计算 SSA(B)
SSA_B=SST-SSE-SSA
# ########计算 F(A)
Fa=(SSA/(l-1))/(SSE/(l*m*(n-1)))
p_a=f.sf(Fa,l-1,l*m*(n-1))
# sf=P(F>Fa)
# #####计算 F_A(B)
Fa_b=(SSA_B/(l*(m-1)))/(SSE/(l*m*(n-1)))
    p_a_b=f.sf(Fa_b,l*(m-1),l*m*(n-1));p_a_b
print("SST=",SST, "SSA =",SSA, "SSE=",SSE,
    "SSB(A)=",SSA_B)
print("区组的统计量 Fa=",Fa, "区组 p 值 pa=",p_a, "\n",
    "亚组的统计量 Fb(a)=", Fa_b, "亚组 p 值 pa=", p_a_b)
```

☞ **习题 3.5**

1. 研究某品种玉米施 N 肥对蛋白质含量(单位：mg/kg)的影响，安排施 N 肥与不施 N 肥两个处理试验，每个处理又从 3 个不同小区取容量为 2 的样本进行化学分析得到数据如下：

处理	施 N 肥			不施 N 肥		
小区	1	2	3	4	5	6
数据	3, 9	9, 11	10, 12	8,6	2, 4	6, 4

试用 Python 作方差分析，估计各个总体的未知参数 $\mu_{i.}, \mu_{ij}, \mu$；如有必要，试求出两两总体均值差的双侧 0.95 置信区间.

2. 随机地抽取 12 个玉米自交系，以其中的 3 个为父本，9 个为母本，每个父本又随机地与 9 个母本中的 3 个母本自交系杂交，共配成 9 个组合，每一个组合在田间种 3 个小区，共 27 个小区，收获时观测每穗行数的均值，结果如下表：

父本	母本	每穗行数
	1	15.6, 16.4, 15.6
A	2	13.6, 15.6, 14.8
	3	12.0, 12.0, 12.8
	4	16.0, 16.0, 15.6
B	5	15.6, 15.6, 16.8
	6	14.4, 15.6, 16.8
	7	14.8, 15.6, 14.8
C	8	17.6, 18.8, 18.0
	9	14.4, 15.2, 15.6

试用 Python 作方差分析, 估计各个总体的未知参数 $\mu_{i\cdot}, \mu_{ij}, \mu$; 如有必要, 试求出两两总体均值差的双侧 0.95 置信区间.

3.6 多因素试验的方差分析及 Python 代码

本节不再介绍多因素方差分析的原理和步骤, 直接针对例子进行讲解.

3.6.1 应用 Python 作三因素试验的方差分析

例 3.6.1 有水稻三品种 $(V1, V2, V3)$, 进行种植密度 $(D1, D2, D3)$ 与氮肥施用量 $(N1, N2, N3)$ 试验, 重复两次, 各小区的产量 (单位: kg) 如下, 试用 Python 作三因素试验的方差分析.

品种	V1								
密度	D1			D2			D3		
施肥	N1	N2	N3	N1	N2	N3	N1	N2	N3
重复	12, 10	15, 12	18, 16	14, 13	15, 16	13, 15	18, 20	20, 26	25, 17
品种	V2								
密度	D1			D2			D3		
施肥	N1	N2	N3	N1	N2	N3	N1	N2	N3
重复	20, 21	18, 16	19, 20	21, 22	25, 27	28, 19	19, 14	20, 18	25, 22
品种	V3								
密度	D1			D2			D3		
施肥	N1	N2	N3	N1	N2	N3	N1	N2	N3
重复	22, 19	23, 20	27, 25	16, 14	18, 16	20, 17	15, 12	20, 15	23, 18

解　这是有重复观测值的三因素试验，可以考虑因素 V,D,N 的效应以及交互作用 V*D,V*N,D*N,V*D*N. 首先将原始数据录入到 CSV 格式的如下 Excel 表中，并命名为 yinsu3，存到本机桌面.

V1	D1	N1	12
V1	D1	N1	10
V1	D1	N2	15
V1	D1	N2	12
V1	D1	N3	18
V1	D1	N3	16
V1	D2	N1	14
V1	D3	N2	26
V1	D3	N3	25
V1	D3	N3	17
V2	D1	N1	20
V2	D1	N1	21
V2	D1	N2	18
V2	D1	N2	16
V2	D2	N2	25
V2	D2	N3	19
⋮	⋮	⋮	⋮
V3	D3	N3	23
V3	D3	N3	18

然后用 Python 作方差分析的程序如下：

```
from statsmodels.formula.api import ols
from statsmodels.stats.anova import anova_lm
import pandas as pd
data=pd.read_csv("C:\\Users\cqxzh\Desktop\yinsu3.
    csv",header=None )
df=data.rename(columns={0:'品种',1:'种植密度',
    2:'施肥量',3:'产量'})
model = ols('产量~C(品种) + C(种植密度)+C(施肥量)+
    C(品种):C(种植密度)+C(品种):C(施肥量)+C(种植密度):
    C(施肥量)+C(品种):C(种植密度): C(施肥量)',df).fit()
print(round(anova_lm(model),5))
```

用 Python 计算得到方差分析表:

	df	sum_sq	mean_sq	F	PR(>F)
C(品种)	2.0	174.48148	87.24074	13.27042	0.00010
C(种植密度)	2.0	9.92593	4.96296	0.75493	0.47971
C(施肥量)	2.0	118.48148	59.24074	9.01127	0.00100
C(品种):C(种植密度)	4.0	387.40741	96.85185	14.73239	0.00000
C(品种):C(施肥量)	4.0	20.85185	5.21296	0.79296	0.54008
C(种植密度):C(施肥量)	4.0	44.07407	11.01852	1.67606	0.18456
C(品种):C(种植密度):C(施肥量)	8.0	52.92593	6.61574	1.00634	0.45425
Residual	27.0	177.50000	6.57407	NaN	NaN

从上述结果可以看出, 各水稻品种的小区产量之间有极显著的差异, 各种植密度的小区产量之间没有显著的差异, 氮肥各施用量的小区产量之间有极显著的差异, 各水稻品种与种植密度之间的交互作用极显著, 各水稻品种与氮肥施用量之间的交互作用不显著, 各种植密度与氮肥施用量之间的交互作用不显著, 各水稻品种、种植密度与氮肥施用量之间的交互作用不显著.

3.6.2 应用 Python 作三级系统分组试验的方差分析

例 3.6.2 有 A1, A2 两杂交组合水稻, 在各组合的 F2 代中选取最优两品系, 以 B1, B2, B3, B4 表示, 各品系在 F3 代又各选取最优三品系, 以 C1 至 C12 表示, 各品系重复两次, 试验后得到各小区收获量(单位: kg)如下, 试检验各杂交组合及各代品系间有无显著差异.

组合	A1					
F2 代	B1			B2		
F3 代	C1	C2	C3	C4	C5	C6
重复	8, 9	12, 15	11, 8	5, 3	7, 5	6, 9
品种	A2					
F2 代	B3			B4		
F3 代	C7	C8	C9	C10	C11	C12
重复	11, 13	10, 8	15, 12	14, 11	8, 6	9, 6

解 这是三级系统分组试验, 可以考虑因素 A 的效应以及套效应 $B(A)$ 与

$C(AB)$. x_{ijkl} 表示 A_i, B_j, C_k 搭配进行实验得到的第 l 个观测值. 记

$$\text{SST} = \sum_{i=1}^{r}\sum_{j=1}^{s}\sum_{k=1}^{m}\sum_{l=1}^{n}(x_{ijkl} - \overline{x}....)^2 \,, \quad \overline{x}.... = \frac{1}{rsmn}\sum_{i=1}^{r}\sum_{j=1}^{s}\sum_{k=1}^{m}\sum_{l=1}^{n}x_{ijkl} \,,$$

$$\text{SSA} = smn\sum_{i=1}^{r}(\overline{x}_{i...} - \overline{x}....)^2 \,, \quad \overline{x}_{i...} = \frac{1}{smn}\sum_{j=1}^{s}\sum_{k=1}^{m}\sum_{l=1}^{n}x_{ijkl} \,, \quad \text{dfA} = r-1 \,,$$

$$\text{SSB(A)} = mn\sum_{i=1}^{r}\sum_{j=1}^{s}(\overline{x}_{ij..} - \overline{x}_{i...})^2 \,, \quad \overline{x}_{ij..} = \frac{1}{mn}\sum_{k=1}^{m}\sum_{l=1}^{n}x_{ijkl} \,,$$

$$\text{dfB(A)} = r(s-1) \,,$$

$$\text{SSC(B*A)} = n\sum_{i=1}^{r}\sum_{j=1}^{s}\sum_{k=1}^{m}(\overline{x}_{ijk.} - \overline{x}_{ij..})^2 \,, \quad \overline{x}_{ijk.} = \frac{1}{n}\sum_{l=1}^{n}x_{ijkl} \,,$$

$$\text{dfC(B*A)} = rs(m-1) \,,$$

$$\text{SSE} = \sum_{i=1}^{r}\sum_{j=1}^{s}\sum_{k=1}^{m}\sum_{l=1}^{n}(x_{ijkl} - \overline{x}_{ijk.})^2 = \text{SST} - \text{SSA} - \text{SSB(A)} - \text{SSC(B*A)} \,,$$

$$\text{dfC} = rsm(n-1) \,.$$

用 Python 作方差分析的程序如下:

```python
import numpy as np
import pandas as pd
import statsmodels.api as sm
from statsmodels.formula.api import ols
A1=[8,9,12,15,11,8,5,3,7,5,6,9]
A2=[11,13,10,8,15,12,14,11,8,6,9,6]
num1 = sorted(['A1', 'A2']*12)
num2=sorted(['B1','B2','B3','B4']*6)
num31=['C1','C1','C2','C2','C3','C3','C4','C4',
    'C5','C5','C6','C6'];
num32=['C7','C7','C8','C8','C9','C9','C10','C10',
    'C11','C11','C12','C12'];
num3=num31+num32
data = A1 + A2
df = pd.DataFrame({'F1':num1,'F2':num2,'F3':num3,
    '收获量': data})
data=np.array(data)
r=2;s=2;m=3;n=2
Tmean=np.mean(data);Tmean     #总平均值
```

```
SST=sum((data-np.mean(data))**2);SST
A1mean=np.mean(A1);A1mean    # A1 组平均值
A2mean=np.mean(A2);A2mean    # A2 组平均值
SSA=((A1mean-Tmean)**2+(A2mean-Tmean)**2)*s*m*n;SSA
B1A1mean=np.mean(data[0:6]);B1A1mean
B2A1mean=np.mean(data[6:12]);B2A1mean
B3A2mean=np.mean(data[12:18]);B3A2mean
B4A2mean=np.mean(data[18:24]);B4A2mean
SSB_A=((B1A1mean-A1mean)**2+(B2A1mean-A1mean)**2+
    (B3A2mean-A2mean)**2+ (B4A2mean-A2mean)**2)*m*n;
C1B1A1mean=np.mean(data[0:2]);C1B1A1mean
C2B1A1mean=np.mean(data[2:4]);C2B1A1mean
C3B1A1mean=np.mean(data[4:6]);C3B1A1mean

C4B2A1mean=np.mean(data[6:8]);C4B2A1mean
C5B2A1mean=np.mean(data[8:10]);C5B2A1mean
C6B2A1mean=np.mean(data[10:12]);C6B2A1mean

C7B3A2mean=np.mean(data[12:14]);C7B3A2mean
C8B3A2mean=np.mean(data[14:16]);C8B3A2mean
C9B3A2mean=np.mean(data[16:18]);C9B3A2mean

C10B4A2mean=np.mean(data[18:20]);C10B4A2mean
C11B4A2mean=np.mean(data[20:22]);C11B4A2mean
C12B4A2mean=np.mean(data[22:24]);C12B4A2mean

CBA1=[C1B1A1mean,C2B1A1mean,C3B1A1mean]
CBA2=[C4B2A1mean,C5B2A1mean,C6B2A1mean]
CBA3=[C7B3A2mean,C8B3A2mean,C9B3A2mean]
CBA4=[C10B4A2mean,C11B4A2mean,C12B4A2mean]

SSC_BA=( sum((CBA1-B1A1mean)**2 )+sum((CBA2-
    B2A1mean)**2 )+sum((CBA3-B3A2mean)**2 )
    +sum((CBA4-B4A2mean)**2 ))*n

SSE=SST-SSA-SSB_A-SSC_BA;SSE
MSE=SSE/(r*s*m*(n-1));MSE=round(MSE,6)
MSA=SSA/(r-1);MSA=round(MSA,6)
MSB_A=SSB_A/(r*(s-1)); MSB_A=round(MSB_A,6)
MSC_BA=SSC_BA/(r*s*(m-1)); MSC_BA=round(MSC_BA,6)
```

```
FA=MSA/MSE;FA
FB_A=MSB_A/MSE;FB_A
FC_BA=MSC_BA/MSE;FC_BA
PA=1-stats.f(r-1,r*s*m*(n-1)).cdf(FA);PA=
    round(PA,6);PA
PB_A=1-stats.f(r*(s-1),r*s*m*(n-1)).cdf(FB_A);
    PB_A=round(PB_A,6);PB_A
PC_BA=1-stats.f(r*s*(m-1),r*s*m*(n-1)).cdf(FC_BA);
PC_BA=round(PC_BA,6);PC_BA

print("方差来源","自由度","离差平方和","离均差平方和",
    "F值","Pr>F","\n","A",r-1,round(SSA,5),MSA,FA,
    PA,"\n","B(A)",r*(s-1),round(SSB_A,5),MSB_A,FB_A,
    PB_A,"\n","C(B*A)",r*s*(m-1),round(SSC_BA,5),
    MSC_BA,FC_BA,PC_BA,"\n","Error",r*s*m*(n-1),
    round(SSE,5),MSE,'NaN')
```

输出如下：

方差来源	自由度	离差平方和	离均差平方和	F值	Pr>F
A	1	26.04167	26.041667	8.3333	0.01366
B(A)	2	84.08333	42.041667	13.4533	0.000861
C(B*A)	8	98.33333	12.291667	3.93333	0.016645
Error	12	37.5	3.125	NaN	
总变差	23	245.95833	10.693841	NaN	

从上述结果可以看出，A1,A2两杂交组合水稻的收获量之间有显著的差异，A1,A2两杂交组合水稻内 F2 代的品系 B1 与 B2、B3 与 B4 的收获量有极显著的差异，在 F2 代的品系 B1,B2,B3 与 B4 内 F3 代各品系的收获量有显著的差异.

3.6.3 应用 Python 作拉丁方试验的方差分析

拉丁方试验设计是一种双向随机区组试验设计，是有两个区组因素的单因素试验.

拉丁方试验设计的基本步骤是：

(1) 根据试验因素的处理数在统计学用表中选用相应阶数的标准拉丁方.

(2) 将标准拉丁方的行和列随机地重新排列.

(3) 将各个处理随机地分配给拉丁方中的字母.

对试验结果可按三因素试验不考虑交互作用的方差分析方法来进行分析.

例 3.6.3 为比较 A,B,C,D 四种化学用品的汞含量（单位：μg），由 4 位技术员操作 4 台分析仪器进行测定，采用拉丁方设计，得到的观测值如下，试用 Python 作方差分析.

仪器＼技术员	1	2	3	4
1	C(10)	D(14)	A(14)	B(8)
2	B(8)	C(13)	D(11)	A(12)
3	A(15)	B(10)	C(13)	D(9)
4	D(10)	A(16)	B(12)	C(11)

解 这是 4×4 的拉丁方设计，要考虑的因素有 3 个，各有 4 个水平，如果作一般的 3 因素试验，有 4×4×4 个处理，这里只有 4×4 个处理，省去了 4×4×3 个处理，唯一的限制是：

$$拉丁方的行数＝列数＝字母数即处理数.$$

用 Python 作方差分析的程序如下：

```
import pandas as pd
from statsmodels.formula.api import ols
from statsmodels.stats.anova import anova_lm
data={'仪器':list([1,1,1,1,2,2,2,2,3,3,3,3,4,4,4,4]),
    '技术员':list([1,2,3,4,1,2,3,4,1,2,3,4,1,2,3,4]),
    '处理':list([3,4,1,2,2,3,4,1,1,2,3,4,4,1,2,3]),
    '实验结果':list([10,14,14,8,8,13,11,12,15,10,13,
    9,10,16,12,11])}
    data=pd.DataFrame(data)
formula = "实验结果~C(仪器)+C(技术员)+C(处理)"
anova_results = anova_lm(ols(formula,data).fit())
print(anova_results)
```

用 Python 计算得到方差分析表

	df	sum_sq	mean_sq	F	PR(>F)
C(仪器)	3.0	3.25	1.083333	0.65	0.611259
C(技术员)	3.0	27.25	9.083333	5.45	0.037803
C(处理)	3.0	47.25	15.750000	9.45	0.010865
Residual	6.0	10.00	1.666667	NaN	NaN

　　从上述结果可以看出，A,B,C,D 四种化学用品的汞含量之间有显著的差异（接近于极显著的差异），4 台分析仪器进行测定的结果没有显著的差异，4 位技术员的操作有显著的差异.

3.6.4　应用 Python 作正交拉丁方试验的方差分析

　　若在一个拉丁方上再重叠一个拉丁方，两个拉丁方上字母的各种可能的组合都出现一次而且只出现一次，这样的两个拉丁方称为**正交拉丁方**. 除 $p=6$（6 行，6 列）拉丁方以外，任何 $p \geq 3$ 的拉丁方都有正交拉丁方. 一个 p 阶拉丁方最多可有 $p-1$ 个正交拉丁方. 由于有两个拉丁方，有时保持一个拉丁方中的拉丁字母不变，另一个拉丁方中的拉丁字母改为希腊字母，因此正交拉丁方试验设计又称为**希腊拉丁方试验设计**.

　　正交拉丁方试验设计是一种三向随机区组试验设计，是有三个区组因素的单因素试验. 与拉丁方试验设计的基本步骤相同. 对试验结果可按四因素试验不考虑交互作用的方差分析方法来进行分析.

　　例 3.6.4　5 个大豆品种作比较试验，已知试验田的肥力在两个方向上存在差异，5 名管理人员的田间操作也存在不同，因此选用 5×5 正交拉丁方安排试验，得到小区产量的观测值(单位：kg)如下，试用 Python 作方差分析.

列 行	1	2	3	4	5
1	A α (53)	B β (44)	C γ (45)	D δ (49)	E ε (40)
2	B γ (52)	C δ (51)	D ε (44)	E α (42)	A β (50)
3	C ε (50)	D α (46)	E β (43)	A γ (54)	B δ (47)
4	D β (45)	E γ (49)	A δ (54)	B ε (44)	C α (40)
5	E δ (43)	A ε (60)	B α (45)	C β (43)	D γ (44)

　　说明　按照试验设计，$r=1,2,\cdots,5$，$c=1,2,\cdots,5$，品种用 A,B,C,D,E 表示，管理人员用 $\alpha,\beta,\gamma,\delta,\varepsilon$ 表示，为简便起见，在 Python 程序中，A 与 α 用 1 代替，B 与 β 用 2 代替，C 与 γ 用 3 代替，D 与 δ 用 4 代替，E 与 ε 用 5 代替.

　　解　正交拉丁方试验与拉丁方试验的方差分析相类似，只是分类变量多了一个，用 Python 作方差分析的程序如下：

```
import pandas as pd
from statsmodels.formula.api import ols
from statsmodels.stats.anova import anova_lm
data = {'行':list([1,1,1,1,1,2,2,2,2,2,3,3,3,3,3,4,
```

```
4,4,4,4,5,5,5,5,5]),'列':list([1,2,3,4,5,1,2,3,
4,5,1,2,3,4,5,1,2,3,4,5,1,2,3,4,5]),
'品种':list([1,2,3,4,5,2,3,4,5,1,3,4,5,1,2,4,5,
1,2,3,5,1,2,3,4]),
'田间管理':list([1,2,3,4,5,3,4,5,1,2,5,1,2,3,4,2,
3,4,5,1,4,5,1,2,3]),
'产量':list([53,44,45,49,40,52,51,44,42,50,50,46,
43,54,47,45,49,54,44,40,43,60,45,43,44])}
data=pd.DataFrame(data)
formula = "产量~C(行)+C(列)+C(品种)+C(田间管理)"
anova_results = anova_lm(ols(formula,data).fit())
print(anova_results)
```

用 Python 计算得到方差分析表如下：

```
                Df    sum_sq   mean_sq        F       PR(>F)
C(行)           4.0    13.04     3.26    0.420103   0.790295
C(列)           4.0   101.84    25.46    3.280928   0.071696
C(品种)         4.0   342.64    85.66   11.038660   0.002428
C(田间管理)      4.0    70.24    17.56    2.262887   0.151330
Residual        8.0    62.08     7.76        NaN        NaN
```

从上述结果可以看出，行与行小区产量的均值之间没有显著的差异，列与列小区产量的均值之间也没有显著的差异，5 个大豆品种小区产量的均值之间有极显著的差异，5 名管理人员所在小区产量的均值之间没有显著的差异.

3.6.5 应用 Python 作正交试验的方差分析

例 3.6.5 某橡胶以弯曲次数(单位：万次)为试验指标，在配方中促进剂 A 选两个水平，炭黑 B 选两个品种，硫磺分量 C 选两个水平，考虑交互作用 $A\times B, A\times C, B\times C$ 与 $A\times B\times C$，根据正交表 $L_8(2^7)$ 安排试验，每号试验都重复了一次，得到试验指标的观测值如下，试用 Python 作方差分析.

列号\试验号	1(A)	2(B)	3(A×B)	4(C)	5(A×C)	6(B×C)	7(A×B×C)	观测值	
1	1	1	1	1	1	1	1	1.5	1.6
2	1	1	1	2	2	2	2	2.0	1.8
3	1	2	2	1	1	2	2	2.0	2.3

续表

试验号＼列号	1(A)	2(B)	3(A×B)	4(C)	5(A×C)	6(B×C)	7(A×B×C)	观测值	
4	1	2	2	2	2	1	1	1.5	1.4
5	2	1	2	1	2	1	2	2.0	2.1
6	2	1	2	2	1	2	1	3.0	3.2
7	2	2	1	1	2	2	1	2.5	2.5
8	2	2	1	2	1	1	2	2.0	1.9

解　用 Python 作方差分析的程序如下：

```python
import pandas as pd
from statsmodels.formula.api import ols
from statsmodels.stats.anova import anova_lm
    data={'A':list([1,1,1,1,1,1,1,1,2,2,2,2,2,2,2,2]),
    'B':list([1,1,1,1,2,2,2,2,1,1,1,1,2,2,2,2]),
    'C':list([1,1,2,2,1,1,2,2,1,1,2,2,1,1,2,2]),
    'result':list([1.5,1.6,2.0,1.8,2.0,2.3,1.5,1.4,
    2.0,2.1,3.0,3.2,2.5,2.5,2.0,1.9])}
data=pd.DataFrame(data)
anova_results = anova_lm(ols('result ~ A+B+C+A*B
    +A*C+B*C+A*B*C',data).fit())
print(anova_results)
```

用 Python 计算得到方差分析表：

```
          df    sum_sq     mean_sq            F        PR(>F)
A         1.0  1.625625   1.625625   123.857143      0.000004
B         1.0  0.075625   0.075625     5.761905      0.043150
C         1.0  0.005625   0.005625     0.428571      0.531058
A:B       1.0  0.180625   0.180625    13.761905      0.005959
A:C       1.0  0.180625   0.180625    13.761905      0.005959
B:C       1.0  1.755625   1.755625   133.761905      0.000003
A:B:C     1.0  0.075625   0.075625     5.761905      0.043150
Residual  8.0  0.105000   0.013125          NaN           NaN
```

因此，在配方中促进剂 A 两个水平弯曲次数的均值之间有极显著的差异，炭黑 B 两个品种弯曲次数的均值之间有显著的差异，硫磺分量 C 两个水平弯曲次数的均值之间没有显著的差异，交互作用 A×B，A×C 与 B×C 都极显著，而 A×B×C 显著.

这里的 A×B×C 显著, 出乎原来的预计. 如果没有重复试验, 一般都将 A×B×C 所在列作为空列, 用来计算误差. 由此可见, 重复试验的作用不可忽视. 下面是没有重复试验, 而 A×B×C 又不显著的情形.

例 3.6.6 在梳棉机上纺粘棉混纺纱, 为了提高质量, 以棉结粒数为试验的指标, 选出三个影响质量的因素, 每个因素各两个水平如下表所示:

因素 \ 水平	1	2
金属针布(A)	日本的	青岛的
产量水平(B)	6 公斤	10 公斤
锡林速度(C)	238 转/分	320 转/分

考虑交互作用 A×B, A×C 与 B×C, 根据正交表 $L_8(2^7)$ 安排试验, 得到试验指标的观测值如下, 试用 Python 作方差分析.

试验号 \ 列号	1(A)	2(B)	3(A×B)	4(C)	5(A×C)	6(B×C)	7(空)	观测值
1	1	1	1	1	1	1	1	0.30
2	1	1	1	2	2	2	2	0.35
3	1	2	2	1	1	2	2	0.20
4	1	2	2	2	2	1	1	0.30
5	2	1	2	1	2	1	2	0.15
6	2	1	2	2	1	2	1	0.50
7	2	2	1	1	2	2	1	0.15
8	2	2	1	2	1	1	2	0.40

解 这里没有重复的观测值, 只好将 A×B×C 所在列作为空列, 用来计算误差. 用 Python 作方差分析的程序如下:

```
import pandas as pd
from statsmodels.formula.api import ols
from statsmodels.stats.anova import anova_lm
data = {'A':list([1,1,1,1,2,2,2,2]),
    'B':list([1,1,2,2,1,1,2,2]),
    'C':list([1,2,1,2,1,2,1,2,]),
    'result':list([0.3,0.35,0.2,0.3,0.15,0.5,0.15,0.4])}
data=pd.DataFrame(data)
anova_results = anova_lm(ols('result ~ A+B+C+A*B+A*C
    +B*C',data).fit())
```

```
print(anova_results)
```

用 Python 计算得到方差分析表

	df	sum_sq	mean_sq	F	PR(>F)
A	1.0	0.000313	0.000313	0.111111	0.795167
B	1.0	0.007813	0.007813	2.777778	0.344042
C	1.0	0.070312	0.070312	25.000000	0.125666
A:B	1.0	0.000313	0.000313	0.111111	0.795167
A:C	1.0	0.025312	0.025312	9.000000	0.204833
B:C	1.0	0.000313	0.000313	0.111111	0.795167
Residual	1.0	0.002813	0.002813	NaN	NaN

注意: 这里作方差分析的结果是都不显著, 可以从其中最不显著的因素或因子开始, 逐个进行剔除, 直到出现显著的因素或因子为止. 本例中, A*B,B*C 不显著, 决定同时进行剔除. 程序中的 "result $\sim$ A+B+C+A*B+A*C+B*C;" 改为 "result $\sim$ A+B+C+A*C;" 后, 用 Python 计算得到方差分析表:

	df	sum_sq	mean_sq	F	PR(>F)
A	1.0	0.000313	0.000313	0.272727	0.637618
B	1.0	0.007813	0.007813	6.818182	0.079605
C	1.0	0.070312	0.070312	61.363636	0.004332
A:C	1.0	0.025313	0.025313	22.090909	0.018220
Residual	3.0	0.003438	0.001146	NaN	NaN

因此, 以棉结粒数为试验的指标, 金属针布(A)各水平的均值之间没有显著的差异, 产量水平(B)各水平的均值之间没有显著的差异, 锡林速度(C)各水平的均值之间有极显著的差异, 金属针布(A)与产量水平(B)的交互作用 A×B 不显著, 金属针布(Λ)与锡林速度(C)的交互作用 A×C 显著, 产量水平(B)与锡林速度(C)的交互作用 B×C 不显著.

3.6.6　应用 Python 作水平数不等的正交试验设计的方差分析

1. 选用混合水平的正交表

在供选用的正交表中有水平数不等的正交表, 称为**混合水平正交表**, 例如 $L_8(4^1 \times 2^4)$ 如下表:

试验号 \ 列号	1(A)	2(B)	3(A×B)	4(C)	5(A×C)	6(B×C)	7(空)
1	1	①	①	1	1	1	1
2	1	①	①	2	2	2	2
3	2	②	②	1	1	2	2
4	2	②	②	2	2	1	1
5	3	①	②	1	2	1	2
6	3	①	②	2	1	2	1
7	4	②	①	1	2	2	1
8	4	②	①	2	1	1	2

其中有 8 行 5 列, 要作 8 次试验, 最多可安排 5 个因素, 其中 1 个因素是 4 水平的, 其他 4 个因素是 2 水平的.

这个 $L_8(4^1 \times 2^4)$ 表与 $L_8(2^7)$ 表一样, 每一列中不同数字出现的次数是相同的, 每两列中各种不同数字搭配出现的次数也是相同的. 用这个 $L_8(4^1 \times 2^4)$ 表安排混合水平的试验时, 每个因素的各个水平之间的搭配也保持着均衡, 相应的观测值也具有可比的特性.

例 3.6.7 某项品种试验, 有 4 个因素: 品种(A)、施氮肥量(B)、施氮磷钾的比例(C)与种植规格(D), A 有 4 个水平, B,C,D 都是两个水平, 不考虑交互作用, 用 $L_8(4^1 \times 2^4)$ 表安排试验, 得到小区产量的观测值(单位: kg)如下, 试用 Python 作方差分析.

试验号 \ 列号	1(A)	2(B)	3(C)	4(D)	5(空)	观测值
1	1	1	1	1	1	195
2	1	2	2	2	2	205
3	2	1	1	2	2	220
4	2	2	2	1	1	225
5	3	1	2	1	2	210
6	3	2	1	2	1	215
7	4	1	2	2	1	185
8	4	2	1	1	2	190

解 这里没有重复的观测值, 只好将第 5 列作为空列, 用来计算误差. 用 Python 作方差分析的程序如下:

```
import numpy as np
from scipy.stats import f
```

```
X1=[1 ,1 , 1 ,1 ,1,195];X2=[1 , 2 , 2 , 2 ,2,205]
X3=[2, 1, 1 , 2 , 2,220];X4=[2, 2, 2,1 ,1,225]
X5=[3, 1, 2 , 1 , 2,210];X6=[3 , 2,1 ,2 ,1,215]
X7=[4 ,1 ,2, 2 ,1,185];X8=[4, 2,1,1 ,2,190]
dfr=pd.DataFrame({"X1":X1,"X2":X2,"X3":X3,"X4":X4,
    "X5":X5,"X6":X6,"X7":X7,"X8":X8})
dfrtr=np.transpose(dfr);dfrtr
dfrtr.columns=pd.Index(['A','B','C','D','Emepty',
    '实验值'], name='实验编号')
Tmean=np.mean(dfrtr["实验值"])
SST=sum((dfrtr["实验值"]-Tmean)**2)
A1=list(dfrtr.loc[dfrtr['A']==1,:]["实验值"]);
    A1mean=np.mean(A1)
A2= list(dfrtr.loc[dfrtr['A']==2,:]["实验值"]);
    A2mean=np.mean(A2)
A3= list(dfrtr.loc[dfrtr['A']==3,:]["实验值"]);
    A3mean=np.mean(A3)
A4= list(dfrtr.loc[dfrtr['A']==4,:]["实验值"]);
    A4mean=np.mean(A4)
SSA=((A1mean-Tmean)**2+(A2mean-Tmean)**2+
    (A3mean-Tmean)**2+(A4mean-Tmean)**2)*2
MSA=SSA/3
B1= list(dfrtr.loc[dfrtr['B']==1,:]["实验值"]);
    B1mean=np.mean(B1)
B2= list(dfrtr.loc[dfrtr['B']==2,:]["实验值"]);
    B2mean=np.mean(B2)
SSB=((B1mean-Tmean)**2+(B2mean-Tmean)**2)*4;SSB
MSB=SSB/1
C1= list(dfrtr.loc[dfrtr['C']==1,:]["实验值"]);
    C1mean=np.mean(C1)
C2= list(dfrtr.loc[dfrtr['C']==2,:]["实验值"]);
    C2mean=np.mean(C2)
SSC=((C1mean-Tmean)**2+(C2mean-Tmean)**2)*4;SSC
MSC=SSC/1
D1= list(dfrtr.loc[dfrtr['D']==1,:]["实验值"]);
    D1mean=np.mean(D1)
```

```
D2= list(dfrtr.loc[dfrtr['D']==2,:]["实验值"]);
    D2mean=np.mean(D2)
SSD=((D1mean-Tmean)**2+(D2mean-Tmean)**2)*4;SSD
MSD=SSD/1
SSE=SST-SSA-SSB-SSC-SSD; MSE=SSE/1
FA=MSA/MSE ;FB=MSB/MSE;FC=MSC/MSE;FD=MSD/MSE
PA=1-stats.f(3,1).cdf(FA);PA=np.round(PA,5);PA
PB=1-stats.f(1,1).cdf(FB);PB=np.round(PB,5);PB
PC=1-stats.f(1,1).cdf(FC);PC=np.round(PC,5);PC
PD=1-stats.f(1,1).cdf(FD);PD=np.round(PD,5);PD
print("方差来源","自由度","离差平方和","离均差平方和",
    "F 值","Pr>F","\n","A",3,np.round(SSA,5),
    np.round(MSA,5), np.round(FA,4),PA,"\n",
    "B",1,np.round(SSB,5),MSB,FB,PB,"\n",
    "C",1,np.round(SSC,5),MSC,FC,PC,"\n",
    "D",1,np.round(SSD,5),MSD,FD,PD,"\n",
    "Error",1,np.round(SSE,5),MSE,'NaN','NaN',"\n",
    "总变差",7,np.round(SST,5),SST/(8-1),'NaN','NaN')
```

运行程序得到如下方差分析表:

方差来源	自由度	离差平方和	离均差平方和	F 值	Pr>F
A	3	1384.375	461.458333	147.66667	0.0604
B	1	78.125	78.125	25.0	0.12567
C	1	3.125	3.125	1.0	0.5
D	1	3.125	3.125	1.0	0.5
Error	1	3.125	3.125	NaN	NaN
总变差	7	1471.875	210.2679	NaN	NaN

注意: 这里作方差分析的结果是都不显著, 可以从其中最不显著的因素开始, 逐个进行剔除, 直到出现显著的因素为止. 本例中, C 与 D 最不显著, 决定同时进行剔除. 只需将 SSC 和 SSD 并入 SSE 中, Python 代码如下:

```
SSE1=SST-SSA-SSB;MSE1=SSE1/(7-4)
FA1=MSA/MSE1 ;FB1=MSB/MSE1
PA1=1-stats.f(3,3).cdf(FA1);PA1=np.round(PA1,5);PA1
PB1=1-stats.f(1,3).cdf(FB1);PB1=np.round(PB1,5);PB1
print("方差来源","自由度","离差平方和","离均差平方和",
```

```
"F 值","Pr>F","\n",

"A",3,np.round(SSA,5),MSA,FA1,PA1,"\n",

"B",1,np.round(SSB,5),MSB,FB1,PB1,"\n",

"Error",3,np.round(SSE1,5),MSE1,'NaN','NaN',"\n",

"总变差",7,np.round(SST,5),SST/(8-1),'NaN','NaN')
```

运行 Python 计算得到如下方差分析表：

方差来源	自由度	离差平方和	离均差平方和	F 值	Pr>F
A	3	1384.375	461.4583	147.66667	0.00093
B	1	78.125	78.125	25.0	0.01539
Error	3	9.375	3.125	NaN	NaN
总变差	7	1471.875	210.2679	NaN	NaN

因此，在这项品种试验中，品种(A)各水平的均值之间有极显著的差异，施氮肥量(B)各水平的均值之间有显著的差异(接近极显著的差异)、施氮磷钾的比例(C)与种植规格(D)各水平的均值之间没有显著的差异.

2. 构造混合水平正交表的方法

(1) **并列法**：就是在水平数较少的正交表中安排水平数较多的因素，得到混合水平的正交表. 例如，在二水平正交表 $L_8(2^7)$ 中安排一个四水平的因子得到混合水平的正交表 $L_8(4^1 \times 2^4)$.

方法是从中任意取出两列，例如是 1 和 2 列，它们处在同一横行的水平数对只有 4 种组合，即(1,1),(1,2),(2,1)和(2,2)，将它们依次换为 1,2,3 和 4 并去掉交互列，即是混合水平的正交表 $L_8(4^1 \times 2^4)$. 注意：后面的正交表比前面的正交表少了 2 列. (2) **虚拟水平法**：就是在水平数较多的正交表中安排水平数较少的因素. 例如，在一个三水平的正交表中安排一个两水平的因子，方法是在两个水平中选一个感兴趣的水平作为第三水平，再按三水平的正交表安排试验. 这时三水平因子的自由度为 $3-1$，而两水平因子的自由度则为 $2-1$，即使各列都已排满，仍有计算误差的自由度.

例 3.6.8　为提高某产品的转化率，选择了 4 个有关的因素，反应温度 A 有 $80℃,85℃,90℃$ 三个水平，反应时间 B 有 90 分、120 分、150 分三个水平，用碱量 C 有 $5\%,6\%,7\%$ 三个水平，另搅拌速度 D 有快与慢两个水平，不考虑互作，选择 $L_9(3^4)$ 正交表安排试验，得到转化率的观测值如下，试用 Python 作方差分析.

列号 试验号	1(A)	2(B)	3(C)	4(D)	观测值
1	1（80℃）	1（90分）	1（5%）	1（快）	31
2	1（80℃）	2（120分）	2（6%）	2（慢）	54
3	1（80℃）	3（150分）	3（7%）	1（快）	38
4	2（85℃）	1（90分）	2（6%）	1（快）	53
5	2（85℃）	2（120分）	3（7%）	1（快）	49
6	2（85℃）	3（150分）	1（5%）	2（慢）	42
7	3（90℃）	1（90分）	3（7%）	2（慢）	57
8	3（90℃）	2（120分）	1（5%）	1（快）	62
9	3（90℃）	3（150分）	2（6%）	1（快）	64

解 这里没有重复的观测值，没有用来计算误差的空列，好在 D 的自由度少了一个.

用 Python 作方差分析的程序如下：

```python
import numpy as np
from scipy.stats import f
X1=['80℃', '90分','5%', '快',31]
X2=['80℃', '120分','6%','慢',54]
X3=['80℃', '150分','7%' ,'快',38]
X4=['85℃', '90分','6%', '快',53]
X5=['85℃', '120分','7%', '快',49]
X6=['85℃', '150分','5%','慢',42]
X7=['90℃', '90分', '7%' ,'慢',57]
X8=['90℃', '120分','5%','快',62]
X9=['90℃', '150分','6%','快',64]
dfr=pd.DataFrame({"X1":X1,"X2":X2,"X3":X3,"X4":X4,
    "X5":X5,"X6":X6,"X7":X7,"X8":X8,"X9":X9})
dfrtr=np.transpose(dfr);dfrtr
dfrtr.columns=pd.Index(['A','B','C','D','实验值'],
    name='实验编号')
Tmean=np.mean(dfrtr["实验值"])
SST=sum((dfrtr["实验值"]-Tmean)**2)    #### df=9-1

A1=list(dfrtr.loc[dfrtr['A']=='80℃',:]["实验值"]);
    A1mean=np.mean(A1)
A2=list(dfrtr.loc[dfrtr['A']=='85℃',:]["实验值"]);
    A2mean=np.mean(A2)
```

```
A3=list(dfrtr.loc[dfrtr['A']=='90℃',:]["实验值"]);
   A3mean=np.mean(A3)

SSA=((A1mean-Tmean)**2+(A2mean-Tmean)**2+(A3mean-
   Tmean)**2)*3     ### dfA=3-1
MSA=SSA/2


B1=list(dfrtr.loc[dfrtr['B']=='90分',:]["实验值"]);
   B1mean=np.mean(B1);\
B2=list(dfrtr.loc[dfrtr['B']=='120分',:]["实验值"]);
   B2mean=np.mean(B2);\
B3=list(dfrtr.loc[dfrtr['B']=='150分',:]["实验值"]);
   B3mean=np.mean(B3)
SSB=((B1mean-Tmean)**2+(B2mean-Tmean)**2+(B3mean-
   Tmean)**2)*3;SSB
MSB=SSB/2


C1=list(dfrtr.loc[dfrtr['C']=='5%',:]["实验值"]);
   C1mean=np.mean(C1);\
C2=list(dfrtr.loc[dfrtr['C']=='6%',:]["实验值"]);
   C2mean=np.mean(C2);\
C3=list(dfrtr.loc[dfrtr['C']=='7%',:]["实验值"]);
   C3mean=np.mean(C3)

SSC=((C1mean-Tmean)**2+(C2mean-Tmean)**2+(C3mean-
   Tmean)**2)*3;SSC
MSC=SSC/2


D1=list(dfrtr.loc[dfrtr['D']=='慢',:]["实验值"]);
   D1mean=np.mean(D1);\
D2=list(dfrtr.loc[dfrtr['D']=='快',:]["实验值"]);
   D2mean=np.mean(D2);\
SSD=3*(D1mean-Tmean)**2+6*(D2mean-Tmean)**2;SSD
MSD=SSD/1

SSE=SST-SSA-SSB-SSC-SSD; MSE=SSE/1

FA=MSA/MSE ; FB=MSB/MSE;FC=MSC/MSE;FD=MSD/MSE
PA=1-stats.f(2,1).cdf(FA);PA=np.round(PA,5);PA
PB=1-stats.f(2,1).cdf(FB);PB=np.round(PB,5);PB
PC=1-stats.f(2,1).cdf(FC);PC=np.round(PC,5);PC
```

```
PD=1-stats.f(1,1).cdf(FD);PD=np.round(PD,5);PD
print("方差来源","自由度","离差平方和","离均差平方和",
    "F 值","Pr>F","\n",
    "A",2,np.round(SSA,5),MSA,FA,PA,"\n",
    "B",2,np.round(SSB,5),MSB,FB,PB,"\n",
    "C",2,np.round(SSC,5),MSC,FC,PC,"\n",
    "D",1,np.round(SSD,5),MSD,FD,PD,"\n",
    "Error",1,np.round(SSE,5),MSE,'NaN','NaN',"\n",
    "总变差",8,np.round(SST,5),SST/(9-1),'NaN','NaN')
```

用 Python 计算得到如下方差分析表:

方差来源	自由度	离差平方和	离均差平方和	F 值	Pr>F
A	2	618.0	309.0	22.889	0.14621
B	2	114.0	57.0	4.222	0.3254
C	2	234.0	117.0	8.667	0.23355
D	1	4.5	4.5	0.333	0.66667
Error	1	13.5	13.5	NaN	NaN
总变差	8	984.0	123.0	NaN	NaN

注意: 这里作方差分析的结果是都不显著, 可以从其中最不显著的因素开始, 逐个进行剔除, 直到出现显著的因素为止. 本例中, D 最不显著, 决定进行剔除. 只需将 SSD 并入 SSE 中, Python 代码如下:

```
SSE1=SST-SSA-SSB-SSC; MSE1=SSE1/(8-6)
FA1=MSA/MSE1 ;FB1=MSB/MSE1;FC1=MSC/MSE1
PA1=1-stats.f(2,2).cdf(FA1);PA1=np.round(PA1,5);PA1
PB1=1-stats.f(2,2).cdf(FB1);PB1=np.round(PB1,5);PB1
PC1=1-stats.f(2,2).cdf(FC1);PC1=np.round(PC1,5);PC1

print("方差来源","自由度","离差平方和","离均差平方和",
    "F 值","Pr>F","\n",
    "A",2,np.round(SSA,5),MSA,FA1,PA1,"\n",
    "B",2,np.round(SSB,5),MSB,FB1,PB1,"\n",
    "C",2,np.round(SSC,5),MSC,FC1,PC1,"\n",
    "Error",3,np.round(SSE1,5),MSE1,'NaN','NaN',"\n",
    "总变差",7,np.round(SST,5),SST/(8-1),'NaN','NaN'  )
```

运行 Python 计算得到如下方差分析表:

191

方差来源	自由度	离差平方和	离均差平方和	F 值	Pr>F
A	2	618.0	309.0	34.3333	0.0283
B	2	114.0	57.0	6.3333	0.13636
C	2	234.0	117.0	13.0	0.07143
Error	3	18.0	9.0	NaN	NaN
总变差	7	984.0	140.571	NaN	NaN

因此, 为提高某产品的转化率, 所选择的 4 个因素中, 反应温度 A 各水平的均值之间有显著的差异, 反应时间 B 各水平的均值之间没有显著的差异, 用碱量 C 各水平的均值之间没有显著的差异, 搅拌速度 D 的两个水平的均值之间没有显著的差异.

第 4 章　回归分析与协方差分析

　　回归分析与协方差分析是十分重要的统计分析方法, 在各个专业、各个学科的研究中都得到了广泛的应用. 回归分析可建立自变量与因变量之间的回归方程, 并根据回归方程确定自变量对因变量影响的性质与强度, 在自变量已经取值的条件下, 预测因变量取值的区间. 而协方差分析则是回归分析与方差分析的结合, 如果在试验中有不可控因素影响方差分析的结果, 可考虑将此因素看作一个协变量, 通过协变量与试验指标之间的回归系数对试验指标的均值以及方差分析中的各个平方和进行矫正, 矫正后再作的方差分析有可能得到一些新的结论. 这一章, 先讲述一个自变量与一个因变量的一元线性回归与一元非线性回归, 再讲述一个协变量与一个试验指标的一元协方差分析. 而多元线性回归与多元非线性回归、多元协方差分析将在多元统计分析课程中讲述.

4.1　一元线性回归及 Python 代码

4.1.1　一元线性回归的基本概念

　　一元线性回归可用来分析自变量 x 取值与因变量 Y 取值的内在联系, 不过这里的自变量 x 是可控变量而非随机变量, 因变量 Y 是随机变量, 并假定: 对于变量 x, Y 服从 $N(\alpha+\beta x, \sigma^2)$ 分布. 即当 x 取值后, $E(Y) = \alpha + \beta x$, $D(Y) = \sigma^2$. 当 α, β 及 σ^2 未知时, 根据样本 $(x_1, Y_1), (x_2, Y_2), \cdots, (x_n, Y_n)$ 的观测值 $(x_1, y_1), (x_2, y_2), \cdots, (x_n, y_n)$ 对未知参数 α, β 及 σ^2 所作的估计与检验称为**一元线性回归分析**, 而 α 称为**回归常数**或**截距**, β 称为**回归系数**, $E(Y) = \alpha + \beta x$ 称为**一元线性回归方程**. 自变量 x 有时称为**解释变量**, 而因变量 Y 有时称为**被解释变量**.

　　通常记 α 的估计量及估计值为 $\hat{\alpha}$, 记 β 的估计量及估计值为 $\hat{\beta}$, 记 σ^2 的估计量及估计值为 $\hat{\sigma}^2$. 为确定 $\hat{\alpha}, \hat{\beta}$ 和 $\hat{\sigma}^2$, 可将假定"对于变量 x, Y 服从

$N(\alpha+\beta x,\sigma^2)$ 分布" 表示为：$Y_i = \alpha + \beta x_i + \varepsilon_i$，$i=1,2,\cdots,n$，$\varepsilon_1,\varepsilon_2,\cdots,\varepsilon_n$ 相互独立且都服从 $N(0,\sigma^2)$ 分布.

根据样本的观测值可以用最小二乘法确定 $\hat{\alpha},\hat{\beta}$ 和 $\hat{\sigma}^2$，得到 $\hat{y} = \hat{\alpha} + \hat{\beta}x$，称之为**经验回归方程**，简称为**回归方程**，而它在平面直角坐标系中所对应的图象称为**经验回归直线**，简称为**回归直线**. 这里所用的最小二乘法，是要由 (x_i,y_i) 求出 $\hat{\alpha},\hat{\beta}$ 及 $\hat{y}_i = \hat{\alpha} + \hat{\beta}x_i$，使

$$Q = \sum_i (y_i - \hat{y}_i)^2 = \sum_i \left[y_i - (\hat{\alpha} + \hat{\beta}x_i)\right]^2$$

的值最小. 所求出的 $\hat{\alpha}$ 称为**经验截距**，简称为**截距**，$\hat{\beta}$ 称为**经验回归系数**，简称为**回归系数**，而 $\hat{\sigma}^2 = \dfrac{Q}{n-2}$ 是 σ^2 的无偏估计量，这将在后面给出证明.

4.1.2 线性回归方程中未知参数的估计

根据最小二乘法的原则，由 $\dfrac{\partial Q}{\partial \hat{\alpha}}=0$ 及 $\dfrac{\partial Q}{\partial \hat{\beta}}=0$ 得到

$$-2\sum_i \left[y_i-(\hat{\alpha}+\hat{\beta}x_i)\right]=0 \quad \text{与} \quad -2\sum_i \left[y_i-(\hat{\alpha}+\hat{\beta}x_i)\right]x_i=0,$$

经过整理得到一元线性回归的正规方程组如下：

$$\begin{cases} \hat{\alpha}n + \hat{\beta}\sum_i x_i = \sum_i y_i, \\ \hat{\alpha}\sum_i x_i + \hat{\beta}\sum_i x_i^2 = \sum_i x_i y_i, \end{cases}$$

或写成如下的矩阵形式：

$$\begin{pmatrix} n & \sum_i x_i \\ \sum_i x_i & \sum_i x_i^2 \end{pmatrix} \begin{pmatrix} \hat{\alpha} \\ \hat{\beta} \end{pmatrix} = \begin{pmatrix} \sum_i y_i \\ \sum_i x_i y_i \end{pmatrix}.$$

解出

$$\hat{\beta} = \frac{l_{xy}}{l_{xx}}, \quad \hat{\alpha} = \overline{y} - \hat{\beta}\overline{x},$$

其中 $\overline{x} = \dfrac{1}{n}\sum_i x_i$，$\overline{y} = \dfrac{1}{n}\sum_i y_i$，$l_{xx} = \sum_i (x_i-\overline{x})^2$，$l_{xy} = \sum_i (x_i-\overline{x})(y_i-\overline{y})$，以及 $l_{yy} = \sum_i (y_i-\overline{y})^2$.

与上述 $\hat{\alpha}$ 和 $\hat{\beta}$ 相对应的 Q 的数值又记作 SSE，称为**剩余平方和**或**残差平方和**.

所求的回归方程为 $\hat{y} = \hat{\alpha} + \hat{\beta}x$, 将 $\hat{\alpha} = \bar{y} - \hat{\beta}\bar{x}$ 代入后得到回归方程的第二种形式为

$$\hat{y} = \bar{y} + \hat{\beta}(x - \bar{x}).$$

由此看出: 回归直线通过样本观测值所决定的散点图的**几何中心**为 $(\bar{x}, \bar{y})$.

下面将 $\hat{\alpha}, \hat{\beta}$ 和 SSE, 以及 $\hat{Y}$ 和 $\hat{Y}_i$ 看作是统计量, 它们的表达式分别为

$$\hat{\alpha} = \bar{y} - \hat{\beta}\bar{x},$$

$$\hat{\beta} = \frac{\sum_i (x_i - \bar{x})(Y_i - \bar{Y})}{l_{xx}} = \frac{\sum_i (x_i - \bar{x})Y_i}{l_{xx}},$$

$$\mathrm{SSE} = \sum_i \left[Y_i - (\hat{\alpha} + \hat{\beta}x_i) \right]^2,$$

$$\hat{Y} = \hat{\alpha} + \hat{\beta}x = \bar{Y} + \hat{\beta}(x - \bar{x}),$$

$$\hat{Y}_i = \bar{Y} + \hat{\beta}(x_i - \bar{x}).$$

这些统计量的性质如下:

(1) $\bar{Y}, \hat{\beta}, \mathrm{SSE}$ 相互独立.

(2) $\hat{\beta}, \hat{\alpha}$ 和 $\hat{Y}$ 都服从正态分布, 且

$$E(\hat{\beta}) = \beta, \quad D(\hat{\beta}) = \frac{\sigma^2}{l_{xx}},$$

$$E(\hat{\alpha}) = \alpha, \quad D(\hat{\alpha}) = \left(\frac{1}{n} + \frac{\bar{x}^2}{l_{xx}} \right) \sigma^2.$$

(3) $\dfrac{\mathrm{SSE}}{\sigma^2}$ 服从 $\chi^2(n-2)$ 分布, $E(\mathrm{SSE}) = (n-2)\sigma^2$, $\sigma^2 = \dfrac{\mathrm{SSE}}{n-2}$ 是 σ^2 的无偏估计量.

性质(2)表明:

① 为提高 $\hat{\alpha}$ 的估计精度, 最理想的选择是使 $\bar{x} = 0$, 其绝对值越小越好, 回归的正交试验设计就是要 $\bar{x} = 0$.

② 为提高 $\hat{\beta}$ 的估计精度, 应该使 l_{xx} 取较大的数值, $x_1, x_2, \cdots, x_n$ 越分散越好.

③ 作回归时, 观测值的个数 n 不能太小.

上述性质的证明, 请看本节的附录.

4.1.3 线性回归方程的显著性检验

一元线性回归方程的建立必须有一个前提, 那就是: 对变量 x , Y 服从

$N(\alpha+\beta x,\sigma^2)$ 分布. 然而, 根据最小二乘法, 在建立回归方程的时候, 并不知道 Y 所取的值是否服从 $N(\alpha+\beta x,\sigma^2)$ 分布. 换一句话说, 即使 Y 所取的值不服从 $N(\alpha+\beta x,\sigma^2)$ 分布, 也可以建立一个回归方程. 因此, 必须对回归方程的拟合情况或效果作显著性检验. 为寻求适当的检验方法, 可设想将观测值 y_i ($i=1,2,\cdots,n$)的变异分解成为由 x_i ($i=1,2,\cdots,n$)的不同引起的变异, 以及不可控制的其他因素 ε_i ($i=1,2,\cdots,n$)引起的变异. 如果两者相比较, 由 x_i, $i=1,2,\cdots,n$ 的不同引起的变异显著地大于由其他因素 ε_i, $i=1,2,\cdots,n$ 引起的变异, 那么 y_i 与 x_i 之间便有可能存在线性关系.

设观测值为 (x_i,y_i), y_i ($i=1,2,\cdots,n$)的总变异表示为 $\sum_i(y_i-\overline{y})^2$, 则

$$\sum_i(y_i-\overline{y})^2=\sum_i(y_i-\hat{y}_i)^2+\sum_i(\hat{y}_i-\overline{y})^2,$$

其中 $\hat{y}_i$ 是根据最小二乘法得到 $\hat{\alpha}$ 与 $\hat{\beta}$ 后由 x_i 计算得到的 $\hat{y}_i=\hat{\alpha}+\hat{\beta}x_i$, 且

$$\frac{1}{n}\sum_i\hat{y}_i=\frac{1}{n}\sum_i(\hat{\alpha}+\hat{\beta}x_i)=\frac{1}{n}\left(n\hat{\alpha}+\hat{\beta}\sum_i x_i\right)=\frac{1}{n}\sum_i y_i=\overline{y}.$$

证　因为

$$\sum_i(y_i-\overline{y})^2=\sum_i\left[(y_i-\hat{y}_i)+(\hat{y}_i-\overline{y})\right]^2$$
$$=\sum_i(y_i-\hat{y}_i)^2+\sum_i(\hat{y}_i-\overline{y})^2+2\sum_i(y_i-\hat{y}_i)(\hat{y}_i-\overline{y}),$$

而

$$\sum_i(y_i-\hat{y}_i)(\hat{y}_i-\overline{y})=\sum_i(y_i-\hat{\alpha}-\hat{\beta}x_i)(\hat{\alpha}+\hat{\beta}x_i-\overline{y})$$
$$=\sum_i\left[y_i-(\overline{y}-\hat{\beta}\overline{x})-\hat{\beta}x_i\right]\times\hat{\beta}(x_i-\overline{x})$$
$$=\sum_i\hat{\beta}(x_i-\overline{x})(y_i-\overline{y})-\sum_i\hat{\beta}^2(x_i-\overline{x})^2$$
$$=\hat{\beta}l_{xy}-\hat{\beta}^2 l_{xx}=0,$$

所以

$$\sum_i(y_i-\overline{y})^2=\sum_i(y_i-\hat{y}_i)^2+\sum_i(\hat{y}_i-\overline{y})^2.$$

记 $\text{SST}=\sum_i(y_i-\overline{y})^2$, SST 表示 n 个 $y_1,y_2,\cdots,y_n$ 的总变异, 当各个 y_i 已知时, 它是一个定值, 称 SST 为**总平方和**.

记 $\text{SSE}=\sum_i(y_i-\hat{y}_i)^2$, 它是 y_i 与 $\hat{y}_i$ 之间的偏差平方和, 可表示 ε_i

$(i=1,2,\cdots,n)$对总变异的影响，称 SSE 为**剩余平方和**或**残差平方和**.

记 SSR $=\sum_i(\hat{y}_i-\overline{y})^2$，它是 n 个 $\hat{y}_i$ 之间的总变异，表示由于 x_i ($i=1$, $2,\cdots,n$)的变异对总变异造成的影响，称 SSR 为**回归平方和**.

因此，SST$=$SSE$+$SSR.

如果 SSR 的数值相对较大，SSE 的数值便相对比较小，说明回归的效果好；如果 SSR 的数值相对较小，SSE 的数值便相对比较大，说明回归的效果差.

又因为

$$
\begin{aligned}
\text{SSR} &= \sum_i(\hat{y}_i-\overline{y})^2 = \sum_i(\hat{\alpha}+\hat{\beta}x_i-\overline{y})^2 \\
&= \sum_i(\overline{y}-\hat{\beta}\overline{x}+\hat{\beta}x_i-\overline{y})^2 = \sum_i\hat{\beta}^2(x_i-\overline{x})^2 \\
&= \hat{\beta}^2 l_{xx} = \hat{\beta}l_{xy} = \frac{l_{xy}^2}{l_{xx}},
\end{aligned}
$$

而 SST$=l_{yy}$，所以 SSE$=l_{yy}-\hat{\beta}l_{xy}$. 由

$$
\text{SSE} = l_{yy}-\hat{\beta}l_{xy} = l_{yy}-\frac{l_{xy}^2}{l_{xx}} = l_{yy}\left(1-\frac{l_{xy}^2}{l_{xx}l_{yy}}\right),
$$

还可引进 $r^2=\dfrac{l_{xy}^2}{l_{xx}l_{yy}}$，$r=\dfrac{l_{xy}}{\sqrt{l_{xx}l_{yy}}}$. 称 r 为 x 与 Y 的观测值的**相关系数**.

如果 $|r|$ 较大，SSE 的数值便比较小，说明回归的效果好或者说 x 与 Y 的线性关系密切；如果 $|r|$ 较小，SSE 的数值便比较大，说明回归的效果差或者说 x 与 Y 的线性关系不密切.

又由 r 及回归系数的计算公式 $\hat{\beta}=\dfrac{l_{xy}}{l_{xx}}$，可以推出：$r>0$ 时 $\hat{\beta}>0$，x 增加时 Y 的观测值呈增加的趋势；$r<0$ 时 $\hat{\beta}<0$，x 增加时 Y 的观测值呈减少的趋势. 因此，当 $r>0$ 时称 x 与 Y **正相关**，当 $r<0$ 时称 x 与 Y **负相关**.

综上所述，如果设 H_0 为 $\beta=0$，也就是假设 x 与 Y 不是线性关系，则可以用以下三种实质相同的方法检验线性回归方程的显著性. 当检验的结果显著时说明 x 与 Y 的线性关系显著，表明回归方程可供应用；当检验的结果不显著时说明 x 与 Y 的线性关系不显著，表明回归方程不可应用.

(1) **F 检验法**：由于 $\hat{\beta} \sim N\left(\beta, \dfrac{\sigma^2}{l_{xx}}\right)$，$\dfrac{\hat{\beta}-\beta}{\sqrt{\sigma^2/l_{xx}}}$ 服 从 $N(0,1)$，

$\dfrac{(\hat{\beta}-\beta)^2 l_{xx}}{\sigma^2}$ 服从 $\chi^2(1)$，而 $\dfrac{\text{SSE}}{\sigma^2}$ 服从 $\chi^2(n-2)$ 分布；当 H_0 为真时，

$$\frac{(\hat{\beta}-\beta)^2 l_{xx}}{\sigma^2} = \frac{\hat{\beta}^2 l_{xx}}{\sigma^2} = \frac{\text{SSR}}{\sigma^2}$$

服从 $\chi^2(1)$ 分布且 SSR 与 SSE 相互独立；因此，当 H_0 为真时，$F = \dfrac{\text{SSR}}{\text{SSE}/(n-2)}$

服从 $F(1, n-2)$ 分布，当 $F \geqslant F_{1-\alpha}(1, n-2)$ 时应该放弃原假设 H_0.

(2) **t 检验法**：由于 $\hat{\beta}$ 服从 $N\left(\beta, \dfrac{\sigma^2}{l_{xx}}\right)$ 分布，$\dfrac{\text{SSE}}{\sigma^2}$ 服从 $\chi^2(n-2)$ 分布，当

H_0 为真时，$t = \hat{\beta}\sqrt{\dfrac{l_{xx}}{\text{SSE}/(n-2)}}$ 服从 $t(n-2)$ 分布，当 $|t| \geqslant t_{1-0.5\alpha}(n-2)$ 时应

该放弃原假设 H_0.

注　在回归分析中，F 检验常用来检验回归方程的显著性，t 检验常用来检验回归系数的显著性. 对于一元线性回归，这两项检验的结果所得到的显著性是一致的.

原因是，由 $t = \hat{\beta}\sqrt{\dfrac{l_{xx}}{\text{SSE}/(n-2)}}$，可得到

$$t^2 = \hat{\beta}^2 \frac{l_{xx}}{\text{SSE}/(n-2)} = \frac{\text{SSR}}{\text{SSE}/(n-2)} = F.$$

当统计量 $t \sim t(n-2)$ 时，$t^2 \sim F(1, n-2)$，$t_{1-0.5\alpha}^2(n-2) = F_{1-\alpha}(1, n-2)$，在第一章对此关系曾作过论述.

(3) **r 检验法**：根据 x 与 Y 的观测值的相关系数 $r = \dfrac{l_{xy}}{\sqrt{l_{xx}l_{yy}}}$，$r^2 = \dfrac{l_{xy}^2}{l_{xx}l_{yy}}$，

可以推出 $r^2 = \dfrac{\text{SSR}}{\text{SST}}$，当 H_0 为真时，$F = \dfrac{r^2}{(1-r^2)/(n-2)}$ 服从 $F(1, n-2)$ 分

布，当 $F \geqslant F_{1-\alpha}(1, n-2)$ 或 $|r| \geqslant r_\alpha(n-2)$ 时应该放弃原假设 H_0，式中的

$$r_\alpha(n-2) = \sqrt{\frac{F_{1-\alpha}(1, n-2)}{F_{1-\alpha}(1, n-2) + (n-2)}}$$

可由 r 检验用表中查出. 例如，$F_{0.99}(1,7) = 12.25$ 时，

$$r_{0.01}(7) = \sqrt{\frac{12.25}{12.25+7}} = 0.7977 .$$

正因为 $r^2 = \dfrac{\mathrm{SSR}}{\mathrm{SST}}$，而 SSR 是回归平方和，SST 是总平方和，所以 r^2 常常解释 x 与 Y 的线性关系在 x 与 Y 的全部关系中所占的百分比，称 r^2 为 x 与 Y 的观测值的**决定系数**.

注 如果对两个随机变量 X 与 Y 作一元线性回归分析，例如某商场作夏季的日平均气温 X 与冷饮的销售量 Y 的一元线性回归分析，只需满足下列条件，本节讲述的估计、检验与预测方法仍然可用：

① 在给定 X_i 时，Y_i 的条件分布是正态分布，并且相互独立，其条件均值为 $\alpha + \beta X_i$，条件方差为 σ^2；

② $X_i, i = 1, 2, \cdots, n$ 是独立随机变量，其概率分布不涉及参数 α, β 与 σ^2.

4.1.4 利用回归方程进行点预测和区间预测

若对线性回归方程作显著性检验的结果是放弃 H_0，也就是放弃回归系数 $\beta = 0$ 的假设，便可以利用回归方程进行点预测和区间预测，这是人们关注线性回归的主要原因之一.

(1) 当 $x = x_0$ 时，用 $\hat{y}_0 = \hat{\alpha} + \hat{\beta} x_0$ 预测 Y_0 的观测值 y_0 称为**点预测**.

因为 $E(\hat{y}_0) = \alpha + \beta x_0 = E(Y_0)$，故 Y_0 的观测值 y_0 的点预测是无偏的.

但是点预测的实际意义不大，因为任何预测做不到百分之百的准确. 真正有实用价值的是区间预测.

(2) 当 $x = x_0$ 时，用适合不等式 $P\{Y_0 \in (G, H)\} \geqslant 1-\alpha$ 的统计量 G 和 H 所确定的随机区间 (G, H) 预测 Y_0 的取值范围称为**区间预测**，而 (G, H) 称为 Y_0 的 $1-\alpha$ **预测区间**.

若 Y_0 与样本中的各 Y_i 相互独立，则可以判断 $Z = Y_0 - (\hat{\alpha} + \hat{\beta} x_0)$ 服从正态分布，且 $E(Z) = 0$，$D(Z) = \sigma^2 \left(1 + \dfrac{1}{n} + \dfrac{(x_0 - \bar{x})^2}{l_{xx}} \right)$，以及 Z 与 SSE 相互独立，可以导出

$$t = \frac{Z}{\sqrt{\dfrac{\mathrm{SSE}}{n-2} \left(1 + \dfrac{1}{n} + \dfrac{(x_0 - \bar{x})^2}{l_{xx}} \right)}} \sim t(n-2) \text{分布}.$$

因此，Y_0 的 $1-\alpha$ 预测区间为 $\hat{\alpha} + \hat{\beta}x_0 \pm \Delta(x_0)$，其中

$$\Delta(x_0) = t_{1-0.5\alpha}(n-2)\sqrt{\frac{\text{SSE}}{n-2}\left(1 + \frac{1}{n} + \frac{(x_0 - \overline{x})^2}{l_{xx}}\right)}.$$

例 4.1.1　某种物质在不同温度下可以吸附另一种物质，如果温度 x (单位：℃)与吸附重量 Y (单位：mg)的观测值如下表所示：

温度 x_i	1.5	1.8	2.4	3.0	3.5	3.9	4.4	4.8	5.0
重量 y_i	4.8	5.7	7.0	8.3	10.9	12.4	13.1	15.3	13.6

试求线性回归方程，并用三种方法作显著性检验. 若 $x_0 = 2$，求 Y_0 的 0.99 预测区间.

解　根据上述观测值得到 $n = 9$，$\sum_i x_i = 30.3$，$\sum_i y_i = 91.11$，

$$\sum_i x_i^2 = 115.11,\quad \sum_i x_i y_i = 345.09,\quad \sum_i y_i^2 = 1036.65,$$

$$l_{xx} = 13.100,\quad l_{xy} = 38.387,\quad l_{yy} = 114.516,$$

$$\overline{x} = 3.367,\quad \overline{y} = 10.122,$$

$$\hat{\beta} = \frac{l_{xy}}{l_{xx}} = 2.9303,\quad \hat{\alpha} = \overline{y} - \hat{\beta}\overline{x} = 0.2569,$$

所求的线性回归方程为 $\hat{y} = 0.2569 + 2.9303x$.

例 4.1.1 中观测值的散点图如图 4-1 所示.

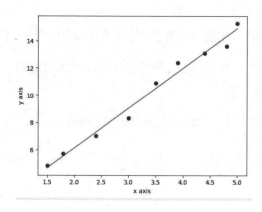

图 4-1　例 4.1.1 中观测值的散点图

以下用三种方法作显著性检验.

(1) F 检验法：$\text{SST} = l_{yy} = 114.516$，　$\text{SSR} = \hat{\beta}l_{xy} = 112.485$，

$$\text{SSE}=\text{SST}-\hat{\beta}l_{xy}=2.031, \quad n-2=7,$$

$$F_{0.99}(1,7)=12.25, \quad F=\frac{\text{SSR}}{\text{SSE}/(n-2)}=387.69, \quad F>12.25,$$

所以回归方程极显著.

(2) t 检验法: $|t|=|\hat{\beta}|\sqrt{\dfrac{l_{xx}}{\text{SSE}/(n-2)}}=19.69$, $t_{0.995}(7)=3.499$, $|t|>$

3.499, 所以回归方程极显著.

(3) r 检验法: $r^2=\dfrac{l_{xy}^2}{l_{xx}l_{yy}}=0.9823$, $r=0.9911$, $r_{0.01}(7)=0.7977$,

$|r|>0.7977$, 所以回归方程极显著.

当 $x_0=2$ 时, $\hat{y}_0=6.12$, $\Delta(x_0)=2.111$, Y_0 的 0.99 预测区间为 $(4.0065,8.2286)$.

这说明当温度为 2 时, 应该预测吸附另一种物质的重量在 4.09 至 8.15 之间, 并且预测 100 次将有 99 次是正确的.

例 4.1.2 下表统计了在 HDFS(Hadoop Distributed Filesystem)文件系统中不同规模下双对角矩阵存储所占用的空间大小, 50000 代表当前的矩阵为 50000×50000 规模的矩阵, 其他类似解释.

矩阵规模	10000	20000	30000	40000	50000
大小（KB）	275.8	552	828.1	1080	1350

试求线性回归方程,并用三种方法作显著性检验. 若 $x_0=45000$,求 Y_0 的 0.99 预测区间.

解 (1) 根据上述观测值得 $n=5$, $\sum_i x_i=150000$, $\sum_i y_i=4085.9$, $\sum_i x_i^2=5500000000$, $\sum_i y_i^2=4055419.25$, $\sum_i x_i y_i=149341000$,

$$l_{xx}=1.11908E+11, \quad l_{xy}=283127272.7, \quad l_{yy}=716503,$$

$$\bar{x}=30000, \quad \bar{y}=817.18,$$

$$\hat{\beta}=\frac{l_{xy}}{l_{xx}}=0.02676, \quad \hat{\alpha}=\bar{y}-\hat{\beta}\bar{x}=14.26,$$

所求的线性回归方程为 $y=14.26+0.02676x$.

以下用三种方法作显著性检验.

(1) F 检验法：$\mathrm{SST}=l_{yy}=716503$，$\mathrm{SSR}=\hat{\beta}l_{xy}=716312$，

$$\mathrm{SSE}=\mathrm{SST}-\mathrm{SSR}=191.792，\ n-2=3，$$

$$F_{0.99}(1,3)=34.1，\ F=\frac{\mathrm{SSR}}{\mathrm{SSE}/(n-2)}=11204.5，\ F>F_{0.99}(1,3)，$$

所以回归方程极显著.

(2) t 检验法：

$$|t|=|\hat{\beta}|\sqrt{\frac{l_{xx}}{\mathrm{SSE}/(n-2)}}=105.85，\ t_{0.995}(3)=5.841，\ |t|>t_{0.995}(3)，$$

所以回归方程极显著.

(3) r 检验法：$r^2=\dfrac{l_{xy}^2}{l_{xx}l_{yy}}=0.9997$，$r=0.9999$，

$$r_{0.01}(3)=\sqrt{\frac{F_{0.99}(1,3)}{F_{0.99}(1,3)+3}}=0.9587，\ |r|>r_{0.01}(3)，$$

所以回归方程极显著.

点估计：当 $x_0=45000$ 时，$y_0=14.26+0.02676x_0=1218.595$.

区间估计：

$$\Delta(x_0)=t_{1-0.5\alpha}(n-2)\sqrt{\frac{\mathrm{SSE}}{n-2}\left[1+\frac{1}{n}+\frac{(x_0-\bar{x})^2}{l_{xx}}\right]}=55.7506，$$

所以 Y_0 的 0.99 预测区间为 $(1162.8444,1274.3456)$.

这说明在处于 45000×45000 规模的矩阵下，双对角矩阵储存所占用的空间大小在 1162.8444 至 1274.3456 之间，并且预测 100 次将有 99 次是正确的.

4.1.5　应用 Python 作一元线性回归分析

```
import statsmodels.api as lm
x=np.array([1.5,1.8,2.4,3.0,3.5,3.9,4.4,4.8,5.0])
y=np.array([4.8,5.7,7.0,8.3,10.9,12.4,13.1,13.6,15.3])
plt.plot(x,y,"k.")    #散点图
x1=lm.add_constant(x)
#lm.OLS 函数默认不包含常数项,目的是在 x 中增加一列"1"
model=lm.OLS (y,x1)
results=model.fit()
results.params
results.summary()
```

```
fitted_ys=results.fittedvalues    ###拟合的 y 值
plt.xlabel('x axis')
plt.ylabel('y axis')
plt.plot(x,y,"ro")   ### 坐标点用红色圆圈标记
plt.plot(x,fitted_ys)
plt.show()
```

输出的结果如下:

OLS Regression Results

Dep. Variable:	y	R-squared:	0.982
Model:	OLS	Adj.R-squared:	0.980
Method:	Least Squares	F-statistic:	387.5
Date:	Sat, 05 Sep 2020	Prob (F-statistic):	2.18e-0
Time:	10:37:52	Log-Likelihood:	-6.0733
No. Observations:	9	AIC:	16.15
Df Residuals:	7	BIC:	16.54
Df Model:	1		
Covariance Type:	nonrobust		

	coef	std err	t	P>|t|	[0.025	0.975]
Const	0.2569	0.532	0.483	0.644	-1.002	1.516
x1	2.9303	0.149	19.685	0.000	2.578	3.282

Omnibus:	0.622	Durbin-Watson:	2.015
Prob(Omnibus):	0.733	Jarque-Bera (JB):	0.576
Skew:	-0.340	Prob(JB):	0.750
Kurtosis:	1.963	Cond. No.	11.3

预测程序如下:

```
def confidence_interval(x0,results,alpha,x):
    y0 = results.params[0]+results.params[1]*x0
    se=np.sqrt(results.mse_resid)
    t_cri=stats.t(len(x)-2).ppf(1-alpha/2)
    lxx=sum((x-np.mean(x))**2)
    conf_down = y0 - se*t_cri*np.sqrt(1+1/len(x)+
        (x0-np.mean(x))**2/lxx)
```

```
        conf_up = y0 + se*t_cri*np.sqrt(1+1/len(x)+
            (x0-np.mean(x))**2/lxx)
        confidence_interval = (conf_down, conf_up)
        return confidence_interval
x0 = 2; alpha = 0.01
print(" y0 点预测为: ", y0, "\n", "置信区间为: ",
    confidence_interval(x0,results,alpha,x))
```

输出的结果如下:

　y0 点预测为: 6.117506361323158

　置信区间为: (4.006455434575885, 8.22855728807043)

4.1.6　附录: 证明回归统计量的性质

定理 4.1.1　$\bar{Y}, \hat{\beta}$ 和 SSE 相互独立.

证　因为 Y 所取的值服从 $N(\alpha+\beta x, \sigma^2)$ 分布, 各 Y_i 服从 $N(\alpha+\beta x_i, \sigma^2)$ 分布且相互独立, 所以 $Z_i = \dfrac{Y_i-(\alpha+\beta x_i)}{\sigma}$ 服从 $N(0,1)$ 分布且相互独立. 再作正交变换:

$$\begin{cases} U_1 = \dfrac{1}{\sqrt{n}}Z_1 + \dfrac{1}{\sqrt{n}}Z_2 + \cdots + \dfrac{1}{\sqrt{n}}Z_n, \\ U_2 = \dfrac{x_1-\bar{x}}{\sqrt{l_{xx}}}Z_1 + \dfrac{x_2-\bar{x}}{\sqrt{l_{xx}}}Z_2 + \cdots + \dfrac{x_n-\bar{x}}{\sqrt{l_{xx}}}Z_n, \\ U_3 = c_{31}Z_1 + c_{32}Z_2 + \cdots + c_{3n}Z_n, \\ \cdots, \\ U_n = c_{n1}Z_1 + c_{n2}Z_2 + \cdots + c_{nn}Z_n, \end{cases}$$

那么, 各 U_i 也服从 $N(0,1)$ 分布且相互独立, 且

$$\sum_i U_i^2 = \sum_i Z_i^2, \quad U_1 = \sqrt{n}\bar{Z}.$$

又因为 $Y_i = \sigma Z_i + (\alpha+\beta x_i)$, $\bar{Y} = \sigma\bar{Z} + (\alpha+\beta\bar{x})$,

$$Y_i - \bar{Y} = \sigma(Z_i - \bar{Z}) + \beta(x_i - \bar{x}),$$

$$U_1 = \frac{1}{\sqrt{n}}\sum_i Z_i = \sqrt{n}\bar{Z} = \sqrt{n}\,\frac{\bar{Y}-(\overline{\alpha+\beta x})}{\sigma},$$

即 $\bar{Y} = \dfrac{\sigma U_1}{\sqrt{n}} + (\alpha+\beta\bar{x})$, 表明 $\bar{Y}$ 仅为 U_1 的线性函数.

$$\hat{\beta} - \beta = \frac{\sum_i (x_i - \overline{x}) Y_i}{l_{xx}} - \beta = \frac{1}{l_{xx}} \sum_i (x_i - \overline{x}) \big[\sigma Z_i + (\alpha + \beta x_i) \big] - \beta$$

$$= \frac{1}{l_{xx}} \left[\sum_i (x_i - \overline{x}) \sigma Z_i + \sum_i (x_i - \overline{x}) \alpha + \beta \sum_i (x_i - \overline{x}) x_i \right] - \beta$$

$$= \frac{\sigma}{l_{xx}} \sum_i (x_i - \overline{x}) Z_i = \frac{\sigma U_2}{\sqrt{l_{xx}}},$$

即 $\hat{\beta} = \beta + \dfrac{\sigma U_2}{\sqrt{l_{xx}}}$，表明 $\hat{\beta}$ 仅为 U_2 的线性函数.

以下证明 SSE 是 $U_3, U_4, \cdots, U_n$ 的函数. 因为

$$\text{SSE} = \sum_i \big[Y_i - (\hat{\alpha} + \hat{\beta} x_i) \big]^2 = \sum_i \Big\{ Y_i - \big[\overline{Y} + \hat{\beta}(x_i - \overline{x}) \big] \Big\}^2$$

$$= \sum_i \big[(Y_i - \overline{Y}) - \hat{\beta}(x_i - \overline{x}) \big]^2 = \sum_i \big[\sigma(Z_i - \overline{Z}) + \beta(x_i - \overline{x}) - \hat{\beta}(x_i - \overline{x}) \big]^2$$

$$= \sum_i \big[\sigma(Z_i - \overline{Z}) - (\hat{\beta} - \beta)(x_i - \overline{x}) \big]^2 = \sigma^2 \sum_i \left[(Z_i - \overline{Z}) - (x_i - \overline{x}) \frac{U_2}{\sqrt{l_{xx}}} \right]^2$$

$$= \sigma^2 \sum_i \left[(Z_i - \overline{Z})^2 - 2(Z_i - \overline{Z})(x_i - \overline{x}) \frac{U_2}{\sqrt{l_{xx}}} + (x_i - \overline{x})^2 \frac{U_2^2}{l_{xx}} \right]$$

$$= \sigma^2 \left[\sum_i (Z_i - \overline{Z})^2 - 2 \sum_i (Z_i - \overline{Z})(x_i - \overline{x}) \frac{U_2}{\sqrt{l_{xx}}} + \sum_i (x_i - \overline{x})^2 \frac{U_2^2}{l_{xx}} \right]$$

$$= \sigma^2 \left[\sum_i (Z_i - \overline{Z})^2 - 2 \sum_i Z_i (x_i - \overline{x}) \frac{U_2}{\sqrt{l_{xx}}} + \sum_i (x_i - \overline{x})^2 \frac{U_2^2}{l_{xx}} \right]$$

$$= \sigma^2 \left(\sum_i Z_i^2 - n\overline{Z}^2 - 2U_2^2 + U_2^2 \right) = \sigma^2 \left(\sum_i U_i^2 - U_1^2 - U_2^2 \right)$$

$$= \sigma^2 (U_3^2 + U_4^2 + \cdots + U_n^2),$$

所以 SSE 是 $U_3, U_4, \cdots, U_n$ 的函数.

综上所述，$\overline{Y}, \hat{\beta}, \text{SSE}$ 相互独立.

定理 4.1.2　$\hat{\beta}, \hat{\alpha}$ 和 $\hat{Y}$ 都服从正态分布且

$$E(\hat{\beta}) = \beta , \quad D(\hat{\beta}) = \frac{\sigma^2}{l_{xx}} , \quad E(\hat{\alpha}) = \alpha , \quad D(\hat{\alpha}) = \left(\frac{1}{n} + \frac{\overline{x}^2}{l_{xx}} \right) \sigma^2 .$$

证　由 $\hat{\beta} - \beta = \dfrac{\sigma U_2}{\sqrt{l_{xx}}}$ 知，$\hat{\beta}$ 服从正态分布，且 $E(\hat{\beta}) = \beta$，$D(\hat{\beta}) = \dfrac{\sigma^2}{l_{xx}}$.

因为 $\bar{Y}$ 服从正态分布，且由定理 4.1.1 知，$\bar{Y}$ 与 $\hat{\beta}$ 相互独立，则 $\hat{\alpha} = \bar{Y} - \hat{\beta}\bar{x}$ 也服从正态分布，且

$$E(\hat{\alpha}) = \alpha, \quad D(\hat{\alpha}) = \left(\frac{1}{n} + \frac{\bar{x}^2}{l_{xx}}\right)\sigma^2.$$

又由 $\hat{\beta}$ 和 $\hat{\alpha}$ 都服从正态分布知，$\hat{Y} = \hat{\alpha} + \hat{\beta}x$ 也服从正态分布.

定理 4.1.3　$\dfrac{\mathrm{SSE}}{\sigma^2}$ 服从 $\chi^2(n-2)$ 分布，$E(\mathrm{SSE}) = (n-2)\sigma^2$，$\hat{\sigma}^2 = \dfrac{\mathrm{SSE}}{n-2}$ 是 σ^2 的无偏估计量.

证　由 $\mathrm{SSE} = \sigma^2(U_3^2 + U_4^2 + \cdots + U_n^2)$ 知，$\dfrac{\mathrm{SSE}}{\sigma^2}$ 服从 $\chi^2(n-2)$ 分布，且

$$E(\mathrm{SSE}) = (n-2)\sigma^2,$$

因此 $\hat{\sigma}^2 = \dfrac{\mathrm{SSE}}{n-2}$ 是 σ^2 的无偏估计量.

☞ 习题 4.1

1. 在变量 x 取值以后，若 Y 所取的值服从 $N(\beta x, \sigma^2)$ 分布，当 β 及 σ^2 未知时，根据样本 $(x_1, Y_1), (x_2, Y_2), \cdots, (x_n, Y_n)$ 的观测值 $(x_1, y_1), (x_2, y_2), \cdots, (x_n, y_n)$，试用最小二乘法建立回归方程 $\hat{y} = \hat{\beta}x$.

2. 小麦基本苗数 x 及有效穗数 Y（单位：万/亩)的 5 组观测数据如下：

基本苗数 x_i	15.0	25.8	30.0	36.6	44.4
有效穗数 y_i	39.4	41.9	41.0	43.1	49.2

试用 Python 求线性回归方程，并用三种方法作显著性检验. 若 $x_0 = 26$，求 Y_0 的 0.95 预测区间.

3. 北碚大红番茄果实横径 x（单位：cm)与果重 Y（单位：g)的观测数据如下：

果实横径 x_i	10	9.6	9.2	8.9	8.5	8.0	7.8	7.7	7.4	7.0
果重 y_i	140	132	130	121	116	108	105	106	95	90

试用 Python 求线性回归方程，并用三种方法作显著性检验.

4. 某地国民生产总值 Y (单位: 亿元)与基本建设投资 x (单位: 亿元)的年度统计数字如下:

x_i	191.72	203.66	223.11	242.82	265.45	297.62	322.00	352.41
y_i	15.53	12.92	17.62	14.21	16.90	25.58	28.00	32.47

试用 Python 求线性回归方程并用三种方法作显著性检验.

4.2 一元非线性回归及 Python 代码

4.2.1 一元非线性回归简介

在自然科学及经济学等领域的研究中，所遇到的双变量观测数据的内在联系常常不能用一元线性回归方程来描述，却能够用一元非线性回归方程来描述. 例如, 施肥量与产量的内在联系，光照强度与光合作用效率的内在联系、CPU 的存储量与电脑的运行速度，人均 GDP 与人均消费水平，生产效益与成本投资的内在联系，等等.

确定非线性回归方程中未知的系数或参数的过程称为**建立非线性回归方程**.

建立一元非线性回归方程, 除了描述双变量观测数据的内在联系外, 还可以估计出反映该种非线性回归方程特征的一些参数, 例如回归系数、极大值、极小值、拐点的坐标、渐近线的方程等, 可以修匀观测数据对应的坐标点, 避免因个别观测数据的影响而得到错误的认识. 因此, 建立一元非线性回归方程甚至比建立一元线性回归方程有更多的意义.

但是建立一个恰当的非线性回归方程很不容易, 往往需要更多地借助专业知识所提供的推断, 并经过多次专业实践活动的检验. 如果只用统计学的方法, 那么最容易的方法就是根据观测数据在坐标平面上描点, 再根据大多数点的排列趋势选用合适的非线性回归方程, 或者选用多个非线性回归方程以后通过比较, 得到较为恰当的非线性回归方程.

4.2.2 建立非线性回归方程常用的方法

将非线性回归方程化为线性回归方程后，先确定线性回归方程中未知的系数，再确定非线性回归方程中未知的系数或参数是建立非线性回归方程常用的方法之一.

例如，要建立非线性回归方程 $\hat{y}=a+bx^2$，可设 $w=x^2$，将非线性回归方程"线性化"为 $\hat{y}=a+bw$；又例如，要建立非线性回归方程 $\hat{y}=a+b\ln x$，可设 $w=\ln x$，将非线性回归方程"线性化"为 $\hat{y}=a+bw$. 上述非线性回归方程中未知的系数或参数"线性化"以后并不改变. 又如，要建立非线性回归方程 $\hat{y}=a\mathrm{e}^{bx}$，可先将方程的形式变换为 $\ln \hat{y}=\ln a+bx$，再设 $z=\ln y$，$A=\ln a$，将非线性回归方程"线性化"为 $\hat{z}=A+bx$；又例如，要建立非线性回归方程 $\hat{y}=ax^b$，可先将方程的形式变换为 $\ln \hat{y}=\ln a+b\ln x$，再设 $z=\ln y$，$w=\ln x$，$A=\ln a$，将非线性回归方程"线性化"为 $\hat{z}=A+bw$. 这些非线性回归方程中未知的系数或参数"线性化"以后有所改变.

注意　一般线性回归方程应该指的是因变量与回归系数呈线性关系，也就是说，本质上，$\hat{y}=a+bx^2$ 及 $\hat{y}=a+b\ln x$ 仍然是线性回归方程，而 $\hat{y}=ax^b$ 是非线性回归方程. 但为了顺应通常的说法，本教材对于因变量与自变量呈线性关系，以及因变量与回归系数呈线性关系这二者不加过多区别.

4.2.3　非线性回归方程拟合情况的比较

非线性回归方程拟合的情况，取决于观测数据在坐标平面上所对应的点与非线性回归方程所对应的曲线靠近或疏远的程度. 按照最小二乘法的目标，非线性回归方程的拟合情况可以用下列统计量来进行比较：

(1) 非线性回归方程的剩余平方和 $Q=\sum_i (y_i-\hat{y}_i)^2$，式中 y_i 为变量 Y 的观测值，$\hat{y}_i$ 为 x_i 代入非线性回归方程所得到的估计值，x_i 为变量 x 的观测值；

(2) 非线性关系的相关指数 $\tilde{R}^2=1-\dfrac{Q}{l_{yy}}$，式中 $l_{yy}=\sum_i (y_i-\bar{y})^2$.

在多个非线性回归方程中，拟合情况比较好的回归方程，其剩余平方和 Q 较小而相关指数 $\tilde{R}^2$ 较大.

例 4.2.1　假设变量 x 与 Y 的 9 组观测值 (x_i,y_i) 如下表：

x_i	1	2	3	4	4	6	6	8	8
y_i	1.85	1.37	1.02	0.75	0.56	0.41	0.31	0.23	0.17

试选用多个非线性回归方程进行拟合，并比较拟合的情况.

解　先画出散点图如图 4-2 所示.

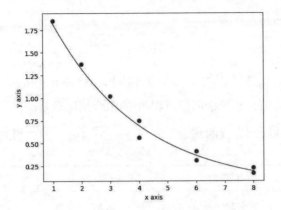

图 4-2　例 4.2.1 中观测值的散点图

根据散点的排列趋势选用三个非线性回归方程.

(1) $\hat{y}=a+\dfrac{b}{x}$，设 $w=\dfrac{1}{x}$ 后化为 $\hat{y}=a+bw$. 用建立线性回归方程的方法得到

$$\hat{y}=0.1159+1.929w,$$

$l_{yy}=2.6187$，SSR$=2.3359$，SSE$=0.2828$，$r^2=0.8920$.
所求的非线性回归方程为

$$\hat{y}=0.1159+\frac{1.9291}{x},$$

$l_{yy}=2.6187$，$Q=0.2826$，$\tilde{R}^2=0.8920$.

(2) $\hat{y}=ax^b$，变换形式为 $\ln\hat{y}=\ln a+b\ln x$. 设 $z=\ln y$，$w=\ln x$，$A=\ln a$ 后化为 $\hat{z}=A+bw$. 用建立线性回归方程的方法得到

$$\hat{z}=0.9638-1.1292w,$$

$l_{zz}=5.3332$，SSR$=4.8086$，SSE$=0.5246$，$r^2=0.9016$.
所求的非线性回归方程为

$$\hat{y}=2.6216x^{-11292},$$

$l_{yy}=2.6187$，$Q=0.7464$，$\tilde{R}^2=0.7150$.

(3) $\hat{y}=ae^{bx}$，变换形式为 $\ln\hat{y}=\ln a+bx$. 设 $z=\ln y$，$A=\ln a$ 后化为 $\hat{z}=A+bx$. 用建立线性回归方程的方法得到

$$\hat{z}=0.9230-0.3221x,$$

$l_{zz}=5.3332$，SSR$=5.1876$，SSE$=0.1456$，$r^2=0.9727$.

209

所求的非线性回归方程为

$$\hat{y}=2.5168\mathrm{e}^{-0.3221x},$$

$$l_{yy}=2.6187,\quad Q=0.0351,\quad \tilde{R}^2=0.9866.$$

经过比较易见，非线性回归方程(3)的拟合情况较好.

计算非线性回归方程的剩余平方和 $Q=\sum_i(y_i-\hat{y}_i)^2$ 可列表如下：

i	y_i	方程(1)		方程(2)		方程(3)	
		$\hat{y}_i$	$(y_i-\hat{y}_i)^2$	$\hat{y}_i$	$(y_i-\hat{y}_i)^2$	$\hat{y}_i$	$(y_i-\hat{y}_i)^2$
1	1.85	2.0450	0.0380	2.6216	0.5954	1.8237	0.0007
2	1.37	1.0805	0.0838	1.1985	0.0294	1.3215	0.0024
3	1.02	0.7589	0.0682	0.7582	0.0685	0.9576	0.0039
4	0.75	0.5982	0.0230	0.5479	0.0408	0.6939	0.0031
5	0.56	0.5982	0.0015	0.5479	0.0001	0.6939	0.0179
6	0.41	0.4374	0.0008	0.3466	0.0040	0.3644	0.0021
7	0.31	0.4374	0.0162	0.3466	0.0013	0.3644	0.0030
8	0.23	0.3570	0.0161	0.2505	0.0004	0.1913	0.0015
9	0.17	0.3570	0.0350	0.2505	0.0065	0.1913	0.0005
Q			0.2826		0.7464		0.0351

4.2.4　一元非线性回归应用的实例

例 4.2.2　测定某品种玉米在不同密度下的平均株重 x (单位：g)和经济系数 Y 的关系，并建立非线性回归方程 $\hat{y}=\dfrac{-14.54+0.4206x}{x}$ 后，可求出 $x\to\infty$ 时 $\hat{y}\to0.4206$ ，$\hat{y}=0$ 时 $x=34.57$. 说明 x 的增大可以没有限制，经济系数 Y 的增大不能超过 0.4206；将 $x=34.57$ 称为"结籽阈"，如果 $x\leq34.57$ ，便只长高秆而不结籽粒.

例 4.2.3　根据某品种大豆在不同密度 x (单位：千株/亩)下的青豆荚产量 Y (单位：kg/亩)的观测数据建立非线性回归方程 $\hat{y}=92.9154x\mathrm{e}^{-0.0422x}$ 后，可求出 $x\to0$ 时 $\dfrac{\hat{y}}{x}\to92.9154$ ，$x=23.641$ 时 $\hat{y}$ 的最大值为 808.1. 说明在当时的试验条件下平均每千株青豆荚产量的最高值为 92.9154 kg；当 $x=23.641$ 千株时可期望得到最大的产量是 808.1 kg.

例 4.2.4 研究低温 x(单位：℃)导致人体细胞膜伤害程度 $Y\%$ 的内在规律时，由若干健康受试者提取的细胞，经过试验后得到的数据建立非线性回归方程 $\hat{y}=\dfrac{100}{1+84.7701\mathrm{e}^{0.7846x}}$ 后，求出这个方程所对应的曲线上拐点的横坐标 $x=-5.6587$，以此作为细胞膜伤害可逆与不可逆的临界温度，可用来比较各人类种群耐寒的能力.

4.2.5 应用 Python 作一元非线性回归分析

(1) 线性化后作线性回归的 Python 程序如下：

```
import scipy.stats
x=np.array([1,2,3,4,4,6,6,8,8])
y=np.array([1.85,1.37,1.02,0.75,0.56,0.41,0.31,
    0.23,0.17])
plt.plot(x,y,"k.")    #散点图
#  model1
w=1/x
scipy.stats.linregress(w,y)
slope,intercept,rvalue,pvalue,std_err=
    scipy.stats.linregress(w,y),r1sq= rvalue**2
model1=intercept+slope/x
#model2
z=np.log(y);w=np.log(x)
scipy.stats.linregress(w,z)
slope,intercept,rvalue,pvalue,std_err=
    scipy.stats.linregress(w,z),r2sq= rvalue**2
model2=np.exp(intercept)*(x**slope)
#model3
z=np.log(y)
slope,intercept,rvalue,pvalue,std_err=
    scipy.stats.linregress(x,z),r3sq= rvalue**2
model3=np.exp(intercept)*np.exp(slope*x)
xdata=np.linspace(1,8,100)
plt.xlabel('x axis') ;plt.ylabel('y axis')
plt.plot(xdata,np.exp(intercept)*np.exp(slope*xdata),
    'b', linewidth=1)
plt.plot(x,y,'ro')
plt.show()
```

211

(2) 计算剩余平方和的 Python 程序如下：

```
lyy=sum((y-np.mean(y))**2)
Q1=sum((model1-y)**2);R1sq=1-Q1/lyy
Q2=sum((model2-y)**2); R2sq=1-Q2/lyy
Q3=sum((model3-y)**2); R3sq=1-Q3/lyy
```

☞ 习题 4.2

1. 黄瓜霜霉病分生孢子接种 15 天后不同离体天数 x 的侵染率 y 的观测数据如下，试确定指数曲线回归方程 $\hat{y}=ab^x$.

离体天数 x_i	0	1	5	10	20	30
侵染率 y_i	95.1	83.3	41.2	39.4	25.7	22.2

2. 用放射线处理大麦种子，记处理株第一叶平均高度占对照株高度的百分数为 x，存活百分数为 y，得到观测值如下，试确定幂函数曲线回归方程 $\hat{y}=ax^b$.

x_i	28	32	40	50	60	72	80	80	85
y_i	8	12	18	28	30	55	61	85	80

3. PXGV 不同稀释度 x(ppm)对小菜蛾二龄幼虫半致死量的试验结果如下，试确定对数曲线回归方程 $\hat{y}=a+b\ln x$.

稀释度 x_i	100000	10000	1000	100	10	1
半致死量 y_i	95.59	84.08	66.30	52.69	31.63	21.05

4. 某种小动物的体重 y(单位：g)与日龄 x 的观测结果如下，试确定 S 形曲线回归方程 $\hat{y}=\dfrac{1}{a+b\,\mathrm{e}^{-x}}$.

日龄 x_i	1	2	3	4	5	6	7	8	9
体重 y_i	1.26	1.60	1.71	2.47	3.01	5.98	7.25	7.23	7.68

4.3 单因素统计控制与协方差分析及 Python 代码

4.3.1 统计控制的基本概念

(1) **统计控制**：在单因素、双因素或多因素试验中如果有无法控制的因素 x 影响试验指标 Y 的观测值，且 x 可以测量，x 与 Y 之间又有显著的线性关系时，作为试验控制的辅助手段，利用线性回归方程矫正 Y 的观测值，从而消去 x 的差异对 Y 的影响.

在例 4.3.1 中有苹果树分别施用三种肥料的产量 Y 及前一年的产量 x 的观测值，如果对苹果树分别施用三种肥料的产量 Y 的观测值作方差分析，则

$$F = \frac{\mathrm{SSA}(y)/(r-1)}{\mathrm{SSE}(y)/(n-r)} < 1,$$

产量 Y 的观测值没有显著的差异. 但如果对前一年的产量 x 的观测值作方差分析，而

$$F = \frac{\mathrm{SSA}(x)/(r-1)}{\mathrm{SSE}(x)/(n-r)} > F_{1-\alpha}(r-1, n-r),$$

也就是说前一年的产量 x 的观测值有显著的差异，这个差异可能掩盖了本年度产量 Y 的差异，就要利用线性回归方法矫正 Y 的观测值，消去 x 的差异对 Y 的影响. 可以计算出，消去 x 的差异对 Y 的影响后，

$$F = \frac{Q_A/(r-1)}{Q_E/(n-r-1)} > F_{1-\alpha}(r-1, n-r-1),$$

矫正后产量 Y 的观测值有显著的差异.

(2) **协方差分析**：以统计控制为目的，综合回归分析与方差分析所得到的统计分析方法.

(3) **协变量**：在单因素、双因素实验中需要进行统计控制的元素.

(4) **协方差分析的基本假定**：① x 是确定性变量；② Y 对 x 的线性回归方程显著；③ 各组观测值相互独立，并且来自方差相同的正态总体.

4.3.2 单因素试验的协方差分析

设单因素试验的因素为 A，共有 $A_1, A_2, \cdots, A_r$ 等 r 个水平，分别安排了 s 次重复试验，所得到的样本为 $(x_{i1}, Y_{i1}), (x_{i2}, Y_{i2}), \cdots, (x_{is}, Y_{is})$，相应的观测

值为 $(x_{i1},y_{i1}),(x_{i2},y_{i2}),\cdots,(x_{is},y_{is})$, $i=1,2,\cdots,r$.

将样本的观测值初步整理后有

$$\overline{x}_{i\cdot}=\frac{1}{s}\sum_{j}x_{ij}\ ,\quad \overline{x}_{\cdot\cdot}=\frac{1}{rs}\sum_{i}\sum_{j}x_{ij}=\frac{1}{r}\sum_{i}\overline{x}_{i\cdot}\ ,$$

$$\overline{y}_{i\cdot}=\frac{1}{s}\sum_{j}y_{ij}\ ,\quad \overline{y}_{\cdot\cdot}=\frac{1}{rs}\sum_{i}\sum_{j}y_{ij}=\frac{1}{r}\sum_{i}\overline{y}_{i\cdot}\ ,$$

其中，$i=1,2,\cdots,r$, $j=1,2,\cdots,s$. 称

$\mathrm{SST}(x)=\sum_{i}\sum_{j}(x_{ij}-\overline{x}_{\cdot\cdot})^2$ 为 x 的总离均差平方和；

$\mathrm{SSA}(x)=\sum_{i}(\overline{x}_{i\cdot}-\overline{x}_{\cdot\cdot})^2$ 为 x 的 A 平方和；

$\mathrm{SSE}(x)=\sum_{i}\sum_{j}(x_{ij}-\overline{x}_{i\cdot})^2$ 为 x 的误差平方和；

$\mathrm{SST}(y)=\sum_{i}\sum_{j}(y_{ij}-\overline{y}_{\cdot\cdot})^2$ 为 y 的总离均差平方和；

$\mathrm{SSA}(y)=\sum_{i}(\overline{y}_{i\cdot}-\overline{y}_{\cdot\cdot})^2$ 为 y 的 A 平方和；

$\mathrm{SSE}(y)=\sum_{i}\sum_{j}(y_{ij}-\overline{y}_{i\cdot})^2$ 为 y 的误差平方和；

$\mathrm{SPT}=\sum_{i}\sum_{j}(x_{ij}-\overline{x}_{\cdot\cdot})(y_{ij}-\overline{y}_{\cdot\cdot})$ 为 x 与 y 的总离均差乘积和；

$\mathrm{SPA}=\sum_{i}(\overline{x}_{i\cdot}-\overline{x}_{\cdot\cdot})(\overline{y}_{i\cdot}-\overline{y}_{\cdot\cdot})$ 为 x 与 y 的离均差 A 乘积和；

$\mathrm{SPE}=\sum_{i}\sum_{j}(x_{ij}-\overline{x}_{i\cdot})(y_{ij}-\overline{y}_{i\cdot})$ 为 x 与 y 的误差乘积和.

为方便起见，称它们为**次级数据**，其计算方法请参考方差分析中的说明. 单因素试验的协方差分析的步骤如下.

(1) 计算并列出次级数据表如下：

方差来源	SS(x)	SS(y)	SP	DF
因素 A	SSA(x)	SSA(y)	SPA	$r-1$
误差	SSE(x)	SSE(y)	SPE	$r(s-1)$
总和	SST(x)	SST(y)	SPT	$rs-1$

(2) 由误差行的次级数据求误差行的回归系数 $b=\dfrac{\mathrm{SPE}}{\mathrm{SSE}(x)}$.

(3) 检验误差行线性回归的显著性，且当误差行线性回归显著时矫正各组的平均数：

$$\overline{y}_{i\cdot}\big|_{x=\overline{x}_{\cdot\cdot}}=\overline{y}_{i\cdot}-b(\overline{x}_{i\cdot}-\overline{x}_{\cdot\cdot}).$$

(4) 由误差行的次级数据求误差行的矫正误差平方和

$$Q_E = \text{SSE}(y) - \frac{\text{SPE}^2}{\text{SSE}(x)};$$

由总和行的次级数据求总和行的矫正平方和

$$Q_T = \text{SST}(y) - \frac{\text{SPT}^2}{\text{SST}(x)};$$

求 A 行的矫正平方和 $Q_A = Q_T - Q_E$；求均方和

$$\text{MQ}_A = \frac{Q_A}{r-1}, \quad \text{MQ}_E = \frac{Q_E}{rs-r-1}, \quad F = \frac{\text{MQ}_A}{\text{MQ}_E}.$$

(5) 列出矫正后的方差分析表：

方差来源	平方和	自由度	均方和	F 值	显著性
因素 A	Q_A	$r-1$	MQ_A	F_A	
误差	Q_E	$rs-r-1$	MQ_E		
总和	Q_T	$rs-2$			

表中均方和、F 值、显著性的填写请参考方差分析中的说明.

(6) 写出协方差分析的结论.

例 4.3.1　为了快速大范围掌握捕捞努力量时空分布特点，借助北斗船位数据采用统计方法获取捕捞状态的速度阈值. 根据阈值判断捕捞状态点，捕捞状态点之间时间组成累计捕捞时间，累计捕捞时间与功率的乘积作为捕捞努力量. 根据捕捞努力量分析拖网时空特征. 同时，为了比较手工记录方式和北斗数据提取方式的放网时长，分别采用手工记录方式和北斗数据提取方式的放网时长 Y（单位：h）及前一天的放网时长 X（单位：h）的观测值如下所示：

方式（因素）	观测值 (x_i, y_i)		
手工记录	1.50, 2.00	2.70, 2.83	1.33, 2.25
北斗数据提取	1.38, 2.13	2.55, 2.35	1.45, 2.18

(1) 以放网时长为协变量分析手工记录和北斗数据提取两种方式之间的相关性.

(2) 采用手工记录方式和北斗数据提取两种方式的放网时长矫正后是否有明显的区别.

解　(1) 计算并列出次级数据表:

方差来源	SS(x)	SS(y)	SP	DF
因素 A	0.00375	0.0294	0.0105	1
误差	1.97653	0.3892	0.732	4
总和	1.98028	0.4186	0.7425	5

(2) 由误差行的次级数据求误差行的回归系数:

$$b = \frac{\mathrm{SPE}}{\mathrm{SSE}(x)} = 0.37035 .$$

(3) 检验误差行线性回归的显著性,且当误差行线性回归显著时矫正各组的平均数: $\mathrm{SSE}(y) = 0.3892$,　$b \cdot \mathrm{SPE} = 0.271$,

$$Q_E = \mathrm{SSE}(y) - b \cdot \mathrm{SPE} = 0.1182 ,$$

$$F = \frac{b \cdot \mathrm{SPE} \cdot (rs - r - 1)}{\mathrm{SSE}(y) - b \cdot \mathrm{SPE}} = 6.89 ,$$

$$P\{F(1,3) > F\} = 0.0787 > \alpha = 0.05 ,$$

因此误差行的线性回归不显著,不必矫正各组的平均数. 但本例为了使读者明白如何操作矫正方法,还是用来进行矫正.

矫正前 $\bar{y}_1 = 2.36$, $\bar{y}_2 = 2.22$. 根据 $\bar{x}_1 = 1.84333$, $\bar{x}_2 = 1.79333$, $\bar{x}_{..} = 1.81833$,校正后

$$\bar{y}_1 \cdot \big|_{x=1.81833} = \bar{y}_1 \cdot - b(\bar{x}_1 \cdot - \bar{x}_{..}) = 2.3507 ,$$

$$\bar{y}_2 \cdot \big|_{x=1.81833} = \bar{y}_2 \cdot - b(\bar{x}_2 \cdot - \bar{x}_{..}) = 2.2293 .$$

(4) 由误差行的次级数据求误差行的

$$Q_E = \mathrm{SSE}(y) - \frac{\mathrm{SPE}^2}{\mathrm{SSE}(x)} = 0.1181 .$$

由总和行的次级数据求总和行的

$$Q_T = \mathrm{SST}(y) - \frac{\mathrm{SPT}^2}{\mathrm{SST}(x)} = 0.1402 .$$

求矫正后 A 行的 $Q_A = Q_T - Q_E = 0.0221$. 求均方和

$$\mathrm{MQ}_A = \frac{Q_A}{r-1} = 0.0221 , \quad \mathrm{MQ}_E = \frac{Q_E}{rs - r - 1} = 0.3934 ,$$

$$F = \frac{\mathrm{MQ}_A}{\mathrm{MQ}_E} = 0.05618 .$$

(5) 列出矫正后的方差分析表：

方差来源 Q	平方和	自由度	均方和	F 值	显著性
Q_A	0.0221	1	0.0221	0.5612	N
Q_E	0.1181	3	0.0394		
Q_T	0.1402	4			

(6) 由分析可以得出部分结论，虽然此例数据显示手工记录方式和北斗数据提取两种方式之间不存在一定的联系，但为了说明问题，我们还是用 X 对 Y 进行校正. 即使手工记录方式和北斗数据提取两种方式的放网时长矫正后，它们之间也不具有很明显的差异，因此，可以得出根据北斗船位数据采用统计方法获取捕捞状态的速度阈值，根据阈值判断捕捞状态点，这样的捕捞效果并不比用手工的效果好.

4.3.3 应用 Python 作单因素试验协方差分析

Python 程序如下：

```
import pandas as pd
import statsmodels.api as sm
data=pd.read_csv("C:\\Users\cqxzh\Desktop\
    chapter4.csv",encoding="gbk")
data['A']=data['A'].astype('category')
formula="x~A"    #协变量 x 的单因素方差分析
result=sm.stats.anova_lm(ols(formula,data=
    data).fit());print(result)
formula="y~A"    #因变量 y 的单因素方差分析
result=sm.stats.anova_lm(ols(formula,data=
    data).fit());print(result)
formula="y~x+C(A)"    # x 为协变量因变量 y 的协方差分析
result=sm.stats.anova_lm(smf.ols(formula,data=
    data).fit(),typ=2);print(result)
```

输出的结果为：
```
#协变量 x 的单因素方差分析
          df    sum_sq    mean_sq       F       PR(>F)
    A    1.0   0.003750  0.003750  0.007589  0.934767
Residual 4.0  1.976533  0.494133     NaN       NaN
```

217

#因变量 y 的单因素方差分析

	df	sum_sq	mean_sq	F	PR(>F)
A	1.0	0.0294	0.0294	0.302158	0.611781
Residual	4.0	0.3892	0.0973	NaN	NaN

x 为协变量因变量 y 的协方差分析

	sum_sq	df	F	PR(>F)
Q_A	0.022095	1.0	0.561232	0.508156
Q_X	0.271093	1.0	6.885936	0.078723
Q_E	0.118107	3.0	NaN	NaN

4.3.4　单因素试验协方差分析计算公式的论述

设 $y_{ij} = \mu_i + \beta(x_{ij} - \overline{x}..) + \varepsilon_{ij}$ 为单因素试验协方差分析的数学模型, 其中 $i = 1, 2, \cdots, r$ ，$j = 1, 2, \cdots, s$ ，y_{ij} 为试验指标 y 的观测值, μ_i 为因素 A 第 i 个水平的总体均值, β 为试验指标 y 对协变量 x 的线性回归的回归系数, x_{ij} 为协变量 x 的观测值, $\overline{x}.. = \dfrac{1}{rs}\sum_i\sum_j x_{ij}$ ，各个 ε_{ij} 为随机误差, 它们相互独立且都服从 $N(0, \sigma^2)$.

原假设 H_0 : $\mu_1 = \mu_2 = \cdots = \mu_r$.

若规定 $\mu = \dfrac{1}{r}\sum_i \mu_i$ ，$\tau_i = \mu_i - \mu$ ，则 $\sum_i \tau_i = 0$ ，上述统计模型又可写为

$$y_{ij} = \mu + \tau_i + \beta(x_{ij} - \overline{x}..) + \varepsilon_{ij},$$

原假设 H_0 等价于 $\tau_1 = \tau_2 = \cdots = \tau_r = 0$.

为得到协方差分析所用的计算公式, 需要两次运用最小二乘法作各个参数的点估计.

(1) 用最小二乘法求点估计

$$\hat{\mu} = u , \quad \hat{\tau}_i = t_i , \quad \hat{\beta} = b , \quad \hat{y}_{ij} = u + t_i + b(x_{ij} - \overline{x}..),$$

使 $Q = \sum_i\sum_j(y_{ij} - \hat{y}_{ij})^2 = \sum_i\sum_j\left[y_{ij} - u - t_i - b(x_{ij} - \overline{x}..)\right]^2$ 的值最小.

① 由 $Q'_u = 0$ 得到方程 $\sum_i\sum_j 2\left[y_{ij} - u - t_i - b(x_{ij} - \overline{x}..)\right](-1) = 0$ ，即

$$\sum_i\sum_j y_{ij} = nu + s\sum_i t_i + b\sum_i\sum_j(x_{ij} - \overline{x}..),$$

在约束条件 $\sum_i t_i = 0$ ($i = 1, 2, \cdots, r$) 下可以解出 $u = \overline{y}..$.

② 由 $Q'_{t_i} = 0$（$i = 1, 2, \cdots, r$）得到方程 $\sum_j 2\left[y_{ij} - u - t_i - b(x_{ij} - \overline{x}..)\right]$
$(-1) = 0$，即

$$\sum_j y_{ij} = su + st_i + b\sum_j (x_{ij} - \overline{x}..)\,, \quad j = 1, 2, \cdots, s\,,$$

$$t_i = \overline{y}_i. - \overline{y}.. - b(\overline{x}_i. - \overline{x}..)\,,$$

因此，矫正后均值 $\overline{y}_i.\big|_{x = \overline{x}..} = \overline{y}_i. - b(\overline{x}_i. - \overline{x}..)$.

③ 由 $Q'_b = 0$ 得到方程 $\sum_i \sum_j 2\left[y_{ij} - u - t_i - b(x_{ij} - \overline{x}..)\right](-1)(x_{ij} - \overline{x}..)$
$= 0$，即

$$\sum_i \sum_j (y_{ij} - u)(x_{ij} - \overline{x}..) = \sum_i \sum_j t_i (x_{ij} - \overline{x}..) + \sum_i \sum_j b(x_{ij} - \overline{x}..)^2\,.$$

将①中的结果 $u = \overline{y}..$ 与②中的结果 $t_i = \overline{y}_i. - \overline{y}.. - b(\overline{x}_i. - \overline{x}..)$ 代入后得到

$$\sum_i \sum_j (y_{ij} - \overline{y}..)(x_{ij} - \overline{x}..) = \sum_i (\overline{y}_i. - \overline{y}..)(\overline{x}_i. - \overline{x}..) - b\sum_i (\overline{x}_i. - \overline{x}..)^2$$
$$+ b\sum_i \sum_j (x_{ij} - \overline{x}..)^2\,.$$

因此，$\mathrm{SPT} = \mathrm{SPA} - b\,\mathrm{SSA}(x) + b\,\mathrm{SST}(x)$，

$$b = \frac{\mathrm{SPT} - \mathrm{SPA}}{\mathrm{SST}(x) - \mathrm{SSA}(x)} = \frac{\mathrm{SPE}}{\mathrm{SSE}(x)}\,.$$

又将①中的结果 $u = \overline{y}..$ 与②中的结果 $t_i = \overline{y}_i. - \overline{y}.. - b(\overline{x}_i. - \overline{x}..)$ 代入 Q 后得到

$$Q = \sum_i \sum_j \left\{y_{ij} - \overline{y}.. - \left[\overline{y}_i. - \overline{y}.. - b(\overline{x}_i. - \overline{x}..)\right] - b(x_{ij} - \overline{x}..)\right\}^2$$
$$= \sum_i \sum_j \left[(y_{ij} - \overline{y}_i.) - b(x_{ij} - \overline{x}_i.)\right]^2$$
$$= \sum_i \sum_j (y_{ij} - \overline{y}_i.)^2 + b^2 \sum_i \sum_j (x_{ij} - \overline{x}_i.)^2$$
$$- 2b\sum_i \sum_j (y_{ij} - \overline{y}_i.)(x_{ij} - \overline{x}_i.)\,.$$

再将③中的结果 $b = \dfrac{\mathrm{SPE}}{\mathrm{SSE}(x)}$ 代入得到

$$Q = \mathrm{SSE}(y) + \left(\frac{\mathrm{SPE}}{\mathrm{SSE}(x)}\right)^2 \mathrm{SSE}(x) - 2\frac{\mathrm{SPE}}{\mathrm{SSE}(x)} \cdot \mathrm{SPE} = \mathrm{SSE}(y) - \frac{\mathrm{SPE}^2}{\mathrm{SSE}(x)}\,,$$

因为此 Q 是用组内行的次级数据计算得到的，所以记

$$Q_E = \mathrm{SSE}(y) - \frac{\mathrm{SPE}^2}{\mathrm{SSE}(x)}\,.$$

(2) 当原假设 H_0：$\tau_1 = \tau_2 = \cdots = \tau_r = 0$ 为真时，

$$y_{ij} = \mu + \beta(x_{ij} - \overline{x}..) + \varepsilon_{ij}.$$

仍然用最小二乘法求点估计 $\hat{\mu} = u$，$\hat{\beta} = b$，$\hat{y}_{ij} = u + b(x_{ij} - \overline{x}..)$，使

$$Q = \sum_i \sum_j (y_{ij} - \hat{y}_{ij})^2 = \sum_i \sum_j \left[y_{ij} - u - b(x_{ij} - \overline{x}..) \right]^2$$

的值最小.

① 由 $Q'_u = 0$ 得到方程 $\sum_i \sum_j 2 \left[y_{ij} - u - b(x_{ij} - \overline{x}..) \right](-1) = 0$，即

$$\sum_i \sum_j y_{ij} = nu + b \sum_i \sum_j (x_{ij} - \overline{x}..),$$

可以解出 $u = \overline{y}..$.

② 由 $Q'_b = 0$ 得到方程 $\sum_i \sum_j 2 \left[y_{ij} - u - b(x_{ij} - \overline{x}..) \right](-1)(x_{ij} - \overline{x}..) = 0$，即

$$\sum_i \sum_j (y_{ij} - u)(x_{ij} - \overline{x}..) = \sum_i \sum_j b(x_{ij} - \overline{x}..)^2.$$

将①中的结果 $u = \overline{y}..$ 代入后得到

$$\sum_i \sum_j (y_{ij} - \overline{y}..)(x_{ij} - \overline{x}..) = b \sum_i \sum_j (x_{ij} - \overline{x}..)^2.$$

因此，$\mathrm{SPT} = b\,\mathrm{SST}(x)$，$b = \dfrac{\mathrm{SPT}}{\mathrm{SST}(x)}$.

将①中的结果 $u = \overline{y}..$ 与②中的结果 $b = \dfrac{\mathrm{SPT}}{\mathrm{SST}(x)}$ 代入 Q 后，得到

$$Q = \sum_i \sum_j \left[(y_{ij} - \overline{y}..) - b(x_{ij} - \overline{x}..) \right]^2$$

$$= \sum_i \sum_j (y_{ij} - \overline{y}..)^2 + b^2 \sum_i \sum_j (x_{ij} - \overline{x}..)^2 - 2b \sum_i \sum_j (y_{ij} - \overline{y}..)(x_{ij} - \overline{x}..)$$

$$= \mathrm{SST}(y) + \left(\frac{\mathrm{SPT}}{\mathrm{SST}(x)} \right)^2 \mathrm{SST}(x) - 2 \frac{\mathrm{SPT}}{\mathrm{SST}(x)} \cdot \mathrm{SPT}$$

$$= \mathrm{SST}(y) - \frac{\mathrm{SPT}^2}{\mathrm{SST}(x)}.$$

因为此 Q 是用总和行的次级数据计算得到的，所以记

$$Q_T = \mathrm{SST}(y) - \frac{\mathrm{SPT}^2}{\mathrm{SST}(x)}.$$

其中，Q_E 是在考虑因素 A 的影响，也考虑协变量 x 的影响时，根据模型

$\hat{y}_{ij} = u + t_i + (x_{ij} - \bar{x}..)$ 得到的剩余平方和. Q_E 可解释为扣除 A 与 x 的影响后，由随机因素引起的 Y 的变异平方和，是 $\mathrm{SST}(Y)$ 的一部分. 若记 $Q_{A+x} = \mathrm{SST}(y) - Q_E$，则 Q_{A+x} 可解释为扣除随机因素的影响后，A 与 x 的共同影响引起的 Y 的变异平方和.

Q_T 是在不考虑因素 A 的影响，只考虑协变量 x 的影响时，根据模型 $\hat{y}_{ij} = u + b(x_{ij} - \bar{x}..)$ 得到的剩余平方和. Q_T 可解释为扣除 x 的影响后，由 A 及随机因素引起的 Y 的变异平方和，也是 $\mathrm{SST}(Y)$ 的一部分. 若记 $Q_x = \mathrm{SST}(y) - Q_T$，则 Q_x 可解释为扣除 A 及随机因素的影响后，x 的影响引起的 Y 的变异平方和.

以上所述，可概括为：在有 A 有 x 时，$Q_{A+x} = \mathrm{SST}(y) - Q_E$；在没有 A 只有 x 时，$Q_x = \mathrm{SST}(y) - Q_T$. 若记

$$Q_A = \left(\mathrm{SST}(y) - Q_E\right) - \left(\mathrm{SST}(y) - Q_T\right) = Q_T - Q_E,$$

则 Q_A 可解释为扣除 x 及随机因素的影响后，A 的影响引起的 Y 的变异平方和.

☞ 习题 4.3

1. 三品种试验，每小区的株数 x 及产量 Y (单位：kg)的观测值如下，试用 Python 以 x 为协变量作协方差分析.

品种	观测值 (x,y)			
1	3, 10	2, 8	1, 8	2, 11
2	4, 12	3, 12	3, 10	5, 13
3	1, 6	2, 5	3, 8	1, 7

2. 作三种饲料 A_1, A_2, A_3 增重的对比试验，初始重 x 及增重 Y (单位：kg)的观测值如下，试用 Python 以 x 为协变量作协方差分析.

饲料	观测值 (x,y)							
A_1	15, 85	13, 83	11, 65	12, 76	12, 80	16, 91	14, 84	17, 90
A_2	17, 97	16, 90	18,100	18, 95	21,103	22,106	19, 99	18, 94
A_3	22, 89	24, 91	20, 83	23, 95	25,100	27,102	30,105	32,110

4.4　双因素统计控制与协方差分析及 Python 代码

4.4.1　双因素试验不考虑交互作用的协方差分析

设双因素试验的一个因素为 A, 共有 $A_1, A_2, \cdots, A_r$ 等 r 个水平, 另一个因素为 B, 共有 $B_1, B_2, \cdots, B_s$ 等 s 个水平. 这两个因素的水平互相搭配各安排一次试验, 其中 A 因素的水平 A_i 与 B 因素的水平 B_j 搭配安排试验所得到的样本为 (x_{ij}, Y_{ij}), 相应的观测值为 (x_{ij}, y_{ij}).

将样本的观测值初步整理后有

$$\bar{x}_{i.} = \frac{1}{s} \sum_j x_{ij}, \quad \bar{x}_{.j} = \frac{1}{r} \sum_i x_{ij},$$

$$\bar{x}_{..} = \frac{1}{rs} \sum_i \sum_j x_{ij} = \frac{1}{r} \sum_i \bar{x}_{i.} = \frac{1}{s} \sum_j \bar{x}_{.j},$$

$$\bar{y}_{i.} = \frac{1}{s} \sum_j y_{ij}, \quad \bar{y}_{.j} = \frac{1}{r} \sum_i y_{ij},$$

$$\bar{y}_{..} = \frac{1}{rs} \sum_i \sum_j y_{ij} = \frac{1}{r} \sum_i \bar{y}_{i.} = \frac{1}{s} \sum_j \bar{y}_{.j},$$

其中 $i = 1, 2, \cdots, r$, $j = 1, 2, \cdots, s$. 称

$\mathrm{SST}(x) = \sum_i \sum_j (x_{ij} - \bar{x}_{..})^2$ 为 x 的总离均差平方和;

$\mathrm{SSA}(x) = \sum_i (\bar{x}_{i.} - \bar{x}_{..})^2$ 为 x 的 A 平方和;

$\mathrm{SSB}(x) = \sum_j (\bar{x}_{.j} - \bar{x}_{..})^2$ 为 x 的 B 平方和;

$\mathrm{SSE}(x) = \sum_i \sum_j (x_{ij} - \bar{x}_{i.} - \bar{x}_{.j} + \bar{x}_{..})^2$ 为 x 的误差平方和;

$\mathrm{SST}(y) = \sum_i \sum_j (y_{ij} - \bar{y}_{..})^2$ 为 y 的总离均差平方和;

$\mathrm{SSA}(y) = \sum_i (\bar{y}_{i.} - \bar{y}_{..})^2$ 为 y 的 A 平方和;

$\mathrm{SSB}(y) = \sum_j (\bar{y}_{.j} - \bar{y}_{..})^2$ 为 y 的 B 平方和;

$\mathrm{SSE}(y) = \sum_i \sum_j (y_{ij} - \bar{y}_{i.} - \bar{y}_{.j} + \bar{y}_{..})^2$ 为 y 的误差平方和;

$\mathrm{SPT} = \sum_i \sum_j (x_{ij} - \bar{x}_{..})(y_{ij} - \bar{y}_{..})$ 为 x 与 y 的总离均差乘积和;

$\mathrm{SPA} = \sum_i (\bar{x}_{i.} - \bar{x}_{..})(\bar{y}_{i.} - \bar{y}_{..})$ 为 x 与 y 的 A 离均差乘积和;

$$\mathrm{SPB} = \sum_j (\overline{x}_{.j} - \overline{x}_{..})(\overline{y}_{.j} - \overline{y}_{..})$$ 为 x 与 y 的 B **离均差乘积和**；

$$\mathrm{SPE} = \sum_i \sum_j (x_{ij} - \overline{x}_{i.} - \overline{x}_{.j} + \overline{x}_{..})(y_{ij} - \overline{y}_{i.} - \overline{y}_{.j} + \overline{y}_{..})$$ 为 x 与 y 的**误差乘积和**.

为方便起见，称它们为**次级数据**，其计算方法请参考方差分析中的说明.

双因素试验不考虑交互作用的协方差分析的步骤如下.

(1) 计算并列出次级数据表：

方差来源	SS(x)	SS(y)	SP	DF
A	SSA(x)	SSA(y)	SPA	$r-1$
B	SSB(x)	SSB(y)	SPB	$s-1$
误差	SSE(x)	SSE(y)	SPE	$(r-1)(s-1)$
总和	SST(x)	SST(y)	SPT	$rs-1$

(2) 由误差行的次级数据求误差行的回归系数 $b = \dfrac{\mathrm{SPE}}{\mathrm{SSE}(x)}$.

(3) 检验误差行线性回归的显著性，且当误差行线性回归显著时矫正各组的平均数：

$$\overline{y}_{i.}\big|_{x=\overline{x}_{..}} = \overline{y}_{i.} - b(\overline{x}_{i.} - \overline{x}_{..}), \quad \overline{y}_{.j}\big|_{x=\overline{x}_{..}} = \overline{y}_{.j} - b(\overline{x}_{.j} - \overline{x}_{..}).$$

(4) 由误差行的次级数据求误差行的

$$Q_E = \mathrm{SSE}(y) - \frac{\mathrm{SPE}^2}{\mathrm{SSE}(x)},$$

由 A 行与误差行的次级数据相加求 A 行 ＋ 误差行的

$$Q_{A+E} = \big(\mathrm{SSA}(y) + \mathrm{SSE}(y)\big) - \frac{(\mathrm{SPA} + \mathrm{SPE})^2}{\mathrm{SSA}(x) + \mathrm{SSE}(x)},$$

求矫正后 A 行的 $Q_A = Q_{A+E} - Q_E$；由 B 行与误差行的次级数据相加求 B 行 ＋ 误差行的

$$Q_{B+E} = \big(\mathrm{SSB}(y) + \mathrm{SSE}(y)\big) - \frac{(\mathrm{SPB} + \mathrm{SPE})^2}{\mathrm{SSB}(x) + \mathrm{SSE}(x)},$$

求矫正后 B 行的 $Q_B = Q_{B+E} - Q_E$；求

$$\mathrm{MQ}_A = \frac{Q_A}{r-1}, \quad \mathrm{MQ}_B = \frac{Q_B}{s-1}, \quad \mathrm{MQ}_E = \frac{Q_E}{rs-r-s},$$

$$F_A = \frac{\text{MQ}_A}{\text{MQ}_E}, \quad F_B = \frac{\text{MQ}_B}{\text{MQ}_E}.$$

(5) 列出矫正后的方差分析表:

方差来源	平方和	自由度	均方和	F 值	显著性
A	Q_A	$r-1$	MQ_A	F_A	
B	Q_B	$s-1$	MQ_B	F_B	
误差	Q_E	$rs-r-s$	MQ_E		

上表中均方和、F 值、显著性的填写请参考方差分析中的说明.

(6) 写出协方差分析的结论.

例 4.4.1　对 5 个马铃薯品种进行产量比较试验,每个品种种植 3 个小区,每小区各种 12 株,但由于干旱及病虫害等原因,收获时不全为 12 株,每小区的株数 x 及产量 Y (单位:kg)的观测值如下,试以 x 为协变量作协方差分析.

小区＼品种	1	2	3	4	5
一	8,2.85	10,4.24	12,3.00	11,4.94	10,2.88
二	10,3.14	12,4.50	7,2.75	12,5.84	10,4.06
三	12,3.88	10,3.86	9,2.82	10,4.94	9,2.89

解　(1) 计算并列出次级数据表:

方差来源	SS(x)	SS(y)	SP	DF
区组间	0.1333	0.6337	0.0947	2
处理间	5.7333	10.9611	7.5847	4
误差	25.8667	1.6314	4.4953	8
总和	31.7333	13.2262	12.1747	14

(2) 由误差行的次级数据求误差行的回归系数 $b = \dfrac{\text{SPE}}{\text{SSE}(x)} = 0.1378$.

(3) 检验误差行线性回归的显著性,且当误差行线性回归显著时矫正各组的平均数:$\text{SSE}(y) = 1.6314$,$b \cdot \text{SPE} = 0.7812$,

$$\text{SSE}(y) - b \cdot \text{SPE} = 0.8502, \quad F = \frac{b \cdot \text{SPE} \cdot (rs-r-1)}{\text{SSE}(y) - b \cdot \text{SPE}} = 6.43,$$

$$P\{F(1,7) > F = 6.43\} = 0.0389.$$

因此误差行的线性回归显著，可以矫正各组的平均数.

矫正前各组的平均数及矫正后各组的平均数如下表：

小 区	一	二	三
矫正前 $(\bar{x}_{i\cdot}, \bar{y}_{i\cdot})$	10.2, 3.582	10.2, 4.058	10, 3.678
矫正后 $\bar{y}_{i\cdot}\big|_{x=\bar{x}_{\cdot\cdot}}$	3.5698	4.0458	3.7006

品 种	1	2	3	4	5
矫正前 $(\bar{x}_{\cdot j}, \bar{y}_{\cdot j})$	10, 3.29	10.67, 4.2	9.33, 2.857	11, 5.24	9.67, 3.277
矫正后 $\bar{y}_{\cdot j}\big|_{x=\bar{x}_{\cdot\cdot}}$	3.3126	4.1062	3.9960	5.0888	3.3599

(4) 由误差行的次级数据求误差行的 $Q_E = 0.8502$，由 A 行与误差行的次级数据相加求 A 行 $+$ 误差行的 $Q_{A+E} = 1.4548$，求矫正后 A 行的

$$Q_A = Q_{A+E} - Q_E = 0.6046;$$

由 B 行与误差行的次级数据相加求 B 行 $+$ 误差行的 $Q_{B+E} = 7.9747$，求矫正后 B 行的 $Q_B = Q_{B+E} - Q_E = 7.1245$.

(5) 列出矫正后的方差分析表：

方差来源	平方和	自由度	均方和	F 值	显著性
区组间	0.6046	2	0.3023	2.49	N
处理间	7.1245	4	1.7811	14.66	**
误差	0.8502	7	0.1215		

(6) 协方差分析的结论：各小区的产量矫正后没有显著的差异，各品种的产量矫正后有极显著的差异.

4.4.2 双因素试验考虑交互作用的协方差分析

设双因素试验的一个因素为 A，共有 $A_1, A_2, \cdots, A_r$ 等 r 个水平，另一个因素为 B，共有 $B_1, B_2, \cdots, B_s$ 等 s 个水平. 这两个因素的水平互相搭配各安排 m 次试验，其中 A 因素的 A_i 水平与 B 因素的 B_j 水平搭配安排试验所得到的样本为 X_{ijk}，相应的观测值为 x_{ijk}.

将样本的观测值初步整理后有

$$\bar{x}_{ij\cdot}=\frac{1}{m}\sum_k x_{ijk}\ ,\quad \bar{x}_{i\cdot\cdot}=\frac{1}{sm}\sum_j\sum_k x_{ijk}=\frac{1}{s}\sum_j\bar{x}_{ij\cdot},$$

$$\bar{x}_{\cdot j\cdot}=\frac{1}{rm}\sum_i\sum_k x_{ijk}=\frac{1}{r}\sum_i\bar{x}_{ij\cdot},$$

$$\bar{x}_{\cdots}=\frac{1}{rsm}\sum_i\sum_j\sum_k x_{ijk}=\frac{1}{r}\sum_i\bar{x}_{i\cdot\cdot}=\frac{1}{s}\sum_j\bar{x}_{\cdot j\cdot},$$

$$\bar{y}_{ij\cdot}=\frac{1}{m}\sum_k y_{ijk}\ ,\quad \bar{y}_{i\cdot\cdot}=\frac{1}{sm}\sum_j\sum_k y_{ijk}=\frac{1}{s}\sum_j\bar{y}_{ij\cdot},$$

$$\bar{y}_{\cdot j\cdot}=\frac{1}{rm}\sum_i\sum_k y_{ijk}=\frac{1}{r}\sum_i\bar{y}_{ij\cdot},$$

$$\bar{y}_{\cdots}=\frac{1}{rsm}\sum_i\sum_j\sum_k y_{ijk}=\frac{1}{r}\sum_i\bar{y}_{i\cdot\cdot}=\frac{1}{s}\sum_j\bar{y}_{\cdot j\cdot},$$

其中 $i=1,2,\cdots,r$ ，$j=1,2,\cdots,s$ ，$k=1,2,\cdots,m$. 称

$\mathrm{SST}(x)=\sum_i\sum_j\sum_k(x_{ijk}-\bar{x}_{\cdots})^2$ 为 x 的总离均差平方和；

$\mathrm{SSA}(x)=\sum_i(\bar{x}_{i\cdot\cdot}-\bar{x}_{\cdots})^2$ 为 x 的 A 平方和；

$\mathrm{SSB}(x)=\sum_j(\bar{x}_{\cdot j\cdot}-\bar{x}_{\cdots})^2$ 为 x 的 B 平方和；

$\mathrm{SSAB}(x)=\sum_i\sum_j(\bar{x}_{ij\cdot}-\bar{x}_{i\cdot\cdot}-\bar{x}_{\cdot j\cdot}+\bar{x}_{\cdots})^2$ 为 x 的交互平方和；

$\mathrm{SSE}(x)=\sum_i\sum_j\sum_k(x_{ijk}-\bar{x}_{ij\cdot})^2$ 为 x 的误差平方和；

$\mathrm{SST}(y)=\sum_i\sum_j\sum_k(y_{ijk}-\bar{y}_{\cdots})^2$ 为 y 的总离均差平方和；

$\mathrm{SSA}(y)=\sum_i\left(\bar{y}_{i\cdot\cdot}-\bar{y}_{\cdots}\right)^2$ 为 y 的 A 平方和；

$\mathrm{SSB}(y)=\sum_j\left(\bar{y}_{\cdot j\cdot}-\bar{y}_{\cdots}\right)^2$ 为 y 的 B 平方和；

$\mathrm{SSAB}(y)=\sum_i\sum_j(\bar{y}_{ij\cdot}-\bar{y}_{i\cdot\cdot}-\bar{y}_{\cdot j\cdot}+\bar{y}_{\cdots})^2$ 为 y 的交互平方和；

$\mathrm{SSE}(y)=\sum_i\sum_j\sum_k(y_{ijk}-\bar{y}_{ij\cdot})^2$ 为 y 的误差平方和；

$\mathrm{SPT}=\sum_i\sum_j\sum_k(x_{ijk}-\bar{x}_{\cdots})(y_{ijk}-\bar{y}_{\cdots})$ 为 x 与 y 的总离均差乘积和；

$\mathrm{SPA}=\sum_i(\bar{x}_{i\cdot\cdot}-\bar{x}_{\cdots})(\bar{y}_{i\cdot\cdot}-\bar{y}_{\cdots})$ 为 x 与 y 的 A 乘积和；

$\mathrm{SPB}=\sum_j(\bar{x}_{\cdot j\cdot}-\bar{x}_{\cdots})(\bar{y}_{\cdot j\cdot}-\bar{y}_{\cdots})$ 为 x 与 y 的 B 乘积和；

$\mathrm{SPAB}=\sum_i\sum_j(\bar{x}_{ij\cdot}-\bar{x}_{i\cdot\cdot}-\bar{x}_{\cdot j\cdot}+\bar{x}_{\cdots})(\bar{y}_{ij\cdot}-\bar{y}_{i\cdot\cdot}-\bar{y}_{\cdot j\cdot}+\bar{y}_{\cdots})$ 为 x 与 y 的

交互乘积和;

$$\text{SPE} = \sum_i \sum_j \sum_k (x_{ijk} - \overline{x}_{ij\cdot})(y_{ijk} - \overline{y}_{ij\cdot}) \text{ 为 } x \text{ 与 } y \text{ 的误差乘积和}.$$

为方便起见, 称它们为**次级数据**, 其计算方法请参考方差分析中的说明.

双因素试验考虑交互作用的协方差分析的步骤如下.

(1) 计算并列出次级数据表:

方差来源	SS(x)	SS(y)	SP	DF
A	SSA(x)	SSA(y)	SPA	$r-1$
B	SSB(x)	SSB(y)	SPB	$s-1$
AB	SSAB(x)	SSAB(y)	SPAB	$(r-1)(s-1)$
误差	SSE(x)	SSE(y)	SPE	$rs(m-1)$
总和	SST(x)	SST(y)	SPT	$rsm-1$

(2) 由误差行的次级数据求误差行的回归系数 $b = \dfrac{\text{SPE}}{\text{SSE}(x)}$.

(3) 检验误差行线性回归的显著性, 且当误差行线性回归显著时矫正各组的平均数:

$$\overline{y}_{i\cdot\cdot}\Big|_{x=\overline{x}_{\cdots}} = \overline{y}_{i\cdot\cdot} - b(\overline{x}_{i\cdot\cdot} - \overline{x}_{\cdots}),$$

$$\overline{y}_{\cdot j\cdot}\Big|_{x=\overline{x}_{\cdots}} = \overline{y}_{\cdot j\cdot} - b(\overline{x}_{\cdot j\cdot} - \overline{x}_{\cdots}).$$

(4) 由误差行的次级数据求误差行的

$$Q_E = \text{SSE}(y) - \frac{\text{SPE}^2}{\text{SSE}(x)},$$

由 A 行与误差行的次级数据相加求 A 行 + 误差行的

$$Q_{A+E} = \big(\text{SSA}(y) + \text{SSE}(y)\big) - \frac{(\text{SPA} + \text{SPE})^2}{\text{SSA}(x) + \text{SSE}(x)},$$

求矫正后 A 行的 $Q_A = Q_{A+E} - Q_E$;由 B 行与误差行的次级数据相加求 B 行 + 误差行的

$$Q_{B+E} = \big(\text{SSB}(y) + \text{SSE}(y)\big) - \frac{(\text{SPB} + \text{SPE})^2}{\text{SSB}(x) + \text{SSE}(x)},$$

求矫正后 B 行的 $Q_B = Q_{B+E} - Q_E$;由 AB 行与误差行的次级数据相加求 AB 行 + 误差行的

$$Q_{AB+E}=\big(\mathrm{SSAB}(y)+\mathrm{SSE}(y)\big)-\frac{(\mathrm{SPAB}+\mathrm{SPE})^2}{\mathrm{SSAB}(x)+\mathrm{SSE}(x)},$$

求矫正后 AB 行的 $Q_{AB}=Q_{AB+E}-Q_E$；求

$$\mathrm{MQ}_A=\frac{Q_A}{r-1},\quad \mathrm{MQ}_B=\frac{Q_B}{s-1},$$

$$\mathrm{MQ}_{AB}=\frac{Q_{AB}}{(r-1)(s-1)},\quad \mathrm{MQ}_E=\frac{Q_E}{rs(m-1)-1},$$

$$F_A=\frac{\mathrm{MQ}_A}{\mathrm{MQ}_E},\quad F_B=\frac{\mathrm{MQ}_B}{\mathrm{MQ}_E},\quad F_{AB}=\frac{\mathrm{MQ}_{AB}}{\mathrm{MQ}_E}.$$

(5) 列出矫正后的方差分析表：

方差来源	平方和	自由度	均方和	F 值	显著性
A	Q_A	$r-1$	MQ_A	F_A	
B	Q_B	$s-1$	MQ_B	F_B	
AB	Q_{AB}	$(r-1)(s-1)$	MQ_{AB}	F_{AB}	
误差	Q_E	$rs(m-1)-1$	MQ_E		

上表中均方和、F 值以及显著性的填写请参考方差分析中的说明.

也可先检验 Q_{AB} 的显著性，当 Q_{AB} 的不显著时，再将 Q_{AB} 与 Q_E 相加，将对应的自由度相加作为新的 Q_E 及自由度，再检验 Q_A 的显著性和 Q_B 的显著性.

(6) 写出协方差分析的结论.

例 4.4.2 育肥试验中，供试猪按所给不同促生长剂分成 4 组，每组随机地分配 4 头猪，且同样的试验共进行了两批，得到供试猪试验前后的体重 x 与 Y (单位：kg)的观测值如下：

批次 促生长剂	B_1		B_2	
A_1	14.6, 97.8	12.1, 94.2	19.5,113.2	18.8,110.1
A_2	13.6,100.3	12.9, 98.5	18.5,119.4	18.2,114.7
A_3	12.8, 99.2	10.7, 89.6	18.2,122.2	16.9,105.3
A_4	12.0,102.1	12.4,103.8	16.4,117.2	17.2,117.9

试以 x 为协变量作协方差分析.

解 (1) 计算并列出次级数据表：

方差来源	SS(x)	SS(y)	SP	DF
A	8.86	189.28	− 5.91	3
B	113.42	968.77	331.48	1
AB	1.03	6.76	− 0.31	3
误差	7.11	95.52	22.11	8
总和	130.42	1260.33	347.37	15

(2) 由误差行的次级数据求误差行的回归系数 $b = \dfrac{\text{SPE}}{\text{SSE}(x)} = 3.109$.

(3) 检验误差行线性回归的显著性,且当误差行线性回归显著时矫正各组的平均数：$\text{SSE}(y) = 95.52$, $b \cdot \text{SPE} = 68.72$,

$$\text{SSE}(y) - b \cdot \text{SPE} = 26.80 , \quad F = \frac{b \cdot \text{SPE} \cdot [rs(m-1)-1]}{\text{SSE}(y) - b \cdot \text{SPE}} = 17.95 ,$$

$$P\{F(1,7) > F = 17.95\} = 0.003856 .$$

因此误差行的线性回归极显著,可以矫正各组的平均数.

矫正前各组的平均数及矫正后各组的平均数如下表：

因素 A	1	2	3	4
矫正前 $(\bar{x}_{i\cdot\cdot}, \bar{y}_{i\cdot\cdot})$	16.25, 103.825	15.8, 108.225	14.65, 101.575	14.5, 110.25
矫正后 $\bar{y}_{i\cdot\cdot}\big|_{x=\bar{x}_{\cdot\cdot}}$	100.871	106.670	103.596	112.737

因素 B	1	2
矫正前 $(\bar{x}_{\cdot j\cdot}, \bar{y}_{\cdot j\cdot})$	12.6375, 98.1875	17.9625, 113.75
矫正后 $\bar{y}_{\cdot j\cdot}\big|_{x=\bar{x}_{\cdot\cdot}}$	106.465	105.472

(4) 由误差行的次级数据求误差行的 $Q_E = 26.8005$,由 A 行与误差行的次级数据相加求 A 行 + 误差行的 $Q_{A+E} = 268.3837$,求矫正后 A 行的

$$Q_A = Q_{A+E} - Q_E = 241.583 ;$$

由 B 行与误差行的次级数据相加求 B 行 + 误差行的 $Q_{B+E} = 27.0331$,求矫正后 B 行的

$$Q_B = Q_{B+E} - Q_E = 0.233 ;$$

由 AB 行与误差行的次级数据相加求 AB 行 + 误差行的 $Q_{AB+E} = 43.8923$，求矫正后 AB 行的 $Q_{AB} = Q_{AB+E} - Q_E = 17.092$.

(5) 列出矫正后的方差分析表:

方差来源	平方和	自由度	均方和	F 值	显著性
A	241.583	3	80.528	21.03	**
B	0.233	1	0.233	0.06	N
AB	17.092	3	5.697	1.49	N
误差	26.801	7	3.829		

(6) 协方差分析的结论: A 与 B 的交互作用矫正后不显著, 促生长剂之间矫正后的差异极显著, 试验批次间矫正后的差异不显著.

4.4.3　二级系统分组试验的协方差分析

设二级系统分组试验共有 l 个组、m 个亚组, 各亚组安排 n 次重复试验, 所得到的样本为 (x_{ijk}, Y_{ijk}), 相应的观测值为 (x_{ijk}, y_{ijk}).

将样本及样本的观测值初步整理后有

$$\bar{x}_{ij\cdot} = \frac{1}{n}\sum_k x_{ijk}, \quad \bar{x}_{i\cdot\cdot} = \frac{1}{nm}\sum_j\sum_k x_{ijk} = \frac{1}{m}\sum_j \bar{x}_{ij\cdot},$$

$$\bar{x}_{\cdots} = \frac{1}{lm}\sum_i\sum_j \bar{x}_{ij\cdot} = \frac{1}{l}\sum_i \bar{x}_{i\cdot\cdot},$$

$$\bar{y}_{ij\cdot} = \frac{1}{n}\sum_k y_{ijk}, \quad \bar{y}_{i\cdot\cdot} = \frac{1}{nm}\sum_j\sum_k y_{ijk} = \frac{1}{m}\sum_j \bar{y}_{ij\cdot},$$

$$\bar{y}_{\cdots} = \frac{1}{lm}\sum_i\sum_j \bar{y}_{ij\cdot} = \frac{1}{l}\sum_i \bar{y}_{i\cdot\cdot},$$

其中 $i = 1, 2, \cdots, l$，$j = 1, 2, \cdots, m$，$k = 1, 2, \cdots, n$. 称

$\mathrm{SST}(x) = \sum_i\sum_j\sum_k (x_{ijk} - \bar{x}_{\cdots})^2$ 为 x 的总离均差平方和;

$\mathrm{SSA}(x) = \sum_i (\bar{x}_{i\cdot\cdot} - \bar{x}_{\cdots})^2$ 为 x 的 A 平方和;

$\mathrm{SSB(A)}(x) = \sum_i\sum_j (\bar{x}_{ij\cdot} - \bar{x}_{i\cdot\cdot})^2$ 为 x 的 $B(A)$ 平方和;

$\mathrm{SSE}(x) = \sum_i\sum_j\sum_k (x_{ijk} - \bar{x}_{ij\cdot})^2$ 为 x 的误差平方和;

$\mathrm{SST}(y) = \sum_i\sum_j\sum_k (y_{ijk} - \bar{y}_{\cdots})^2$ 为 y 的总离均差平方和;

$$\mathrm{SSA}(y)=\sum_i(\overline{y}_{i\cdot\cdot}-\overline{y}_{\cdots})^2 \text{ 为 } y \text{ 的 } A \text{ 平方和；}$$

$$\mathrm{SSB(A)}(y)=\sum_i\sum_j(\overline{y}_{ij\cdot}-\overline{y}_{i\cdot\cdot})^2 \text{ 为 } y \text{ 的 } B(A)\text{平方和；}$$

$$\mathrm{SSE}(y)=\sum_i\sum_j\sum_k(y_{ijk}-\overline{y}_{ij\cdot})^2 \text{ 为 } y \text{ 的误差平方和；}$$

$$\mathrm{SPT}=\sum_i\sum_j\sum_k(x_{ijk}-\overline{x}_{\cdots})(y_{ijk}-\overline{y}_{\cdots}) \text{ 为 } x \text{ 与 } y \text{ 的总离均差乘积和；}$$

$$\mathrm{SPA}=\sum_i(\overline{x}_{i\cdot\cdot}-\overline{x}_{\cdots})(\overline{y}_{i\cdot\cdot}-\overline{y}_{\cdots}) \text{ 为 } x \text{ 与 } y \text{ 的 } A \text{ 乘积和；}$$

$$\mathrm{SPB(A)}=\sum_i\sum_j(\overline{x}_{ij\cdot}-\overline{x}_{i\cdot\cdot})(\overline{y}_{ij\cdot}-\overline{y}_{i\cdot\cdot}) \text{ 为 } x \text{ 与 } y \text{ 的 } B(A)\text{乘积和；}$$

$$\mathrm{SPE}=\sum_i\sum_j\sum_k(x_{ijk}-\overline{x}_{ij\cdot})(y_{ijk}-\overline{y}_{ij\cdot}) \text{ 为 } x \text{ 与 } y \text{ 的误差乘积和.}$$

为方便起见，称它们为**次级数据**，其计算方法请参考方差分析中的说明.
二级系统分组试验的协方差分析的步骤如下.

(1) 计算并列出次级数据表：

方差来源	SS(x)	SS(y)	SP	DF
A	SSA(x)	SSA(y)	SPA	$l-1$
$B(A)$	SSB(A)(x)	SSB(A)(y)	SPB(A)	$l(m-1)$
误差	SSE(x)	SSE(y)	SPE	$lm(n-1)$
总和	SST(x)	SST(y)	SPT	$lmn-1$

(2) 由误差行的次级数据求误差行的回归系数 $b=\dfrac{\mathrm{SPE}}{\mathrm{SSE}(x)}$.

(3) 检验误差行线性回归的显著性，且当误差行线性回归显著时矫正各组的平均数：

$$\overline{y}_{i\cdot\cdot}\Big|_{x=\overline{x}_{\cdots}}=\overline{y}_{i\cdot\cdot}-b(\overline{x}_{i\cdot\cdot}-\overline{x}_{\cdots}), \quad \overline{y}_{ij\cdot}\Big|_{x=\overline{x}_{\cdots}}=\overline{y}_{ij\cdot}-b(\overline{x}_{ij\cdot}-\overline{x}_{\cdots}).$$

(4) 由误差行的次级数据求误差行的

$$Q_E=\mathrm{SSE}(y)-\frac{\mathrm{SPE}^2}{\mathrm{SSE}(x)},$$

由 A 行与误差行的次级数据相加求 A 行 + 误差行的

$$Q_{A+E}=\big(\mathrm{SSA}(y)+\mathrm{SSE}(y)\big)-\frac{(\mathrm{SPA}+\mathrm{SPE})^2}{\mathrm{SSA}(x)+\mathrm{SSE}(x)},$$

求矫正后 A 行的 $Q_A=Q_{A+E}-Q_E$.

由 $B(A)$行与误差行的次级数据相加求 $B(A)$行 + 误差行的

$$Q_{B(A)+E} = \left(\text{SSB(A)}(y) + \text{SSE}(y)\right) - \frac{\left(\text{SPB(A)} + \text{SPE}\right)^2}{\text{SSB(A)}(x) + \text{SSE}(x)},$$

求矫正后 $B(A)$ 行的 $Q_{B(A)} = Q_{B(A)+E} - Q_E$.

$$\text{求} \; \text{MQ}_A = \frac{Q_A}{l-1}, \quad \text{MQ}_{B(A)} = \frac{Q_{B(A)}}{l(m-1)}, \quad \text{MQ}_E = \frac{Q_E}{lmn - lm - 1},$$

$$F_A = \frac{\text{MQ}_A}{\text{MQ}_E}, \quad F_{B(A)} = \frac{\text{MQ}_{B(A)}}{\text{MQ}_E}.$$

(5) 列出矫正后的方差分析表:

方差来源	平方和	自由度	均方和	F 值	显著性
A	Q_A	$l-1$	MQ_A	F_A	
$B(A)$	$Q_{B(A)}$	$l(m-1)$	MQ_B	$F_{B(A)}$	
误差	Q_E	$lmn-lm-1$	MQ_E		

上表中均方和、F 值、显著性的填写请参考方差分析中的说明.

也可先检验 $Q_{B(A)}$ 的显著性,当 $Q_{B(A)}$ 不显著时,再将 $Q_{B(A)}$ 与 Q_E 相加,将对应的自由度相加作为新的 Q_E 及自由度,再检验 Q_A 的显著性.

(6) 写出协方差分析的结论.

例 4.4.3 用 7 个玉米品种为父本,用其他 21 个玉米品种为母本,安排二级系统分组试验,得到每穗行数 x 及单株籽粒产量 Y 的数据如下,试以 x 为协变量作协方差分析.

父本	母本	观测数据 (x,y)		
1	1	15.6, 105	16.4, 104	15.6, 96
	2	13.6, 109	15.6, 104	14.8, 107
	3	12.0, 69	12.0, 85	12.8, 57
2	4	16.0, 152	16.0, 149	15.6, 116
	5	15.6, 139	15.6, 107	16.8, 135
	6	14.4, 149	15.6, 156	14.8, 143
3	7	14.8, 93	15.6, 106	14.8, 91
	8	17.6, 106	18.8, 87	18.0, 88
	9	14.4, 117	15.2, 102	15.6, 120

续表

父本	母本	观测数据 (x,y)		
4	10	18.4, 118	20.0, 140	17.6, 111
	11	17.6, 157	15.2, 105	16.4, 119
	12	18.8, 157	18.0, 164	17.2, 135
5	13	22.0, 137	20.0, 138	19.2, 144
	14	17.2, 127	15.6, 60	15.6, 108
	15	17.6, 132	17.6, 150	16.0, 109
6	16	14.4, 169	13.2, 143	14.8, 158
	17	14.4, 145	14.8, 153	13.6, 136
	18	13.6, 154	13.6, 154	14.0, 131
7	19	16.4, 120	17.2, 121	15.2, 107
	20	14.4, 118	12.8, 73	14.0, 87
	21	14.4, 143	14.0, 130	12.8, 118

解 (1) 计算并列出次级数据表:

方差来源	SS(x)	SS(y)	SP	DF
A	133.7244	22679.4921	203.6444	6
$B(A)$	92.6222	10449.7778	363.8221	14
误差	28.3734	10449.3333	284.8002	42
总和	254.7200	43578.6032	852.2667	62

(2) 由误差行的次级数据求误差行的回归系数

$$b = \frac{\text{SPE}}{\text{SSE}(x)} = 10.0376 \cdot$$

(3) 检验误差行线性回归的显著性, 且当误差行线性回归显著时矫正各组的平均数:

$$\text{SSE}(y) = 10449.3333 , \quad \text{SPE} = 284.8 ,$$

$$F = \frac{b \cdot \text{SPE} \cdot (lmn - lm - 1)}{\text{SSE}(y) - b \cdot \text{SPE}} = 15.44 ,$$

$$P\{F(1,41) > F = 15.44\} = 0.00032 ,$$

因此误差行的线性回归极显著, 可以矫正各组的平均数.

矫正前各组的平均数及矫正后各组的平均数如下表:

父本	母本	矫正前 $(\bar{x}_{ij\cdot}, \bar{y}_{ij\cdot})$	矫正后 $\bar{y}_{ij\cdot}\big|_{x=\bar{x}\cdots}$	矫正前 $(\bar{x}_{i\cdot\cdot}, \bar{y}_{i\cdot\cdot})$	矫正后 $\bar{y}_{i\cdot\cdot}\big|_{x=\bar{x}\cdots}$
1	1	15.867, 101.667	100.33	14.267, 92.889	107.61
	2	14.667, 106.667	117.37		
	3	12.267, 70.333	105.13		
2	4	15.867, 139.000	137.66	15.600, 138.444	139.78
	5	16.000, 127.000	124.32		
	6	14.933, 149.333	157.37		
3	7	15.067, 96.667	103.36	16.089, 101.111	97.54
	8	18.133, 93.667	69.58		
	9	15.067, 113.000	119.69		
4	10	18.667, 123.000	93.55	17.689, 134.000	114.37
	11	16.400, 127.000	120.31		
	12	18.000, 152.000	129.25		
5	13	20.400, 139.667	92.82	17.867, 122.778	101.36
	14	16.133, 98.333	94.32		
	15	17.067, 130.333	116.95		
6	16	14.133, 156.667	172.73	14.044, 149.222	166.18
	17	14.267, 144.667	159.39		
	18	13.733, 146.333	166.41		
7	19	16.267, 116.000	110.64	14.578, 113.000	124.60
	20	13.733, 92.667	112.75		
	21	13.733, 130.333	150.41		

(4) 由误差行的次级数据求误差行的

$$Q_E = 7590.6192,$$

由 A 行与误差行的次级数据相加求 A 行＋误差行的 $Q_{A+E} = 31657.0085$，求矫正后 A 行的

$$Q_A = Q_{A+E} - Q_E = 24066.3893.$$

由 $B(A)$ 行与误差行的次级数据相加求 $B(A)$ 行＋误差行的 $Q_{B(A)+E} = 17422.0323$，求矫正后 $B(A)$ 行的

$$Q_{B(A)} = Q_{B(A)+E} - Q_E = 9831.4131.$$

(5) 列出矫正后的方差分析表：

方差来源	平方和	自由度	均方和	F 值	显著性
A	24066.3893	6	4011.0649	21.67	**
$B(A)$	9831.4131	14	702.2438	3.79	**
误差	7590.6192	41	185.1371		

(6) 协方差分析的结论: 因素 A 的效应及套在 A 中的 $B(A)$ 矫正后有极显著的差异.

4.4.4 应用 Python 作双因素协方差分析

(1) 双因素试验不考虑交互作用的情形

Python 程序如下:

```python
data=pd.read_csv("C:\\Users\cqxzh\Desktop\
    chapter4.4.1.csv",encoding="gbk")
data['xiaoqu']=data['xiaoqu'].astype('category')
    #例 4.4.1 数据
data['pinzhong']=data['pinzhong'].astype('category')
formulay="y~xiaoqu+pinzhong"  # 对因变量 y 做方差分析
result=anova_lm(ols(formulay,data=data).fit())
print(result)
formulax="x~xiaoqu+pinzhong"   # 对自变量 x 做方差分析
result= anova_lm(ols(formulax,data=data).fit())
print(result)
formula="y~x+xiaoqu+pinzhong" # y 对自变量 x 做协方差分析
result=anova_lm(ols(formula,data=data).fit(),typ=2)
print(result)
```

(2) 双因素试验考虑交互作用的情形

Python 程序如下:

```python
data=pd.read_csv("C:\\Users\cqxzh\Desktop\
    chapter4.4.2.csv",encoding="gbk")
data['csj']=data['csj'].astype('category')
    #例 4.4.2 数据
data['pc']=data['pc'].astype('category')
formula="x~csj*pc"
result=sm.stats.anova_lm(smf.ols(formula,data=
```

```
    data).fit())
print(result)
formula="y~csj*pc"
result=sm.stats.anova_lm(smf.ols(formula,data=
    data).fit())
print(result)
formula="y~x+C(csj)*C(pc)"
result=sm.stats.anova_lm(smf.ols(formula,data=
    data).fit(),typ=2)
print(result)
re=pairwise_tukeyhsd(data["y"],data["csj"],alpha=0.01)
print(re)
re=pairwise_tukeyhsd(data["y"],data["pc"],alpha=0.01)
print(re)
```

(3) 二级系统分组试验的情形

Python 程序如下：

```
data=pd.read_csv("C:\\Users\cqxzh\Desktop\
    chapter4.4.3.csv",encoding="gbk")  #例 4.4.3 数据
XX=np.array(data['x']); YY=np.array(data['y'])
MeanX=np.mean(XX); MeanY=np.mean(YY)

SSTx=np.sum((XX-MeanX)**2);SSTx
SSTy=np.sum((YY-MeanY)**2);SSTy
SPT=np.sum((XX-MeanX)*(YY-MeanY));SPT

SSAx=0;SSAy=0
for i in np.arange(1,8):
    SSAx=SSAx+(np.mean(data.loc[data['F']==i,:]["x"])
        -MeanX)**2
    SSAy=SSAy+(np.mean(data.loc[data['F']==i,:]["y"])
        -MeanY)**2

SSAx=SSAx*3*3;SSAx
SSAy=SSAy*3*3;SSAy

SPA=0
for i in np.arange(1,8):
    Axmean=np.mean(data.loc[data['F']==i,:]["x"])
```

```python
        Aymean=np.mean(data.loc[data['F']==i,:]["y"])
        SPA+=(Axmean-MeanX)*(Aymean-MeanY)

SPA=SPA*3*3;SPA

SSB_Ax=0;SSB_Ay=0
for i in np.arange(1,8):
    for j in np.arange(1,4):
    SSB_Ax=SSB_Ax+( np.mean( data.loc[(data['F']==i)
        &(data['M']==j),:]["x"])-np.mean(data.loc
        [data['F']==i,:]["x"]))**2
    SSB_Ay=SSB_Ay+( np.mean( data.loc[(data['F']==i)
        &(data['M']==j),:]["y"])-np.mean(data.loc
        [data['F']==i,:]["y"]))**2

SSB_Ax=SSB_Ax*3;SSB_Ax
SSB_Ay=SSB_Ay*3;SSB_Ay

SPB_A=0
for i in np.arange(1,8):
    for j in np.arange(1,4):
        Axmean=np.mean(data.loc[data['F']==i,:]["x"])
        Aymean=np.mean(data.loc[data['F']==i,:]["y"])
        BAxmean=np.mean( data.loc[(data['F']==i)&
            (data['M']==j),:]["x"])
        BAymean=np.mean( data.loc[(data['F']==i)&
            (data['M']==j),:]["y"])
        SPB_A+=(BAxmean-Axmean)*(BAymean- Aymean)

SPB_A=SPB_A*3;SPB_A

SSEx=SSTx-SSAx-SSB_Ax;SSEx
SSEy=SSTy-SSAy-SSB_Ay ;SSEy

SPE=0
for i in np.arange(1,8):
    for j in np.arange(1,4):
        for k in np.arange(1,4):
            xx=np.array(data.loc[(data['F']==i)&(data
```

237

```
           ['M']==j)&(data['c']==k),:]["x"])
        yy=np.array(data.loc[(data['F']==i)&(data
           ['M']==j)&(data['c']==k),:]["y"])
        x=np.array(data.loc[(data['F']==i)&
           (data['M']==j),:]["x"])
        y=np.array(data.loc[(data['F']==i)&
           (data['M']==j),:]["y"])
        SPE=SPE+(xx-np.mean(x))*(yy-np.mean(y))

b=SPE/SSEx;b
F=b*SPE*(7*3*(3-1)-1)/(SSEy-b*SPE)
p=list(1-stats.f(1,7*3*2-1).cdf(F));p ### 如果 p<0.05
   就拒绝原假设

QE=SSEy-b*SPE;QE;MQE=QE/(7*3*(3-1)-1);MQE
Q_A_E=SSAy+SSEy-(SPA+SPE)**2/(SSAx+SSEx);
QA=Q_A_E-QE;QA;  MQA=QA/(7-1);MQA

Q_B_A_E=SSB_Ay+SSEy-(SPB_A+SPE)**2/(SSB_Ax+SSEx);
   Q_B_A_E
Q_B_A=Q_B_A_E-QE;Q_B_A;  MQ_B_A=Q_B_A/(7*(3-1));
   MQ_B_A

FA=MQA/MQE;FA;  FB_A =MQ_B_A/MQE;FB_A
pa=list(1-stats.f(7-1,7*3*(3-1)-1).cdf(FA));pa
pb_a=list(1-stats.f(7*(3-1),7*3*(3-1)-
   1).cdf(FB_A));pb_a
```

☞ 习题 4.4

1. 南优 3 号水稻在不同土质及施肥条件下的颖花数 x 和结实率 Y 的观测值如下，试用 Python 以 x 为协变量作协方差分析.

土质＼施肥	1	2	3	4	5	6
A	4.59, 58	4.09, 65	3.94, 64	3.90, 66	3.45, 71	3.48, 71
B	4.32, 61	4.11, 62	4.11, 64	3.57, 69	3.79, 67	3.38, 72

2. 影响合成纤维弹性的可控因素有 A 和 B, 不可控因素有电流周波 x, 在 A 的 4 个水平和 B 的 4 个水平相互搭配下各安排 2 次试验, 得到 x 及弹性 Y 的观测值如下, 试用 Python 以 x 为协变量作协方差分析.

A \\ B	B_1	B_2	B_3	B_4
A_1	0,1 2,3	5,2 3,3	7,5 5,3	9,7 7,5
A_2	8,3 8,5	9,6 8,4	11,8 10,7	6,4 3,4
A_3	9,6 8,3	12,9 11,7	7,4 10,5	5,4 2,3
A_4	7,5 8,3	4,3 4,2	5,0 6,1	0, -1 -1, - 1

第5章　非参数检验

参数检验是在总体分布函数的形式已知、部分参数或全部参数未知的前提下所作的假设检验，目的是推断总体分布函数中的未知参数. 而**非参数检验**(又称为**分布自由检验**)，是一种不必要求事先知道总体服从某个特定分布的检验方法，用在总体分布不能确定的情形. 当观测数据不满足参数检验的假定（例如，不满足总体服从或近似服从正态分布的假定，不满足两个或多个总体的方差相等的假定）时，就可以考虑用非参数检验的方法.

这一章将介绍一些常用的非参数检验方法，这些方法弥补了参数检验方法的不足，并且计算简便，易于理解和掌握，在工程、经济和社会等研究领域都有广泛的应用.

5.1　总体分布的卡方检验及 Python 代码

5.1.1　拟合优度检验

根据样本的观测值，用卡方统计量检验总体是否服从某一连续型或离散型分布的方法，称为**适合性检验**或**拟合优度检验**. 具体步骤如下：

(1) 设 H_0：总体 X 服从某个指定的分布.

(2) 将随机变量 X 的取值范围划分为 k 个互不相交的区间或区域 D_i，$i=1,2,\cdots,k$.

(3) 由样本的观测值求随机变量 X 在各个 D_i 中取值的观测频数 n_i，$i=1,2,\cdots,k$.

(4) 按 H_0 所指定的分布求随机变量 X 在各个 D_i 中取值的概率 p_i，$i=1,2,\cdots,k$，如果所指定的分布中有未知的参数时，可先用极大似然法求出各个未知参数的估计量后，再求上述各个概率的估计值 $\hat{p}_i$.

(5) 根据样本容量 n 及概率 p_i 或估计值 $\hat{p}_i$ 求随机变量 X 在各个 D_i 中取值的理论频数 np_i 或理论频数的估计值 $n\hat{p}_i$，$i=1,2,\cdots,k$.

(6) 计算 χ^2 统计量的观测值

$$\chi^2 = \sum_i \frac{(n_i - np_i)^2}{np_i} \quad \text{或} \quad \chi^2 = \sum_i \frac{(n_i - n\hat{p}_i)^2}{n\hat{p}_i},$$

当被估计的未知参数有 l 个，$\chi^2 \geqslant \chi^2_{1-\alpha}(k-l-1)$ 时放弃 H_0，否则接受 H_0.

不过，上述统计量是以 χ^2 分布为极限分布，作 χ^2 检验时要求样本容量 $n \geqslant 50$.

k 的大小没有严格的规定，可随 n 的增减而增减，但 k 太小会使检验过于粗糙，而 k 太大又会增加随机误差，通常取 $5 \leqslant k \leqslant 16$.

另外，由于卡方分布是连续分布，而在(6)中计算 χ^2 统计量的观测值时，使用的是观测频数 n_i，因此这个统计量只是近似服从卡方分布，近似的程度取决于样本的含量和类别数. 为了保证足够的近似程度，要求：

(1) 随机变量 X 在各个 D_i 中取值的理论频数 np_i 或理论频数的估计值 $n\hat{p}_i$ 不应太小，否则会突出 $(n_i - np_i)^2$ 或 $(n_i - n\hat{p}_i)^2$ 在 χ^2 统计量的观测值中所起的作用. 一般限制 np_i 或 $n\hat{p}_i$ 的值大于 5，如果出现不大于 5 的情形，应该与邻近的区间或区域合并.

(2) 自由度大于 1，当自由度等于 1 时，需进行连续性校正，校正后的 χ^2 统计量为

$$\chi^2 = \sum_i \frac{(|n_i - np_i| - 0.5)^2}{np_i} \quad \text{或} \quad \chi^2 = \sum_i \frac{(|n_i - n\hat{p}_i| - 0.5)^2}{n\hat{p}_i}.$$

例 5.1.1　用计数器每隔一定时间观测一次试验铀所放射的 α 粒子数 x，共 100 次，结果有 1 个 $x=0$，5 个 $x=1$，16 个 $x=2$，17 个 $x=3$，26 个 $x=4$，11 个 $x=5$，9 个 $x=6$，9 个 $x=7$，2 个 $x=8$，1 个 $x=9$，2 个 $x=10$，1 个 $x=11$，试检验总体是否服从 $P(\lambda)$ 分布.　($\alpha = 0.05$)

解　如果总体服从 $P(\lambda)$ 分布，则 $p_x = \dfrac{\lambda^x}{x!} e^{-\lambda}$，$x = 0, 1, 2, \cdots, 11$. 因为 λ 未知，先根据观测值计算 λ 的极大似然估计值得到 $\hat{\lambda} = \bar{x} = 4.2$ 后，再列表计算如下：

x	0	1	2	3	4	5	6	7	8	9	10	11
n_x	1	5	16	17	26	11	9	9	2	1	2	1
$n\hat{p}_x$	1.50	6.30	13.23	18.52	19.44	16.33	11.43	6.86	3.60	1.68	0.71	0.40
	7.80								6.39			

$$\chi^2 = \sum_x \frac{(n_x - n\hat{p}_x)^2}{n\hat{p}_x} = 6.281,$$

查 χ^2 分布的分位数表得到 $\chi^2_{0.95}(8-1-1)=12.59$，因此接受 χ^2 检验的原假设，认为总体服从 $P(\lambda)$ 分布.

5.1.2　应用 Python 作拟合优度检验

Python 程序如下:

```python
import pandas as pd
import numpy as np
from scipy import stats
observed= [1,5,16,17,26,11,9,9,2,1,2,1]
variVal=np.arange(0,12)
hatLam=np.sum(observed* variVal)/np.sum(observed);
    hatLam
probPoiss=stats.poisson.pmf(np.arange(12),mu=4.2)
freqExp= np.sum(observed)*probPoiss;freqExp
chisqVal= ((observed- freqExp)**2/ freqExp).sum();
    chisqVal
crit0= stats.chi2.ppf(q=0.95,df=12-1-1) ;crit0
p0=1- stats.chi2(df=12-1-1).cdf(chisqVal) ;p0
print('统计量值=', chisqVal,'临界值=',crit0,'p 值=',p0)
```

程序运行结果:

统计量值=11.618　临界值=18.307　　p 值=0.3114

```python
#### 调整数据
observedNew=np.array( [6,16,17,26,11,9,9,6])
expected= np.array( [7.8,13.23,18.52,19.44,16.33,
    11.43,6.86,6.39])
chi_squared_stat = ((observedNew -expected)**2/
    expected).sum()
crit = stats.chi2.ppf(q=0.95,df=6) ;crit
p=1- stats.chi2(df=8-1-1).cdf(chi_squared_stat) ;p
print('统计量值=', chi_squared_stat,'临界值=', crit,
    'p 值=', p)
```

程序运行结果:

      统计量值= 6.2814 临界值= 12.59 p 值= 0.3924

5.1.3 列联表分类标志的独立性检验

设一个总体中的 n 个元素可以按两种标志进行分类, 并已知按第一种标志划分为 r 个类, 按第二种标志划分为 s 个类, 观测到第 i,j 类中元素的个数为 n_{ij}, $i=1,2,\cdots,r$, $j=1,2,\cdots,s$, 且 $\sum_i n_{ij}=n._j$, $\sum_j n_{ij}=n_i.$, 要检验这两种分类标志是否相互独立, 称为**列联表分类标志的独立性检验**. 其基本思路是先设 H_0: 这两种分类标志相互独立, 将检验 H_0 转化为检验一个二维的离散型联合分布律是否等于两个边缘分布律的乘积, 即 $p_{ij}=p_i.p._j$, 式中的 p_{ij} 是按两种标志分类时各类中元素出现的概率, 而 $p_i.$ 和 $p._j$ 则分别是按第一种和第二种标志分类时各类中元素出现的概率. 作检验时先用极大似然法分别求出 $p_i.$ 和 $p._j$ 的估计量 $\hat{p}_i.=\dfrac{n_i.}{n}$ 和 $\hat{p}._j=\dfrac{n._j}{n}$, 再计算统计量

$$\chi^2=\sum_i\sum_j\frac{\left(n_{ij}-n\hat{p}_i.\hat{p}._j\right)^2}{n\hat{p}_i.\hat{p}._j}$$

的观测值, 当 $\chi^2\geqslant\chi^2_{1-\alpha}(f)$ 时放弃 H_0, 式中的 $f=(r-1)(s-1)$ 为 χ^2 分布的自由度, α 为显著性水平.

这里的统计量也是以 χ^2 分布为极限分布, 也要求理论频数 $n\hat{p}_i.\hat{p}._j\geqslant5$, 当出现理论频数小于 5 的情况时, 要对类别进行适当的合并. 特别是遇到 2×2 的列联表时, 由于自由度 $f=(2-1)(2-1)=1$, 应该进行连续性校正, 校正后的 χ^2 统计量为

$$\chi^2=\sum_i\sum_j\frac{\left(\left|n_{ij}-n\hat{p}_i.\hat{p}._j\right|-0.5\right)^2}{n\hat{p}_i.\hat{p}._j}.$$

具体而言, 若 2×2 列联表为

a	b	$a+b$
c	d	$c+d$
$a+c$	$b+d$	n

则 $\chi^2=\dfrac{(ad-bc)^2 n}{(a+b)(c+d)(a+c)(b+d)}$, 校正后的

243

$$\chi^2 = \frac{\left(\left|ad-bc\right|-\dfrac{n}{2}\right)^2 n}{(a+b)(c+d)(a+c)(b+d)}.$$

当 2×2 列联表中出现理论频数小于 5 而且 $n<40$，或理论频数有小于 1 的情况时，应该用 Fisher 的精确概率检验法检验：

(1) 如果有观测频数为 0，则计算

$$P = \frac{(a+b)!(c+d)!(a+c)!(b+d)!}{a!b!c!d!n!}$$

后与 α 或 0.5α 比较，作单侧检验时与 α 比较，作双侧检验时与 0.5α 比较.

(2) 如果没有观测频数为 0，则在计算

$$P = \frac{(a+b)!(c+d)!(a+c)!(b+d)!}{a!b!c!d!n!}$$

后，还要计算各个更加极端的情形出现的概率并与上述 P 相加后，再与 α 或 0.5α 比较，作单侧检验时与 α 比较，作双侧检验时与 0.5α 比较.

另外，由列联表分类标志的独立性检验还可以导出分类标志所对应的频数有无显著差异的结论. 当分类标志不相互独立时，认为分类标志所对应的频数有内在的关联，解释为有显著的差异；当分类标志相互独立时，认为分类标志所对应的频数没有内在的关联，解释为没有显著的差异.

例 5.1.2　调查水稻纹枯病的发生情况，得到纹枯病与种植密度的观测数据如下，试检验纹枯病与种植密度是否有某种内在的联系. $(\alpha=0.05)$

行株距/寸	15×10	9×9	8.5×6	行求和
病株数	26	41	54	121
未病株数	174	159	146	479
列求和	200	200	200	600

解　本例要作列联表分类标志的独立性检验，H_0 为这两种分类标志相互独立，也就是纹枯病与种植密度相互独立. 根据所给的观测值，先由各 $n_{ij}, n_{i\cdot}, n_{\cdot j}$ 和 n 计算 $n\hat{p}_{i\cdot}\hat{p}_{\cdot j}$，计算结果列表如下：

行株距/寸	15×10	9×9	8.5×6	行求和
病株数	40.33	40.33	40.33	121
未病株数	159.67	159.67	159.67	479
列求和	200	200	200	600

$$\chi^2 = \sum_i \sum_j \frac{(n_{ij} - n\hat{p}_{i\cdot}\hat{p}_{\cdot j})^2}{n\hat{p}_{i\cdot}\hat{p}_{\cdot j}} = 12.195, \quad f = (2-1)(3-1) = 2,$$

查 χ^2 分布的分位数表得到 $\chi^2_{0.95}(2) = 5.99$，因此放弃原假设 H_0，认为纹枯病与种植密度有某种内在的联系.

例 5.1.3　用不同的 A 药与 B 药各治疗 9 个病人，用 A 药的 9 人中有 8 人痊愈，1 人未愈；用 B 药的 9 人中有 3 人痊愈，6 人未愈，问 A、B 两药的疗效有无显著差别?

药别　　　　　疗效	痊愈	未愈	行求和
A 药	8	1	9
B 药	3	6	9
列求和	11	7	18

解　设 H_0 为两种药物的疗效无显著差别（即药物与疗效相互独立），H_1 为两种药物的疗效有显著差别（即药物与疗效不相互独立），计算得到概率

$$P_1 = \frac{9!9!11!7!}{8!1!3!6!18!} = 0.02376,$$

更加极端的情形如下表所示:

药别　　　　　疗效	痊愈	未愈	行求和
A 药	9	0	9
B 药	2	7	9
列求和	11	7	18

计算得到概率

$$P_2 = \frac{9!9!11!7!}{9!0!2!7!18!} = 0.00113,$$

两者相加得到概率 $P = P_1 + P_2 = 0.02489$. 根据题意，应作双侧检验，因为 $P < 0.025$，应拒绝 H_0，认为 A、B 两药的疗效有显著差别.

5.1.4　应用 Python 作列联表分类标志的独立性检验

Python 程序如下:

```
import numpy as np
from scipy.stats import chi2_contingency
```

```
d = np.array([[26,41,54], [174,159,146]])  #例5.1.2
chisq,p_value,dfree,freqestimat=chi2_contingency(d)
freqestimat=df(freqestimat)
freqestimat.index=pd.Index(['病株数','未病株数'],
    name='枯叶病')  ;\
freqestimat.columns=pd.Index(['15*10','9*9','8.5*6'],
    name='种植密度')
print('卡方统计量=',chisq,'自由度df=',dfree,'临界值=',
    p_value,'\n','期望频数如下: ','\n',freqestimat)
```

程序运行的结果为：

卡方统计量= 12.1948 自由度df= 2 临界值= 0.00225

种植密度	15*10	9*9	8.5*6
枯叶病病株数	40.333333	40.333333	40.333333
未病株数	159.666667	159.666667	159.666667

5.1.5　应用 Python 对有限个总体服从同一分布的卡方检验

设有 v 个总体, 从各个总体中相互独立地抽出容量分别为 $n_1, n_2, \cdots, n_v$ 的样本, 且 $\sum_j n_j = n$. 为检验 H_0: v 个总体服从同一分布. 可将实数轴划分成 u 个区域, 若第 j 个总体的样本观测值落在第 i 个区域内的频数为 n_{ij}, $i = 1, 2, \cdots, u$, $j = 1, 2, \cdots, v$, $\sum_i n_{ij} = n_{.j}$, $\sum_j n_{ij} = n_{i.}$, 则检验 H_0 可转化为检验这 v 个总体都服从在第 i 个区域内取值的概率为 $p_{i.}$ 的离散型分布. 作检验时先由极大似然估计法求出 $\hat{p}_{i.} = \dfrac{n_{i.}}{n}$ 和第 j 个总体的样本观测值落在第 i 个区域内的理论频数 $n_{.j}\hat{p}_{i.}$, 再计算统计量

$$\chi^2 = \sum_i \sum_j \frac{(n_{ij} - n_{.j}\hat{p}_{i.})^2}{n_{.j}\hat{p}_{i.}}$$

的观测值, 当 $\chi^2 \geqslant \chi^2_{1-\alpha}(f)$ 时放弃 H_0, 式中的 $f = (u-1)(v-1)$ 为 χ^2 分布的自由度, α 为显著性水平.

这里的统计量也是以 χ^2 分布为其极限分布.

例 5.1.4 类型相同的三艘轮船在同一航线上行驶，测得各应力值(单位：kg/cm²)范围内的波浪诱导纵向应力值的发生次数列表如下：

应力值范围	A 船	B 船	C 船	行求和
200 以下	1021	1073	1015	3109
200～250	229	256	265	750
250～350	124	166	139	429
350～500	34	44	25	103
500 以上	9	11	4	24
列求和	1417	1550	1448	4415

试检验三艘轮船的应力值服从同一分布$(\alpha = 0.05)$.

解 本例要作有限个总体服从同一分布的 χ^2 检验，设 H_0 为三艘轮船的应力值服从同一分布. 根据所给的观测值，先由各 $n_{ij}, n_{i\cdot}, n_{\cdot j}$ 和 n 计算 $n_{\cdot j}\hat{p}_{i\cdot}$，计算结果列表如下：

应力值范围	A 船	B 船	C 船	行求和
200 以下	997.8376	1091.4949	1019.6675	3109
200～250	240.7135	263.3069	245.9796	750
250～350	137.6881	150.6116	140.7003	429
350～500	33.0580	36.1608	33.7812	103
500 以上	7.7028	8.4258	7.8713	24
列求和	1417	1550	1448	4415

$$\chi^2 = \sum_i \sum_j \frac{(n_{ij} - n_{\cdot j}\hat{p}_{i\cdot})^2}{n_{\cdot j}\hat{p}_{i\cdot}} = 12.987 , \quad f = (5-1)(3-1) = 8 ,$$

查 χ^2 分布的分位数表得到 $\chi^2_{0.95}(8) = 15.5$，因此接受原假设 H_0，三艘轮船的应力值服从同一分布.

Python 程序如下：

```
import numpy as np
from scipy.stats import chi2_contingency
dt = np.array([[1021,1073,1015], [229,256,265],
```

```
    [ 124,166,139],[ 34,44,25],[ 9,11,4]])
chisq,p_value,dfree,freqestimat=chi2_contingency(dt)
freqestimat=df(freqestimat)
freqestimat.index=pd.Index(['200 以下','200~250',
    '250~350','350~500','500 以上'],name='应力范围')
freqestimat.columns=pd.Index(['A 船','B 船','C 船'],
    name=' ')
print('卡方统计量= ',chisq,'自由度 df=',dfree,'临界值=',
    p_value,'\n','期望频数如下: ','\n',freqestimat)
```

程序运行的结果为:

卡方统计量=12.987 自由度 df=8 临界值=0.11229

期望频数如下:

应力范围	A 船	B 船	C 船
200 以下	997.837599	1091.494904	1019.667497
200~250	240.713477	263.306908	245.979615
250~350	137.688109	150.611552	140.700340
350~500	33.057984	36.160815	33.781200
500 以上	7.702831	8.425821	7.871348

☞ 习题 5.1

1. 抽检某型号电子产品 310 盒, 每盒中可能含有不合格品, 310 盒的样本中发现不合格品数及频数如下表:

不合格品数	0	1	2	3	4	5	>5
频数/盒	103	120	53	26	5	2	1

试用 Python 检验这一类记录的数字服从 $P(\lambda)$ 分布. $(\alpha = 0.05)$

2. 菠菜的雄株和雌株的性比为 $1:1$, 从 200 株中观测到雄株数为 108, 雌株数为 92, 试用 Python 检验 $108:92$ 与 $1:1$ 是否有显著的差异. $(\alpha = 0.05)$

3. 作南瓜果皮色泽和形状的遗传学试验, 得到 F_2 代的观测数据如下:

表现型	白皮蝶形	白皮圆形	黄皮蝶形	黄皮圆形
频次	420	159	145	60

试用 Python 检验分离比符合 $9:3:3:1$.

4. 在调查的 480 名男性中 38 名患有色盲, 520 名女性中 6 名患有色盲, 试用 Python 检验性别与患色盲相互独立. $(\alpha = 0.05)$

5.2 二项分布总体率的估计与假设检验及 Python 代码

5.2.1 总体率的点估计

在 n 次重复独立试验的任意一次试验中, 若某个试验结果出现的概率为 p, 此试验结果出现的次数为 X, 则 $X \sim B(n,p)$, 称 p 为 **总体率**.

由于二项分布总体唯一的参数是总体率, 且二项分布总体的均值、方差都与总体率相联系, 二项分布总体参数的估计与假设检验便集中在总体率的估计与假设检验这一问题上.

可以用矩法或极大似然法作总体率的点估计, 而且估计的结果相同.

根据二项分布与 0-1 分布也就是 $B(1,p)$ 分布的内在联系, 二项分布的总体率与它对应的 0-1 分布的总体率相同, 估计时通常借用 0-1 分布的样本.

1. 用矩法作总体率的点估计

设 $X \sim B(1,p)$, 即 $X \sim$ 0-1 分布, 则 $E(X) = p$, p 是 X 的数学期望.

设 0-1 分布总体的样本为 $X_1, X_2, \cdots, X_n$, 其观测值为 $x_1, x_2, \cdots, x_n$, 则根据矩法 $\hat{p} = \frac{1}{n}\sum_{i=1}^{n} X_i$, 其观测值为 $\hat{p} = \frac{1}{n}\sum_{i=1}^{n} x_i$.

2. 用极大似然法作总体率的点估计

设 $X \sim B(1,p)$, 其概率函数为 $P\{X = x\} = p^x (1-p)^{1-x}$, 式中的 $x = 0$ 或 1. 设 0-1 分布总体的样本为 $X_1, X_2, \cdots, X_n$, 其观测值为 $x_1, x_2, \cdots, x_n$, 对每一个观测值,

$$P\{X_i = x_i\} = p^{x_i}(1-p)^{1-x_i},$$

其中, $x_i = 0$ 或 1, $i = 1, 2, \cdots, n$. 似然函数

$$L(p) = \prod_{i=1}^{n} P\{X_i = x_i\} = p^{\sum_i x_i}(1-p)^{n-\sum_i x_i}.$$

于是 $\ln L = \left(\sum_{i=1}^{n} x_i\right)\ln p + \left(n - \sum_{i=1}^{n} x_i\right)\ln(1-p)$，因此

$$\frac{\mathrm{d}(\ln L)}{\mathrm{d}p} = \frac{1}{p}\left(\sum_{i=1}^{n} x_i\right) - \frac{1}{1-p}\left(n - \sum_{i=1}^{n} x_i\right).$$

令 $\dfrac{\mathrm{d}(\ln L)}{\mathrm{d}p} = 0$，可解出 $p = \dfrac{1}{n}\sum_{i=1}^{n} x_i$，即 $\hat{p} = \dfrac{1}{n}\sum_{i=1}^{n} x_i = \overline{x}$．为与矩估计相区别或写作 $\hat{p}_L = \dfrac{1}{n}\sum_{i=1}^{n} X_i = \overline{X}$．

由此可见，二项分布总体率 p 的估计值，就是在 n 次重复独立试验中，某个试验结果出现的总次数除以试验的总次数，也就是试验结果出现的频率．

与总体率相对应，通常称 $\hat{p} = \dfrac{1}{n}\sum_{i=1}^{n} x_i$（或 $\overline{x}$）为**样本率**．

如果自总体内用简单随机抽样的方法随机抽出容量为 n 的样本，考查其中的个体是否具有某一属性，例如"非典"疫情下感病或抗病、死亡或生存等，那么具有此属性的个体数便服从二项分布，其样本率的计算公式可表示为

$$感病率 = \frac{样本中感病的个体数}{样本容量\ n} \times 100\%,$$

$$死亡率 = \frac{样本中死亡的个体数}{样本容量\ n} \times 100\%.$$

5.2.2　总体率的置信区间

设总体 X 服从 $B(1,p)$ 分布，X 的一个样本为 $X_1, X_2, \cdots, X_n$，它的观测值为 $x_1, x_2, \cdots, x_n$．当 n 充分大时，总体率 p 近似的双侧 $1-\alpha$ 置信区间为

$$\left(\hat{p} - u_{1-0.5\alpha}\sqrt{\frac{\hat{p}(1-\hat{p})}{n}},\ \hat{p} + u_{1-0.5\alpha}\sqrt{\frac{\hat{p}(1-\hat{p})}{n}}\right),$$

其中 $\hat{p} = \dfrac{1}{n}\sum_{i=1}^{n} x_i$．

证　因为总体 $X \sim B(1,p)$，则其样本 $X_1, X_2, \cdots, X_n$ 相互独立且都服从 $B(1,p)$ 分布．令 $\overline{X} = \dfrac{1}{n}\sum_{i=1}^{n} X_i$，则

$$E(\overline{X}) = p,\quad D(\overline{X}) = \frac{p(1-p)}{n}.$$

当 n 充分大时，根据中心极限定理，$\dfrac{\overline{X} - p}{\sqrt{p(1-p)/n}} \overset{近似}{\sim} N(0,1)$，近似地有

$$P\left\{\frac{\left|\overline{X}-p\right|}{\sqrt{p(1-p)/n}}<u_{1-0.5\alpha}\right\}=1-\alpha,$$

其中 $u_{1-0.5\alpha}$ 是标准正态分布的 $1-0.5\alpha$ 分位数.

若用 $\sqrt{\dfrac{\hat{p}(1-\hat{p})}{n}}$ 估计 $\sqrt{\dfrac{p(1-p)}{n}}$ ，则未知参数 p 的双侧 $1-\alpha$ 置信区间为

$$\left(\overline{X}-u_{1-0.5\alpha}\sqrt{\frac{\hat{p}(1-\hat{p})}{n}},\ \overline{X}+u_{1-0.5\alpha}\sqrt{\frac{\hat{p}(1-\hat{p})}{n}}\right).$$

当 n 不太大时,也可以通过如下二项分布参数 p 的置信区间表来确定总体率 p 的置信区间.

二项分布参数 p 的置信区间表(部分，$\alpha=0.05$)

（表中的 n 是重复独立试验的总次数，k 是某个试验结果出现的总次数）

k \ $n-k$	20	22	24	26	28	30	40	60	100	200
20	.338	.320	.304	.289	.276	.264	.217	.160	.105	.057
	.662	.636	.612	.589	.568	.548	.467	.359	.245	.137
22	.364	.346	.329	.314	.300	.287	.237	.177	.117	.063
	.680	.654	.631	.608	.588	.568	.487	.378	.260	.146
24	.388	.369	.352	.337	.322	.309	.257	.193	.128	.070
	.696	.671	.648	.626	.605	.586	.505	.395	.274	.155
26	.411	.392	.374	.358	.343	.330	.276	.208	.140	.077
	.711	.686	.663	.642	.622	.603	.522	.411	.287	.164
28	.432	.412	.395	.378	.363	.349	.294	.223	.153	.083
	.724	.700	.678	.657	.637	.618	.538	.426	.300	.172
30	.452	.432	.414	.397	.382	.368	.311	.237	.162	.090
	.736	.713	.691	.670	.651	.632	.552	.441	.313	.181
40	.533	.513	.495	.478	.462	.448	.386	.303	.213	.122
	.783	.763	.743	.724	.706	.689	.614	.503	.368	.220
60	.641	.622	.605	.589	.574	.559	.497	.407	.300	.181
	.840	.823	.807	.792	.777	.763	.697	.593	.455	.287
100	.755	.740	.726	.713	.700	.687	.632	.545	.429	.280
	.895	.883	.872	.860	.847	.838	.787	.700	.571	.395
200	.863	.854	.845	.836	.828	.819	.780	.713	.605	.450
	.943	.937	.930	.923	.917	.910	.878	.819	.720	.550

此表中上行所列的数字为 $\alpha=0.05$ 时使 $\sum_{i=k}^{n}\mathrm{C}_{n}^{i}p_{1}^{i}(1-p_{1})^{n-i}\approx0.025$

的 p_1，下行所列的数字为 $\alpha=0.05$ 时使 $\sum_{i=0}^{k} C_n^i p_2^i (1-p_2)^{n-i} \approx 0.025$ 的 p_2.

查表时，n 为样本容量，k 为样本总和的观测值，(p_1, p_2) 为所求的置信区间. 但是，上述两式中的 p_1 与 p_2 不能用代数的方法求解，只能编写搜索程序在计算机中得到近似值.

例 5.2.1　观测到 100 个污水处理厂中有 60 个处理达标时，求处理达标率 p 的双侧 0.95 置信区间.

解　(1) 先求出 $\hat{p}=0.6$ 及 $u_{1-0.5\alpha}=1.96$，再计算 $\sqrt{\dfrac{\hat{p}(1-\hat{p})}{n}}=0.049$，根据公式

$$\left(\hat{p} - u_{1-0.5\alpha}\sqrt{\frac{\hat{p}(1-\hat{p})}{n}},\ \hat{p} + u_{1-0.5\alpha}\sqrt{\frac{\hat{p}(1-\hat{p})}{n}} \right),$$

所求的处理达标率 p 的双侧 0.95 置信区间为 $(0.504, 0.696)$.

(2) 根据 $n=100$，$k=60$，$n-k=40$，查二项分布参数 p 的置信区间表得到处理达标率 p 的双侧 0.95 置信区间为 $(0.497, 0.697)$. 也就是，$n=100$，$k=60$，$p_1=0.497$，$p_2=0.697$ 时，

$$\sum_{i=k}^{n} C_n^i p_1^i (1-p_1)^{n-i} = \sum_{i=60}^{100} C_{100}^i (0.497)^i (1-0.497)^{100-i} \approx 0.025,$$

$$\sum_{i=0}^{k} C_n^i p_2^i (1-p_2)^{n-i} = \sum_{i=0}^{60} C_{100}^i (0.697)^i (1-0.697)^{100-i} \approx 0.025.$$

5.2.3　应用 Python 求总体率的置信区间

Python 程序如下：

```
from scipy import stats
import numpy as np
k=60;m=40;n=k+m
C=np.arange(0,0.5,0.0001)    ### p 的区间估计的下限
for p1 in C:
    p=1-stats.binom(n,p1).cdf(k-1)
    if p>0.025:
    print(p1)
    break
D=np.arange(0.5,1,0.0001)    ### p 的区间估计的上限
for p2 in D:
```

```
p=stats.binom(n,p2).cdf(k)
if p < 0.025:
print(p2)
break
print("p 的置信区间为","(",p1,",",p2,")")
```

输出的结果如下：

p 的置信区间为 (0.4973 , 0.6968)

5.2.4 应用 Python 作一个总体率的假设检验

(1) **根据二项分布进行检验**：设总体 $X \sim B(1,p)$ ，X 的一个样本为 $X_1, X_2, \cdots, X_n$ ，样本的总和为 Y ，它的观测值为 y ，则 $Y \sim B(n,p)$.

作假设检验时，设 H_0 为 $p = p_0$ ，而 H_1 分别为：① $p \neq p_0$ ，② $p > p_0$ ，③ $p < p_0$ ，则当 H_0 为真时，$Y \sim B(n,p_0)$. 检验方案如下：

① 当 $P\{Y \leqslant y\} < 0.5\alpha$ 或 $P\{Y \geqslant y\} < 0.5\alpha$ 时放弃 H_0 ，认为 $p \neq p_0$ ；

② 当 $P\{Y \geqslant y\} < \alpha$ 时放弃 H_0 ，认为 $p > p_0$ ；

③ 当 $P\{Y \leqslant y\} < \alpha$ 时放弃 H_0 ，认为 $p < p_0$.

概率 $P\{Y \leqslant y\}$ 与 $P\{Y \geqslant y\}$ 可编写程序计算，计算公式分别是

$$P\{Y \leqslant y\} = \sum_{k=0}^{y} C_n^k P_0^k (1-P_0)^{n-k} ,$$

$$P\{Y \geqslant y\} = \sum_{k=y}^{n} C_n^k P_0^k (1-P_0)^{n-k} .$$

(2) **根据正态分布进行检验**：设总体 $X \sim B(1,p)$ ，X 的一个样本为 $X_1, X_2, \cdots, X_n$ ，样本的总和为 Y ，它的观测值为 y ，则 $Y \sim B(n,p)$ ，当充分大时，

$$U = \frac{Y-np}{\sqrt{np(1-p)}} \sim N(0,1).$$

作假设检验时，设 H_0 为 $p = p_0$ ，而 H_1 分别为：① $p \neq p_0$ ，② $p > p_0$ ，③ $p < p_0$. 令 $U = \frac{Y-np_0}{\sqrt{np_0(1-p_0)}}$ ，它的观测值 $u = \frac{y-np_0}{\sqrt{np_0(1-p_0)}}$. 当 H_0 为真时，U 近似 $\sim N(0,1)$. 检验方案如下：

① $P\{|U| \geqslant u_{1-0.5\alpha}\} = \alpha$ ，当 $|u| \geqslant u_{1-0.5\alpha}$ 时放弃 H_0 ，认为 $p \neq p_0$ ；

② $P\{U \geqslant u_{1-\alpha}\} = \alpha$，当 $u \geqslant u_{1-\alpha}$ 时放弃 H_0，认为 $p > p_0$；

③ $P\{U < -u_{1-\alpha}\} = \alpha$，当 $u \leqslant -u_{1-\alpha}$ 时放弃 H_0，认为 $p < p_0$.

例 5.2.2 以紫花和白花的大豆品种杂交，在 F2 代共得到 289 株，其中紫花 208 株，白花 81 株，试检验紫花与白花所占比率为 $3:1$ $(\alpha = 0.05)$.

解 H_0 为 $p = 0.75$，而 H_1 为 $p \neq 0.75$，当 H_0 为真时，$Y \sim B(289, 0.75)$，$y = 208$.

(1) 根据二项分布进行检验的 Python 程序如下：

```
from scipy import stats
k=208; n=289
p0=0.75
p1=1-stats.binom(n,p0).cdf(k-1);p1
p2=stats.binom(n,p0).cdf(k);p2
```

输出的结果为

```
p1=0.89448  p2=0.13174
```

这两个概率都大于 0.5α，因此接受 H_0，认为紫花与白花所占比率为 $3:1$.

(2) 根据正态分布进行检验时，由 α 查标准正态分布的分布函数值表得到 $u_{0.975} = 1.960$，

$$u = \frac{y - np_0}{\sqrt{np_0(1-p_0)}} = \frac{208 - 289 \times 0.75}{\sqrt{289 \times 0.75 \times 0.25}} = \frac{-8.75}{7.36} = -1.189,$$

$|u| < 1.960$，因此应该接受 H_0，认为紫花与白花所占比率为 $3:1$.

Python 代码如下：

```
p0=0.75;hatp=208/289;y=208;n=289
u=(y-n*p0)/np.sqrt(n*p0*(1-p0))
p=stats.norm.cdf(u);p
```

5.2.5 应用 Python 作两个总体率的假设检验

(1) **根据卡方分布进行检验**：设总体 X 服从 $B(1, p_1)$ 分布，X 的一个样本为 $X_1, X_2, \cdots, X_n$，总和为 $\sum_i X_i$，它的观测值为 $\sum_i x_i$；设总体 Y 服从 $B(1, p_2)$ 分布，Y 的一个样本为 $Y_1, Y_2, \cdots, Y_m$，总和为 $\sum_j Y_j$，它的观测值为 $\sum_j y_j$，则有列联表

$\sum_i x_i$	$n-\sum_i x_i$
$\sum_j y_j$	$m-\sum_j y_j$

对列联表作独立性检验,原假设 H_0:列联表的两个分类标志相互独立.若 H_0 为真,表明两个总体率没有显著的差异;若 H_0 不真,表明两个总体率有显著或极显著的差异.

(2) **根据正态分布进行检验**:设总体 X 服从 $B(1,p_1)$ 分布,X 的一个样本为 $X_1,X_2,\cdots,X_n$,均值为 $\overline{X}$,它的观测值为 $\overline{x}$. 设总体 Y 服从 $B(1,p_2)$ 分布,Y 的一个样本为 $Y_1,Y_2,\cdots,Y_m$,均值为 $\overline{Y}$,它的观测值为 $\overline{y}$,则根据中心极限定理,当 n 及 m 充分大时,

$$\frac{(\overline{X}-\overline{Y})-(p_1-p_2)}{\sqrt{\frac{p_1(1-p_1)}{n}+\frac{p_2(1-p_2)}{m}}}\sim N(0,1).$$

作假设检验时,设 H_0 为 $p_1=p_2$,而 H_1 分别为:① $p_1\neq p_2$,② $p_1>p_2$,③ $p_1<p_2$,记

$$\hat{p}=\frac{1}{n+m}\left(\sum_{i=1}^n X_i+\sum_{j=1}^m Y_j\right),$$

它的观测值 $\hat{p}=\dfrac{1}{n+m}\left(\sum_{i=1}^n x_i+\sum_{j=1}^m y_j\right)$. 令

$$U=\frac{\overline{X}-\overline{Y}}{\sqrt{\hat{p}(1-\hat{p})\left(\frac{1}{n}+\frac{1}{m}\right)}},$$

它的观测值 $u=\dfrac{\overline{x}-\overline{y}}{\sqrt{\hat{p}(1-\hat{p})\left(\frac{1}{n}+\frac{1}{m}\right)}}$. 当 H_0 为真时,$U\overset{\text{近似}}{\sim}N(0,1)$. 检验方案如下:

① $P\{|U|\geqslant u_{1-0.5\alpha}\}=\alpha$,当 $|u|\geqslant u_{1-0.5\alpha}$ 时放弃 H_0,认为 $p_1\neq p_2$.

② $P\{U\geqslant u_{1-\alpha}\}=\alpha$,当 $u\geqslant u_{1-\alpha}$ 时放弃 H_0,认为 $p_1>p_2$.

③ $P\{U\leqslant -u_{1-\alpha}\}=\alpha$,当 $u\leqslant -u_{1-\alpha}$ 时放弃 H_0,认为 $p_1<p_2$.

例 5.2.3 如 100 枚某类种禽的卵孵化后有 60 个幼禽长势特优,自这 60 个幼禽所生的卵中取出 200 枚孵化后有 141 个幼禽长势特优,试检验这类种禽的幼禽及其长势特优的第二代幼禽的特优率是否有显著的差异($\alpha=0.05$)?

解　设 H_0 为 $p_1 = p_2$，H_1 为 $p_1 \neq p_2$，$n = 100$，$m = 200$，$\sum_i x_i = 60$，$\sum_i y_i = 141$. 列联表为

60(67)	40(33)	100
141(134)	59(66)	200
201	99	300

$$\chi^2 = \frac{(|60-67|-0.5)^2}{67} + \frac{(|40-33|-0.5)^2}{33}$$
$$+ \frac{(|141-134|-0.5)^2}{134} + \frac{(|59-66|-0.5)^2}{66}$$
$$= 2.866,$$

$\chi^2_{0.95}(1) = 3.84$，$\chi^2 < \chi^2_{0.95}(1)$，故接受 H_0，认为这类种禽的幼禽及其长势特优的第二代幼禽的特优率没有显著的差异.

根据卡方分布进行检验的 Python 程序如下：

```
from scipy.stats import chi2_contingency
import numpy as np
kf_data = np.array([[60,40], [141,59]])
chisq,p_value,dfree,freqestimat=
    chi2_contingency(kf_data)
freqestimat=df(freqestimat)
freqestimat.index=pd.Index(['第一代','第二代'],
    name=' ')
freqestimat.columns=pd.Index(['特优','一般'],name='')
print('卡方统计量= ',chisq,'自由度 df=',dfree,'临界值=',
    p_value,'\n','期望频数如下: ','\n',freqestimat)
```

输出的结果为

卡方统计量= 2.866　自由度 df= 1 临界值= 0.09045

期望频数如下：

	特优	一般
第一代	67.0	33.0
第二代	134.0	66.0

这个临界值 0.09045 大于 α，因此应该接受 H_0，认为没有显著的差异.

(2) 根据正态分布进行检验：由 α 查标准正态分布的分布函数值表得到 $u_{0.975} = 1.96$，而 $\overline{x} = 0.6$，$\overline{y} = 0.705$，$\hat{p} = 0.67$，有

$$\sqrt{\hat{p}(1-\hat{p})\left(\frac{1}{n}+\frac{1}{m}\right)} = 0.0576,$$

$$u = \frac{\overline{x}-\overline{y}}{\sqrt{\hat{p}(1-\hat{p})\left(\frac{1}{n}+\frac{1}{m}\right)}} = -1.823, \quad |u| < 1.96,$$

因此应该接受 H_0，认为没有显著的差异.

如果要检验这类种禽的幼禽的特优率是否显著地不及其长势特优的第二代幼禽的特优率，则设 H_0 为 $p_1 = p_2$，H_1 为 $p_1 < p_2$. 由于 $\alpha = 0.05$，$u_{1-\alpha} = 1.65$，$u < -1.65$，应该拒绝 H_0，认为这类种禽的幼禽的特优率显著地不及其长势特优的第二代幼禽的特优率.

由此又一次看到，单侧检验放弃原假设的机会稍多一些. 但是，单侧检验的提出必须有专业知识作为依据.

5.2.6 应用 Python 作多个总体率的假设检验

可仿照两个总体率的假设检验，先写出列联表，再对列联表作独立性检验.

例 5.2.4 采用某三种类型金属材料作拉伸试验,第一种 400 件中有 32 件断裂，第二种 500 件中有 44 件断裂，第三种 100 件中有 12 件断裂，试检验这三种类型金属材料的断裂率没有显著的差异.

解 设 H_0 为 $p_1 = p_2 = p_3$，H_1 为 p_1, p_2, p_3 不全相等. 列联表为

368 (364.8)	32 (35.2)	400
456 (456)	44 (44)	500
88 (91.2)	12 (8.8)	100
912	88	1000

$$\chi^2 = \frac{(368-364.8)^2}{364.8} + \frac{(32-35.2)^2}{35.2} + 0$$

$$+ 0 + \frac{(88-91.2)^2}{91.2} + \frac{(12-8.8)^2}{8.8}$$

$$= 1.595,$$

而 $\chi^2_{0.95}(2) = 5.99$，$\chi^2 < \chi^2_{0.95}(2)$，应接受 H_0，认为这三种类型金属材料的断裂率没有显著的差异.

根据卡方分布进行检验的 Python 程序如下：

```
from scipy.stats import chi2_contingency
import numpy as np
kf_data = np.array([[368,32], [456,44],[88,12]])
chisq,p_value,dfree,freqestimat=
    chi2_contingency(kf_data)
freqestimat=df(freqestimat)
freqestimat.index=pd.Index(['第一代','第二代',
    '第三代'],name=' 金属材料') ;\
freqestimat.columns=pd.Index(['未断裂','断裂'],name=' ')
print('卡方统计量= ',chisq,'自由度df=',dfree,'临界值=',
    p_value,'\n','期望频数如下：','\n',freqestimat)
```

输出的结果为

卡方统计量= 1.595　自由度 df= 2　临界值= 0.4505

期望频数如下：

金属材料	未断裂	断裂
第一代	364.8	35.2
第二代	456.0	44.0
第三代	91.2	8.8

这个概率 0.4505 大于 α，因此接受 H_0，认为没有显著的差异.

☞ **习题 5.2**

1. 调查 100 株玉米，发现 20 株受到玉米螟的危害，试用两种方法求危害率 p 的双侧 0.95 置信区间.

2. 以糯和非糯玉米杂交，预期 F1 代植株上糯性花粉粒的成数 $p = 0.5$，结果观测到 20 粒花粉中糯性花粉有 8 粒，问这个结果与预期的结果是否有显著的差异($\alpha = 0.05$).

3. 某试验测定单株选种对提高甘蓝结球率的影响，结果单株选种的 504

株中 30 株不结球, 而作为对照的 531 株中 58 株不结球, 试检验两者的差异是否显著($\alpha = 0.05$).

4. 由报载某城市对养猫灭鼠的效果所作统计得知, 119 个养猫户中 15 户有鼠, 418 个无猫户中 58 户有鼠, 试当显著性水平为 0.05 时检验在这个城市养猫灭鼠的效果不明显.

5.3 两组样本数据的检验及 Python 代码

5.3.1 配对样本数据符号检验法

设 $(X_1, Y_1), (X_2, Y_2), \cdots, (X_n, Y_n)$ 是取自二维总体 (X, Y) 的配对样本, 容量为 n, 其观测值为 $(x_1, y_1), (x_2, y_2), \cdots, (x_n, y_n)$, 如果 X 与 Y 都有连续型的分布函数, 当两个分布函数未知时, 可用符号检验法检验这两个总体的分布是否有显著的差异.

其原理是: 如果两个总体的分布相同, 便应该有

$$P\{X > Y\} = P\{X < Y\} = 0.5 .$$

令

$$Z_i = \begin{cases} 1, & \text{若 } X_i > Y_i, \\ 0, & \text{若 } X_i < Y_i, \end{cases} \quad i = 1, 2, \cdots, n ,$$

则各个 Z_i 相互独立且都服从 $B(1, 0.5)$ 分布, $\sum_i Z_i$ 服从 $B(n, 0.5)$ 分布. 因此可求出使

$$P\left\{ \sum_i Z_i \leqslant c \right\} = \sum_{k=0}^{c} \mathrm{C}_n^k (0.5)^n \leqslant 0.5\alpha ,$$

$$P\left\{ \sum_i Z_i \geqslant n - c \right\} = \sum_{k=n-c}^{n} \mathrm{C}_n^k (0.5)^n \leqslant 0.5\alpha$$

都成立的同一个最大的 c 值, 记之为 c_α, 这里的 α 为显著性水平.

设 H_0: 两个总体的分布相同, 则检验此假设 H_0 的放弃域为

$$\sum_i z_i \leqslant c_\alpha \text{ 或 } \sum_i z_i \geqslant n - c_\alpha .$$

进一步, 根据 Z_i ($i = 1, 2, \cdots, n$) 的定义, 以上检验的放弃域又可表示为 $X_i - Y_i$ 的观测值 $x_i - y_i$ 中符号为正的个数不超过 c_α 或不少于 $n - c_\alpha$, c_α 的值可查符号检验用表.

符号检验用表（部分）

α\n	7	8	9	10	11	12	13	14	15	16	17	18	19	20	21	22	23	24	25
0.01	0	0	0	0	0	1	1	1	2	2	2	3	3	3	4	4	4	5	5
0.05	0	0	1	1	1	2	2	2	3	3	4	4	4	5	5	5	6	6	7
0.10	0	1	1	1	2	2	3	3	3	4	4	5	5	5	6	6	7	7	7

例如，当 $n = 11$，$\alpha = 0.05$，$0.5\alpha = 0.025$ 时，计算 $P\left\{\sum_i Z_i \leqslant c\right\} = \sum_{k=1}^c \mathrm{C}_n^k (0.5)^n$ 得到

$c = 0$，$P = 0.00049$；$c = 1$，$P = 0.00586$；$c = 2$，$P = 0.03271$；

$c = 3$，$P = 0.11328$；$c = 4$，$P = 0.27441$；$c = 5$，$P = 0.5$；

$c = 6$，$P = 0.72559$；$c = 7$，$P = 0.88672$；$c = 8$，$P = 0.96729$；

$c = 9$，$P = 0.99414$；$c = 10$，$P = 0.99951$；$c = 11$，$P = 1$；

因此，$c_\alpha = 1$，$n - c_\alpha = 10$.

符号检验法的检验步骤如下：

(1) 提出假设 H_0：两个总体的分布相同.

(2) 计算 $x_i - y_i$，并数出各个差值中符号为正的个数 n_+ 及符号为负的个数 n_-.

(3) 根据 α，由符号检验用表中查出相应于 n (除去 $x_i - y_i$ 为 0 的个数) 的 c_α.

(4) 当 $\min\{n_+, n_-\} \leqslant c_\alpha$ 时放弃 H_0，否则接受 H_0.

在大样本情形下，根据中心极限定理，统计量 $\sum_i Z_i$ 近似服从 $N(0.5n, 0.25n)$ 分布. 令

$$U = \frac{\sum_i Z_i - 0.5n}{\sqrt{0.25n}},$$

当 $|U| \geqslant u_{1-0.5\alpha}$ 时，放弃双侧检验的原假设；当 $U \geqslant u_{1-\alpha}$ 时，放弃右侧检验的原假设；当 $U \leqslant -u_{1-\alpha}$ 时，放弃左侧检验的原假设.

也可以对 $\sum_i Z_i$ 及 $n - \sum_i Z_i$ 作总体分布的 χ^2 检验，即

$$\chi^2 = \frac{\left(\left|\sum_i Z_i - 0.5n\right| - 0.5\right)^2}{0.5n} + \frac{\left(\left|n - \sum_i Z_i - 0.5n\right| - 0.5\right)^2}{0.5n}$$

$$= 2\frac{\left(\left|\sum_i Z_i - 0.5n\right| - 0.5\right)^2}{0.5n},$$

当 $\chi^2 \geqslant \chi_\alpha^2(1)$ 时放弃 H_0，否则接受 H_0.

例 5.3.1 小麦品种 A 和 B 在 12 个试验点的出穗期的观测值(以 4 月 1 日为 1)如下：

品种 ＼ 试验点	1	2	3	4	5	6	7	8	9	10	11	12
A 的出穗期 x_i	28	19	24	21	22	25	26	19	24	23	26	25
B 的出穗期 y_i	29	24	22	22	25	25	28	23	25	25	29	26
$x_i - y_i$	−1	−5	+2	−1	−3	0	−2	−4	−1	−2	−3	−1
$x - y$ 的符号	−	−	+	−	−	0	−	−	−	−	−	−

试在显著性水平为 0.05 时用符号检验法检验两品种出穗期的分布无显著差异.

解 (1) 提出假设 H_0：两品种出穗期的分布相同.

(2) 计算 $x_i - y_i$，并数出各个观测值中符号为正的个数 $n_+ = 1$，符号为负的个数 $n_- = 10$.

(3) 由符号检验用表中查出相应于 $n = 11$ 的 $c_{0.05} = 1$.

(4) 因为 $\min\{n_+, n_-\} = 1 \leqslant c_{0.05}$，决定放弃 H_0，认为两品种出穗期的分布有显著差异.

由此看出，符号检验的优点是：直观、简便，并不要求知道总体的分布. 缺点是：只考虑了 $x_i - y_i$ 的符号的信息，没有考虑 $x_i - y_i$ 的数值，丢失了可用于检验的信息.

5.3.2 应用 Python 作符号检验

方法 1：计算 $P\left\{\sum_i Z_i \leqslant \min\{n_+, n_-\}\right\} + P\left\{\sum_i Z_i \geqslant \max\{n_+, n_-\}\right\}$，与 α 进行比较.

Python 程序如下：

```
import scipy.stats as stats
data1 = [28,19,24,21,22,25,26,19,24,23,26,25]
data2 = [29,24,22,22,25,25,28,23,25,25,29,26]
#统计正号和负号的个数
def sign_test(data1,data2):
m=len(data1);  neg=0;pos=0
for i in np.arange(m):
    if data1[i]<data2[i]:
        neg+=1;
```

```
    elif data1[i]>data2[i]:
        pos+=1;
    else:
        continue
p=2*stats.binom.cdf(min(neg,pos),pos+neg,0.5)
p0=stats.binom.cdf(min(neg,pos),pos+neg,0.5)+1
    -stats.binom.cdf(max(neg,pos)-1,pos+neg,0.5)
return neg,pos,p,p0
```

程序运行的结果为：
```
P=0.01171875
```

方法 2：　用配对数据的 t 检验；

Python 代码如下：
```
import scipy.stats as stats
data1 = [28,19,24,21,22,25,26,19,24,23,26,25]
data2 = [29,24,22,22,25,25,28,23,25,25,29,26]
print(ttest_rel(data1,data2))
```

程序运行的结果为：
```
statistic=-3.251, pvalue=0.0077
```

5.3.3　用符号检验法作一个总体中位数的假设检验

为了判断某个总体的中位数是否与已知数 m 有显著的差异，自该总体中取出容量为 n 的样本 $X_1, X_2, \cdots, X_n$，其观测值为 $x_1, x_2, \cdots, x_n$. 如果将样本的各观测值中大于 m 者记为 $+$，小于 m 者记为 $-$，等于 m 者记为 0. 统计 $+$ 号与 $-$ 号的个数，分别记为 n_+ 与 n_-，则某个总体的中位数是否与已知数 m 有显著的差异，可用上节符号检验法进行检验.

检验的步骤如下：

(1) 提出假设 H_0：总体的中位数 $= m$，H_1：总体的中位数 $\neq m$.

(2) 计算 $x_i - m$，并数出各个差值中符号为正的个数 n_+ 及符号为负的个数 n_-.

(3) 根据 α，由符号检验用表中查出相应于 n（除去 $x_i - m$ 为 0 的个数）的 c_α；或者用二项分布计算其 p 值.

(4) 当 $\min\{n_+, n_-\} \leqslant c_{0.05}$ 时放弃 H_0，否则接受 H_0.

以上是作双侧检验, 还可以作单侧检验.

例 5.3.2 小麦品种 A 在 12 个试验点的出穗期 (以 4 月 1 日为 1) 的观测值如下:

品种＼试验点	1	2	3	4	5	6	7	8	9	10	11	12
A 的出穗期 x_i	28	19	24	21	22	25	26	19	24	23	26	25
$x_i - m$	3	-6	-1	-4	-3	0	1	-6	-1	-2	1	0
$x_i - m$ 的符号	+	$-$	$-$	$-$	$-$	0	+	$-$	$-$	$-$	+	0

试在显著性水平为 0.05 时用符号检验法检验该品种出穗期的中位数与 25 无显著差异.

解 (1) 提出假设 H_0: 品种 A 出穗期的中位数 $= 25$, H_1: 出穗期的中位数 $\neq 25$.

(2) 计算 $x_i - 25$, 并数出各个观测值中符号为正的个数 $n_+ = 3$, 符号为负的个数 $n_- = 7$.

(3) 由符号检验用表中查出相应于 $n = 10$ 的 $c_{0.05} = 1$.

(4) 因为 $\min\{n_+, n_-\} = 3 > c_{0.05}$, 接受 H_0, 认为该品种出穗期的中位数与 25 无显著差异.

5.3.4 应用 Python 作中位数检验

Python 程序如下:

```
import scipy.stats as stats
def sign_test(list_c,q,u):
    lst=list_c.copy()
    n=len(lst)
    neg=pos=0
    for i in lst:
        if i<u:
            neg+=1
        elif i>u:
            pos+=1
        else:
            continue
    k=min(neg,pos)
    n1=pos+neg
```

```
    p=2*stats.binom.cdf(k,n1,q)
    print(' neg:%i pos:%i p-value:%f ' %(neg,pos,p))
sign_test([28,19,24,21,22,25,26,19,24,23,26,25],0.5,25)
```

程序运行的结果为:

```
neg:7 pos:3 p-value:0.343750
```

5.3.5　应用 Python 作成组样本数据的秩和检验

设总体 X 和 Y 都有连续型的分布函数, 从两个总体中相互独立地各取出一个容量为 m 的样本 $X_1, X_2, \cdots, X_m$ 和一个容量为 n 的样本 $Y_1, Y_2, \cdots, Y_n$, 且 $m \le n$. 当两个分布函数未知时, 可用**秩和检验法**（又称为 Wilcoxon Mann-Whitney 检验法, 或 Mann-Whitney 检验法）检验这两个总体的分布是否有显著的差异.

先将两样本混合, 并将新样本的顺序统计量记作 $Z_1, Z_2, \cdots, Z_{m+n}$, 将各个 $X_i(i=1,2,\cdots,m)$ 的顺序号 R_i 称为 X_i **的秩**, 各个 $Y_j(j=1,2,\cdots,n)$ 的顺序号 R_{m+j} 称为 Y_j **的秩**. $T=\sum_i R_i$ 称为**样本** $X_1, X_2, \cdots, X_m$ **的秩和**, $S=\sum_j R_{m+j}$ 称为**样本** $Y_1, Y_2, \cdots, Y_n$ **的秩和**, 且

$$T+S=1+2+\cdots+(m+n)=\frac{(n+m)(n+m-1)}{2}$$

为定值, T 大则 S 小, T 小则 S 大. 考虑到会有连着的几个 Z_k 相同（$k=1, 2,\cdots,m+n$）, 这时应该有相同的秩, 规定它们的秩为它们所对应的顺序号的平均值.

秩和检验法将秩和作为检验这两个总体的分布是否有显著差异的根据. 如果两个总体的分布相同, 则 T 和 S 都不应该太大或太小, 可选 T（或 S）为统计量. 而 $X_1, X_2, \cdots, X_m$ 的顺序号 $R_1, R_2, \cdots, R_m$ 应当是自 $1,2,\cdots,m+n$ 中选出 m 个顺序号的一个组合, 故当顺序号为 $1,2,\cdots,m$ 时 T 取最小值 $T_{\min}=0.5m(m+1)$, 当顺序号为 $n+1,n+2,\cdots,n+m$ 时 T 取最大值 $T_{\max}=0.5m(2n+m+1)$, 且当 $T=t$ 时, 它所对应的组合数 k_t 可能不止 1 个. 当两个总体的分布相同时, 自 $1,2,\cdots,m+n$ 中选出 m 个顺序号的任一个组合的可能性应该相等. 设 $T=t$, 则

$$P\{T=t\}=\frac{k_t}{C_{m+n}^m},$$

由此可以求出使 $P\{T<c_1\}\leqslant 0.5\alpha$ 及 $P\{T>c_2\}\leqslant 0.5\alpha$ 成立的 c_1 及 c_2，这里的 α 为显著性水平. 故当 H_0 为两个总体的分布相同时，检验 H_0 的放弃域为 T 的观测值 $t<c_1$ 或 $t>c_2$，c_1 及 c_2 的值可由秩和检验用表中查出.

秩和检验用表（部分，表中临界值的 $\alpha=0.10$ ）

m	2	2	2	2	2	3	3	3	3	3	4	4	4	4	4	5	5	5	5	5
n	4	5	6	7	8	4	5	6	7	8	4	5	6	7	8	5	6	7	8	9
c_1	3	3	4	4	4	7	8	9	9	12	13	14	15	16	19	20	22	23	25
c_2	11	13	14	16	18	17	20	22	24	27	24	27	30	33	36	36	40	43	47	50

例如，当 $m=2$，$n=6$，$\alpha=0.10$，$0.5\alpha=0.05$ 时，计算

$$P\{T=t\}=\frac{k_t}{\mathrm{C}_{m+n}^m}.$$

由 $\mathrm{C}_8^2=28$ 得到

$$P\{T=3\}=P\{T=4\}=P\{T=14\}=P\{T=15\}=\frac{1}{28},$$

$$P\{T=5\}=P\{T=6\}=P\{T=12\}=P\{T=13\}=\frac{2}{28},$$

$$P\{T=7\}=P\{T=8\}=P\{T=10\}=P\{T=11\}=\frac{3}{28},$$

$$P\{T=9\}=\frac{4}{28},$$

故

$$P\{T<4\}=P\{T=3\}=\frac{1}{28}=0.0357,$$

$$P\{T<5\}=P\{T=3\}+P\{T=4\}=\frac{2}{28}=0.0714,$$

$$P\{T>14\}=P\{T=15\}=\frac{1}{28}=0.0357,$$

$$P\{T>13\}=P\{T=14\}+P\{T=15\}=\frac{2}{28}=0.0714,$$

因此，$c_1=4$，$c_2=14$.

秩和检验法的检验步骤如下：

(1) 提出假设 H_0：两个总体的分布相同.

(2) 将两样本的观测值混合后由小到大顺序排列并给予相应的秩次，求出 T 的观测值 t.

(3) 根据 α，由秩和检验用表中查出相应于 m 及 n 的 c_1 及 c_2.

(4) 当 T 的观测值 $t < c_1$ 或 $t > c_2$ 时放弃 H_0，否则接受 H_0.

在大样本的情形，$T = \sum_i R_i \ (i = 1, 2, \cdots, m)$ 近似服从

$$N\left(\frac{m(m+n+1)}{2}, \frac{mn(m+n+1)}{12}\right) \text{分布,}$$

对 H_0 可以作 u 检验或 t 检验，并在检验时作连续性校正，

$$u = \frac{T \pm 0.5 - \frac{m(m+n+1)}{2}}{\sqrt{\frac{mn(m+n+1)}{12}}}$$

当 $T - \dfrac{m(m+n+1)}{2} < 0$ 时 0.5 前取 + 号，当 $T - \dfrac{m(m+n+1)}{2} > 0$ 时 0.5 前取 − 号.

如有相同的数据，则将 u 校正为

$$u' = \frac{T \pm 0.5 - \frac{m(m+n+1)}{2}}{\sqrt{\frac{mn}{(m+n)(m+n-1)} \sum_i R_i^2 - \frac{mn(m+n+1)^2}{4(m+n-1)}}}, \quad i = 1, 2, \cdots, m, m+1, \cdots, m+n.$$

从理论上讲，m 与 n 应该充分地大，但是在实际应用时，只要 $n > 10$ $(m < n)$ 就能得到较好的结果. 因此，秩和检验用表只给出了 $m \leq n \leq 10$ 时 T 的临界值.

例 5.3.3　测定两类污水的有害物质含量(%)，得到 A 类污水的观测值为 12.6, 12.4，B 类污水的观测值为 12.4, 12.1, 12.5, 12.7, 12.6, 13.1，试在显著性水平为 0.10 时用秩和检验法检验两类污水的有害物质含量无显著差异.

解　(1) 提出假设 H_0：两类污水的有害物质含量相同.

(2) 将两样本的观测值混合后由小到大顺序排列并给予相应的秩次（观测值带有下画线者为 A 类污水的有害物质含量）如下：

观测值	12.1	12.4	12.4	12.5	12.6	12.6	12.7	13.1
顺序号	1	2.5	2.5	4	5.5	5.5	7	8

求出 T 的观测值 $t = 2.5 + 5.5 = 8$.

(3) 根据 $\alpha = 0.10$，由秩和检验用表中查出相应于 $m = 2$ 及 $n = 6$ 的 $c_1 = 4$ 及 $c_2 = 14$.

(4) 因为 $c_1 < t < c_1$，决定接受 H_0，认为两类污水的有害物质含量没有显

著差异.

如果按大样本计算, 则 T 的观测值为 8, $\sum_i R_i^2 = 203$,

$$u' = \frac{8 + 0.5 - \frac{2(2+6+1)}{2}}{\sqrt{\frac{2\times 6}{(2+6)(2+6-1)} \times 203 - \frac{2\times 6\times (2+6+1)^2}{4\times (2+6-1)}}} = -0.0168687,$$

$|u'| < 1.96$, 决定接受 H_0, 认为两类污水的有害物质含量没有显著差异.

Python 程序如下:

```
###Wilcoxon 2-Sample Test
from scipy.stats import rankdata
import numpy as np
from scipy import stats
x=[12.6,12.4]; y=[12.4,12.1,12.5,12.7,12.6,13.1]
x, y = map(np.asarray, (x, y));m = len(x);n = len(y)
alldata = np.concatenate((x, y))
ranked = rankdata(alldata)
x1 = ranked[:m]
T = np.sum(x1, axis=0);expected_T=m*(m+n+1)/2;
sumR_square=np.sum(ranked**2)
#计算统计量 Z
Z1=T+0.5-expected_T;
Z2=(sumR_square*(m*n))/((m+n-1)*(m+n))
Z3=(m*n*(m+n+1)**2)/(4*(m+n-1))
Z=Z1/np.sqrt(Z2-Z3);Z
p=2*stats.norm.cdf(Z)   #计算 p 值
print("大样本情形下秩和检验","\n",
    "X 的秩和 T: ",T, "正态统计量 Z: ",Z, "临界值 p:",p)
```

程序运行的结果为:

```
大样本情形下秩和检验
X 的秩和 T:  8.0 正态统计量 Z:  -0.1687 临界值 p: 0.866
```

例 5.3.3 还可以用 Kruskal-Wallis 的秩和检验进行解答. 其解题步骤如下如下:

(1) 设 H_0 为 2 组样本来自分布相同的总体.

(2) 将 2 组样本数据混合后, 由小到大排列并确定各个数据的秩 R_{ij}, 计算各组的秩和 R_i ($i=1$ 时 $j=1,2$, $i=2$ 时 $j=1,2,\cdots,6$), 如有相同的数据可同取平均的秩.

(3) 计算

$$S^2 = \frac{1}{n-1}\left[\sum_i\sum_j R_{ij}^2 - \frac{n(n+1)^2}{4}\right] = \frac{1}{7}\left[203 - \frac{8(8+1)^2}{4}\right] = 5.8571,$$

再计算

$$H = \frac{1}{S^2}\left[\sum_i\frac{R_i^2}{n_i} - \frac{n(n+1)^2}{4}\right] = \frac{1}{5.8571}\left[\frac{8^2}{2} + \frac{28^2}{6} - \frac{8(8+1)^2}{4}\right]$$
$$= 0.11382.$$

(4) H 近似服从 $\chi^2(r-1)$ 分布，$r=2$，$\chi_{0.05}^2(1)=3.84$，$H<3.84$，决定接受 H_0，认为两类污水的有害物质含量没有显著差异.

Python 程序如下：

```
###Kruskal-Wallis Test
import scipy.stats as stats
x=[12.6,12.4];y=[12.4,12.1,12.5,12.7,12.6,13.1]
statistic , pvalue =stats.kruskal(x,y)
print(" Kruskal-Wallis Test ","\n","Chisq 统计量: ",
    statistic, " pvalue:",p)
```

程序运行的结果为：
```
Kruskal-Wallis Test
Chisq 统计量: 0.11382  pvalue: 0.866
```

5.3.6　两个总体中位数的假设检验

以上成组样本数据也可以作两个总体中位数的假设检验. 方法是：先将两样本混合并按数值的大小由小到大排列，再根据秩次确定中位数，统计每个样本中比中位数大的样品数和比中位数小的样品数，得到 2×2 的列联表为：

	样本 1	样本 2	总　和
比中位数大的样品数	a	b	$a+b$
比中位数小的样品数	c	d	$c+d$
总　和	$a+c$	$b+d$	n

则当两样本的容量都超过 10 时，用四格表的 χ^2 检验法检验，

$$\chi^2 = \frac{(ad-bc)^2 n}{(a+b)(c+d)(a+c)(b+d)},$$

校正后的

$$\chi^2 = \frac{\left(\left|ad-bc\right|-\frac{n}{2}\right)^2 n}{(a+b)(c+d)(a+c)(b+d)}.$$

否则用 Fisher 的精确检验法检验.

5.3.7 应用 Python 作配对样本数据的符号秩和检验

符号检验只考虑了每对数据的差的符号，而在秩和检验中只注意了数据的大小，如果将两者结合起来，便有了符号秩和检验法. 但是，与符号检验相比，符号秩和检验要求差数来自对称分布的总体.

解题的步骤是：

(1) 提出假设 H_0：两个总体的分布相同.

(2) 计算 $x_i - y_i$，并按差的绝对值由小到大顺序排列，给予相应的秩次（若差值为 0，则舍去不计；若有多个差值的绝对值相等，则各取其平均的秩次）.

(3) 分别计算正秩次及负秩次的和，并以绝对值较小的秩和的绝对值为检验的统计量 T，求出 T 的观测值 t.

(4) 根据 α，由符号秩和检验用表中查出相应于 n（除去 $x_i - y_i$ 为 0 的个数）的 c_α.

(5) 当 $t \leqslant c_\alpha$ 时放弃 H_0，否则接受 H_0.

在对子数 $n > 25$ 的情形，不能在符号秩和检验用表中查出相应于 n 的 c_α，这时 T 近似服从 $N\left(\frac{n(n+1)}{4}, \frac{n(2n+1)(n+1)}{24}\right)$ 分布，对 H_0 可以作 U 检验.

符号秩和检验用表（部分）

α \ n	6	7	8	9	10	11	12	13	14	15
0.05	0	2	3	5	8	10	13	17	21	25
0.02	—	0	1	3	5	7	9	12	15	19
0.01	—	—	0	1	3	5	7	9	12	15

例 5.3.4 用大白鼠作不同饲料喂养所增体重的比较试验，先将大白鼠按性别、月龄、体重等配为 10 对，再把每对中的两只大白鼠随机分配到高蛋白组与低蛋白组，喂养 8 周得到增重(单位：g)的观测值如下，试检验两组大白鼠的增重是否有显著的差异.

对照　　　　鼠对	1	2	3	4	5	6	7	8	9	10
高蛋白组增重 x_i	135	120	131	130	139	138	136	137	134	130
低蛋白组增重 y_i	124	124	131	118	132	132	136	127	127	117
$x_i - y_i$	11	−4	0	12	7	6	0	10	7	13
$x_i - y_i$ 的符号秩	·+6	−1		+7	+3.5	+2		+5	+3.5	+8

解　(1) 提出假设 H_0：两个总体的分布相同.

(2) 计算 $x_i - y_i$，并按差的绝对值由小到大顺序排列，给予相应的秩次（若差值为 0，则舍去不计；若有多个差值的绝对值相等，则各取其平均的秩次）.

(3) 分别计算正秩次的和 $=35$ 及负秩次的和 $=1$，检验的统计量 T 的观测值 $t=1$.

(4) 根据 $\alpha = 0.05$，由符号秩和检验用表中查出相应于 $n=8$ 的 $c_{0.05}=3$.

(5) 因为 $t < c_{0.05}$，决定放弃 H_0，认为两组大白鼠肝中维生素 A 的含量有显著差异.

Python 程序如下：

```
from scipy.stats import rankdata
from scipy import stats
import numpy as np
x=[135,120,131,130,139,138,136,137,134,130]
y=[124,124,131,118,132,132,136,127,127,117]
chazhi=np.array(x)-np.array(y)
    for i in np.arange(min(len(x),len(y)))
        #删除差值为 0 的元素
index = [ ]
for j, each in enumerate(chazhi):
    if each == 0:
        index.append(j)
        del chazhi[j]
for k, each in enumerate(chazhi):
    each_int = int(each)
    chazhi[k] = each_int
c= np.array(chazhi)
#计算差的绝对值的秩次
ranked = rankdata(abs(c))
#计算正秩次的和及负秩次的和
```

```
T1=0;T2=0;
for i in range(len(c)):
if c[i]<0:
    T1+=np.sum(ranked[i])
else:
    T2+=np.sum(ranked[i])
continue
T= min(T1,T2)
print('T=',T ,'T1=',T1,'T2=',T2)
#查表的临界值
n=len(c);c_crit=3  # c_crit 为 n=8, 0.05 的显著性水平
#做出判断
if T <c_crit:
    print('统计量值T=',T,'<','临界值=',c_crit,'放弃H0')
else:
    print('统计量值T=',T,'>','临界值=',c_crit,'接受H0')
```

程序运行的结果为:

统计量值 T= 1.0 < 临界值= 3 放弃 H0

5.3.8 应用 Python 作游程检验

设总体 X 和 Y 都有连续型的分布函数，当两个分布函数未知时，从两个总体中相互独立地各取出一个容量为 m 的样本 $X_1, X_2, \cdots, X_m$ 和一个容量为 n 的样本 $Y_1, Y_2, \cdots, Y_n$，且 $m \leqslant n$. 将上述两样本混合，并将新样本的顺序统计量记作 $Z_1, Z_2, \cdots, Z_{m+n}$ 后，将来自总体 X 的 $Z_i(i=1,2,\cdots,m+n)$ 记作 0，来自总体 Y 的 $Z_i(i=1,2,\cdots,m+n)$ 记作 1，得到由 0 和 1 所构成的序列，称序列中连着出现的几个 0 或连着出现的几个 1，以及两个 0 之间的单个 1 或两个 1 之间的单个 0 为**1 个游程**，并用统计量 U 表示游程的个数.

若 $U = 2k$，则 0 的游程与 1 的游程各有 k 个，

$$P\{U=2k\} = \frac{2C_{m-1}^{k-1}C_{n-1}^{k-1}}{C_{m+n}^{m}}.$$

若 $U = 2k+1$，则 0 的游程有 k 个、1 的游程有 $k+1$ 个，或者 0 的游程有 $k+1$ 个、1 的游程有 k 个，

271

$$P\{U = 2k + 1\} = \frac{C_{m-1}^{k-1} C_{n-1}^{k} + C_{m-1}^{k} C_{n-1}^{k-1}}{C_{m+n}^{m}}.$$

如果两个总体的分布相同，则 U 的值不应该太小. 可以求出使 $P\{U \le c\} = \alpha$ 成立的最大的 c 值，记之为 c_α，这里的 α 为显著性水平. 因此，若设 H_0 为两个总体的分布相同，则此检验的放弃域为 U 的观测值 $u \le c_\alpha$，c_α 的值可由游程检验用表中查出.

游程检验法的检验步骤如下：

(1) 提出假设 H_0：两个总体的分布相同.

(2) 将两样本的观测值混合后由小到大顺序排列，并转换为 0 与 1 后，求出 U 的观测值 u.

(3) 根据 α，由游程检验用表中查出相应于 m 及 n 的 c_α.

(4) 当 $u \le c_\alpha$ 时放弃 H_0，否则接受 H_0.

游程检验用表（部分，表中临界值的 $\alpha = 0.05$）

m \ n	7	8	9	10	11	12	13	14	15	16	17	18	19	20
7	4	4	5	5	5	6	6	6	6	6	7	7	7	7
8		5	5	6	6	6	6	7	7	7	7	8	8	8
9			6	6	6	7	7	7	8	8	8	8	8	9
10				6	7	7	8	8	8	8	9	9	9	9
11					7	8	8	8	9	9	9	10	10	10
12						8	8	9	9	9	10	10	10	11

例 5.3.5　用高蛋白与低蛋白饲料喂养大白鼠，得到增重的观测值（单位：g）分别为 134,146,104,119,124,161,108,83,113,129,97,123 与 70,118,101,85,107,132,94,135,99,117,126，试在显著性水平为 0.05 时用游程检验法检验两饲料的增重无显著差异.

解　(1) 提出假设 H_0：两种饲料喂养大白鼠后的增重的分布相同.

(2) 将两样本的观测值混合后由小到大顺序排列（观测值带有下画线者为高蛋白喂养大白鼠后的增重）为

70, <u>83</u>, 85, 94, <u>97</u>, 101, <u>104</u>, 107, <u>108, 113</u>, 117, 118, <u>119, 123, 124</u>,

126, <u>129</u>, 132, <u>134</u>, 135, <u>146, 161</u>,

并转换为 1,0,1,1,0,1,0,1,0,0,1,1,0,0,0,1,0,1,0,1,0,0，求出 U 的观测值 $u = 16$.

(3) 根据 $\alpha = 0.05$，由游程检验用表中查出相应于 $m = 11$ 及 $n = 12$ 的

$c_\alpha = 8$.

(4) 因为 $u > c_\alpha$ 决定接受 H_0，认为两饲料的增重无显著差异.

Python 程序如下：

```
x=[134,146,104,119,124,161,108,83,113,129,97,123 ];\
y=[70,118,101,85,107,132,94,135,99,117,126]
Xname=["X"]*len(x); Yname=["Y"]*len(y)
dfr1=pd.DataFrame({"nm":Xname,"val":x}); \
dfr2=pd.DataFrame({"nm":Yname,"val":y})
dfr=pd.concat([dfr1,dfr2],ignore_index=True)
sortdfr=dfr.sort_values(by="val",ascending=False) #排序
Rundat=np.array(sortdfr[["nm"]])
count=1
for i in np.arange(len(Rundat)-1):
    if Rundat[i+1]!=Rundat[i]:
        count+=1
    else:
        count=count
        continue
print("游程数为: ",count)
####### 也可以用以下代码:
from statsmodels.sandbox.stats.runs import
    runstest_2samp
Z, p_val=runstest_2samp(x,y)  ### Z 为正态随机变量
print("统计量 Z=",Z, "  p_value =",p_val)
```

程序运行的结果为：

```
统计量 Z= 1.292   p_value = 0.196
```

☞ 习题 5.3

1. 甲、乙两人分析同一物质中某成分的含量，得到观测数据（单位：g）如下：

甲：14.7, 15.0, 15.2, 14.8, 15.5, 14.6, 14.9, 14.8, 15.1, 15.0;

乙：14.6, 15.1, 15.4, 14.7, 15.2, 14.7, 14.8, 14.6, 15.2, 15.0.

试在显著性水平为 0.05 时用符号检验法检验两人的分析无显著差异.

2. 两种配方所生产的某产品的性能指标经抽样测定的数据（单位：g）为

(1) 14.7,14.8,15.2,15.3；

(2) 14.6,15.0,15.1,15.6.

试在显著性水平为 0.05 时用秩和检验法检验以上测定的两种数据无显著差异.

3. 做钢渣磷肥使用效果的对比试验，得到每亩产量（单位：kg）的观测数据为

使用：620, 570, 650, 600, 630, 580, 570, 600, 600, 580；

不用：560, 590, 560, 570, 580, 570, 600, 550, 570, 550.

试在显著性水平为 0.05 时用符号秩检验法检验使用的效果无显著差异.

4. 小白鼠分别接种不同的伤寒杆菌后存活天数的统计数据（单位：g）为

A 种：5, 6, 8, 5, 10, 7, 12, 6, 6；

B 种：7, 11, 6, 6, 7, 9, 5, 10, 10, 7, 8.

试在显著性水平为 0.05 时用游程检验法检验存活天数的两种统计数据无显著差异.

5.4　多组样本数据的检验及 Python 代码

5.4.1　应用 Python 作多组独立样本的 H 检验法

多组独立样本的 **H 检验法**（又称为 **Kruskal–Wallis 单向秩次方差分析法**），是检验多组独立样本是否来自同分布总体最常用、功效最强的非参数检验方法. 它所面对的观测值与作单因素方差分析的观测值相似，只是总体不服从正态分布，也不能近似地服从正态分布，绝大多数情形是无法确定总体的分布.

可设多组独立样本来自 r 个不同的总体，样本容量分别为 $n_1, n_2, \cdots, n_r$，它们的和 $\sum_i n_i = n$，其中第 i 个总体的样本为 $X_{i1}, X_{i2}, \cdots, X_{in_i}$，相应的观测值为 $x_{i1}, x_{i2}, \cdots, x_{in_i}$，并且可列表如下：

组	观　测　值			
A_1	x_{11}	x_{12}	$\cdots$	x_{1n_1}
A_2	x_{21}	x_{22}	$\cdots$	x_{2n_2}
$\vdots$	$\vdots$	$\vdots$		$\vdots$
A_r	x_{r1}	x_{r2}	$\cdots$	x_{rn_r}

根据 3.1 节中的介绍，这一种样本数据是完全随机试验设计的试验结果.

解题步骤如下：

(1) 设 H_0：r 组样本来自分布相同的总体.

(2) 将各组样本数据混合后由小到大排列，确定各个数据的秩 R_{ij}，并计算各组的秩和 $R_i (i=1,2,\cdots,r,\ j=1,2,\cdots,n_i)$，如有相同的数据可同取平均的秩，结果如下表：

组	观测值的秩				秩和
A_1	R_{11}	R_{12}	$\cdots$	R_{1n_1}	R_1
A_2	R_{21}	R_{22}	$\cdots$	R_{2n_2}	R_2
$\vdots$	$\vdots$	$\vdots$		$\vdots$	$\vdots$
A_r	R_{r1}	R_{r2}	$\cdots$	R_{rn_r}	R_r

(3) 如果没有相同的数据，则计算 $H = \dfrac{12}{n(n+1)}\sum_i \dfrac{R_i^2}{n_i} - 3(n+1)$；若有相同的数据，则先计算 $S^2 = \dfrac{1}{n-1}\left[\sum_i\sum_j R_{ij}^2 - \dfrac{n(n+1)^2}{4}\right]$，再计算

$$H = \dfrac{1}{S^2}\left[\sum_i \dfrac{R_i^2}{n_i} - \dfrac{n(n+1)^2}{4}\right].$$

(4) 如果 $r \leqslant 3$，$n_i \leqslant 5$，可根据 n_i，由 H 检验临界值表中查出 H_α 的值，当 $H > H_\alpha$ 时放弃 H_0，否则接受 H_0；如果超出 H 检验临界值表的范围，可作 χ^2 检验，H 近似服从 $\chi^2(r-1)$ 分布.

多组独立样本 H 检验临界值表（部分）

n	n_1	n_2	n_3	$P=0.05$	$P=0.01$
10	4	3	3	5.73	6.75
	4	4	2	5.45	7.04
	5	3	2	5.25	6.82
	5	4	1	4.99	6.95
11	4	4	3	5.60	7.14
	5	3	3	5.65	7.08
	5	4	2	5.27	7.12
	5	5	1	5.13	7.31
12	4	4	4	5.69	7.65
	5	4	3	5.63	7.44
	5	5	2	5.34	7.27

仍以例 3.1.2 为例说明计算的过程.

例 5.4.1 用 3 种不同的药剂处理水稻种子, 发芽后观测到苗高(单位: cm)的观测值如下:

处理	苗 高
1	21, 24, 27, 20
2	20, 18, 19, 15
3	22, 25, 27, 22

试作单向秩次方差分析.

解 (1) 设 H_0: 4 组样本来自分布相同的总体.

(2) $n = 3 \times 4 = 12$, 将各组样本数据混合后由小到大排列, 确定各个数据的秩次 R_{ij}, 并计算各组的秩次和 R_i, 如有相同的数据可同取平均的秩次, 结果如下表:

处理	苗 高 (秩次)	秩和
1	21(6), 24(9), 27(11.5), 20(4.5)	31
2	20(4.5), 18(2), 19(3), 15(1)	10.5
3	22(7.5), 25(10), 27(11.5), 22(7.5)	36.5

(3) 本例有相同的数据, 先计算

$$S^2 = \frac{1}{n-1}\left[\sum_i\sum_j R_{ij}^2 - \frac{n(n+1)^2}{4}\right] = \frac{1}{12-1}\left[648.5 - \frac{12(12+1)^2}{4}\right]$$
$$= 12.8636,$$

再计算

$$H = \frac{1}{S^2}\left[\sum_i \frac{R_i^2}{n_i} - \frac{n(n+1)^2}{4}\right]$$
$$= \frac{1}{12.8636}\left[\frac{(31)^2 + (10.5)^2 + (36.5)^2}{4} - \frac{12(12+1)^2}{4}\right]$$
$$= 7.2977.$$

(4) 这里 $r = 3$, $n_i = 4$, 可根据 n_i 由 H 检验临界值表中查出 $H_{0.05} = 5.69$, $H_{0.01} = 7.65$, $H > 5.69$, 放弃 H_0; 或者作 χ^2 检验,

$$\chi^2 = H = 7.2977, \quad \chi_{0.95}^2(2) = 5.991, \quad \chi^2 > 5.991,$$

放弃 H_0，认为 3 组样本来自分布不同的总体，也就是用 3 种不同的药剂处理水稻种子、发芽后苗高的观测值有显著的差异.

(5) 应用 Python 作 H 检验 Python 程序如下：

```
from scipy.stats.mstats import kruskalwallis
group1=[21,24,27,20]
group2=[20,18,19,15]
group3=[22,25,27,22]
list_groups=[group1,group2,group3]
Chisq , pvalue =kruskalwallis(list_groups)
    ###Chisq approximation
print("kruskalwallis 统计量 Chisq=",Chisq,
    " 检验 p 值=",pvalue)
```

程序运行的结果为：

```
kruskalwallis 统计量 Chisq= 7.2977   检验 p 值= 0.026
```

5.4.2　多重比较

多组独立样本作 H 检验并且放弃 H_0 时，可考虑比较 r 个总体中任意两个总体 i_1 与 i_2 的分布是否不同. 比较的方法是：先由这两个总体的样本容量 n_{i1}, n_{i2} 与秩和 R_{i1}, R_{i2} 计算 $d_{i_1 i_2}$，由 H 及 S^2 计算 d_α，当 $d_{i_1 i_2} > d_\alpha$ 时，认为总体 i_1 与 i_2 的分布不同.

计算公式为

$$d_{i_1 i_2} = \left| \frac{R_{i1}}{n_{i1}} - \frac{R_{i2}}{n_{i2}} \right|,$$

$$d_\alpha = t_{1-0.5\alpha}(n-r) \sqrt{S^2 \frac{n-1-H}{n-r} \left(\frac{1}{n_{i1}} + \frac{1}{n_{i2}} \right)}.$$

注　Python 没有收录这样比较的方法，读者可以根据公式自行编程解决.

在例 5.4.1 中，$n=12$，$r=3$，$R_1=31$，$R_2=10.5$，$R_3=36.5$，$S^2=12.8636$，$H=7.2977$，$n_i=n_j=4$，$\alpha=0.05$，$t_{0.975}(9)=2.262$，

$$d_{0.05} = 2.262 \sqrt{12.8636 \times \frac{11-7.2977}{9} \left(\frac{1}{4} + \frac{1}{4} \right)}$$
$$= 3.679.$$

总体 1 与总体 2 比较，$d_{12} = \frac{1}{4} \left| 31-10.5 \right| = 5.125$，$d_{12} > d_{0.05}$，它们的

277

分布不同；

总体 1 与总体 3 比较，$d_{13} = \dfrac{1}{4}|31 - 36.5| = 1.375$，$d_{13} < d_{0.05}$，它们的分布相同；

总体 2 与总体 3 比较，$d_{23} = \dfrac{1}{4}|10.5 - 36.5| = 6.5$，$d_{23} > d_{0.05}$，它们的分布不同.

5.4.3　应用 Python 作多组相关样本的 M 检验法

对于完全随机区组试验设计的试验结果，如果各区组的观测值不服从正态分布，便不宜做完全随机区组试验设计的方差分析，可采用 **Friedman 秩和检验**（又称 **M 检验**）. 该方法是由 M. Friedman 在符号检验的基础上提出来的，目的是推断各个处理的样本所代表的总体分布是否相同. 通常设处理数为 r，也就是试验因素 A 有 r 个水平 $A_1, A_2, \cdots, A_r$，区组数为 s，记作 $B_1, B_2, \cdots, B_s$，然后每一个 $A_i(i = 1, 2, \cdots, r)$ 在区组 $B_1, B_2, \cdots, B_s$ 中随机地确定一个试验单元或环境条件安排一次或多次试验. 当安排一次试验时，所得到的观测值可列表如下：

处理＼区组	B_1	B_2	$\cdots$	B_s
A_1	x_{11}	x_{12}	$\cdots$	x_{1s}
A_2	x_{21}	x_{22}	$\cdots$	x_{2s}
$\vdots$	$\vdots$	$\vdots$		$\vdots$
A_r	x_{r1}	x_{r2}	$\cdots$	x_{rs}

Friedman 秩和检验的基本思想是：各区组内的观察值（列）按从小到大的顺序进行编秩；如果各处理的效应相同，各区组内秩 $1, 2, \cdots, r$ 应以相等的概率出现在各处理中，各处理的秩和应该大致相等，出现较大差别的可能性较小. 如果按上述方法所得各处理的秩和相差很大，各处理的样本所代表的总体便可能有不同的分布.

解题步骤如下：

(1) 设 H_0：r 组样本来自分布相同的总体.

(2) 先将各区组内数据由小到大编秩为 R_{ij} 并计算各处理的秩和 $R_i(i = 1, 2, \cdots, r, \ j = 1, 2, \cdots, s)$，如有相同的数据可同取平均的秩，结果如下表：

处理 ＼ 区组	B_1	B_2	$\cdots$	B_s	秩和
A_1	R_{11}	R_{12}	$\cdots$	R_{1s}	R_1
A_2	R_{21}	R_{22}	$\cdots$	R_{2s}	R_2
$\vdots$	$\vdots$	$\vdots$		$\vdots$	$\vdots$
A_r	R_{r1}	R_{r2}	$\cdots$	R_{rs}	R_r

(3) 计算统计量

$$M = \sum_i (R_i - \bar{R})^2 = \sum_i R_i^2 - \frac{s^2 r(r+1)^2}{4},$$

式中的 $\bar{R} = \dfrac{s(r+1)}{2}$.

(4) 当 $s \leq 15$，$r \leq 15$，且各个区组中没有同秩的观测值时，可根据区组数 s 及处理数 r，由 M 检验临界值表中查出 M_α 的值，当 $M > M_\alpha$ 时放弃 H_0，否则接受 H_0. 如果超出 M 检验临界值表的范围时，可计算统计量

$$M = \frac{12}{sr(r+1)} \sum_i (R_i - \bar{R})^2 = \frac{12}{sr(r+1)} \sum_i R_i^2 - 3s(r+1),$$

M 近似服从 $\chi^2(r-1)$ 分布，作 χ^2 检验.

当各区组内数有相同的数据时，上述 M 应校正为 $M' = \dfrac{M}{c}$，校正数

$$c = 1 - \frac{\sum_k (t_k^3 - t_k)}{sr(r^2-1)},$$

式中的 t_k 为某个区组中某个同秩的观测值数.

多组相关样本 M 检验临界值表（部分，表中临界值的 $\alpha = 0.05$）

处理数 ＼ 区组数	2	3	4	5	6	7	8
2			20	38	64	96	138
3		18	37	64	104	158	235
4		26	52	89	144	217	311
5		32	65	113	183	277	396
6	18	42	76	137	222	336	482
7	24.5	50	92	167	272	412	591
8	32	50	105	190	310	471	676

例 5.4.2　有 A,B,C,D,E 五个品牌的绿茶，请 4 位品茶专家品尝后对绿

茶的品质给出的评分如下，试检验这 4 个品牌绿茶的品质有无显著的差异.

品牌＼专家	1	2	3	4
A	85	87	90	80
B	82	75	81	76
C	82	86	80	81
D	79	82	76	75
E	86	88	86	84

解　(1) 设 H_0：5 组样本来自分布相同的总体.

(2) 先将各专家的评分由小到大编秩为 R_{ij}，如有相同的数据可同取平均的秩，再计算各品牌绿茶的秩和 R_i，结果如下表：

品牌＼专家	1	2	3	4	秩和
A	85(4)	87(4)	90(5)	80(3)	16
B	82(2.5)	75(1)	81(3)	76(2)	8.5
C	82(2.5)	86(3)	80(2)	81(4)	11.5
D	79(1)	82(2)	76(1)	75(1)	5
E	86(5)	88(5)	86(4)	84(5)	19

(3) 计算统计量

$$M = \sum_i (R_i - \bar{R})^2 = \sum_i R_i^2 - \frac{s^2 r(r+1)^2}{4}$$

$$= (16^2 + 8.5^2 + 11.5^2 + 5^2 + 19^2) - \frac{4^2 \times 5 \times (5+1)^2}{4}$$

$$= 126.5,$$

(4) 这里 $s = 4$，$r = 5$，可根据区组数 s 及处理数 r，由 M 检验临界值表中查出 $M_{0.05} = 89$，$M > M_{0.05}$，考虑到只有一个区组中有同秩的观测值，也可放弃 H_0. 或者作 χ^2 检验，计算统计量

$$M = \frac{12}{sr(r+1)} \sum_i R_i^2 - 3s(r+1)$$

$$= \frac{12}{4 \times 5 \times (5+1)} (16^2 + 8.5^2 + 11.5^2 + 5^2 + 19^2) - 3 \times 4 \times (5+1)$$

$$= 12.65,$$

这里各专家的评分有相同的数据，先求校正数

$$c = 1 - \frac{\sum_k (t_k^3 - t_k)}{sr(r^2 - 1)} = 1 - \frac{2^3 - 2}{4 \times 5 \times (5^2 - 1)} = 0.9875$$

（式中的 2 为专家 1 的评分中秩 2.5 的个数），将 M 校正为

$$M' = \frac{M}{c} = \frac{12.65}{0.9875} = 12.81;$$

$\chi^2 = M' = 12.81$，$\chi_{0.95}^2(4) = 9.488$，$\chi^2 > 9.488$，放弃 H_0，认为 5 组样本来自分布不同的总体，即这 5 个品牌绿茶的品质有显著的差异.

(5) 应用 Python 作 M 检验的程序

```
import scipy.stats as stats
A=[85,87,90,80];B=[82,75,81,76];C=[82,86,80,81]
D=[79,82,76,75];E=[86,88,86,84]
list_groups=[A,B,C,D,E]
Chisq,pvalue=stats.friedmanchisquare(A,B,C,D,E)
print("Friedman 统计量 Chisq=",Chisq,"p 值=",pvalue)
```

程序运行的结果为：

```
Friedman 统计量 Chisq= 12.81  p 值= 0.01224
```

5.4.4 多重比较

多组相关样本作 M 检验并且放弃 H_0 时，可考虑比较 r 个总体中任意两个总体 i_1 与 i_2 的分布是否不同. 比较的方法是：先由这两个总体的样本秩和 R_{i_1}, R_{i_2} 计算 $d_{i_1 i_2}$，由 $A = \sum_i \sum_j R_{ij}^2$ 及 $B = \sum_i R_i^2$ 计算 d_α，当 $d_{i_1 i_2} > d_\alpha$ 时，认为总体 i_1 与 i_2 的分布不同.

计算公式为：$d_{i_1 i_2} = \left| R_{i_1} - R_{i_2} \right|$，

$$d_\alpha = t_{1-0.5\alpha}(n-r) \sqrt{\frac{2(sA-B)}{(s-1)(r-1)}}.$$

注 Python 中没有收录这样的多重比较的方法，读者可以根据公式自行编程解决.

在例 5.4.2 中，$n = 20$，$r = 5$，$s = 4$，$R_1 = 16$，$R_2 = 8.5$，$R_3 = 11.5$，$R_4 = 5$，$R_5 = 19$，$\alpha = 0.05$，$t_{0.975}(15) = 2.131$，$A = 219.5$，$B = 846.5$，

$$d_{0.05} = 2.131 \sqrt{\frac{2 \times (4 \times 219.5 - 846.5)}{(4-1) \times (5-1)}} = 4.883.$$

总体 1 与 2 比较，$d_{12} = |16 - 8.5| = 7.5$，$d_{12} > d_{0.05}$，它们的分布不同；

总体 1 与 3 比较，$d_{13} = |16 - 11.5| = 4.5$，$d_{13} < d_{0.05}$，它们的分布相同；

总体 1 与 4 比较，$d_{14} = |16 - 5| = 11$，$d_{14} > d_{0.05}$，它们的分布不同；

总体 1 与 5 比较，$d_{15} = |16 - 19| = 3$，$d_{15} < d_{0.05}$，它们的分布相同；

总体 2 与 3 比较，$d_{23} = |8.5 - 11.5| = 3$，$d_{23} < d_{0.05}$，它们的分布相同；

总体 2 与 4 比较，$d_{24} = |8.5 - 5| = 3.5$，$d_{24} < d_{0.05}$，它们的分布相同；

总体 2 与 5 比较，$d_{25} = |8.5 - 19| = 10.5$，$d_{25} > d_{0.05}$，它们的分布不同；

总体 3 与 4 比较，$d_{34} = |11.5 - 5| = 6.5$，$d_{34} > d_{0.05}$，它们的分布不同；

总体 3 与 5 比较，$d_{35} = |11.5 - 19| = 7.5$，$d_{35} > d_{0.05}$，它们的分布不同；

总体 4 与 5 比较，$d_{45} = |5 - 19| = 14$，$d_{45} > d_{0.05}$，它们的分布不同.

☞ 习题 5.4

1. 检验 3 种不同品牌 LED 灯的使用寿命（单位：小时），结果如下表：

品牌	使用寿命
A	73, 64, 67, 70, 70
B	84, 80, 82, 77
C	82, 79, 71, 75

试用非参数检验法检验不同品牌电灯泡的使用寿命是否有显著的差异. 如果有显著的差异，试作多重比较.

2. 抽取 7 个商店进行市场调查，将 5 种不同品牌的洗手液在每一个商店中按顺序摆放，一周后统计各种品牌洗手液的销售瓶数，结果如下表：

品牌 ＼ 商店	1	2	3	4	5	6	7
A	5	1	16	5	10	19	10
B	4	3	12	4	9	18	7
C	7	1	22	3	7	28	6
D	10	0	22	5	13	37	8
E	12	2	35	4	10	58	7

试用非参数检验法检验不同品牌洗手液的销售瓶数是否有显著的差异. 如果有显著的差异, 试作多重比较.

5.5　相关性指标检验及 Python 代码

5.5.1　2×2 列联表的 Φ 系数

列联表分类标志作独立性检验的结果, 如果是放弃 H_0, 便意味着列联表的分类标志存在着某种程度的相关. 怎样表达相关的程度? 这里先介绍 2×2 列联表分类标志的相关.

2×2 列联表或四格表可记作:

a	b	$a+b$
c	d	$c+d$
$a+c$	$b+d$	n

当 $\dfrac{a}{b}=\dfrac{c}{d}$ 或 $ad=bc$ 时,

$$\frac{(a+b)(a+c)}{n}=\frac{a^2+ab+ac+bc}{a+b+c+d}=\frac{a^2+ab+ac+ad}{a+b+c+d}=a,$$

$$\frac{(a+b)(b+d)}{n}=\frac{ab+b^2+ad+bd}{a+b+c+d}=\frac{ab+b^2+bc+bd}{a+b+c+d}=b.$$

类似地,

$$\frac{(c+d)(a+c)}{n}=c,\quad \frac{(c+d)(b+d)}{n}=d.$$

此时, 列联表的两种分类标志相互独立.

当 $\dfrac{a}{b}\neq\dfrac{c}{d}$ 或 $ad\neq bc$ 时, 列联表的两种分类标志存在着某种程度的相关. 由此可见, 要表达两种分类标志相关的程度必须考虑 $ad-bc$ 的值. 于是, 根据 $ad-bc$ 的值, 便得到了以下表达 2×2 列联表的分类标志相关程度的 Φ 系数, 除 Φ 系数外, 还有 Q 系数等.

计算 Φ 系数的公式为

$$\Phi=\frac{ad-bc}{\sqrt{(a+b)(c+d)(a+c)(b+d)}},$$

Φ 取值范围为 $[-1,1]$, 可以反映两种分类标志相关的程度和方向.

若 $|\Phi| = 1$，称**两种分类标志完全相关**；若 $\Phi = 0$，称**两种分类标志相互独立**；若 $0 < |\Phi| < 1$，则可粗略地区分为**弱相关、低度相关、中度相关与高度相关**：$0 < |\Phi| < 0.2$ 时为**弱相关**，$0.2 < |\Phi| < 0.4$ 时为**低度相关**，$0.4 < |\Phi| < 0.7$ 时为**中度相关**，$0.7 < |\Phi|$ 时为**高度相关**.

若 $\Phi > 0$，称**两种分类标志正相关**；若 $\Phi < 0$，称**两种分类标志负相关**.

而计算 Q 系数的公式为

$$Q = \frac{ad - bc}{ad + bc},$$

Q 取值范围为 $[-1, 1]$，也可以反映两种分类标志相关的程度和方向.

通常，当两种分类标志对观测值的影响都必须考虑时，可用 Φ 系数表达它们相关的程度. 如果只关心两种分类标志的某个搭配对观测值的影响，可用 Q 系数表达它们相关的程度.

例 5.5.1 用不同的 A 药与 B 药各治疗 9 个病人，用 A 药的 9 人中有 8 人痊愈，1 人未愈；用 B 药的 9 人中有 3 人痊愈，6 人未愈. 试表达分析药别与疗效相关的程度.

药别 \ 疗效	痊愈	未愈	合计
A 药	8	1	9
B 药	3	6	9
合计	11	7	18

解 本例在 5.1 节中已作过检验，结论是药物与疗效不相互独立.

以下计算 Φ 系数与 Q 系数，

$$\Phi = \frac{8 \times 6 - 1 \times 3}{\sqrt{9 \times 9 \times 11 \times 7}} = 0.5698,$$

$$Q = \frac{8 \times 6 - 1 \times 3}{8 \times 6 + 1 \times 3} = 0.8824.$$

Φ 表达 A 药、B 药与痊愈、未愈成中度正相关，可说明 A 药的痊愈率高于 B 药. Q 表达 A 药、B 药与痊愈、未愈成高度正相关，也说明 A 药的痊愈率高于 B 药. 如果只关心 A 药的痊愈率，建议用 Q 系数表达 A 药、B 药与痊愈、未愈相关的程度.

以下证明：2×2 列联表的 $\varPhi$ 系数满足等式 $\varPhi^2 = \dfrac{\chi^2}{n}$.

因为 $\chi^2 = \sum_i \sum_j \dfrac{(n_{ij} - n\hat{p}_{i\cdot}\hat{p}_{\cdot j})^2}{n\hat{p}_{i\cdot}\hat{p}_{\cdot j}}$，而

$$n\hat{p}_{1\cdot}\hat{p}_{\cdot 1} = \frac{(a+b)(a+c)}{n}, \quad n\hat{p}_{1\cdot}\hat{p}_{\cdot 2} = \frac{(a+b)(b+d)}{n},$$

$$n\hat{p}_{2\cdot}\hat{p}_{\cdot 1} = \frac{(c+d)(a+c)}{n}, \quad n\hat{p}_{2\cdot}\hat{p}_{\cdot 2} = \frac{(c+d)(b+d)}{n},$$

且 $n_{11} = a$，$n_{12} = b$，$n_{21} = c$，$n_{22} = d$，代入 χ^2 的计算公式后，经过化简即可得到

$$\chi^2 = \frac{n(ad-bc)^2}{(a+b)(c+d)(a+c)(b+d)} = n\varPhi^2,$$

故有 2×2 列联表的 $\varPhi$ 系数满足等式 $\varPhi^2 = \dfrac{\chi^2}{n}$.

5.5.2 $r\times c$ 列联表的 $\varPhi$ 系数、C 系数与 V 系数

作为 2×2 列联表的 $\varPhi$ 系数的推广，定义 $r\times c$ 列联表的 $\varPhi$ 系数为

$$\varPhi = \sqrt{\frac{\chi^2}{n}}.$$

因此，除 2×2 列联表的 $\varPhi$ 系数满足 $-1 \leqslant \varPhi \leqslant +1$ 之外，其他 $r\times c$ 列联表的 $\varPhi$ 系数不取负值，并且没有上限.

作为 $\varPhi$ 系数的改进，定义 $r\times c$ 列联表的 C 系数为

$$C = \sqrt{\frac{\chi^2}{n+\chi^2}}.$$

C 系数所取的值在 0 与 1 之间，可以为 0 但永远小于 1.

作为 C 系数的改进，定义 $r\times c$ 列联表的 V 系数为

$$V = \sqrt{\frac{\chi^2}{n\min\{r-1, c-1\}}}.$$

V 系数所取的值在 0 与 1 之间，可以为 0 也可以为 1. 接近于 0 表示弱相关或不相关，接近于 1 表示高度相关. $\varPhi$ 系数、C 系数与 V 系数之中，V 系数比较常用.

例 5.5.2 设有 3×3 列联表如下，试计算它的 $\varPhi$ 系数、C 系数与 V 系数.

a	0	0	a
0	b	0	b
0	0	c	c
a	b	c	n

解 因为 $\chi^2 = \sum_i \sum_j \dfrac{(n_{ij} - n\hat{p}_i.\hat{p}_{.j})^2}{n\hat{p}_i.\hat{p}_{.j}}$ ，而

$$n\hat{p}_1.\hat{p}_{.1} = \frac{a^2}{n} , \quad n\hat{p}_1.\hat{p}_{.2} = \frac{ab}{n} , \quad n\hat{p}_1.\hat{p}_{.3} = \frac{ac}{n} ,$$

$$n\hat{p}_2.\hat{p}_{.1} = \frac{ab}{n} , \quad n\hat{p}_2.\hat{p}_{.2} = \frac{b^2}{n} , \quad n\hat{p}_2.\hat{p}_{.3} = \frac{bc}{n} ,$$

$$n\hat{p}_3.\hat{p}_{.1} = \frac{ac}{n} , \quad n\hat{p}_3.\hat{p}_{.2} = \frac{bc}{n} , \quad n\hat{p}_3.\hat{p}_{.3} = \frac{c^2}{n} ,$$

且 $n_{11} = a$ ，$n_{22} = b$ ，$n_{33} = c$ ，其余的为 0，代入 χ^2 的计算公式后，经过化简即可得到 $\chi^2 = 2(a+b+c)$ ，$\Phi = \sqrt{2}$ ，

$$C = \sqrt{\frac{2}{3}} , \quad V = \sqrt{\frac{2(a+b+c)}{(a+b+c)\min\{2,2\}}} = 1 .$$

例 5.5.3 调查水稻纹枯病的发生情况，得到纹枯病与种植密度的观测数据如下，试计算它的 Φ 系数、C 系数与 V 系数.

行株距/寸	15×10	9×9	8.5×6	行求和
病株数	26	41	54	121
未病株数	174	159	146	479
列求和	200	200	200	600

解 本例在 5.1 节中已作过检验，$\chi^2 = 12.195$ ，结论是纹枯病与种植密度有某种内在的联系.

$$\Phi = \sqrt{\frac{\chi^2}{n}} = \sqrt{\frac{12.195}{600}} = 0.1426 ,$$

$$C = \sqrt{\frac{\chi^2}{n+\chi^2}} = \sqrt{\frac{12.195}{600+12.195}} = 0.1411 ,$$

$$V=\sqrt{\frac{\chi^2}{n\min\{r-1,c-1\}}}=\sqrt{\frac{12.195}{600\times\min\{2-1,3-1\}}}=0.1426$$

都说明纹枯病或未病与种植密度$15\times10,9\times9,8.5\times6$有较弱的正相关.

5.5.3 应用 Python 计算 Φ 系数、C 系数与 V 系数

Python 程序如下：

```
import math
import numpy as np
from scipy.stats import chi2_contingency
d = np.array([[26,41,54], [174,159,146]])
(Chi,p,df,theory_data)=chi2_contingency(d)
FreqTab=pd.DataFrame(theory_data)
FreqTab.index=pd.Index(['病株数','未病株数'],
    name='枯叶病')
FreqTab.columns=pd.Index(['15*10','9*9','8.5*6'],
    name='种植密度')
```

```
#计算Φ系数:
n=600;r=2;c=3;
Φ=math.sqrt(Chi/n);Φ
#计算C系数
C=math.sqrt(Chi/(n+Chi));C
#计算V系数
V=math.sqrt(Chi/(n*min(r-1,c-1)));V
print("Φ 系数=",Φ, " p值=",p,"自由度 df=",df,"\n",
    "估计频数: ",FreqTab,"\n","Contingency Coef C
    =",C,"Cramer's V=",V)
```

程序运行的结果为：

```
Φ 系数= 0.1426      p 值= 0.002        df= 2
估计频数:
  种植密度        15*10      9*9       8.5*6
  枯叶病病株数     40.333    40.33     40.33
  未病株数        159.67    159.67    159.67
Contingency Coef. C= 0.141   Cramer's V= 0.143
```

5.5.4　Spearman 秩相关系数 r_s

Spearman 秩相关系数 r_s 可反映两组变量的等级或秩相关的程度.

计算方法一：将数据 x_i 与 y_i 变换成等级后，再按 4.1 节中相关系数的计算公式

$$r = \frac{\sum_i (x_i - \overline{x})(y_i - \overline{y})}{\sqrt{\sum_i (x_i - \overline{x})^2}\sqrt{\sum_i (y_i - \overline{y})^2}}$$

进行计算得到

$$r_s = \frac{\sum_i x_i y_i - n\left(\frac{n+1}{2}\right)^2}{\sqrt{\sum_i x_i^2 - n\left(\frac{n+1}{2}\right)^2}\sqrt{\sum_i y_i^2 - n\left(\frac{n+1}{2}\right)^2}},$$

式中的 n 是样本容量，且 $\overline{x} = \overline{y} = \dfrac{n+1}{2}$.

4.1 节中的相关系数又称为 **Pearson 相关系数**或**线性相关系数**.

计算方法二：如果换成等级或秩以后，x_i 与 y_i 都没有相同的等级或秩，则

$$r_s = 1 - \frac{6\sum_i (x_i - y_i)^2}{n(n^2 - 1)},$$

式中的 n 是样本容量.

证　当 $i = 1, 2, \cdots, n$ 时，

$$\sum_i x_i = \sum_i y_i = \frac{n(n+1)}{2},$$

$$\sum_i x_i^2 = \sum_i y_i^2 = \frac{n(n+1)(2n+1)}{6},$$

$$\sum_i (x_i - \overline{x})^2 = \sum_i (y_i - \overline{y})^2 = \sum_i \left(i - \frac{n+1}{2}\right)^2 = \frac{n(n^2-1)}{12},$$

$$\sum_i (x_i - y_i)^2 = \sum_i x_i^2 + \sum_i y_i^2 - 2\sum_i x_i y_i,$$

$$\sum_i x_i y_i = \frac{1}{2}\left[\sum_i x_i^2 + \sum_i y_i^2 - \sum_i (x_i - y_i)^2\right]$$

$$= \frac{n(n+1)(2n+1)}{6} - \frac{1}{2}\sum_i (x_i - y_i)^2,$$

$$\sum_i (x_i - \overline{x})(y_i - \overline{y}) = \sum_i x_i y_i - \frac{1}{n}\left(\sum_i x_i\right)\left(\sum_i y_i\right)$$
$$= \frac{n(n^2-1) - 6\sum_i (x_i - y_i)^2}{12},$$

因此，当 x_i 与 y_i 换成等级或秩以后，计算方法一与计算方法二的结果相同.

Spearman 秩相关系数 r_s 的计算步骤可概括如下：

(1) 确定 x 与 y 观测值的秩.

(2) 计算 $\sum_i x_i y_i, \sum_i x_i^2, \sum_i y_i^2$.

(3) 计算 r_s.

可以验证：$-1 \leqslant r_s \leqslant 1$.

但是，等级或秩不服从正态分布，r_s 的显著性必须有另外的检验方法.

当 $n \leqslant 10$ 时，可查 r_s 的双侧检验临界值表，否则可作近似的 t 检验，近似地有

$$t = \frac{r_s}{\sqrt{\frac{1-r_s^2}{n-2}}} \sim t(n-2).$$

r_s 的双侧检验临界值表

α \ n	5	6	7	8	9	10
0.10	0.900	0.829	0.714	0.643	0.600	0.564
0.05		0.886	0.786	0.738	0.683	0.648
0.02		0.943	0.893	0.833	0.783	0.745
0.01			0.929	0.881	0.833	0.794

5.5.5 Kendall 秩相关系数 r_k

Kendall 秩相关系数 r_k 也可反映两组变量的等级或秩相关的程度.

Kendall 秩相关系数 r_k 又称为**一致性系数**或**和谐系数**.

设有两对观测值 (x_{i1}, y_{i1}) 与 (x_{i2}, y_{i2})，如果 (x_{i1}, y_{i1}) 的两个元素都比 (x_{i2}, y_{i2}) 的元素大，即 $x_{i1} > x_{i2}$ 且 $y_{i1} > y_{i2}$，则称 (x_{i1}, y_{i1}) 与 (x_{i2}, y_{i2}) 为**和谐的**，否则称它们为**不和谐的**. 记 N_c 为和谐观测值的对数，N_d 为不和谐观测值的对数，如果没有相同的 x_i 或相同的 y_i，则

$$N_c + N_d = \mathrm{C}_n^2 = \frac{n(n-1)}{2}, \quad r_k = \frac{2(N_c - N_d)}{n(n-1)}.$$

如果有相同的 x_i 或相同的 y_i，则

$$r_k = \frac{N_c - N_d}{N_c + N_d}.$$

这时，将所有 $x_{i1} \neq x_{i2}$ 的观测值对 (x_{i1}, y_{i1}) 与 (x_{i2}, y_{i2}) 进行比较.

当 $(x_{i1} - x_{i2})(y_{i1} - y_{i2}) > 0$ 时，给 N_c 加 1；当 $(x_{i1} - x_{i2})(y_{i1} - y_{i2}) < 0$ 时，给 N_d 加 1；当 $y_{i1} = y_{i2}$ 时，给 N_c 与 N_d 各加 0.5.

这样得到的 Kendall 秩相关系数 r_k 又叫做 **Gamma 系数**，记作 γ.

Kendall 秩相关系数 r_k 计算步骤可概括如下：

(1) 确定 x 与 y 观测值的秩.

(2) 确定 N_c 与 N_d.

(3) 计算 r_k.

为确定 N_c 与 N_d，可采取以下步骤：

先确定 x 与 y 观测值的秩并按 x 的秩由小到大顺序排列，与 x 相对应的 y 随 x 而重新排列.

再从最左边的 y 开始，将它的秩与右边各个 y 的秩相比较，小于右边各个 y 的秩的次数记为 n_c，大于右边各个 y 的秩的次数记为 n_d. 如果两个 y 对应的 x 的秩相同则跳过不进行比较. 如果两个 y 对应的 x 的秩不同而两个 y 对应的秩相同则给 n_c 与 n_d 各加 0.5. 然后求 n_c 的和得到 N_c，求 n_d 的和得到 N_d.

可以验证：$-1 \leqslant r_k \leqslant 1$.

为检验 r_k 的显著性，当 $n \leqslant 60$ 且没有相同的观测值时，可查 r_k 的双侧检验临界值表，否则上侧分位数近似地表示为 $w_\alpha = u_\alpha \dfrac{\sqrt{2(2n+5)}}{3\sqrt{n(n-1)}}$，式中的 u_α 为标准正态分布的上侧分位数.

r_k 的双侧检验临界值表

α \ n	5	6	7	8	9	10
0.10	0.600	0.600	0.524	0.500	0.444	0.422
0.05	0.800	0.733	0.619	0.571	0.500	0.467
0.02	0.800	0.733	0.714	0.643	0.611	0.556
0.01	1.000	0.867	0.810	0.714	0.667	0.600

例 5.5.4 一些夏季害虫的盛发期与春季温度有关，现有 1956—1964 年间 3 月下旬至 4 月中旬平均温度的累计数 x 和一代三化螟蛾盛发期 y(以 5 月 10 日为 0)的观测值如下：

温度 x_i	35.5	34.1	31.7	40.3	36.8	40.2	31.7	39.2	44.2
盛发期 y_i	12	16	9	2	7	3	13	9	–1

试计算 Pearson 相关系数、Spearman 相关系数和 Kendall 相关系数.

解 x 与 y 的 Pearson 相关系数已在例 4.1.2 中计算得到，$r = -0.8371$.

计算 x 与 y 的 Spearman 相关系数的步骤如下：

(1) 先确定 x 与 y 观测值的秩并列表如下：

温度 x_i	4	3	1.5	8	5	7	1.5	6	9
盛发期 y_i	7	9	5.5	2	4	3	8	5.5	1

(2) 计算 $\sum_i x_i y_i = 174.25$，$\overline{x} = \overline{y} = 5$，$\sum_i x_i^2 = \sum_i y_i^2 = 284.5$.

(3) 计算

$$r_s = \frac{174.25 - 9 \times 5 \times 5}{\sqrt{284.5 - 9 \times 5 \times 5} \times \sqrt{284.5 - 9 \times 5 \times 5}} = \frac{-50.75}{59.5}$$
$$= -0.85294.$$

计算 x 与 y 的 Kendall 相关系数的步骤如下：

(1) 先确定 x 与 y 观测值的秩并按 x 的秩由小到大顺序排列，与 x 相对应的 y 随 x 而重新排列，结果如下：

温度 x_i	1.5	1.5	3	4	5	6	7	8	9
盛发期 y_i	5.5	8	9	7	4	5.5	3	2	1

(2) 确定 n_c 与 n_d，结果如下：

n_c	2.5	1	0	0	1	0	0	0	0
n_d	4.5	6	6	5	3	3	2	1	0

分别求 n_c 与 n_d 的和得到 $N_c = 4.5$，$N_d = 30.5$.

(3) 计算 $r_k = \dfrac{4.5 - 30.5}{4.5 + 30.5} = \dfrac{-26}{35} = -0.74286$.

5.5.6　应用 Python 计算秩相关系数

Python 程序如下:

```
import numpy as np
import pandas as pd
data = pd.DataFrame({'X':list([35.5,34.1,31.7,40.3,
    36.8,40.2,31.7,39.2,44.2]), 'Y':list([12,16,9,2,
    7,3,13,9,-1])})
PearCorCoef =data.corr()    # 计算 Pearson 相关系数
PearCorCoef =data.corr('pearson')
KendCorCoef=data.corr('kendall')  # Kendall 相关系数
SpearCorCoef=data.corr('spearman')  # Spearman 秩相关
print("Pearson_Correlation_Coefficients:",
    PearCorCoef, "\n",
    "Spearman_Correlation_Coefficients:",
    KendCorCoef, "\n",
    "Kendall_Correlation_Coefficients", KendCorCoef)
```

程序运行的结果为:

```
Pearson_Correlation_Coefficients
Out[1]:
            X           Y
    X   1.000000   -0.837139
    Y  -0.837139    1.000000


Spearman_Correlation_Coefficients
Out[2]:
            X          Y
    X   1.000000  -0.852941
    Y  -0.852941   1.000000


Kendall_Correlation_Coefficients
Out[3]:
            X           Y
    X   1.000000   -0.742857
    Y  -0.742857    1.000000
```

☞ **习题 5.5**

1. 研究人员调查 125 名白领工人受到性骚扰的情况，结果如下表：

性别 \ 受骚扰	是	否	合计
男性	10	40	50
女性	50	20	70
合计	60	60	120

试根据 Φ 系数分析不同的性别与性骚扰发生率之间有无相关关系.

2. 研究人员调查 230 户家庭对居住地区的满意程度，结果如下表：

居住地区 \ 家庭满意程度	很满意	满意	不满意	很不满意	合计
农村	30	15	10	5	60
郊区	40	20	15	10	85
城市	10	15	20	40	85
合计	80	50	45	55	230

试根据 Φ 系数、C 系数与 V 系数分析居住地区与家庭满意程度之间有无相关关系.

3. 调查某大学 10 名学生动手、艺术、口才三方面能力的等级关系，结果如下：

学生	1	2	3	4	5	6	7	8	9	10
动手	4	6	1	2	8	10	9	3	5	7
艺术	5	2	8	6	1	3	7	4	9	10
口才	7	1	9	5	2	4	6	3	8	10

试分别根据 Spearman 相关系数与 Kendall 相关系数分析这三方面能力的等级有无相关关系.

第 6 章 Markov 链

随机过程是对一串随机事件间动态关系的定量描述. 在自然科学、工程科学、生物科学、金融科学、管理科学、可靠性与质量控制, 以及社会科学各领域都有广泛的应用. 例如, Gibbs, Bottzman, Poincaré 等人在统计力学中运用了随机过程; Einstein, Wiener, Lévy 等人在 Brown 运动中开创性地运用了随机过程; Erlang 在电话流中研究了 Poisson 过程; Kolmogorov 和 Doob 奠定了随机过程的理论基础; Feller 首先引进生灭过程; Cramer 和 Lévy 研究了平稳过程; Xinchin, Palm 发展了排队论; Doob 研究了 Markov 过程和鞅. 目前, 这一学科在理论和应用两方面以空前的深度和广度在迅速发展着.

6.1 随机过程的概念

定义 6.1.1 随机过程就是一族随机变量 $\{X(t), \ t \in T\}$, 其中 t 为参数, T 称作**参数集**.

一般地, t 代表时间. 如果 $T = \{0, 1, 2, \cdots\}$, 也称随机过程为**随机序列**.

对 $X(t)$ 也可以这样看: 随机变量是定义在样本空间 Ω 上的, 所以它是随 t 与 $\omega \in \Omega$ 而变化的, 于是通常也可以记为 $X(t, \omega)$. 对固定的一次随机试验, 即取定 $\omega_0 \in \Omega$, $X(t, \omega_0)$ 就是一条样本路径, 它是 t 的函数, 它可能连续, 也可能有间断点和跳跃. 另一方面, 固定了时间 $t = t_0$, $X(t_0, \omega)$ 就是一个随机变量, 其取值随着试验的结果而变化, 变化有一定的规律, 这个规律称为**概率分布**.

定义 6.1.2 随机过程 $X(t, \omega)$ 取的值称作过程所处的**状态**, 状态的全体称作**状态空间**.

过程 $X(t, \omega)$ 的分类: 依照状态分类, 分为连续状态和离散状态随机过程; 依照参数 T 的分类, 当 T 有限或可数集时, 则称 $X(t, \omega)$ 为**离散参数过程**, 否则称 $X(t, \omega)$ 为**连续参数过程**. 当 T 是高维的时, 称 $X(t, \omega)$ 为**随机场**.

例 6.1.1 一醉汉在路上行走，以概率 p 前进一步，以概率 $1-p$ 后退一步，以 $\{X(t)\}$ 记他在街道上时刻 t 的位置，则 $\{X(t)\}$ 就是直线上的随机游动.

例 6.1.2 流行病学中有传染模型为：在时刻 0 时易感人群数量大小为 $X(0)$，已经感染人数为 $Y(0)$. 假定易感人群中每人被感染的概率为 p，则经过一段时间（假定为单位时间）的传染后，$X(0)$ 中有 $X(1)$ 没有被感染，而有 $Y(1)$ 的人数被感染. 传染病一直持续到再没有人会感染上这种病毒时为止. 于是，

$$X(t) = X(t+1) + Y(t+1),$$

且当 $j \le i$ 时有

$$P\left\{ X(t+1) = j \mid X(t) = i \right\} = \binom{i}{i-j} p^{i-j} (1-p)^j.$$

$\left\{ X(t),\ t = 0,1,2,\cdots \right\}$ 就是以上式为状态转移概率的 Markov 过程.

例 6.1.3 以 $\{X(t)\}$ 记时刻 t 的商品价格. 若 $\{X(t)\}$ 适合线型模型：

$$X(t) + \alpha_1 X(t-1) + \alpha_2 X(t-2) + \cdots + \alpha_p X(t-p)$$
$$= Z(t) + \beta_1 Z(t-1) + \beta_2 Z(t-2) + \cdots + \beta_q Z,$$

其中 $\alpha_i, \beta_j,\ i = 0,1,\cdots,p,\ j = 0,1,\cdots,q$ 是参数，$Z(t-j),\ j = 0,1,\cdots,q$ 是独立同分布的随机变量，称为**白噪声**，不能被观察出. 这是在经济预测中十分有用的时间序列模型.

6.2 Markov 链

独立随机试验模型最直接的推广就是 Markov 链模型. 因早在 1906 年对之进行研究的俄国数学家 Markov 而得名. 以后 Kolmogorov, Feller 和 Doob 等数学家发展了这一理论. 粗略而言，一个随机过程如果给定了当前时刻 t 的值 X_t，未来时刻 $X_s\ (s > t)$ 的值不受过去的值 $X_u\ (u < t)$ 的影响就称为**具有 Markov 性**.

当指标集 T 是非负整数时，过程称为**离散时间 Markov 链**；而当 t 是连续时间时，过程称为**连续时间 Markov 链**；进一步，若状态空间也是连续的，就是 Markov 过程.

定义 6.2.1 对于随机过程 $\{X_n,\ n = 0,1,\cdots\}$，如果对任何一列状态 $i_0, i_1, \cdots, i_n, i, j$，以及对任何时间 $n \ge 0$，随机过程 $\{X_n,\ n = 0,1,\cdots\}$ 满足

Markov 性质：

$$P\{X_{n+1}=j \,|\, X_0=i_0,\ X_1=i_1,\ \cdots,\ X_{n-1}=i_{n-1},\ X_n=i\}$$
$$=P\{X_{n+1}=j \,|\, X_n=i\},$$

则称 X_n 为**离散时间 Markov 链**.

定义 6.2.2　设 $\{X_n,\ n=0,1,\cdots\}$ 为离散时间 Markov 链. 称条件概率 $P\{X_{n+1}=j \,|\, X_n=i\}$ 为 Markov 链的**一步转移概率**，记作 $P_{ij}^{n,n+1}$.

进一步，如果条件概率 $P\{X_{n+1}=j \,|\, X_n=i\}$ 与 n 无关，则称该 Markov 链**有平稳转移概率**，记 $P_{ij}^{n,n+1}$ 为 P_{ij}.

以下主要介绍有平稳转移概率的离散时间 Markov 链. 有时也称为**时间齐性 Markov 链**，或简称为**时齐的 Markov 链**.

很自然地有：$\forall i,j \geqslant 0$，有 $P_{ij} \geqslant 0$，以及 $\sum_{j=0}^{\infty} P_{ij}=1$. 将上述 P_{ij} 写成矩阵形式，有

$$\boldsymbol{P}=\begin{pmatrix} P_{00} & P_{01} & P_{02} & \cdots \\ P_{10} & P_{11} & P_{12} & \cdots \\ \vdots & \vdots & \vdots & \\ P_{i0} & P_{i1} & P_{i2} & \cdots \\ \vdots & \vdots & \vdots & \end{pmatrix}$$

例 6.2.1　考虑在直线的整数点上运动的粒子. 当它位于 j 时，向右移动到 $j+1$ 的概率为 p，而向左移动到 $j-1$ 的概率为 $q=1-p$. 假定时刻 0 时粒子处于原点，即 $X_0=0$，于是粒子在时刻 n 所处的位置 X_n 就是一个时齐 Markov 链. 它的一步转移概率为

$$P_{ij}=\begin{cases} p, & k=j+1, \\ q, & k=j-1, \\ 0, & \text{其他} k. \end{cases}$$

当 $p=q=0.5$ 时，就是简单的对称随机游动. 它可以用于公平赌博模型中. 如果甲有赌资 A_1，乙有赌资 A_2，可以证明乙先输光的概率为 $\dfrac{A_1}{A_1+A_2}$. 说明赌资越多越容易取得最后的胜利. 此模型在统计学的序贯分析中也很有用.

例 6.2.2　顾客到服务台排队等候服务. 在每一服务周期中只要台前有顾客在等待，就要对排在队前的一位顾客提供服务. 当然，如果服务台前是空的，

就不可能实施服务. 设在第 n 个服务周期中顾客到达的顾客数为一随机变量 Y_n，其分布不依赖于 n，为

$$P\{Y_n = k\} = p_k, \quad k = 0,1,\cdots, \quad \sum_{k=0}^{\infty} p_k = 1,$$

并且 Y_n，$n = 1,2,\cdots$ 是相互独立的. 记 X_n 为服务周期 n 开始时服务台前排队的顾客数，则显然有

$$X_{n+1} = \begin{cases} X_n - 1 - Y_n, & \text{如果} X_n \geqslant 1, \\ Y_n, & \text{如果} X_n = 0. \end{cases}$$

因此 X_n 为 Markov 过程，它的转移概率矩阵为

$$\boldsymbol{P} = \begin{pmatrix} p_0 & p_1 & p_2 & p_3 & p_4 & \cdots \\ p_0 & p_1 & p_2 & p_3 & p_4 & \cdots \\ 0 & p_0 & p_1 & p_2 & p_3 & \cdots \\ 0 & 0 & p_0 & p_1 & p_2 & \cdots \\ 0 & 0 & 0 & p_0 & p_1 & \cdots \end{pmatrix}.$$

可见，当在一个服务周期中，来到顾客的期望 $\sum_{k=0}^{\infty} k p_k > 1$ 时，队长将趋于无穷. 反之，当在一个服务周期中来到顾客的期望 $\sum_{k=0}^{\infty} k p_k < 1$ 时，队长将趋于某个常数，称为**平稳态**. 其极限概率为

$$\lim_{n \to \infty} P\{X_n = k | X_0 = j\} = \pi_k, \quad k = 0,1,2,\cdots,$$

称为**排队模型的平稳分布**. π_0 称为**服务设施闲置的概率**. 这是管理科学中衡量服务系统效率的一个重要指标. 而平均队长 $\sum_{k=0}^{\infty} (k+1)\pi_k$ 是管理科学中衡量顾客对服务系统满意程度和服务质量的一个重要指标.

6.3 一步转移矩阵的估计

转移矩阵是研究 Markov 链的非常关键的环节. 如果转移矩阵不清楚，Markov 链的应用无从谈起. 在实际问题中，一般转移矩阵是未知的，我们只是对 Markov 链的有限状态空间可以进行多次观察. 下面我们以具体的例子来给出确定转移矩阵的方法.

例 6.3.1 设一具有 Markov 性的随机系统的状态空间 $S = \{1,2,3,4\}$，经过多次观察，系统所处的状态如下：

$$\begin{matrix}
4 & 3 & 2 & 1 & 4 & 3 & 1 & 1 & 2 & 3 \\
2 & 1 & 2 & 3 & 4 & 4 & 3 & 3 & 1 & 1 \\
1 & 3 & 3 & 2 & 1 & 2 & 2 & 2 & 4 & 4 \\
2 & 3 & 2 & 3 & 1 & 1 & 2 & 4 & 3 & 1
\end{matrix}$$

试估计转移矩阵 $\boldsymbol{P}=(P_{ij})$.

解　首先将状态之间的直接转移数 n_{ij} 统计出来记入下面的表格中：

状态 $i{\rightarrow}$状态 j 的转移数 n_{ij}	1	2	3	4	行和 $n_{i.}$
1	4	4	1	1	10
2	3	2	4	2	11
3	4	4	2	1	11
4	0	1	4	2	7

各状态转移数总和 $\sum_i\sum_j n_{ij}$ 等于观察数据中 Markov 链处于各个状态次数总和减 1(最后一次观测值不计)，而行和 $n_{i.}$ 是观测数据中系统处于状态 i 的次数，n_{ij} 是由状态 i 转移到状态 j 的转移次数，则 P_{ij} 的估计值

$$\hat{P}_{ij}=\frac{n_{ij}}{n_{i.}},$$

所求估计转移矩阵如下：

$$P=\begin{pmatrix}
4/10 & 4/10 & 1/10 & 1/10 \\
3/11 & 2/11 & 4/11 & 2/11 \\
4/11 & 4/11 & 2/11 & 1/11 \\
0 & 1/7 & 4/7 & 2/7
\end{pmatrix}.$$

6.4　Markov 链的状态分类

为了更深入地研究 Markov 链需要对状态进行分类.

定义 6.4.1　如果对某一时刻 $n\geqslant 0$，有 $P_{ij}^{(n)}>0$，则称**状态 i 可以到达状态 j**，记做 $i\rightarrow j$.

它表示从状态 i 经有限步可以到达状态 j. 如果从状态 i 经有限步可以到达状态 j，反之亦然，则称**状态 i 和状态 j 是互达的**，记为 $i\leftrightarrow j$.

如果对任何时刻 $n \geq 0$，有 $P_{ij}^{(n)} = 0$，则称**状态 i 不能到达状态** j．如果状态 i 不能到达状态 j，它们一定不能互达．

互达是一种等价关系，因为它满足自反性、对称性和传递性．

命题 6.4.1 (1) $i \leftrightarrow i$；(2) 如果 $i \leftrightarrow j$，则 $j \leftrightarrow i$；(3) 如果 $i \leftrightarrow j$，且 $j \leftrightarrow k$，则 $i \leftrightarrow k$．

互达是非常重要的性质，因为根据互达性能够将 Markov 链的状态空间分成不同的类．特别地，如果 Markov 链的所有状态都在同一类中，那么我们就称此 Markov 链是**不可约的**．换言之，不可约 Markov 链的各个状态都是互达的．

例 6.4.1 设 Markov 链的状态空间为 $S = \{1, 2, 3, 4, 5\}$，它有如下的转移概率矩阵：

$$P = \begin{pmatrix} 1/4 & 3/4 & 0 & 0 & 0 \\ 1/2 & 1/2 & 0 & 0 & 0 \\ 0 & 0 & 0 & 1 & 0 \\ 0 & 0 & 1/2 & 0 & 1/2 \\ 0 & 0 & 0 & 1 & 0 \end{pmatrix},$$

将此 Markov 链的状态空间进行分类．

解 根据互达性，此 Markov 链的状态空间可以分为 $\{1,2\}$ 和 $\{3,4,5\}$ 两类．用下图表示更加直观．

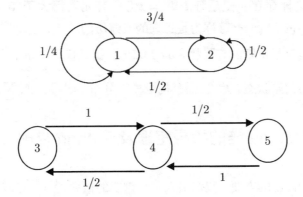

定义 6.4.2 设 i 为 Markov 链的一个状态．使 $P_{ii}^{(n)} > 0$ 的所有正整数 n $(n \geq 1)$ 的最大公约数，称为**状态 i 的周期**(Period)，记做 $d(i)$．

如果 $d(i) = 1$，称**状态 i 为非周期的**．如果对所有正整数 n $(n \geq 1)$，都有

$P_{ii}^{(n)}=0$，称为**状态** i **的周期为** ∞.

例 6.4.2　设 Markov 链的状态空间为 $S=\{0,1,2,3\}$，它有如下的转移概率矩阵：

$$\boldsymbol{P}=\begin{pmatrix} 0 & 1 & 0 & 0 \\ 0 & 0 & 1 & 0 \\ 0 & 0 & 0 & 1 \\ 1/2 & 0 & 1/2 & 0 \end{pmatrix},$$

请计算状态 0 的周期.

解　将 $\boldsymbol{P}$ 进行 n 次方，易知

$$P_{00}=0,\quad P_{00}^{(2)}=P_{00}^{(3)}=P_{00}^{(5)}=\cdots=P_{00}^{(2n+1)}=0,$$

$$P_{00}^{(4)}=\frac{1}{2},\quad P_{00}^{(6)}=\frac{1}{4},\quad P_{00}^{(8)}=\frac{3}{8},\quad\cdots,$$

而 $\{4,6,8,12,\cdots\}$ 的最大公约数是 2，所以 $d(0)=2$.

对于上例，其他状态的周期是多少呢？由于周期是一种整个等价类所具有的性质，所以如果过程是不可约的，则每个状态都有相同的周期，即

命题 6.4.2　如果 $i \leftrightarrow j$，则 $d(i)=d(j)$.

讨论这些性质的意义何在呢？它可以帮助研究当 n 很大时 $P_{ij}^{(n)}$ 的极限是否存在，存在的条件是什么. 如果存在，又如何简单地求出它们？

命题 6.4.3　令 $\boldsymbol{P}$ 为不可约、非周期、有限状态 Markov 链的转移阵，则必存在 N，使得当 $n\geqslant N$ 时，n 步转移概率矩阵 $\boldsymbol{P}^{(n)}$ 的所有元素都大于 0.

反之，这种存在 n 使矩阵 $\boldsymbol{P}^{(n)}=\boldsymbol{P}^n$ 所有元素都大于 0 的 k 个状态 $\{0,1,\cdots,k-1\}$ 的 Markov 链称为是**正则的**或**遍历的**.

重要的是对于正则的有限状态的 Markov 链，极限 $\lim\limits_{n\to\infty}P_{ij}^{(n)}$ 存在，并记为 π_j. 它们与初始状态 i 无关，而且构成概率分布，即 $\pi_j>0$，$\sum_{j=0}^{k-1}\pi_j=1$.

6.5　Markov 链的极限定理及 Python 求解

为了以下讨论的方便，我们引入一个重要的概率 $f_{ii}^{(n)}$，它表示从 i 出发在 n 步转移时首次到达 j 的概率，即 $f_{ij}^{(0)}=0$，

$$f_{ij}^{(n)}=P\{X_n=j,\ X_k\neq j,\ k=1,2,\cdots,n-1\,|\,X_0=i\}.$$

因不曾出发就不可能又回来，所以约定：$f_{ii}^{(0)}=0$.

记 $f_{ij} = \sum_{n=1}^{\infty} f_{ij}^{(n)}$，它是从 i 出发最终到达 j 的概率，也称为**至少一次到达** j **的概率**.

当 $i \neq j$ 时，则 $i \to j$，当且仅当 $f_{ij} > 0$.

定义 6.5.1　如果 $f_{ii} = 1$，我们称状态 i 是**常返的**(recurrent). 一个非常返状态就称为是**滑过的**(transient).

如何判断一个状态是常返的呢? 因为计算 $f_{ii}^{(n)}$ 比较困难，而计算 $P_{ii}^{(n)}$ 比较容易，所以以下给出一个用 n 步转移 $P_{ii}^{(n)}$ 来判断的准则.

定理 6.5.1　状态 i 是常返的充分必要条件是 $\sum_{n=1}^{\infty} P_{ij}^{(n)} = \infty$，而状态 i 是滑过的充分必要条件是 $\sum_{n=1}^{\infty} P_{ij}^{(n)} = \infty$.

系　如果状态 i 是常返的，且 $i \leftrightarrow j$，则状态 j 也是常返的.

在同一个等价类中，所有的状态要么都是常返的，要么都是滑过的.

例 6.5.1　对于随机游动，向右移动一格的概率为 p，向左移动一格的概率为 $q = 1 - p$. 从原点(状态 0)出发只有转移偶数步才能回到原点. 所以 $P_{00}^{(2n+1)} = 0$，而 $P_{00}^{(2n)} = C_{2n}^{n} p^{n} q^{n}$. 问状态 0 是否为常返的.

解　利用 Stirling 公式知，当 n 充分大时，$n! \approx n^{n+\frac{1}{2}} e^{-n} \sqrt{2\pi}$，于是

$$P_{00}^{(2n)} = C_{2n}^{n} p^{n} q^{n} \approx \frac{2^{2n} (pq)^{n}}{\sqrt{\pi n}} = \frac{(4pq)^{n}}{\sqrt{\pi n}} \leqslant \frac{1}{\sqrt{\pi n}}.$$

上述不等式取等号，当且仅当 $p = q = \dfrac{1}{2}$. 于是当 $p = q = \dfrac{1}{2}$ 时，$\sum_{n=1}^{\infty} P_{00}^{(n)} = \infty$.

因此对称随机游动的每个状态都是常返的(为什么). 但是，当 $p \neq q$ 时，对称随机游动的每个状态都是滑过的.

对常返状态 i，定义 T_i 为首次返回到 i 的时刻，称作**常返时**，即

$$T_i = \min\{n \geqslant 0;\ X_n = i\}.$$

而 T_i 的条件概率为

$$\begin{aligned} f_{ii}^{(n)} &= P\{X_n = i,\ X_k \neq i,\ k = 1, 2, \cdots, n-1 \mid X_0 = i\} \\ &= P\{T_i = n \mid X_0 = i\},\ n = 1, 2, \cdots. \end{aligned}$$

记 $\mu_i = ET_i$，则有 $\mu_i = \sum_{n=1}^{\infty} n f_{ij}^{(n)}$.

若 $f_{ii}^{(n)}$ 表示的是从 i 出发在 n 步转移时首次到达 i 的概率，则 μ_i 是首次返回状态 i 的期望步数，也叫状态 i 的**平均常返时**. 用 μ_i 对常返状态作进一步的分类，分为零常返和正常返.

定义 6.5.2　一个状态 i 当且仅当 $\mu_i = \infty$ 时，称为是**零常返的**；一个状态 i 当且仅当 $\mu_i < \infty$ 时，称为是**正常返的**.

对于有限的 Markov 链，总有 $\mu_i < \infty$，故总为正常返的. 所以只有在可列个状态的 Markov 链中，才有可能是零常返的.

定理 6.5.2（**Markov 链的基本极限定理**）

(1) 若状态 i 是滑过的或零常返的，则 $\lim\limits_{n\to\infty} P_{ii}^{(n)} = 0$.

(2) 若状态 i 是周期为 d 的正常返状态，则 $\lim\limits_{n\to\infty} P_{ii}^{(nd)} = \dfrac{d}{\mu_i}$.

(3) 若状态 i 是非周期的正常返状态，则 $\lim\limits_{n\to\infty} P_{ii}^{(n)} = \dfrac{1}{\mu_i}$.

注　若状态 i 是遍历的，即正常返非周期的，则对所有 $i \to j$，有

$$\lim_{n\to\infty} P_{ji}^{(n)} = \lim_{n\to\infty} P_{ii}^{(n)} = \frac{1}{\mu_i}.$$

直接求 $\boldsymbol{P}^{(n)}$ 的每一元素 $P_{ij}^{(n)}$ 的极限并不容易，求 ET_i 也并不简单，因而人们寻找更简捷的方法来处理极限分布.

定义 6.5.3　设 Markov 链有转移概率矩阵 $\boldsymbol{P} = (P_{ij})$. 一个概率分布 $\{\pi_i,\ i \geqslant 0\}$ 如果满足 $\pi_j = \sum_{n=1}^{\infty} \pi_i P_{ij}$，则称 $\{\pi_i,\ i \geqslant 0\}$ 为此 Markov 链的**平稳分布**.

如果初始状态 X_0 的分布正好为平稳分布 $\pi = \{\pi_i,\ i \geqslant 0\}$，即 $P\{X_0 = j\} = \pi_j$，则有

$$P\{X_1 = j\} = \sum_{i=0}^{\infty} P\{X_1 = j \mid X_0 = i\} P\{X_0 = i\} = \sum_{i=0}^{\infty} \pi_i P_{ij} = \pi_j.$$

从而由归纳法知，对所有 n，X_n 有相同的分布. 由 Markov 性，$\forall k \geqslant 0$，$X_n, X_{n+1}, \cdots, X_{n+k}$ 的联合分布与 n 无关，这就是说，过程 $\{X_n,\ n \geqslant 0\}$ 是平稳的. 平稳分布 $\pi = \{\pi_i,\ i \geqslant 0\}$ 因此而得名.

定理 6.5.3　若一个不可约 Markov 链中的所有状态都是遍历的，则 $\forall i, j$，有 $\lim\limits_{n\to\infty} P_{ij}^{(n)} = \pi_j$ 存在，且 $\pi = \{\pi_i,\ i \geqslant 0\}$ 为平稳分布，即

$$\sum_j \pi_j = 1 , \quad \pi_j > 0 , \quad \sum_i \pi_i P_{ij} = \pi_j .$$

反之, 若一个不可约 Markov 链只存在一个平稳分布, 且这个 Markov 链的所有状态都是遍历的, 则该平稳分布就是这个 Markov 链的极限分布, 即 $\forall i$, 有 $\lim\limits_{n \to \infty} P_{ij}^{(n)} = \pi_j$.

在实际应用中, $\{\pi_j\}$ 有两种解释:

(1) 不论初始时刻过程处于何状态, 经过一段时间后, 过程处于状态 j 的概率为 π_j.

(2) π_j 也代表了长期而言, 过程访问状态 j 的次数在总时间中的平均份额.

例 6.5.2 为适应日益扩大的旅游事业的需要, 某城市的甲、乙、丙三个照相馆组成一个联营部, 联合经营出租相机的业务. 游客可由甲、乙、丙三处任何一处租出相机, 用完后, 还到三处中任何一处即可. 经过统计估计得到其一步转移概率如下表:

		还相机处		
		甲	乙	丙
租相机处	甲	0.2	0.8	0.0
	乙	0.8	0.0	0.2
	丙	0.1	0.3	0.6

今欲选择其中之一附设相机维修点, 问该点设在哪一个照相馆最好?

解 由于旅客还相机（即下次相机所在店址）的情况只与该次租机地点（这次相机所在店址）有关, 而与相机以前所处的店址无关, 所以可用 X_n 表示相机第 n 次被租用时所处的店址. $X_n = 1, X_n = 2, X_n = 3$ 分别表示相机第 n 次被租用时处于甲、乙、丙馆. 则 $\{X_n, n = 1, 2, \cdots\}$ 是一个 Markov 链, 其转移概率矩阵为

$$P = \begin{pmatrix} 0.2 & 0.8 & 0 \\ 0.8 & 0 & 0.2 \\ 0.1 & 0.3 & 0.6 \end{pmatrix}.$$

考虑维修点的设置地点问题, 实际上要计算此 Markov 链的极限分布 $\pi = \{\pi_i, i = 1, 2, 3\}$.

根据命题 6.3.3 易验证对状态 $1, 2, 3$ 是正常返非周期的，即遍历的. 它满足定理 6.5.3，故极限分布 $\pi = \{\pi_i, \ i = 1, 2, 3\}$ 存在，并可从下列方程组解出：

$$\begin{cases} \pi_1 = 0.2\pi_1 + 0.8\pi_2 + 0.1\pi_3, \\ \pi_2 = 0.8\pi_1 + 0 \cdot \pi_2 + 0.3\pi_3, \\ \pi_3 = 0 \cdot \pi_1 + 0.2\pi_2 + 0.6\pi_3, \\ \pi_1 + \pi_2 + \pi_3 = 1. \end{cases}$$

解之得 $\pi_1 = \dfrac{17}{41}$，$\pi_2 = \dfrac{16}{41}$，$\pi_3 = \dfrac{8}{41}$.

由此知，经过长期经营后，该联营部得每架相机还到甲、乙、丙馆的概率分别为 $\dfrac{17}{41}, \dfrac{16}{41}, \dfrac{8}{41}$. 由于还到甲馆的照相机较多，因此维修点设在甲馆比较好. 但由于还到乙馆的相机与还到甲馆的相差不多，若是乙的其他因素更为有利的话（比如，交通比甲便于零配件的运输，电力供应稳定等），也可以考虑设在乙馆.

注 如果转移矩阵的阶数比较大，在实际计算时可用 Python 对矩阵进行幂运算. 代码如下：

```
import numpy as np
p_transp=np.array([[0.2,0.8,0],[0.8,0,0.2],
    [0.1,0.3,0.6]])
p2=np.dot(p_transp,p_transp);p2
```

运行后结果如下：

```
array([[0.68, 0.16, 0.16],
       [0.18, 0.7 , 0.12],
       [0.32, 0.26, 0.42]])
```

求解线性方程组的代码如下：

```
def f(x1,x2,x3,count):
    y1=0.2*x1+0.8*x2+0.1*x3
    y2=0.8*x1+0.3*x3
    y3=0.2*x2+0.6*(1-x1-x2)
    #y1+y2+y3=1
    if max(abs(y1-x1), abs(y2-x2), abs(y3-x3))<1e-6:
        #设定精度为 0.000001
        print('最终的计算结果为：\n x1=%s、x2=%s 和
        x3=%s' %(np.round(y1,5),np.round(y2,5),
```

```
                    np.round(y3,5)))
        else:
            print('第%s次迭代的计算结果为 %s、%s和%s' %(count,
                y1,y2,y3))
            x1,x2,x3,count=y1,y2,y3,count+1
            return f(x1,x2,x3,count)
```

运行 f(0.1,0.2,0.5,1)得到：

x1=0.41463、x2=0.39024 和 x3=0.19512

也可以用以下代码解线性方程组：

```
import sympy
from sympy import *
x,y,z=sympy.symbols('x,y,z',positive=True)
f1=-0.8*x+0.8*y+0.1*z
f2=0.8*x-y+0.3*z
f3=0.2*y-0.4*z
f4=x+y+z-1
sympy.solve([f1,f2,f3,f4],[x,y,z])
```

☞ 习题 6

1. 一个 Markov 链转移矩阵的行数与列数之间有什么关系？状态空间与转移矩阵的维数又有什么关系？若转移矩阵如下：

$$P = \begin{pmatrix} 1/2 & 1/3 & 1/6 \\ 1/2 & 0 & 1/2 \\ 0 & 1/3 & 2/3 \end{pmatrix},$$

此链可能有几种状态？

2. 证明：Bernoulli 试验序列组成一个 Markov 链，写出其一步转移概率矩阵.

3. 假设一个理发店有一名服务员和一个供等候理发的顾客坐的椅子，即此店最多只能同时容纳两名顾客. 若新来的顾客发现店内已有两名顾客就立即离去. 现在每隔 15 分钟观察一次店内的顾客数，X_n 表示第 n 次观察时店内的顾客数，根据下面记录的数据估计转移概率矩阵 $\hat{P}$：

0, 2, 1, 2, 1, 0, 2, 2, 1, 1, 0, 1, 0, 0, 0, 1, 1, 2, 2, 2, 2, 1, 0.

4. 无月票的公共汽车乘客，每乘一次需购买 1 元钱车票一张，无票乘客经查出要交罚款 a 元. 此种情况发生的概率为 0.10. 据估计上次无票乘车被罚款的乘客，下次仍有 30% 的人不买票；而上次无票乘车未被发现的乘客有 80% 下次乘车仍不买票；上次买票的乘客有 90% 在下次乘车时照章买票. X_n 表示公汽部门从一位无月票乘客第 n 次乘车时得到的收入. 试说明随机过程 $\{X_n, n = 1, 2, \cdots\}$ 是一个 Markov 链，状态空间 $S = \{0, 1, a\}$. 并写出其转移概率矩阵.

5. 一个 Markov 链有状态 0,1,2,3，其转移概率矩阵为

$$P = \begin{pmatrix} 0 & 0.5 & 0 & 0.5 \\ 0 & 0 & 1 & 0 \\ 0 & 0 & 0 & 1 \\ 0.5 & 0 & 0 & 0.5 \end{pmatrix},$$

试求 $f_{00}^{(n)}$, $n = 1, 2, 3, 4, 5, \cdots$.

6. 某人有 M 把伞并在办公室和家之间往返. 如某天他在家时(办公室时)下雨了而且家中(办公室)有伞他就带一把伞去上班(回家). 不下雨时，他从不带伞. 如果每天与以往独立地早上(或晚上)下雨的概率为 p，试定义一 $M+1$ 状态的 Markov 链，并研究他被雨淋湿的机会.

7. 血液培养在 0 时刻从一个红细胞开始，一分钟之后红细胞死亡可能出现下面几种情况：以 $\frac{1}{4}$ 的概率再生 2 个红细胞，以 $\frac{1}{2}$ 的概率再生一个红细胞和一个白细胞，或者以 $\frac{1}{4}$ 的概率产生 2 个白细胞. 再过 1 分钟后每个红细胞以同样的规律再生下一代而白细胞则不再生，并假定每个细胞的行为是独立的.

(1) 从培养开始 $n+1$ 分钟不出现白细胞的概率是多少？

(2) 整个培养过程停止的概率是多少？

附　录

附录一　标准正态分布的分布函数值表

(表中所列为 $\Phi(u_\alpha) = P\{X \leqslant u_\alpha\} = \alpha$ 时 u_α 的值)

u	0.00	0.01	0.02	0.03	0.04	0.05	0.06	0.07	0.08	0.09
0.0	0.5000	0.5040	0.5080	0.5120	0.5160	0.5199	0.5239	0.5279	0.5319	0.5359
0.1	0.5398	0.5438	0.5478	0.5517	0.5557	0.5596	0.5636	0.5675	0.5714	0.5753
0.2	0.5793	0.5832	0.5871	0.5910	0.5948	0.5987	0.6026	0.6064	0.6103	0.6141
0.3	0.6179	0.6217	0.6255	0.6293	0.6331	0.6368	0.6406	0.6443	0.6480	0.6517
0.4	0.6554	0.6591	0.6628	0.6664	0.6700	0.6736	0.6772	0.6808	0.6844	0.6879
0.5	0.6915	0.6950	0.6985	0.7019	0.7054	0.7088	0.7123	0.7157	0.7190	0.7224
0.6	0.7257	0.7291	0.7324	0.7357	0.7389	0.7422	0.7454	0.7486	0.7517	0.7549
0.7	0.7580	0.7611	0.7642	0.7673	0.7704	0.7734	0.7764	0.7794	0.7823	0.7852
0.8	0.7881	0.7910	0.7939	0.7967	0.7995	0.8023	0.8051	0.8078	0.8106	0.8133
0.9	0.8159	0.8186	0.8212	0.8238	0.8264	0.8289	0.8315	0.8340	0.8365	0.8389
1.0	0.8413	0.8438	0.8461	0.8485	0.8508	0.8531	0.8554	0.8577	0.8599	0.8621
1.1	0.8643	0.8665	0.8686	0.8708	0.8729	0.8749	0.8770	0.8790	0.8810	0.8830
1.2	0.8849	0.8869	0.8888	0.8907	0.8925	0.8944	0.8962	0.8980	0.8997	0.9015
1.3	0.9032	0.9049	0.9066	0.9082	0.9099	0.9115	0.9131	0.9147	0.9162	0.9177
1.4	0.9192	0.9207	0.9222	0.9236	0.9251	0.9265	0.9279	0.9292	0.9306	0.9319
1.5	0.9332	0.9345	0.9357	0.9370	0.9382	0.9394	0.9406	0.9418	0.9429	0.9441
1.6	0.9452	0.9463	0.9474	0.9484	0.9495	0.9505	0.9515	0.9525	0.9535	0.9545
1.7	0.9554	0.9564	0.9573	0.9582	0.9591	0.9599	0.9608	0.9616	0.9625	0.9633
1.8	0.9641	0.9649	0.9656	0.9664	0.9671	0.9678	0.9686	0.9693	0.9699	0.9706
1.9	0.9713	0.9719	0.9726	0.9732	0.9738	0.9744	0.9750	0.9756	0.9761	0.9767
2.0	0.9772	0.9778	0.9783	0.9788	0.9793	0.9798	0.9803	0.9808	0.9812	0.9817
2.1	0.9821	0.9826	0.9830	0.9834	0.9838	0.9842	0.9846	0.9850	0.9854	0.9857
2.2	0.9861	0.9864	0.9868	0.9871	0.9875	0.9878	0.9881	0.9884	0.9887	0.9890
2.3	0.9893	0.9896	0.9898	0.9901	0.9904	0.9906	0.9909	0.9911	0.9913	0.9916
2.4	0.9918	0.9920	0.9922	0.9925	0.9927	0.9929	0.9931	0.9932	0.9934	0.9936
2.5	0.9938	0.9940	0.9941	0.9943	0.9945	0.9946	0.9948	0.9949	0.9951	0.9952
2.6	0.9953	0.9955	0.9956	0.9957	0.9959	0.9960	0.9961	0.9962	0.9963	0.9964
2.7	0.9965	0.9966	0.9967	0.9968	0.9969	0.9970	0.9971	0.9972	0.9973	0.9974
2.8	0.9974	0.9975	0.9976	0.9977	0.9977	0.9978	0.9979	0.9979	0.9980	0.9981
2.9	0.9981	0.9982	0.9982	0.9983	0.9984	0.9984	0.9985	0.9985	0.9986	0.9986

附录二　t 分布的分位数表

(表中所列为 $P\{t \leqslant t_\alpha(f)\} = \alpha$ 时 $t_\alpha(f)$ 的值)

$\alpha \diagdown f$	1	2	3	4	5	6	7	8	9	10
0.90	3.078	1.886	1.638	1.533	1.476	1.440	1.415	1.397	1.383	1.372
0.95	6.314	2.920	2.353	2.132	2.015	1.943	1.895	1.860	1.833	1.812
0.975	12.706	4.303	3.182	2.776	2.571	2.447	2.365	2.306	2.262	2.228
0.99	31.821	6.965	4.541	3.747	3.365	3.143	2.998	2.896	2.821	2.764
0.995	63.657	9.925	5.841	4.604	4.032	3.707	3.499	3.355	3.250	3.169

$\alpha \diagdown f$	11	12	13	14	15	16	17	18	19	20
0.90	1.363	1.356	1.350	1.345	1.341	1.337	1.333	1.330	1.328	1.325
0.95	1.796	1.782	1.771	1.761	1.753	1.746	1.740	1.734	1.729	1.725
0.975	2.201	2.179	2.160	2.145	2.131	2.120	2.110	2.101	2.093	2.086
0.99	2.718	2.681	2.650	2.624	2.602	2.583	2.567	2.552	2.539	2.528
0.995	3.106	3.055	3.012	2.977	2.947	2.921	2.898	2.878	2.861	2.845

$\alpha \diagdown f$	21	22	23	24	25	26	27	28	29	30
0.90	1.323	1.321	1.319	1.318	1.316	1.315	1.314	1.313	1.311	1.310
0.95	1.721	1.717	1.714	1.711	1.708	1.706	1.703	1.701	1.699	1.697
0.975	2.080	2.074	2.069	2.064	2.060	2.056	2.052	2.048	2.045	2.042
0.99	2.518	2.508	2.500	2.492	2.485	2.479	2.473	2.467	2.462	2.457
0.995	2.831	2.819	2.807	2.797	2.787	2.779	2.771	2.763	2.756	2.750

附录三　卡方分布的分位数表

(表中所列为 $P\{\chi^2 \leqslant \chi_\alpha^2(f)\} = \alpha$ 时 $\chi_\alpha^2(f)$ 的值)

f \ α	0.005	0.01	0.025	0.05	0.1	0.9	0.95	0.975	0.99	0.995
1	0	0	0	0	0.02	2.71	3.84	5.02	6.63	7.88
2	0.01	0.02	0.05	0.10	0.21	4.61	5.99	7.38	9.21	10.6
3	0.07	0.11	0.22	0.35	0.58	6.25	7.81	9.35	11.3	12.8
4	0.21	0.30	0.48	0.71	1.06	7.78	9.49	11.1	13.3	14.9
5	0.41	0.55	0.83	1.15	1.61	9.24	11.1	12.8	15.1	16.7
6	0.68	0.87	1.24	1.64	2.20	10.6	12.6	14.4	16.8	18.5
7	0.99	1.24	1.69	2.17	2.83	12.0	14.1	16.0	18.5	20.3
8	1.34	1.65	2.18	2.73	3.49	13.4	15.5	17.5	20.1	22.0
9	1.73	2.09	2.70	3.33	4.17	14.7	16.9	19.0	21.7	23.6
10	2.16	2.56	3.25	3.94	4.87	16.0	18.3	20.5	23.2	25.2
11	2.60	3.05	3.82	4.57	5.58	17.3	19.7	21.9	24.7	26.8
12	3.07	3.57	4.40	5.23	6.30	18.5	21.0	23.3	26.2	28.3
13	3.57	4.11	5.01	5.89	7.04	19.8	22.4	24.7	27.7	29.8
14	4.07	4.66	5.63	6.57	7.79	21.1	23.7	26.1	29.1	31.3
15	4.60	5.23	6.26	7.26	8.55	22.3	25.0	27.5	30.6	32.8
16	5.14	5.81	6.91	7.96	9.31	23.5	26.3	28.8	32.0	34.3
17	5.70	6.41	7.56	8.67	10.1	24.8	27.6	30.2	33.4	35.7
18	6.26	7.01	8.23	9.39	10.9	36.0	28.9	31.5	34.8	37.2
19	6.84	7.63	8.91	10.1	11.7	27.2	30.1	32.9	36.2	38.6
20	7.43	8.26	9.59	10.9	12.4	28.4	31.4	34.2	37.6	40.0
21	8.03	8.90	10.3	11.6	13.2	29.6	32.7	35.5	38.9	41.4
22	8.64	9.54	11.0	12.3	14.0	30.8	33.9	36.8	40.3	42.8
23	9.26	10.2	11.7	13.1	14.8	32.0	35.2	38.1	41.6	44.2
24	9.89	10.9	12.4	13.8	15.7	33.2	36.4	39.4	43.0	45.6
25	10.5	11.5	13.1	14.6	16.5	34.4	37.7	40.6	44.3	46.9
26	11.2	12.2	13.8	15.4	17.3	35.6	38.9	41.9	45.6	48.3
27	11.8	12.9	14.6	16.2	18.1	36.7	40.1	43.2	47.0	49.6
28	12.5	13.6	15.3	16.9	18.9	37.9	41.3	44.5	48.3	51.0
29	13.1	14.3	16.0	17.7	19.8	39.1	42.6	45.7	49.6	52.3
30	13.8	15.0	16.8	18.5	20.6	40.3	43.8	47.0	50.9	53.7

附录四　F 分布的分位数表

(表中所列为 $P\{F \leqslant F_\alpha(f_1, f_2)\} = \alpha$ 时 $F_\alpha(f_1, f_2)$ 的值)

f_2	α \ f_1	1	2	3	4	5	6	7	8	9	10	12	15	20	30
1	0.90	39.9	49.5	53.6	55.8	57.2	58.2	58.9	59.4	59.9	60.2	60.7	61.2	61.7	62.3
	0.95	161	200	216	225	230	234	237	239	241	242	244	246	248	250
	0.975	648	800	864	900	922	937	948	957	963	969	977	985	993	1001
	0.99	4052	4999	5403	5625	5764	5859	5928	5981	6022	6056	6106	6157	6209	6261
2	0.90	8.53	9.00	9.16	9.24	9.29	9.33	9.35	9.37	9.38	9.39	9.41	9.42	9.44	9.46
	0.95	18.5	19.0	19.2	19.2	19.3	19.3	19.4	19.4	19.4	19.4	19.4	19.4	19.4	19.5
	0.975	38.5	39.0	39.2	39.2	39.3	39.3	39.4	39.4	39.4	39.4	39.4	39.4	39.4	39.5
	0.99	98.5	99.0	99.2	99.2	99.3	99.3	99.4	99.4	99.4	99.4	99.4	99.4	99.4	99.5
3	0.90	5.54	5.46	5.39	5.34	5.31	5.28	5.27	5.25	5.24	5.23	5.22	5.20	5.18	5.17
	0.95	10.1	9.55	9.28	9.12	9.01	8.94	8.89	8.85	8.81	8.79	8.74	8.70	8.66	8.62
	0.975	17.4	16.0	15.4	15.1	14.9	14.7	14.6	14.5	14.5	14.4	14.3	14.3	14.2	14.1
	0.99	34.1	30.8	29.5	28.7	28.2	27.9	27.7	27.5	27.3	27.2	27.1	26.9	26.7	26.5
4	0.90	4.54	4.32	4.19	4.11	4.05	4.01	3.98	3.95	3.94	3.92	3.90	3.87	3.84	3.82
	0.95	7.71	6.94	6.59	6.39	6.26	6.16	6.09	6.04	6.00	5.96	5.91	5.86	5.80	5.75
	0.975	12.2	10.6	9.98	9.60	9.36	9.20	9.07	8.98	8.90	8.84	8.75	8.66	8.56	8.46
	0.99	21.2	18.0	16.7	16.0	15.5	15.2	15.0	14.8	14.7	14.5	14.4	14.2	14.0	13.8
5	0.90	4.06	3.78	3.62	3.52	3.45	3.40	3.37	3.34	3.32	3.30	3.27	3.24	3.21	3.17
	0.95	6.61	5.79	5.41	5.19	5.05	4.95	4.88	4.82	4.77	4.74	4.68	4.62	4.56	4.50
	0.975	10.0	8.43	7.76	7.39	7.15	6.98	6.85	6.76	6.68	6.62	6.52	6.43	6.33	6.23
	0.99	16.3	13.3	12.1	11.4	11.0	10.7	10.5	10.3	10.2	10.1	9.89	9.72	9.55	9.38
6	0.90	3.78	3.46	3.29	3.18	3.11	3.05	3.01	2.98	2.96	2.94	2.90	2.87	2.84	2.80
	0.95	5.99	5.14	4.76	4.53	4.39	4.28	4.21	4.15	4.10	4.06	4.00	3.94	3.87	3.81
	0.975	8.81	7.26	6.60	6.23	5.99	5.82	5.70	5.60	5.52	5.46	5.37	5.27	5.17	5.07
	0.99	13.7	10.9	9.78	9.15	8.75	8.47	8.26	8.10	7.98	7.87	7.72	7.56	7.40	7.23
7	0.90	3.59	3.26	3.07	2.96	2.88	2.83	2.78	2.75	2.72	2.70	2.67	2.63	2.59	2.56
	0.95	5.59	4.74	4.35	4.12	3.97	3.87	3.79	3.73	3.68	3.64	3.57	3.51	3.44	3.38
	0.975	8.07	6.54	5.89	5.52	5.29	5.12	4.99	4.90	4.82	4.76	4.67	4.57	4.47	4.36
	0.99	12.2	9.55	8.45	7.85	7.46	7.19	6.99	6.84	6.72	6.62	6.47	6.31	6.16	5.99

f_2	α \ f_1	1	2	3	4	5	6	7	8	9	10	12	15	20	30
8	0.90	3.46	3.11	2.92	2.81	2.73	2.67	2.62	2.59	2.56	2.54	2.50	2.46	2.42	2.38
	0.95	5.32	4.46	4.07	3.84	3.69	3.58	3.50	3.44	3.39	3.35	3.28	3.22	3.15	3.08
	0.975	7.57	6.06	5.42	5.05	4.82	4.65	4.53	4.43	4.36	4.30	4.20	4.10	4.00	3.89
	0.99	11.3	8.65	7.59	7.01	6.63	6.37	6.18	6.03	5.91	5.81	5.67	5.52	5.36	5.20
9	0.90	3.36	3.01	2.81	2.69	2.61	2.55	2.51	2.47	2.44	2.42	2.38	2.34	2.30	2.25
	0.95	5.12	4.26	3.86	3.63	3.48	3.37	3.29	3.23	3.18	3.14	3.07	3.01	2.94	2.86
	0.975	7.21	5.71	5.08	4.72	4.48	4.32	4.20	4.10	4.03	3.96	3.87	3.77	3.67	3.56
	0.99	10.6	8.02	6.99	6.42	6.06	5.80	5.61	5.47	5.35	5.26	5.11	4.96	4.81	4.65
10	0.90	3.29	2.92	2.73	2.61	2.52	2.46	2.41	2.38	2.35	2.32	2.28	2.24	2.20	2.15
	0.95	4.96	4.10	3.71	3.48	3.33	3.22	3.14	3.07	3.02	2.98	2.91	2.85	2.77	2.70
	0.975	6.94	5.46	4.83	4.47	4.24	4.07	3.95	3.85	3.78	3.72	3.62	3.52	3.42	3.31
	0.99	10.0	7.56	6.55	5.99	5.64	5.39	5.20	5.06	4.94	4.85	4.71	4.56	4.41	4.25
12	0.90	3.18	2.81	2.61	2.48	2.39	2.33	2.28	2.24	2.21	2.19	2.15	2.10	2.06	2.01
	0.95	4.75	3.89	3.49	3.26	3.11	3.00	2.91	2.85	2.80	2.75	2.69	2.62	2.54	2.47
	0.975	6.55	5.10	4.47	4.12	3.89	3.73	3.61	3.51	3.44	3.37	3.28	3.18	3.07	2.96
	0.99	9.33	6.93	5.95	5.41	5.06	4.82	4.64	4.50	4.39	4.30	4.16	4.01	3.86	3.70
15	0.90	3.07	2.70	2.49	2.36	2.27	2.21	2.16	2.12	2.09	2.06	2.02	1.97	1.92	1.87
	0.95	4.54	3.68	3.29	3.06	2.90	2.79	2.71	2.64	2.59	2.54	2.48	2.40	2.33	2.25
	0.975	6.20	4.77	4.15	3.80	3.58	3.41	3.29	3.20	3.12	3.06	2.96	2.86	2.76	2.64
	0.99	8.68	6.36	5.42	4.89	4.56	4.32	4.14	4.00	3.89	2.80	3.67	3.52	3.37	3.21
20	0.90	2.97	2.59	2.38	2.25	2.16	2.09	2.04	2.00	1.96	1.94	1.89	1.84	1.79	1.74
	0.95	4.35	3.49	3.10	2.87	2.71	2.60	2.51	2.45	2.39	2.35	2.28	2.20	2.12	2.04
	0.975	5.87	4.46	3.86	3.51	3.29	3.13	3.01	2.91	2.84	2.77	2.68	2.57	2.46	2.35
	0.99	8.10	5.85	4.94	4.43	4.10	3.87	3.70	3.56	3.46	3.37	3.23	3.09	2.94	2.78
30	0.90	2.88	2.49	2.28	2.14	2.05	1.98	1.93	1.88	1.85	1.82	1.77	1.72	1.67	1.61
	0.95	4.17	3.32	2.92	2.69	2.53	2.42	2.33	2.27	2.21	2.16	2.09	2.01	1.93	1.84
	0.975	5.57	4.18	3.59	3.25	3.03	2.87	2.75	2.65	2.57	2.51	2.41	2.31	2.20	2.07
	0.99	7.56	5.39	4.51	4.02	3.70	3.47	3.30	3.17	3.07	2.98	2.84	2.70	2.55	2.39

附录五　二项分布表

$$Q(n,k,p)=\sum_{i=k}^{n}\binom{n}{i}p^{i}(1-p)^{n-i}$$

n	k	0.01	0.02	0.04	0.06	0.08	0.1	0.2	0.3	0.4	0.5	k	n
	5			0.00000	0.00000	0.00000	0.00001	0.00032	0.00243	0.01024	0.03125	5	
	4	0.00000	0.00000	0.00001	0.00006	0.00019	0.00046	0.00672	0.03078	0.08704	0.18750	4	
5	3	0.00001	0.00008	0.00060	0.00197	0.00453	0.00856	0.05792	0.16308	0.31744	0.50000	3	5
	2	0.00098	0.00384	0.01476	0.03187	0.05436	0.08146	0.26272	0.47178	0.66304	0.81250	2	
	1	0.04901	0.09608	0.18463	0.26610	0.34092	0.40951	0.67232	0.83193	0.92224	0.96875	1	
	10								0.00001	0.00010	0.00098	10	
	9							0.00000	0.00014	0.00168	0.01074	9	
	8						0.00000	0.00008	0.00159	0.01229	0.05469	8	
	7				0.00000	0.00000	0.00001	0.00086	0.01059	0.05476	0.17188	7	
	6			0.00000	0.00001	0.00004	0.00015	0.00637	0.04735	0.16624	0.37695	6	
10	5		0.00000	0.00002	0.00015	0.00059	0.00163	0.03279	0.15027	0.36690	0.62305	5	10
	4	0.00000	0.00003	0.00044	0.00203	0.00580	0.01280	0.12087	0.35039	0.61772	0.82813	4	
	3	0.00011	0.00086	0.00621	0.01884	0.04008	0.07019	0.32220	0.61722	0.83271	0.94531	3	
	2	0.00427	0.01618	0.05815	0.11759	0.18788	0.26390	0.62419	0.85069	0.95364	0.98926	2	
	1	0.09562	0.18293	0.33517	0.46138	0.56561	0.65132	0.89263	0.97175	0.99395	0.99902	1	
	15									0.00000	0.00003	15	
	14								0.00000	0.00003	0.00049	14	
	13								0.00001	0.00028	0.00369	13	
	12							0.00000	0.00009	0.00193	0.01758	12	
	11							0.00001	0.00067	0.00935	0.05923	11	
	10							0.00011	0.00365	0.03383	0.15088	10	
	9					0.00000	0.00000	0.00079	0.01524	0.09505	0.30362	9	
15	8				0.00000	0.00001	0.00003	0.00424	0.05001	0.21310	0.50000	8	15
	7			0.00000	0.00001	0.00008	0.00031	0.01806	0.13114	0.39019	0.69638	7	
	6		0.00000	0.00001	0.00015	0.00070	0.00225	0.06105	0.27838	0.59678	0.84912	6	
	5	0.00000	0.00001	0.00022	0.00140	0.00497	0.01272	0.16423	0.48451	0.78272	0.94077	5	
	4	0.00001	0.00018	0.00245	0.01036	0.02731	0.05556	0.35184	0.70313	0.90950	0.98242	4	
	3	0.00042	0.00304	0.02029	0.05713	0.11297	0.18406	0.60198	0.87317	0.97289	0.99631	3	
	2	0.00963	0.03534	0.11911	0.22624	0.34027	0.45096	0.83287	0.96473	0.99483	0.99951	2	
	1	0.13994	0.26143	0.45791	0.60471	0.71370	0.79411	0.96482	0.99525	0.99953	0.99997	1	

续表

n	k	0.01	0.02	0.04	0.06	0.08	0.1	0.2	0.3	0.4	0.5	k	n
20	20										0.00000	20	20
	19									0.00000	0.00002	19	
	18									0.00001	0.00020	18	
	17								0.00000	0.00005	0.00129	17	
	16								0.00001	0.00032	0.00591	16	
	15								0.00004	0.00161	0.02069	15	
	14							0.00000	0.00026	0.00647	0.05766	14	
	13							0.00002	0.00128	0.02103	0.13159	13	
	12							0.00010	0.00514	0.05653	0.25172	12	
	11						0.00000	0.00056	0.01714	0.12752	0.41190	11	
	10					0.00000	0.00001	0.00259	0.04796	0.24466	0.58810	10	
	9				0.00000	0.00001	0.00006	0.00998	0.11333	0.40440	0.74828	9	
	8			0.00000	0.00001	0.00009	0.00042	0.03214	0.22773	0.58411	0.86841	8	
	7			0.00001	0.00011	0.00064	0.00239	0.08669	0.39199	0.74999	0.94234	7	
	6		0.00000	0.00010	0.00087	0.00380	0.01125	0.19579	0.58363	0.87440	0.97931	6	
	5	0.00000	0.00004	0.00096	0.00563	0.01834	0.04317	0.37035	0.76249	0.94905	0.99409	5	
	4	0.00004	0.00060	0.00741	0.02897	0.07062	0.13295	0.58855	0.89291	0.98404	0.99871	4	
	3	0.00100	0.00707	0.04386	0.11497	0.21205	0.32307	0.79392	0.96452	0.99639	0.99980	3	
	2	0.01686	0.05990	0.18966	0.33955	0.48314	0.60825	0.93082	0.99236	0.99948	0.99998	2	
	1	0.18209	0.33239	0.55800	0.70989	0.81131	0.87842	0.98847	0.99920	0.99996	1.00000	1	
25	25											25	25
	24										0.00000	24	
	23										0.00001	23	
	22									0.00000	0.00008	22	
	21									0.00001	0.00046	21	
	20									0.00005	0.00204	20	
	19								0.00000	0.00028	0.00732	19	
	18								0.00002	0.00121	0.02164	18	
	17								0.00010	0.00433	0.05388	17	
	16							0.00000	0.00045	0.01317	0.11476	16	
	15							0.00001	0.00178	0.03439	0.21218	15	
	14							0.00008	0.00599	0.07780	0.34502	14	
	13							0.00037	0.01747	0.15377	0.50000	13	
	12						0.00000	0.00154	0.04425	0.26772	0.65498	12	
	11					0.00000	0.00001	0.00556	0.09780	0.41423	0.78782	11	
	10				0.00000	0.00001	0.00008	0.01733	0.18944	0.57538	0.88524	10	
	9				0.00001	0.00008	0.00046	0.04677	0.32307	0.72647	0.94612	9	
	8			0.00000	0.00007	0.00052	0.00226	0.10912	0.48815	0.84645	0.97836	8	
	7		0.00000	0.00004	0.00051	0.00277	0.00948	0.21996	0.65935	0.92643	0.99268	7	
	6		0.00001	0.00038	0.00306	0.01229	0.03340	0.38331	0.80651	0.97064	0.99796	6	
	5	0.00000	0.00012	0.00278	0.01505	0.04514	0.09799	0.57933	0.90953	0.99053	0.99954	5	
	4	0.00011	0.00145	0.01652	0.05976	0.13509	0.23641	0.76601	0.96676	0.99763	0.99992	4	
	3	0.00195	0.01324	0.07648	0.18711	0.32317	0.46291	0.90177	0.99104	0.99957	0.99999	3	
	2	0.02576	0.08865	0.26419	0.44734	0.60528	0.72879	0.97261	0.99843	0.99995	1.0000	2	
	1	0.22218	0.39654	0.63960	0.78709	0.87564	0.92821	0.99622	0.99987	1.00000	1.00000	1	

续表

n	k	0.01	0.02	0.04	0.06	0.08	0.1	0.2	0.3	0.4	0.5	k	n
	30											30	
	29											29	
	28											28	
	27										0.00000	27	
	26										0.00003	26	
	25									0.00000	0.00016	25	
	24									0.00001	0.00072	24	
	23									0.00005	0.00261	23	
	22								0.00000	0.00022	0.00806	22	
	21								0.00001	0.00086	0.02139	21	
	20								0.00004	0.00285	0.04937	20	
	19								0.00016	0.00830	0.10024	19	
	18							0.00000	0.00063	0.02124	0.18080	18	
	17							0.00001	0.00212	0.04811	0.29233	17	
30	16							0.00005	0.00637	0.09706	0.42777	16	30
	15							0.00023	0.01694	0.17537	0.57223	15	
	14							0.00090	0.04005	0.28550	0.70767	14	
	13						0.00000	0.00311	0.08447	0.42153	0.81920	13	
	12					0.00000	0.00002	0.00949	0.15932	0.56891	0.89976	12	
	11				0.00000	0.00001	0.00009	0.02562	0.26963	0.70853	0.95063	11	
	10				0.00001	0.00007	0.00045	0.06109	0.41119	0.82371	0.97861	10	
	9			0.00000	0.00005	0.00041	0.00202	0.12865	0.56848	0.90599	0.99194	9	
	8			0.00002	0.00030	0.00197	0.00778	0.23921	0.71862	0.95648	0.99739	8	
	7		0.00000	0.00015	0.00167	0.00825	0.02583	0.39303	0.84048	0.98282	0.99928	7	
	6	0.00000	0.00003	0.00106	0.00795	0.02929	0.07319	0.57249	0.92341	0.99434	0.99984	6	
	5	0.00001	0.00030	0.00632	0.03154	0.08736	0.17549	0.54477	0.96985	0.99849	0.99997	5	
	4	0.00022	0.00289	0.03059	0.10262	0.21579	0.35256	0.87729	0.99068	0.99969	1.00000	4	
	3	0.00332	0.02172	0.11690	0.26760	0.43460	0.58865	0.95582	0.99789	0.99995	1.00000	3	
	2	0.03615	0.12055	0.33882	0.54453	0.70421	0.81630	0.98948	0.99969	1.00000	1.00000	2	
	1	0.26030	0.45452	0.70614	0.84374	0.91803	0.95761	0.99876	1.00000	1.00000	1.00000	1	

附录六 二项分布参数 p 的置信区间表

$1-\alpha=0.95$

k \ $n-k$	1	2	3	4	5	6	7	8	9	10	12	14	16	$n-k$ \ k
0	0.975	0.842	0.708	0.602	0.522	0.459	0.410	0.369	0.336	0.308	0.265	0.232	0.206	0
	0.000	0.000	0.000	0.000	0.000	0.000	0.000	0.000	0.000	0.000	0.000	0.000	0.000	
1	0.987	0.906	0.806	0.716	0.641	0.579	0.527	0.483	0.445	0.413	0.360	0.319	0.287	1
	0.013	0.008	0.006	0.005	0.004	0.004	0.003	0.003	0.003	0.002	0.002	0.002	0.001	
2	0.992	0.932	0.853	0.777	0.710	0.651	0.600	0.556	0.518	0.484	0.428	0.383	0.347	2
	0.094	0.068	0.053	0.043	0.037	0.032	0.028	0.025	0.023	0.021	0.018	0.016	0.014	
3	0.994	0.947	0.882	0.816	0.755	0.701	0.652	0.610	0.572	0.538	0.481	0.434	0.396	3
	0.194	0.147	0.118	0.099	0.085	0.075	0.067	0.060	0.055	0.050	0.043	0.038	0.034	
4	0.995	0.957	0.901	0.843	0.788	0.738	0.692	0.651	0.614	0.581	0.524	0.476	0.437	4
	0.284	0.223	0.184	0.157	0.137	0.122	0.109	0.099	0.091	0.084	0.073	0.064	0.057	
5	0.996	0.963	0.915	0.863	0.813	0.766	0.723	0.684	0.649	0.616	0.560	0.512	0.471	5
	0.359	0.290	0.245	0.212	0.187	0.167	0.151	0.139	0.128	0.118	0.103	0.091	0.082	
6	0.996	0.968	0.925	0.878	0.833	0.789	0.749	0.711	0.677	0.646	0.590	0.543	0.502	6
	0.421	0.349	0.299	0.262	0.234	0.211	0.192	0.177	0.163	0.152	0.133	0.119	0.107	
7	0.997	0.972	0.933	0.891	0.849	0.808	0.770	0.734	0.701	0.671	0.616	0.570	0.529	7
	0.473	0.400	0.348	0.308	0.277	0.251	0.230	0.213	0.198	0.184	0.163	0.146	0.132	
8	0.997	0.975	0.940	0.901	0.861	0.823	0.787	0.753	0.722	0.692	0.639	0.593	0.553	8
	0.517	0.444	0.390	0.349	0.316	0.289	0.266	0.247	0.230	0.215	0.191	0.172	0.156	
9	0.997	0.977	0.945	0.909	0.872	0.837	0.802	0.770	0.740	0.711	0.660	0.615	0.575	9
	0.555	0.482	0.428	0.386	0.351	0.323	0.299	0.278	0.260	0.244	0.218	0.197	0.180	
10	0.998	0.979	0.950	0.916	0.882	0.848	0.816	0.785	0.756	0.728	0.678	0.634	0.595	10
	0.587	0.516	0.462	0.419	0.384	0.354	0.329	0.308	0.289	0.272	0.244	0.221	0.202	
12	0.998	0.982	0.957	0.927	0.897	0.867	0.837	0.809	0.782	0.756	0.709	0.666	0.628	12
	0.640	0.572	0.519	0.476	0.440	0.410	0.384	0.361	0.340	0.322	0.291	0.266	0.245	
14	0.998	0.984	0.962	0.936	0.909	0.881	0.854	0.828	0.803	0.779	0.734	0.694	0.657	14
	0.681	0.617	0.566	0.524	0.488	0.457	0.430	0.407	0.385	0.366	0.334	0.306	0.283	
16	0.999	0.986	0.966	0.943	0.918	0.893	0.868	0.844	0.820	0.798	0.755	0.717	0.681	16
	0.713	0.653	0.604	0.563	0.529	0.498	0.471	0.447	0.425	0.405	0.372	0.343	0.319	
18	0.999	0.988	0.970	0.948	0.925	0.902	0.879	0.857	0.835	0.814	0.773	0.736	0.702	18
	0.740	0.683	0.637	0.597	0.564	0.533	0.506	0.482	0.460	0.440	0.406	0.376	0.351	
20	0.999	0.989	0.972	0.953	0.932	0.910	0.889	0.868	0.847	0.827	0.789	0.753	0.720	20
	0.762	0.708	0.664	0.626	0.593	0.564	0.537	0.513	0.492	0.472	0.437	0.407	0.381	
22	0.999	0.990	0.975	0.956	0.937	0.917	0.897	0.877	0.858	0.839	0.803	0.768	0.737	22
	0.781	0.730	0.688	0.651	0.619	0.590	0.565	0.541	0.519	0.500	0.465	0.434	0.408	
24	0.999	0.991	0.976	0.960	0.942	0.923	0.904	0.885	0.867	0.849	0.814	0.782	0.751	24
	0.797	0.749	0.708	0.673	0.642	0.614	0.589	0.566	0.545	0.525	0.490	0.460	0.433	
26	0.999	0.991	0.978	0.962	0.945	0.928	0.910	0.893	0.875	0.858	0.825	0.794	0.764	26
	0.810	0.765	0.726	0.693	0.663	0.636	0.611	0.588	0.567	0.548	0.513	0.483	0.456	

续表

n−k k	1	2	3	4	5	6	7	8	9	10	12	14	16	n−k k
28	0.999 0.822	0.992 0.779	0.980 0.743	0.965 0.710	0.949 0.681	0.932 0.655	0.916 0.631	0.899 0.609	0.882 0.588	0.866 0.569	0.834 0.535	0.804 0.504	0.776 0.478	28
30	0.999 0.833	0.992 0.792	0.981 0.757	0.967 0.725	0.952 0.697	0.936 0.672	0.920 0.649	0.904 0.627	0.889 0.607	0.873 0.588	0.843 0.554	0.814 0.524	0.786 0.498	30
40	0.999 0.871	0.994 0.838	0.985 0.809	0.975 0.783	0.963 0.759	0.951 0.737	0.938 0.717	0.925 0.698	0.912 0.679	0.900 0.662	0.875 0.631	0.850 0.602	0.827 0.578	40
60	1.000 0.912	0.996 0.888	0.990 0.867	0.983 0.848	0.975 0.830	0.966 0.813	0.957 0.797	0.948 0.782	0.939 0.767	0.929 0.752	0.911 0.727	0.893 0.703	0.874 0.681	60
100	1.000 0.946	0.998 0.931	0.994 0.917	0.989 0.904	0.984 0.892	0.979 0.881	0.973 0.870	0.967 0.859	0.962 0.849	0.955 0.838	0.943 0.820	0.931 0.802	0.919 0.786	100
200	1.000 0.973	0.999 0.965	0.997 0.957	0.995 0.951	0.992 0.944	0.989 0.938	0.986 0.932	0.983 0.926	0.980 0.920	0.977 0.914	0.970 0.903	0.964 0.893	0.957 0.883	200
500	1.000 0.989	1.000 0.986	0.999 0.983	0.998 0.980	0.997 0.977	0.996 0.974	0.995 0.972	0.993 0.969	0.992 0.967	0.991 0.964	0.988 0.960	0.985 0.955	0.982 0.950	500

$1-\alpha=0.95$

n−k k	18	20	22	24	26	28	30	40	60	100	200	500	n−k k
0	0.185 0.000	0.168 0.000	0.154 0.000	0.142 0.000	0.132 0.000	0.123 0.000	0.116 0.000	0.088 0.000	0.060 0.000	0.036 0.000	0.018 0.000	0.007 0.000	0
1	0.260 0.001	0.238 0.001	0.219 0.001	0.203 0.001	0.190 0.001	0.178 0.001	0.167 0.001	0.129 0.001	0.088 0.000	0.054 0.000	0.027 0.000	0.011 0.000	1
2	0.317 0.012	0.292 0.011	0.270 0.010	0.251 0.009	0.235 0.009	0.221 0.008	0.208 0.008	0.162 0.006	0.112 0.004	0.069 0.002	0.035 0.001	0.014 0.000	2
3	0.363 0.030	0.336 0.028	0.312 0.025	0.292 0.024	0.274 0.022	0.257 0.020	0.243 0.019	0.191 0.015	0.133 0.010	0.083 0.006	0.043 0.003	0.017 0.001	3
4	0.403 0.052	0.374 0.047	0.349 0.044	0.327 0.040	0.307 0.038	0.290 0.035	0.275 0.033	0.217 0.025	0.152 0.017	0.096 0.011	0.049 0.005	0.020 0.002	4
5	0.436 0.075	0.407 0.068	0.381 0.063	0.358 0.058	0.337 0.055	0.319 0.051	0.303 0.048	0.241 0.037	0.170 0.025	0.108 0.016	0.056 0.008	0.023 0.003	5
6	0467 0.098	0.436 0.090	0.410 0.083	0.386 0.077	0.364 0.072	0.345 0.068	0.328 0.064	0.263 0.049	0.187 0.034	0.119 0.021	0.062 0.011	0.026 0.004	6
7	0.494 0.121	0.463 0.111	0.435 0.103	0.411 0.096	0.389 0.090	0.369 0.084	0.351 0.080	0.283 0.062	0.203 0.043	0.130 0.027	0.068 0.014	0.028 0.005	7
8	0.518 0.143	0.487 0.132	0.459 0.123	0.434 0.115	0.412 0.107	0.391 0.101	0.373 0.096	0.302 0.075	0.218 0.052	0.141 0.033	0.074 0.017	0.031 0.007	8
9	0.540 0.165	0.508 0.153	0.481 0.142	0.455 0.133	0.433 0.125	0.412 0.118	0.392 0.111	0.321 0.088	0.233 0.061	0.151 0.038	0.080 0.020	0.033 0.008	9
10	0.560 0.186	0.528 0.173	0.500 0.161	0.475 0.151	0.452 0.142	0.431 0.134	0.412 0.127	0.328 0.100	0.248 0.071	0.162 0.045	0.086 0.023	0.036 0.009	10
12	0.594 0.227	0.563 0.211	0.535 0.197	0.510 0.186	0.487 0.175	0.465 0.166	0.446 0.157	0.369 0.125	0.273 0.089	0.180 0.057	0.097 0.030	0.040 0.012	12
14	0.624 0.264	0.593 0.247	0.566 0.232	0.540 0.218	0.517 0.206	0.496 0.196	0.476 0.186	0.398 0.150	0.297 0.107	0.198 0.069	0.107 0.036	0.045 0.015	14
16	0.649 0.298	0.619 0.280	0.592 0.263	0.567 0.249	0.544 0.236	0.522 0.224	0.502 0.214	0.422 0.173	0.319 0.126	0.214 0.081	0.117 0.043	0.050 0.018	16
18	0.671 0.329	0.642 0.310	0.615 0.293	0.590 0.277	0.568 0.264	0.547 0.251	0.527 0.240	0.445 0.196	0.340 0.143	0.230 0.093	0.127 0.050	0.054 0.021	18

续表

k \ $n-k$	18	20	22	24	26	28	30	40	60	100	200	500	$n-k$ \ k
20	0.690	0.662	0.636	0.612	0.589	0.568	0.548	0.467	0.359	0.245	0.137	0.059	20
	0.358	0.338	0.320	0.304	0.289	0.276	0.264	0.217	0.160	0.105	0.057	0.024	
22	0.707	0.680	0.654	0.631	0.608	0.588	0.568	0.487	0.378	0.260	0.146	0.063	22
	0.385	0.364	0.346	0.329	0.314	0.300	0.287	0.237	0.177	0.117	0.063	0.027	
24	0.723	0.696	0.671	0.648	0.626	0.605	0.586	0.505	0.395	0.274	0.155	0.067	24
	0.410	0.388	0.369	0.352	0.337	0.322	0.309	0.257	0.193	0.128	070	0.030	
26	0.736	0.711	0.686	0.663	0.642	0.622	0.603	0.522	0.411	0.287	0.164	0.072	26
	0.432	0.411	0.392	0.374	0.358	0.343	0.330	0.276	0.208	0.140	0.077	0.033	
28	0.749	0.724	0.700	0.678	0.657	0.637	0.618	0.538	0.426	0.300	0.172	0.076	28
	0.453	0.432	0.412	0.395	0.378	0.363	0.349	0.294	0.223	0.153	0.083	0.036	
30	0.760	0.736	0.713	0.691	0.670	0.651	0.632	0.552	0.441	0.313	0.181	0.080	30
	0.473	0.452	0.432	0.414	0.397	0.382	0.368	0.311	0.237	0.162	0.090	0.039	
40	0.804	0.783	0.763	0.743	0.724	0.706	0.689	0.614	0.503	0.368	0.220	0.099	40
	0.555	0.533	0.513	0.495	0.478	0.462	0.448	0.386	0.303	0.213	0.122	0.053	
60	0.857	0.840	0.823	0.807	0.792	0.777	0.763	0.697	0.593	0.455	0.287	0.136	60
	0.660	0.641	0.622	0.605	0.589	0.574	0.559	0.497	0.407	0.300	0.181	0.083	
100	0.907	0.895	0.883	0.872	0.860	0.847	0.838	0.787	0.700	0.571	0.395	0.199	100
	0.770	0.755	0.740	0.726	0.713	0.700	0.687	0.632	0.545	0.429	0.280	0.138	
200	0.950	0.943	0.937	0.930	0.923	0.917	0.910	0.878	0.819	0.720	0.550	0.319	200
	0.873	0.863	0.854	0.845	0.836	0.828	0.819	0.780	0.713	0.605	0.450	0.253	
500	0.979	0.976	0.973	0.970	0.967	0.964	0.961	0.947	0.917	0.862	0.747	0.531	500
	0.946	0.941	0.937	0.933	0.928	0.924	0.920	0.901	0.864	0.801	0.681	0.469	

$1-\alpha = 0.99$

k \ $n-k$	1	2	3	4	5	6	7	8	9	10	12	14	16	$n-k$ \ k
0	0.995	0.929	0.829	0.734	0.653	0.586	0.531	0.484	0.445	0.411	0.357	0.315	0.282	0
	0.000	0.000	0.000	0.000	0.000	0.000	0.000	0.000	0.000	0.000	0.000	0.000	0.000	
1	0.997	0.959	0.889	0.815	0.746	0.685	0.632	0.585	0.544	0.509	0.449	0.402	0.363	1
	0.003	0.002	0.001	0.001	0.001	0.001	0.001	0.001	0.001	0.000	0.000	0.000	0.000	
2	0.998	0.971	0.917	0.856	0.797	0.742	0.693	0.648	0.608	0.573	0.512	0.463	0.422	2
	0.041	0.029	0.023	0.019	0.016	0.014	0.012	0.011	0.010	0.009	0.008	0.007	0.006	
3	0.999	0.977	0.934	0.882	0.830	0.781	0.735	0.693	0.655	0.621	0.561	0.510	0.468	3
	0.111	0.083	0.066	0.055	0.047	0.042	0.037	0.033	0.030	0.028	0.024	0.021	0.019	
4	0.999	0.981	0.945	0.900	0.854	0.809	0.767	0.728	0.691	0.658	0.599	0.549	0.507	4
	0.185	0.144	0.118	0.100	0.087	0.077	0.069	0.062	0.057	0.053	0.045	0.040	0.036	
5	0.999	0.984	0.953	0.913	0.872	0.831	0.791	0.755	0.720	0.688	0.631	0.582	0.539	5
	0.254	0.203	0.170	0.146	0.128	0.114	0.103	0.094	0.087	0.080	0.070	0.062	0.055	
6	0.999	0.986	0.958	0.923	0.886	0.848	0.811	0.777	0.744	0.714	0.658	0.610	0.567	6
	0.315	0.258	0.219	0.191	0.169	0.152	0.138	0.127	0.117	0.109	0.095	0.085	0.076	
7	0.999	0.988	0.963	0.931	0.897	0.862	0.828	0.795	0.764	0.735	0.681	0.634	0.592	7
	0.368	0.307	0.265	0.233	0.209	0.189	0.172	0.159	0.147	0.137	0.121	0.108	0.097	
8	0.999	0.989	0.967	0.938	0.906	0.873	0.841	0.811	0.781	0.753	0.701	0.655	0.614	8
	0.415	0.351	0.307	0.272	0.245	0.223	0.205	0.189	0.176	0.165	0.146	131	0.119	
9	0.999	0.990	0.970	0.943	0.913	0.883	0.853	0.824	0.795	0.768	0.718	0.674	0.634	9
	0.456	0.392	0.345	0.309	0.280	0.256	0.236	0.219	0.205	0.192	0.171	0.154	0.140	
10	1.000	0.991	0.972	0.947	0.920	0.891	0.863	0.835	0.808	0.782	0.734	0.690	0.671	10
	0.491	0.427	0.379	0.342	0.312	0.286	0.265	0.247	0.232	0.218	0.195	0.176	0.161	

续表

k \ $n-k$	1	2	3	4	5	6	7	8	9	10	12	14	16	$n-k$ \ k
12	1.000	0.992	0.976	0.955	0.930	0.905	0.879	0.854	0.829	0.805	0.760	0.719	0.682	12
	0.551	0.488	0.439	0.401	0.369	0.342	0.319	0.299	0.282	0.266	0.240	0.218	0.200	
14	1.000	0.993	0.979	0.960	0.938	0.915	0.892	0.869	0.846	0.824	0.782	0.743	0.707	14
	0.598	0.537	0.490	0.451	0.418	0.390	0.366	0.345	0.326	0.310	0.281	0.257	0.237	
16	1.000	0.994	0.981	0.964	0.945	0.924	0.903	0.881	0.860	0.839	0.800	0.763	0.728	16
	0.637	0.578	0.532	0.493	0.461	0.433	0.408	0.386	0.366	0.349	0.318	0.293	0.272	
18	1.000	0.995	0.983	0.968	0.950	0.931	0.911	0.891	0.872	0.852	0.815	0.780	0.747	18
	0.669	0.613	0.568	0.530	0.498	0.469	0.445	0.422	0.402	0.384	0.353	0.326	0.304	
20	1.000	0.995	0.985	0.971	0.954	0.936	0.918	0.900	0.881	0.863	0.828	0.794	0.763	20
	0.696	0.642	0.599	0.562	0.530	0.502	0.478	0.455	0.435	0.417	0.384	0.357	0.334	
22	1.000	0.996	0.986	0.973	0.958	0.941	0.924	0.907	0.890	0.873	0.839	0.807	0.777	22
	0.719	0.668	0.626	0.590	0.559	0.531	0.507	0.484	0.464	0.445	0.413	0.385	0.361	
24	1.000	0.996	0.987	0.975	0.961	0.946	0.930	0.913	0.897	0.881	0.849	0.819	0.789	24
	0.738	0.690	0.649	0.615	0.584	0.557	0.533	0.511	0.490	0.471	0.439	0.410	0.386	
26	1.000	0.996	0.988	0.977	0.963	0.949	0.934	0.919	0.903	0.888	0.858	0.829	0.800	26
	0.755	0.709	0.670	0.637	0.607	0.580	0.557	0.535	0.515	0.496	0.463	0.434	0.410	
28	1.000	0.996	0.989	0.978	0.966	0.952	0.938	0.924	0.909	0.894	0.866	0.838	0.811	28
	0.770	0.726	0.689	0.656	0.627	0.602	0.578	0.557	0.537	0.518	0.485	0.457	0.432	
30	1.000	0.997	0.989	0.980	0.968	0.955	0.942	0.928	0.914	0.900	0.873	0.846	0.820	30
	0.784	0.741	0.705	0.674	0.646	0.621	0.598	0.577	0.557	0.539	0.506	0.478	0.452	
40	1.000	0.998	0.992	0.984	0.975	0.965	0.955	0.944	0.933	0.921	0.899	0.876	0.854	40
	0.832	0.797	0.767	0.740	0.716	0.694	0.673	0.654	0.636	0.619	0.588	0.560	0.536	
60	1.000	0.998	0.995	0.989	0.983	0.976	0.969	0.961	0.953	0.945	0.928	0.912	0.895	60
	0.884	0.859	0.836	0.816	0.797	0.780	0.763	0.748	0.733	0.719	0.693	0.668	0.646	
100	1.000	0.999	0.997	0.993	0.990	0.985	0.981	0.976	0.971	0.965	0.955	0.943	0.932	100
	0.929	0.912	0.897	0.884	0.871	0.858	0.847	0.836	0.825	0.815	0.795	0.777	0.761	
200	1.000	0.999	0.998	0.997	0.995	0.992	0.990	0.988	0.985	0.982	0.976	0.970	0.964	200
	0.964	0.955	0.947	0.939	0.932	0.925	0.919	0.913	0.907	0.901	0.890	0.878	0.868	
500	1.000	1.000	0.999	0.999	0.998	0.997	0.995	0.995	0.994	0.993	0.990	0.988	0.985	500
	0.985	0.982	0.978	0.975	0.972	0.969	0.967	0.964	0.961	0.959	0.953	0.949	0.944	

$1-\alpha=0.99$

k \ $n-k$	18	20	22	24	26	28	30	40	60	100	200	500	$n-k$ \ k
0	0.255	0.233	0.214	0.198	0.184	0.172	0.162	0.124	0.085	0.052	0.026	0.011	0
	0.000	0.000	0.000	0.000	0.000	0.000	0.000	0.000	0.000	0.000	0.000	0.000	
1	0.331	0.304	0.281	0.262	0.245	0.230	0.216	0.168	0.116	0.071	0.036	0.015	1
	0.000	0.000	0.000	0.000	0.000	0.000	0.000	0.000	0.000	0.000	0.000	0.000	
2	0.387	0.358	0.332	0.310	0.291	0.274	0.259	0.203	0.141	0.088	0.045	0.018	2
	0.005	0.005	0.004	0.004	0.004	0.004	0.003	0.002	0.002	0.001	0.001	000	
3	0.432	0.401	0.374	0.351	0.330	0.311	0.295	0.233	0.164	0.103	0.053	0.022	3
	0.017	0.015	0.014	0.013	0.012	0.011	0.011	0.008	0.005	0.003	0.002	0.001	
4	0.470	0.438	0.410	0.385	0.363	0.344	0.326	0.260	0.184	0.116	0.061	0.025	4
	0.032	0.029	0.027	0.025	0.023	0.022	0.020	0.016	0.011	0.007	0.003	0.001	
5	0.502	0.470	0.441	0.416	0.393	0.373	0.354	0.284	0.203	0.129	0.068	0.028	5
	0.050	0.046	0.042	0.039	0.037	0.034	0.032	0.025	0.017	0.010	0.005	0.002	
6	0.531	0.498	0.459	0.443	0.420	0.398	0.379	0.306	0.220	0.142	0.075	0.031	6
	0.069	0.064	0.059	0.054	0.051	0.048	0.045	0.035	0.024	0.015	0.008	0.003	

续表

k \ $n-k$	18	20	22	24	26	28	30	40	60	100	200	500	$n-k$ \ k
7	0.555	0.522	0.493	0.467	0.443	0.422	0.402	0.327	0.237	0.153	0.081	0.033	7
	0.089	0.082	0.076	0.070	0.066	0.062	0.058	0.045	0.031	0.019	0.010	0.004	
8	0.578	0.545	0.516	0.489	0.465	0.443	0.423	0.346	0.252	0.164	0.087	0.036	8
	0.109	0.100	0.093	0.087	0.081	0.076	0.072	0.056	0.039	0.024	0.012	0.005	
9	0.598	0.565	0.536	0.510	0.485	0.463	0.443	0.364	0.267	0.175	0.093	0.039	9
	0.128	0.119	0.110	0.103	0.097	0.091	0.086	0.067	0.047	0.029	0.015	0.006	
10	0.616	0.583	0.555	0.529	0.504	0.482	0.461	0.381	0.281	0.185	0.099	0.041	10
	0.148	0.137	0.127	0.119	0.112	0.106	0.100	0.079	0.055	0.035	0.018	0.007	
12	0.647	0.616	0.587	0.561	0.537	0.515	0.494	0.412	0.307	0.205	0.110	0.047	12
	0.185	0.172	0.161	0.151	0.142	0.134	0.127	0.101	0.072	0.045	0.024	0.010	
14	0.674	0.643	0.615	0.590	0.566	0.543	0.522	0.440	0.332	0.223	0.122	0.051	14
	0.220	0.206	0.193	0.181	0.171	0.162	0.154	0.124	0.088	0.057	0.030	0.012	
16	0.696	0.666	0.639	0.614	0.590	0.568	0.548	0.464	0.354	0.239	0.132	0.056	16
	0.253	0.237	0.223	0.211	0.200	0.189	0.180	0.146	0.105	0.068	0.036	0.015	
18	0.716	0.687	0.661	0.636	0.612	0.591	0.570	0.486	0.374	0.255	0.142	00.61	18
	0.284	0.267	0.252	0.238	0.226	0.215	0.205	0.167	0.122	0.079	0.042	0.018	
20	0.733	0.705	0.679	0.655	0.632	0.611	0.591	0.507	0.394	0.271	0.152	0.066	20
	0.313	0.295	0.279	0.264	0.251	0.239	0.229	0.187	0.137	0.090	0.048	0.020	
22	0.748	0.721	0.696	0.673	0.650	0.629	0.609	0.526	0.411	0.286	0.162	0.070	22
	0.339	0.321	0.304	0.289	0.274	0.263	0.251	0.207	0.153	0.101	0.154	0.023	
24	0.762	0.736	0.711	0.688	0.666	0.646	0.626	0.543	0.428	0.300	0.171	0.075	24
	0.364	0.345	0.327	0.312	0.298	0.285	0.273	0.226	0.168	0.112	0.061	0.026	
26	0.774	0.749	0.726	0.702	0.681	0.661	0.642	0.560	0.444	0.313	0.180	0.079	26
	0.388	0.368	0.350	0.334	0.319	0.306	0.293	0.244	0.183	0.122	0.067	0.029	
28	0.785	0.761	0.737	0.715	0.694	0.675	0.656	0.575	0.459	0.326	0.189	0.083	28
	0.409	0.389	0.371	0.354	0.339	0.325	0.312	0.262	0.198	0.133	0.073	0.031	
30	0.795	0.771	0.749	0.727	0.707	0.688	0.669	0.589	0.473	0.339	0.197	0.088	30
	0.430	0.409	0.391	0.374	0.358	0.344	0.331	0.278	0.212	0.143	0.079	0.034	
40	0.833	0.813	0.793	0.774	0.756	0.738	0.722	0.646	0.534	0.394	0.237	0.108	40
	0.514	0.493	0.474	0.457	0.440	0.425	0.411	0.354	0.276	0.193	0.110	0.048	
60	0.878	0.863	0.847	0.832	0.817	0.802	0.788	0.724	0.620	0.479	0.305	0.145	60
	0.625	0.606	0.589	0.572	0.556	0.541	0.527	0.466	0.380	0.278	0.167	0.076	
100	0.921	0.910	0.899	0.888	0.878	0.867	0.857	0.807	0.722	0.593	0.407	0.209	100
	0.745	0.729	0.714	0.700	0.687	0.674	0.661	0.606	0.521	0.407	0.265	0.129	
200	0.958	0.952	0.946	0.939	0.933	0.927	0.921	0.890	0.833	0.735	0.565	0.332	200
	0.858	0.848	0.838	0.829	0.820	0.811	0.803	0.763	0.695	0.593	0.435	0.243	
500	0.982	0.980	0.977	0.974	0.971	0.969	0.966	0.952	0.924	0.871	0.757	0.541	500
	0.939	0.934	0.930	0.925	0.921	0.917	0.912	0.892	0.855	0.791	0.668	0.459	

附录七　Python 软件简介

1. Python 软件下载与安装

Python 软件是一款开源软件,不向使用者收取任何费用. 用户要安装时,可以进入 Python 官方主页 http://www.python.org/, 选择 "Downloads" 栏,下载 Python 3.8.5 版本, 双击安装即可. 需要注意的是在安装时一定要勾选 "Add Python to Path", 否则环境变量要手动添加. 安装好以后, 打开 "IDLE (Python 3.8 64-bit)" 即可开始编写程序了.

统计分析前,需要读者手动安装一些基础程序包, 打开 "Python 3.8 (64-bit)" 输入命令 "pip3 install numpy scipy matplotlib -i https://pypi.tuna.tsinghua.edu.cn/simple", 这样就将 numpy, scipy 和 matplotlib 程序包导入了 Python, 接下来就可以在 IDLE 界面用 import 命令直接调用了.

或者从 https://winpython.github.io/ 下载 winPython. 运行下载的 .exe 文件, 并将 winPython 安装在你选中的文件夹中, 不要安装在 \program Files 或 \program Files (x86) 下. 在 winPython 下, 不必手动安装 numpy, scipy 和 matplotlib 程序包.

如果使用交互式编程模式, 那么直接在 IDLE 提示符 ">>>" 后面输入相应的命令并回车即可, 如果执行顺利, 马上就可以看到执行结果, 否则会抛出异常. 一般来讲, 可能更需要编写 Python 程序来实现特定的业务逻辑, 同时也方便代码的不断完善和重复利用. 在 IDLE 界面使用菜单 File→New File 命令, 创建一个程序文件, 输入代码并保存为文件(务必保证拓展名为 py). 另外, 可以选用一些集成开发环境来做 Python 程序, 例如 spyder 和 pycharm, 感兴趣的读者可以自行查找资料进行学习.

2. Python 基础知识

对象是 Python 语言中最基本的概念之一, Python 中的一切都是对象. Python 中有许多内置函数可供编程者直接使用, 例如数字、字符串、元组、列表、数组、字典以及 cmp( ), len( ), id( ), type( ) 等大量内置函数;另外, 有些对象需要导入特定模块(有些模块需要单独安装)后才能使用, 如

math 模块中的正弦函数 sin( )与常量 pi，random 模块中的随机数生成函数 random( )，等等.

(1) Python 变量

在 Python 中，不需要事先声明变量名及其类型，直接赋值即可创建各种类型的变量. 例如语句:

```
>>>  a=3
>>> type(a)    #查看变量 x 的类型
<class 'int'>
>>>  b='Hello world !'
>>>type(b)
<class 'str'>
>>>  c=[1,2,3]
>>>type(c)
<class 'list'>
```

(2) Python 序列

① 列表 List

列表是 Python 中内置可变序列，是一些数据的有序集合，列表中的每一个数据称为**元素**，列表的所有元素放在一对中括号"["和"]"中，并使用逗号分隔开；在 Python 中，一个列表中的数据类型可以各不相同，可以同时分别为整数、实数、字符串等基本类型，甚至是列表、元素、字典、集合及其他自定义类型的对象. 例如:

```
[10, 20, 30, 40]
['crunchy frog', 'ram bladder', 'lark vomit']
['spam', 2.0, 5, [10, 20]]
[['file1', 200,7], ['file2', 260,9]]
```

② 列表创建与删除

使用"="直接将一个列表赋值给变量，例如:

```
>>> a_list = [] #创建空列表，或者 a=list()
>>> a_list = ['a', 'b', 'mpilgrim', 'z', 'example']
>>> del(a_list)   #删除整个列表
```

③ 列表元素增加

```
>>> aList.append(9)   #增加新元素（每次增加一个元素）
>>> aList
[3, 4, 5, 7, 9]
```

```
>>> aList.extend([11,13])   #将另一个迭代对象的内容添加至
    该列表对象(每次增加一组元素)
```

④ 列表元素访问

```
>>> aList = [3,4,5,6,7,9,11,13,15,17]
>>> aList[3]
>>> print(3 in aList)   #使用 in 关键字判断指定元素是否属于
    某列表对象
```

⑤ 列表切片

可以使用切片来截取列表中的任何部分,得到一个新列表.列表切片使用
2 个冒号分隔的 3 个数字来完成:

[开始(默认为 0):截止(但不包含):步长(默认为 1)]

```
>>> aList = [3, 4, 5, 6, 7, 9, 11, 13, 15, 17]
>>> aList[0:3:1]
[3,4,5]
>>> aList[3:6:1]
[6, 7, 9]
>>> aList[1::2]
[4, 6, 9, 13, 17]
```

⑥ 列表排序

```
>>> aList
[9, 7, 6, 5, 4, 3, 17, 15, 13, 11]
>>> sorted(aList)       #使用内置函数 sorted 对列表进行排序
    并返回新列表
[3, 4, 5, 6, 7, 9, 11, 13, 15, 17]
>>> sorted(aList,reverse = True)
[17, 15, 13, 11, 9, 7, 6, 5, 4, 3]
```

⑦ 常用内置序列操作函数

len(列表):返回列表中的元素个数,同样适用于元组、字典、字符串等.

max(列表)、min(列表):返回列表中的最大或最小元素,同样适用于元组、arange.

sum(列表):对数值型列表的元素进行求和运算,对非数值型列表运算则出错,同样适用于元组、arange.

enumerate(列表):枚举列表元素,返回枚举对象,其每个元素为包含下标和值的元组.该函数对元组、字符串同样有效.

⑧ 列表推导式

列表推导式是 Python 程序开发时应用最多的技术之一. 列表推导式使用非常简洁的方式来快速生成满足特定需求的列表, 代码具有非常强的可读性.

```
>>> aList = [x*x for x in np.arange(10)]
```

相当于:

```
>>> aList =[ ]
>>> for x in np.arange(10):
        aList.append(x*x)
```

(3) 字典

字典中的每个元素包含两部分: 键和值, 向字典添加一个键的同时, 必须为该键增添一个值. 定义字典时, 每个元素的键和值用冒号分隔, 元素之间用逗号分隔, 所有的元素放在一对大括号"｛｝"中. 字典是键值对的无序可变集合, 字典中的键不允许重复.

① 字典创建与删除

```
>>> a_dict = {'name':'zhang','age': 18}   #使用 "=" 直
    接将一个字典赋值给变量
>>> d=dict(name='Dong',age=37)
>>> keys=['a','b','c','d']
>>> values=[1,2,3,4]
>>> dictionary=dict(zip(keys,values))     #使用 dict 根据
    给定的键、值创建字典
```

② 字典元素的访问

a) 以键作为下标可以读取字典元素, 若键不存在, 则抛出异常.

```
>>> aDict={'name':'Dong', 'sex':'male', 'age':37}
>>> aDict['name']
'Dong'
>>> aDict['tel']
Traceback (most recent call last):
File "<pyshell#53>", line 1, in <module>
aDict['tel']
KeyError: 'tel'
```

b) 使用字典对象的 get 方法获取指定键对应的值, 并且可以在键不存在的时候返回指定值.

```
>>> print(aDict.get('address'))
None
```

```
>>> print(aDict.get('address', 'CQUT'))
```

c) 使用 key 进行访问.

```
>>> for key in aDict:
    print (key,aDict[key])
```

d) 使用字典对象的 items 方法可以返回字典的键、值对列表.

```
>>> aDict={'name':'Dong', 'sex':'male', 'age':37}
>>> for item in aDict.items():
    print (item)
```

e) 使用字典对象的 keys 方法可以返回字典的键列表.

```
>>> for key, value in aDict.items():
    print (key, value)
```

f) 使用字典对象的 items 方法可以返回字典的键、值对列表

```
>>> aDict={'name':'Dong', 'sex':'male', 'age':37}.
>>> for item in aDict.items():
    print (item)
('age', 37)
('name', 'Dong')
('sex', 'male')
```

g) 使用字典对象的 keys 方法可以返回字典的键列表.

```
>>> for key, value in aDict.items():
    print (key, value)
```

(4) 元组

元组与列表类似, 也是 Python 的一个重要序列结构, 不同的是, 元组属于不可变序列. 元组一旦建立, 用任何方法都不可以修改其元素的值, 也无法为元组增加或删除元素. 定义元组时所有元素放在一对圆括号 "(" 和 ")" 中, 而不是方括号中.

① 元组的创建与删除

```
>>>a_tuple = (' a ', )   #使用 "=" 直接将一个元组赋值给变量
>>>b_tuple = (' a ', ' example ' ,' b ')
>>>x = ( )    #空元组
```

注意　如果要创建只包含一个元素的元组, 不能只把元素放在圆括号里, 还需要在元素后面加一个逗号 ",", 而创建包含多个元素的元组则没有这个限制.

```
>>>print ( tuple(' abcdefg ') )    # tuple( )函数将
    其他类型序列转为元组
```

```
('a' , 'b' , 'c' , 'd' , 'e' , 'f' , 'g' )
```

对于元组而言, 只能使用 del 命令删除整个元祖对象, 而不能只删除元组中的部分元素, 因为元组属于不可变序列.

② 序列解包

在实际开发中, 序列解包是个非常重要和常用的一个用法, 可以使用非常简洁的形式完成复杂的功能, 大幅度提高了代码的可读性, 并且减少了输入量. 例如, 可以使用程序解包功能对多个变量同时进行赋值:

```
>>>x , y , z = 1 , 2 , 3
>>>print (x , y , z)
1 2 3
```

列表与字典的序列解包操作:

```
>>>a = [ 1 , 2 , 3 ]
>>>b , c , d = a
>>>s = { ' a ' : 1 , 'b ' : 2, ' c ' : 3 }
>>> b , c , d = s
>>> b
' a '
>>> b , c , d = s.items ( )
>>> b
(' a ', 1 )
>>> b , c , d = s.values ( )
>>> print ( b , c , d)
1 2 3
```

(5) 集合

集合是无序可变序列, 与字典一样使用一对大括号作为界定符, 同一个集合的元素之间不允许重复, 集合中每一个元素都是唯一的.

① 集合的创建与删除

```
>>> a = { 3 ,5 } # 直接将集合赋值给变量即可创建一个集合对象
>>>a . add ( 7 )
>>>a
{ 3 , 5 , 7 }
```

也可以使用 set( )函数将列表、元组等其他可迭代对象转换为集合, 如果原来的数据中存在重复元素, 则在转换为集合的时候只保留一个.

```
>>>a_set = set ( range(8 , 14 ) )
>>> a_set
{8 , 9 , 10 , 11 , 12 , 13 , 14}
>>>b_set = set( [0 , 1 , 2 , 2 , 3 , 4 , 0 , 5] )
```

```
>>> b_set
{0 , 1 , 2 , 3 , 4 , 5}
>>> a = { 1 , 3 , 5 }
>>> a . add( 0 )
>>> a
{ 0 , 1 , 3 , 5 }
>>> a . remove( 3 )
>>> a
{ 0 , 1 , 5 }
```

② 集合操作

Python 集合支持交集、并集、差集等运算:

```
>>> a_set = set ( [8 , 9 , 10 , 11 , 12 , 13] )
>>>b_set = set( [0 , 1 , 2 , 3 , 7 , 8] )
>>> a_set | b_set     #并集
   { 0 , 1 , 2 , 3 , 7 , 8 , 9 , 10 , 11 , 12 , 13 }
>>> a_set .union( b_set )     #并集
   { 0 , 1 , 2 , 3 , 7 , 8 , 9 , 10 , 11 , 12 , 13 }
>>> a_set & b_set       #交集
   { 8 }
>>> a_set .intersection( b_set )     #交集
   { 8 }
>>> a_set .difference ( b_set )    #差集
   {9 , 10 , 11 , 12 , 13}
```

(6) 数组

Numpy 中的数组是一个元素表(通常是数字),所有元素都是相同的类型,由一个正整数元组索引. 在 Numpy 中,数组的维数称为**数组的秩**. 一个整数的元组给出了数组在每个维度上的大小,称为**数组的形状**. Numpy 中的数组类称为 **ndarray**. Numpy 数组中的元素可以使用方括号访问,也可以使用嵌套 Python 列表初始化.

① 数组的创建

```
>>>import numpy as np
>>>arr1 = np.array([1, 2, 3])     # 创建 rank 1 数组
>>>arr1
   [1 2 3]
>>>arr2 = np.array([[1, 2, 3],
```

```
       [4, 5, 6]])       # 创建 rank 2 数组
>>>arr2
   [[1 2 3]
   [4 5 6]]
>>>arr 3 = np.array((1, 3, 2))       # 从元组创建一个数组
>>>arr3
   [1 3 2]
>>>arr2.shape
   (2, 3)
>>> np.zeros(arr2.shape)
   [[0., 0., 0.],
   [0., 0., 0.]]
>>> np.ones(arr2.shape)
   [[1., 1., 1.],
   [1., 1., 1.]]
```

② 数组操作

```
>>>arr = np.array([[1, 2, 3, 4],
   [5, 6, 7, 8],
   [9, 10, 11, 12]])
>>>sliced_arr = arr[:2, ::2]     #使用切片方法
>>>sliced_arr
   [[1, 3],
   [5, 7]]
>>>Index_arr = arr[[1, 0, 2],
   [3, 2, 1]]       #提取索引(1,3),(0,2),(2,1)位置的元素
>>>Index_arr
   [ 8, 3, 10]
>>>a = np.array([[1, 2],
   [3, 4]])
>>>b = np.array([[4, 3],
   [2, 1]])
>>>a+1
   [[2, 3],
   [4, 5]]
>>>a.sum()
   10
>>>a+b
   [[5, 5],
   [5, 5]]
```

3. 概率计算

(1) 计算分位数

```
>>> from scipy import stats
>>> import numpy as np
>>> p=np.array([0.05,0.1,0.9])    #数组
>>> u=stats.norm.ppf(p)          #正态分布
>>>np.set_printoptions(precision=5)#numpy 设置输出精度
>>>print(u)
array ([-1.64485  -1.28155  1.28155])
>>> p=np.array([0.025,0.05,0.1,0.9,0.95,0.975])
>>> df=4
>>> t=stats.t(df).ppf(p);t        #t 分布
array([-2.77645,-2.13185,-1.53321, 1.53321, 2.13185,
    2.77645])
>>>p=np.array([0.025,0.05,0.1,0.9,0.95,0.975])
>>>df1=3;df2=4
>>>f=f.ppf(p,df1,df2);f           #F 分布
array([0.06622,0.10968,0.18717,4.19086,6.59138,
    9.97920])
```

(2) 计算 $P\{X \leq x\}$

```
>>>p= stats.norm.cdf(0)   #正态分布
>>>print(p)
0.5
>>>p=stats.norm.cdf(np.array([1.645,1.96,2.576]));p
array([0.95002, 0.97500, 0.99500])
>>>p=stats.binom(5,0.8).pmf(4)   # 二项分布 x~B(5,0.8),
    p=F(4)
>>>print(p)
0.4096
```

(3) 排列组合计算

```
>>> from scipy.special import comb, perm
>>> perm(3, 2)      # 等价于 A_3^2
6.0
>>> comb(3, 2)    # 等价于 C_3^2
```

```
3.0
>>>perm(5,5)      #  等价于 5!
120.0
```

4. Python 常用的内置函数

abs(x)：返回数字 x 的绝对值.

bin(x)：把数字 x 转换为二进制串.

```
>>> x=5;bin(x)
'0b101'
```

divmod：返回两个数值的商和余数

```
>>> divmod(10,3)
(3, 1)
```

max()：返回可迭代对象的元素中的最大值或者所有参数的最大值.

```
>>> max(-1,1,2,3,4)       #传入多个参数 取其中较大者
4
```

round()：对浮点数进行四舍五入求值.

```
>>>round(1.456778888)
1
```

str()：返回一个对象的字符串表现形式.

```
>>> str(123)
'123'
```

tuple()：根据传入的参数创建一个新的元组.

```
>>> tuple('121') #传入可迭代对象. 使用其元素创建新的元组
('1', '2', '1')
```

list()：根据传入的参数创建一个新的列表.

```
>>> list('abcd') # 传入可迭代对象, 使用其元素创建新的列表
['a', 'b', 'c', 'd']
```

dict()：根据传入的参数创建一个新的字典.

```
>>> dict((('a',1),('b',2))) # 可以传入可迭代对象创建字典
{'b': 2, 'a': 1}
```

set()：根据传入的参数创建一个新的集合.

```
>>> a = set(range(10)) # 传入可迭代对象, 创建集合
>>> a
{0, 1, 2, 3, 4, 5, 6, 7, 8, 9}
```

enumerate()：根据可迭代对象创建枚举对象.

```
>>> seasons = ['Spring', 'Summer', 'Fall', 'Winter']
>>> list(enumerate(seasons))
[(0,'Spring'),(1,'Summer'),(2,'Fall'),(3,'Winter')]
```

zip()：聚合传入的每个迭代器中相同位置的元素，返回一个新的元组类型迭代器.

```
>>> x = [1,2,3] #长度3
>>> y = [4,5,6,7,8] #长度5
>>> list(zip(x,y)) # 取最小长度3
[(1, 4), (2, 5), (3, 6)]
```

以上仅简单介绍了 Python 常用的内置函数，我们可以使用如下命令列出所有的内置函数：

```
>>>dir(__builtins__)
['ArithmeticError',
'AssertionError',
'AttributeError',
'BaseException',
'BlockingIOError',
......      ]
```

可以通过内置函数 help() 查看函数的使用帮助. 编写程序的时候可以优先考虑使用内置函数，因为内置函数不仅成熟、稳定，而且速度相对较快.

参 考 文 献

[1] 余家林，肖枝洪. 概率统计与 SAS 应用 [M]. 2 版. 武汉：武汉大学出版社，2013.

[2] Thomas Haslwanter. An Introduction to statistics with Python [M]. Switzerland: Springer International Publishing，2016.

[3] 方兆本，缪柏其. 随机过程（第三版）[M]. 北京：科学出版社，2011.

[4] 董时富. 生物统计学[M]. 北京：科学出版社，2002.

[5] 茆诗松，王静龙，濮晓龙. 高等数理统计[M]. 2 版. 北京：高等教育出版社，2012.

[6] 边丽洁，高淑东. 统计学原理与工业统计学[M]. 北京：立信会计出版社，2004.

[7] 中科院数学研究所. 常用数理统计用表[M]. 2 版. 北京：科学出版社，1974.